厚德博學
經濟匡時

国时 数字经济系列

# 社交大数据分析方法与应用

刘建国　潘　斌　编著

上海财经大学出版社
SHANGHAI UNIVERSITY OF FINANCE & ECONOMICS PRESS
上海学术·经济学出版中心

图书在版编目(CIP)数据

社交大数据分析方法与应用 / 刘建国,潘斌编著. —上海:上海财经大学出版社,2023.10
(匡时·数字经济系列)
ISBN 978-7-5642-4224-4/F·4224

Ⅰ. ①社… Ⅱ. ①刘… ②潘… Ⅲ. ①数据处理-研究 Ⅳ. ①TP274

中国国家版本馆 CIP 数据核字(2023)第 141264 号

责任编辑: 胡 芸
封面设计: 张克瑶

社交大数据分析方法与应用

著 作 者: 刘建国 潘 斌 编著
出版发行: 上海财经大学出版社有限公司
地 址: 上海市中山北一路 369 号(邮编 200083)
网 址: http://www.sufep.com
经 销: 全国新华书店
印刷装订: 上海新文印刷厂有限公司
开 本: 787mm×1092mm 1/16
印 张: 19.5(插页:2)
字 数: 381 千字
版 次: 2023 年 10 月第 1 版
印 次: 2023 年 10 月第 1 次印刷
定 价: 58.00 元

# 序言

2004 年 9 月，在王众托老师和党延忠老师的支持下，笔者前往浙江大学参加了为期一周的复杂网络讲习班。在讲习班上，汪小帆、谭跃进、狄增如等老师系统阐述了复杂网络的概念、编程方法以及应用场景等前沿进展，带笔者进入了网络科学这一非常吸引人的研究天地。同时，结合党老师在国家自然科学基金委开展的申请书文本分析研究工作，笔者开始了基于网络科学的知识图谱的建模、分析与应用研究，其中一项重要工作就是根据申请书的文本内容推荐最熟悉的专家进行评审，即个性化推荐算法的研究。后来，2007 年 11 月我赴瑞士 Fribourg 大学开始跟随张翼成老师开展基于用户—产品两部分网络的个性化推荐算法的研究工作。尽管我们提出的基于准确性和多样性的推荐算法发表在《美国科学院院刊》(*PNAS*)上，但是在网站上进行测试的时候发现推荐算法的效果忽好忽坏，完全不可控。综合分析后，我们认为是推荐算法无法随着用户的行为模式和兴趣迁移进行自适应调整。于是，笔者的研究兴趣开始转向用户关系的网络建模，即社会网络的理论与应用研究：从用户画像、行为建模、兴趣和声誉度量、微表情等维度对社会网络的要素及关系进行系统建模分析，从理论模型、算法应用等角度开展了一系列研究工作。其中，一部分研究工作已经落地应用于国家电网大数据中心，包括微博的全媒体数据，苏宁、海尔的获客模型和风控模型，私募基金量化交易系统以及知识图谱构建系统等应用场景。

2017 年，笔者在上海财经大学开设了通识课“社交大数据分析方法与应用”。在课上，笔者向全校本科生介绍了自己在过去十余年积累的研究工作和落地应用案例，同时将学术界的前沿文献、工业界的典型案例以及当前社会所面临的机遇和挑战等内容与同学们一起分享。课程受到了全校师生非常好的评价，并获得了上海财经大学通识课核心课程项目的资助和支持。

选择这门课程的学生的专业背景跨度很广，比如计算机科学、经济学、数据科学、会计学、人文学、数学以及英语专业等。选课学生中既有大一新生，也有数理基础扎实并且动手能力较强的高年级学生。因此，在安排课程内容时，笔者需要照顾同学们不同的专业背景、知识储备和兴趣爱好。经过 6 年的教学经验积累，笔者逐步设计出了问题背景、核心思想、基本概念、数学表达、具体应用、优缺点分析六步教学法，最终凝结成了系统的教案。潘斌长期担任这门课程的助教，他是上海财经大学的本科生和硕士研究生，目前在上海财经大学攻读博士学位。他提出了很多宝贵的改进意见和建议，我们一起合作把之前的教学素材进行了整理，并形成了本书的基本框架。

往年参与这门课程的同学们也给予了热情积极的反馈。根据他们的意见，笔者在教学内容、课程结构、分析案例和拓展阅读等方面进行了多次调整和完善，在此向他们表示感谢。笔者也希望本书能够反映同学们的活力、洞察力和想象力。具体而言，笔者希望这本书是务实的、面向未来的以及包容的。

**务实的**：笔者认为务实（pragmatic）就是具有“可操作性”（in a practical way），只要读者一步一步跟着做，就能理解并解决问题。因此，本书会用非正式的写作风格，通过列举大量例子来阐述观点和概念。除了希望读者掌握社交大数据的核心概念和工具外，本书最想传达的是一种独特的研究观念和思考方式。而根据笔者的教学和研究经验，传达思想的最好办法，就是采取非正式的语言风格并列举大量案例，启发学生们主动思考。除此之外，本书每个章节均配套了相关代码，用于复现一些案例的结果。正如书名所言，本书希望为读者们构建出一个从理论分析到实践应用的完整体系。

**面向未来的**：笔者希望本书不仅可以帮助你解决手头上的项目、课题或者论文，更期待在未来的每个时刻继续为你提供灵感。笔者是从 2002 年开始接触这类研究的，二十多年间，社交大数据领域的变化速度快得惊人，稍有松懈就会被时代抛在后面。笔者相信在你们的学生生涯、职业生涯里，也会感受到社会生活的许多变化，比如从现金付款到信用卡再到移动支付，从纸质媒体到电视再到自媒体。因此，为了让本书可以在 10 年后继续充满活力，就要做到在选题上尽可能宽泛和新颖。本书每个章节首先会把基础概念的来龙去脉交代清楚，接着会提供各个领域最前沿的研究项目，比如智能舆情、复工复产模型、区块链技术和商务智能等。通过对经典研究和前沿研究的取舍，笔者希望本书能够经得起时间的考验。

**包容的**：社交大数据的相关研究浩如烟海，各个学科均有所涉及，这些研究来自社会学、计算机科学、传播学、物理学、经济学、管理学和社会心理学等。不同学科的文献充满了各种陌生的术语和概念，同一个单词在不同领域里的含义可能大相径庭；学科之间的研究假设、方法和范式存在着显著不同。因此，想要深入社交大数据的研究，跨学科的合作是必须要做的。

上述提及的学科中，大致可以分为两类群体：社会科学家和数据科学家。他们对社交大数据有着截然不同的兴趣和技术，两者都在以复杂的态度看待对方。尽管几乎所有人已经深刻体会到学科融合的强大吸引力，然而，不同领域之间对彼此仍普遍存在一些误解。一方面，在社会科学家看来，对模型和数据的滥用是不利于社会科学研究的；而数据科学家对大数据的盲目自信，以至于对真实世界的复杂现象视而不见。另一方面，在数据科学家看来，社会科学领域的概念和假设过于严苛。

社会科学和数据科学的交叉学科被一些学者称为“计算社会科学”，最近几年正在如火如荼地发展着。在这个新兴学科里，社会科学家、数据科学家以及其他领域的学者都抓住了时代提供的机遇，并扮演着重要的角色。尽管学科之间的隔阂并不那么容易消除，但是随着越来越多交叉学科的涌现，传统学科之间的边界逐渐模糊。本书作为社交大数据的入门教材，希望数据科学领域的学者能够关注社会系统中人类行为的复杂性，同时也希望社会科学领域的学者能够掌握各种数据分析工具。当然，我们最希望的是能够吸引越来越多的有志之士参与到社交大数据这个领域中来贡献力量。

本书主要分为三部分：第一部分包括第 1 章到第 3 章，主要介绍社会网络研究的起源和重点，社会网络的基本概念、定义和重要应用。除此之外，还会讨论一些经典案例和研究手段，以及大数据时代为社会网络研究创造的新机遇，希望给读者们一个宏观的认识。第二部分包括第 4 章到第 7 章，主要介绍社交大数据领域内的重要研究方向，比如节点中心性、社团结构、个性化推荐以及传播动力学，并介绍实际场景中的应用。第三部分包括第 8 章到第 10 章，主要介绍社交大数据的各种研究场景，比如用户画像与行为分析、情感分析以及微博网络，在这些实际场景中，我们可以看到网络科学模型发挥了重要的作用，能够切实解决一些企业面临的问题和挑战。

本书受到国家自然科学基金项目（71901144，71771152，61773248，72171150）以及国家社科基金重大项目（20ZDA060，18ZDA088）的支持。本书的目标读者包括高年级本科生和研究生，专业背景包括但不限于管理学、经济学、社会学、计算机科学、统计学等学科。本书借鉴了国内外的优秀教材，并精心挑选了高水平期刊的论文以及各种产学研结合的案例，为同学们提供尽可能多的社交大数据的实践机会。本书的代码全部使用 Python 语言在 Jupyter Notebook 环境中编写，第 11 章将简要介绍 Python 的基础知识和专门处理网络数据的第三方库 NetworkX，具有一定编程基础的同学可以跳过。

本书末附有《社交大数据分析方法与应用》配套教学视频。

非常感谢对本书进行细致修改的同学们和编辑老师。

由于作者水平有限，难免出现纰漏和不当之处，还请大家多多斧正。

2023 年 8 月

# 目 录

# 第1章　引　言

坚持系统观念是中国共产党的基础性思想和工作方法，也是马克思主义哲学提供给我们的科学思想方法和工作方法。在中国共产党第二十次全国代表大会上的报告中，阐述了习近平新时代中国特色社会主义思想的世界观和方法论，也就是“六个必须坚持”：必须坚持人民至上、坚持自信自立、坚持守正创新、坚持问题导向、坚持系统观念、坚持胸怀天下。中国共产党的十九届五中全会将“坚持系统观念”作为“十四五”时期经济社会发展必须遵循的原则之一，坚持系统观念与坚持党的全面领导、坚持以人民为中心、坚持新发展理念、坚持深化改革开放成为我国经济社会发展必须遵循的五项原则。连续两次在党的中央全会和党的重要文件中提出坚持系统观念，可见，坚持系统观念已成为习近平新时代中国特色社会主义思想方法论的重要组成部分。

社会是人们通过互动行为构建的复杂关系系统。当我们谈论一个社会网络时，通常默认一种特定类型的社会关系，比如个人之间的友谊关系、同事之间的合作关系、家庭之间的婚姻关系以及公司之间的商业关系等。因此，社会网络是某种社会关系的抽象。我们用数学模型来描述社会网络。

本章介绍社会网络研究的起源和重点，讨论一些经典案例、研究手段以及大数据时代为社会网络研究创造的新机遇。

## 1.1　社会网络简介

由于不能与微生物对话，所以流行病学专家不得不通过各种医学手段检测病毒的感染途径和变异速度，要想及时发现并抑制疫情的传播，其困难程度可想而知。而研究人类社会则相对轻松一些，因为人类会说话。收集社会网络数据最常见的方法是问人们问题——如果你对好友网络感兴趣，就问他们的朋友是谁；如果你对商业网络感兴趣，就问他们同谁做生意。

与人交流，在过去是社会网络研究的一个重要部分。事实上，许多现代研究也离不开调查（survey）和深度访谈（in-depth interviews）这两种手段。传统社会研究中的调查，简单来说，需要招募大量参与者，设计高度结构化的调查问卷以及使用统计模型，从而使研究结论尽可能地从参与者样本泛化到更大的社会群体。而基于深度访谈进行的社会研究，通常只需要少量的参与者和半结构化的对话，最终就能得到关于参与者样本的丰富的定性描述。调查和深度访谈都是很有效的社会研究方法，但是速度较缓慢且成本较高，对于大样本和复杂群体来说是不可行的。

通过调查和访谈一个参与者，容易得到他或她与其他人构成的社会关系，形成一个以该参与者为中心的网络，称为自我网络(ego-centered network)，如图1—1所示。自我网络是整体网络的一部分，网络节点由唯一的中心节点(ego)以及这个节点的邻居(alters)组成，网络连边只包括中心节点与邻居之间以及邻居与邻居之间的边。

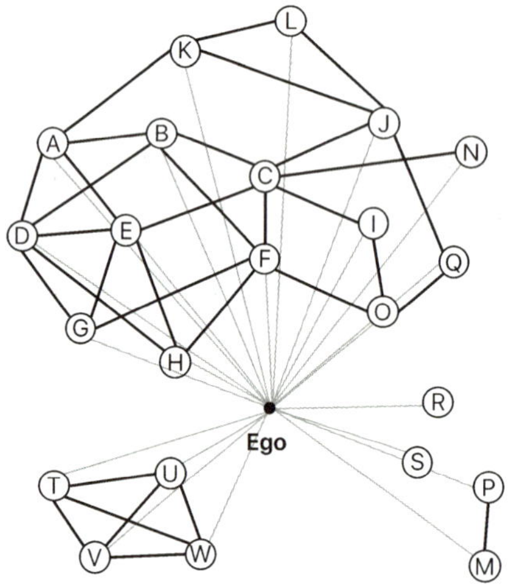


**图1—1　自我网络由中心节点及其邻居组成，邻居与邻居之间的连边塑造了网络结构**

显然，传统的社会研究手段以及对自我网络的研究，不能解释整个社会网络，因为自我网络只覆盖到局部区域。一般来说，不同人的自我网络无法连在一起形成完整的社会网络。然而，有时我们只对社会网络的局部特征感兴趣，而自我网络能够提供完整的局部结构。例如，我们想知道网络中的节点度(degree)——节点所拥有的连边数量，那么在一项研究中，只需要让参与者列出他们的邻居数量，就可以为我们提供所需要的一切。如果我们还能收集到邻居之间的连边情况，就能进一步估计出节点的集聚系数(clustering coefficient)(见2.2.5)。如果我们还能获得每个人的性别或收入等社会属性，就可以进一步测量节点之间的同配性(assortative coefficient)(见2.2.6)。

早在19世纪末的文献中就已经出现了社会网络研究的先例，然而，我们今天所认可的调查研究起源于20世纪30年代。在100年前，研究人员会随机选取一些地理区域(如城市街区)，然后前往当地与住户进行面对面的交谈。大约在1970年，电话这一通信技术的诞生引发了社会网络研究的变革。在电话时代,无论是选择社会样本的方式还是调查手段都发生了改变。研究人员不再选取某地理区域的住户作为样本,而是通过一个随机拨号的程序选取电话号码作为样本。他们也不再前往当地与住户面对面交谈,而是通过打电话来交流。这些看似很小的变化让调查研究变得更快、成本更低、更加灵活。

现在,另一项技术发展——数字技术——将带领我们进入第三个时代。数字时代为社会网络研究创造了新的机遇。这些年,我们使用在线社交网络(online social network)分享自己的兴趣爱好、生活状态和内容观点,像微信、微博、Facebook(现已更名为 Meta)和推特(Twitter)这样的社交平台使我们能够与许多人保持联系——家人、朋友、同事和熟人,有时甚至多达数千人——并与他们方便地沟通,而不用考虑时间和空间的限制。如今的信息通信越来越及时、高效和便捷,导致线上与线下世界的交叉性越来越强,这些社交平台在一定程度上延伸了我们在现实世界中的社会关系。

图 1—2 展示了来自 Facebook 的一部分好友网络,Leskovec 等人利用调查手段获取某些 Facebook 用户的好友列表(friends list),并基于每个用户的自我网络构建了一个较大的好友网络。在这个网络中,节点是 Facebook 用户,连边可能代表不同类型的关系,从陌生人到真正的好友。从网络的可视化就能看出一些潜在的社会结构:有些用户拥有更多的好友,网络被分成了若干部分;有些用户处于核心位置,而另一些则处于边缘。我们通过节点的大小来反映好友数量,这些人可能是网络中受欢迎的用户;用不同的颜色表示节点的社团类别。在接下来的章节中,我们将为这些观察结果引入正式的概念和定义,这也是社会网络分析的第一步。

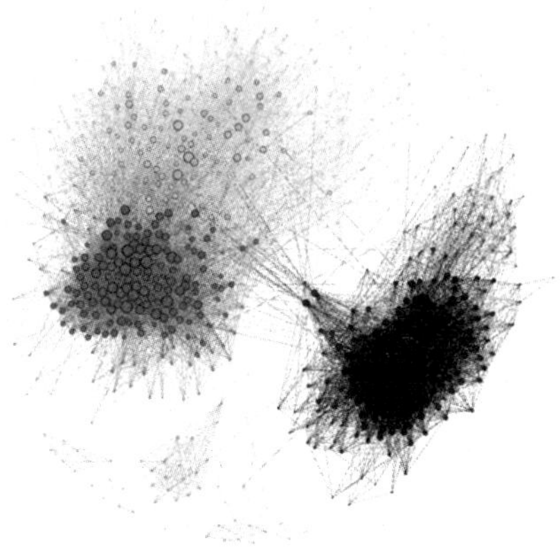

**图 1—2 Facebook 好友网络的可视化**

在线社交网络普及之前,研究人员要想收集有关谁、在什么时间、和谁说话、做了什么的行为数据,代价是非常高的,因此,这部分数据在以前的研究中稀少且宝贵。在如今的数字时代，每天有数十亿人的行为被记录、存储和分析。每当你点开一个网站、用手机打一通电话或者用信用卡付款，商家就会自动创建并存储一条有关你行为的数字记录。这些类型的数据是人们日常行为的副产品，所以通常被称为数字足迹(digital trace)。你留下的这些足迹将作为研究人员的实验数据，在未来的某一天你也必然成为某项实验的参与者，无论你自己是否知情或愿意。

尽管这些机会对研究人员来说是令人兴奋的，但新的风险也随之而来：研究人员现在能以过去绝不可能的方式去伤害人们。在线社交网络的互动暴露了我们的个人隐私信息，让冒名顶替变得更加容易，在泛滥的广告链接面前，我们很难保持从容的生活状态。因此，任何一个研究人员在拥抱新机遇的同时，更需要对数字时代所带来的风险负责。我们必须承担更大的社会责任。

## 1.2 社会网络的经典研究

对于社会网络的研究已经有了较长的历史，其中一些研究不仅在社会学上具有重要影响，而且对于网络科学的发展和普及都起到了积极的推动作用。

### 1.2.1 Zachary 空手道俱乐部

1970—1972 年，社会学家 Zachary 用三年时间观察了美国一所大学的空手道俱乐部成员间的社会关系，并构造出了一个包含 34 个节点和 78 条边的网络(Zachary's karate club)。其中，每个节点表示一个俱乐部成员，节点间的连边表示两个成员的好友关系，比如经常一起出现在俱乐部活动之外的其他场合，如图 1—3 所示。

在 Zachary 的观察过程中，俱乐部经理 John(节点 33)与教练 Mr. Hi(节点 0)之间关于空手道课程的价格产生了冲突。教练 Hi 希望提高价格，他认为自己作为教练有权决定课程的收费标准；但是经理 John 则希望保持价格不变，认为这是他作为俱乐部主要负责人的权利。随着时间的推移，双方矛盾不断激化，John 领导的管理层以试图单方面提高课程价格为由解雇教练。同时，教练 Hi 的支持者则以退出为报复，组成了一个以教练 Hi 为首的新组织。因此，俱乐部最终分裂为分别以经理 John(节点 33)和教练 Hi(节点 0)为核心的两个小社团，对应图 1—3 中两部分不同形状的节点。由于这两个小社团具有清晰的社会关系，因此空手道俱乐部网络成为社团发掘算法的基准测试集，一个合格的算法应该能够把网络划分为两个社团。在网络科学家的圈子

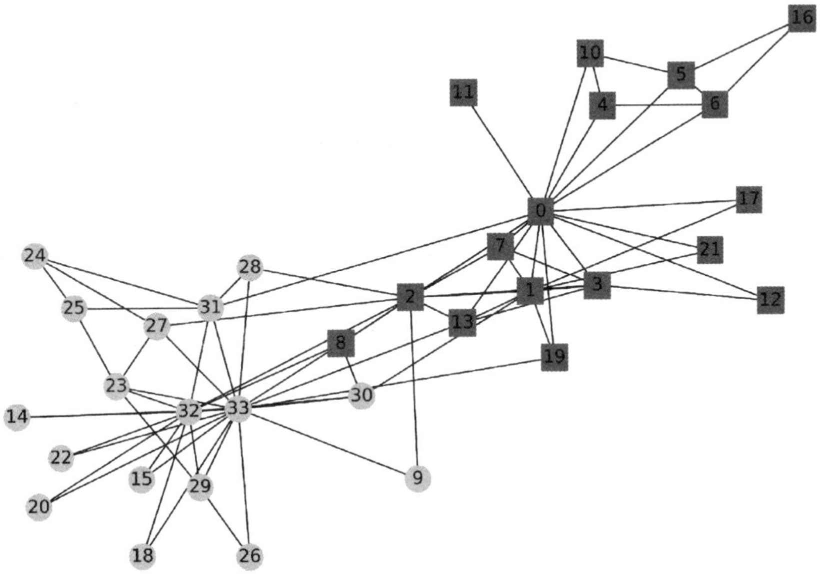


**图 1—3 空手道俱乐部,正方形节点选择了经理(0),圆形节点选择了教练(33)**

里流传着这么一句话:“如果你的算法在空手道俱乐部上行不通,赶紧回家去吧!”[①]

注意到网络中的节点 2 和 8 处于社团分割的边界处,他们同时与两个社团保持联系。因此,有些社团发掘算法把他们当作重叠节点,认为这些节点同时属于两个社团。事实上,节点 8 是经理 John 的弱支持者,在分裂之后加入了教练 Hi 的团体。一个合理的解释是,当原俱乐部分裂时,他(节点 8)离黑带考试只有 3 周时间,如果加入经理 John 的俱乐部,那么他就需要从白带重新开始,因为经理 John 决定改变空手道的训练方式。所以,把节点 8 作为重叠节点也是能够理解的。

几十年来,社会学家进行了大量类似的研究,包括研究公司 CEO、医生、学生和会议参与者之间的友谊关系,以及谁与谁合作、谁与谁做生意、谁向谁寻求建议、谁与谁社交等的社会网络。这类研究一般只能通过手工收集数据,因此产生的网络规模通常很小,就像图 1—3 中的网络只有 34 个节点。

但近年来,人们利用诸如微博、微信、Facebook、Twitter 等在线社交网络的数据,组建了更大的社会网络。2021 年,微信月活用户已经达到 12.25 亿,新浪微博月活用户达到 5.66 亿,Facebook 平台的活跃用户达到 28.5 亿。对于科学家和商业公司来说,社会网络最有价值的部分不仅仅在于用户规模,更在于所有用户之间的连接模式信息。许多在线社交网络公司和第三方数据分析公司,都有与学术界合作的研究部门,利用其庞大的数据资源对社会网络进行研究。

---

① 原文为“If your method doesn't work on this network then go home”。

### 1.2.2　海豚社会网络

虽然动物不能像人类一样沟通，但是许多物种的个体之间形成了稳定的社会关系，海豚就是一个很好的案例。许多研究表明，海豚之间形成了持久的“友谊”，这意味着同一对海豚会经常同时出现。Lusseau 等人在新西兰海岸花了几年时间观察一个由 62 只海豚组成的群体，通过标记来区分不同个体，并记录观察到的“好友”配对。基于这些观察，他们建立了如图 1—4 所示的社会网络。然而，在研究的过程中，有一只海豚离开了，导致这个群体一分为二，就像空手道俱乐部一样。后来，这两个社团的成员被记录下来，也成为社团发掘算法的经典测试集。

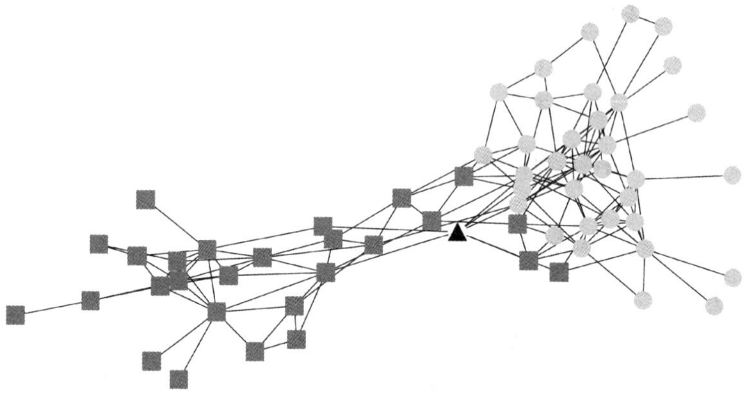

**图 1—4　由 62 只海豚构成的社会网络，当中间的三角形海豚离开后，剩下的海豚分裂成两个不同社团，用圆形和正方形区分**

除了海豚之外，自然界中还有许多丰富的社会网络素材。虽然并不是所有的动物都能形成有趣的社会网络，但目前已经对猴子、袋鼠和海豚进行了内容丰富的研究。一种常见的研究方法，是记录动物之间可识别的社会行为，比如相互梳理、求爱或密切联系，作为个体之间存在社会关系的依据之一。在另一些研究中，社会关系代表了动物的攻击性行为，如狒狒、野牛、鹿、狼和蚂蚁的网络。攻击性行为通常导致不同物种之间的支配关系，能够用来生成有向网络。

### 1.2.3　政治博客网络

2004 年的美国总统选举中，博客第一次介入选举过程并发挥了重要作用。在总统选举前的几个月，政治博客的读者人数出现了大幅增长，越来越多的美国人通过阅读政治博客来了解政治。由于认识到博客对选举结果的重要性，一些候选人在 2004 年的美国总统竞选期间建立了个人博客，与支持者在博客上的互动为他们获得了更多的支持。民主党和共和党进一步表明博客的重要地位，授权一些博主作为记者报道他们的会议。

Adamic 和 Glance 关于美国政治博客的网络研究在计算社会科学(computational social science)领域是一项具有开创性的工作。如图 1－5 所示，网络节点代表了 1 494 个关于美国政治的博客，连边代表博客之间的超链接。人们普遍认为，那些具有相同政治倾向的博客，彼此之间的链接应该要比处于对立面的博客更频繁，因此政治博客网络应该显示出显著的政治倾向结构。由于在美国的政治体系中有两个主要政党——民主党和共和党，所以预计在网络中可以看到两个主要社区。Adamic 和 Glance 通过阅读博客文章的内容来手动判断每个博客的政治倾向。

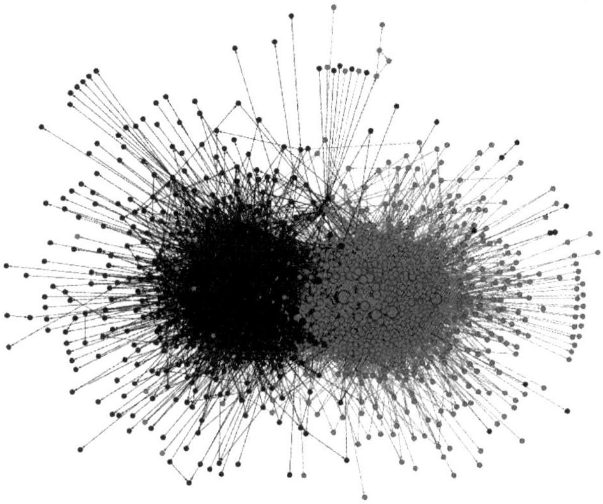

**图 1－5 政治博客网络，不同的颜色代表不同的政治意向，浅色代表保守(conservative)，深色代表自由(liberal)。节点大小反映了其他博客连接到该节点的数量**

### 1.2.4 社会网络上的肥胖传播

在过去 30 年里，肥胖在人群中已经变得越来越普遍。Christakis 和 Fowler 研究了弗雷明翰市(美国马萨诸塞州的一座城市)心脏病研究的数据，发现在社会网络中肥胖者和非肥胖者存在极为明显的聚类现象，该现象不太可能是随机发生的。

肥胖(论文中定义为身体质量指数 BMI 超过 30)一直以来被社会污名化，人们普遍认为肥胖是缺少自律和意志力的体现，然而，这种态度可能正在发生改变。人们生活在社会网络中并容易受到周围人行为的影响，这一事实表明，一个人体重的增加可能是因为受到其他人的影响。如果身边有肥胖的朋友，那么可能会改变一个人对肥胖的容忍度，或者影响他或她的行为模式，比如吸烟、饮食和锻炼。除了这种社会影响外，人们彼此之间还存在着生理上的模仿：如果观察到别人在吃东西，大脑中负责进食的区域可能受到刺激。

Christakis 和 Fowler 对于肥胖者的聚集现象提出了三种解释:第一,肥胖者可能更倾向于和自己相似的人交往,这种现象在社会学中被称作同质性(homophily),也就是"物以类聚,人以群分";第二,肥胖者之间可能有共同的属性,比如他们共同经历了未观察到的同期事件,导致他们的体重同时发生变化;第三,肥胖者可能受到社会影响(social influence)或同伴效应(peer effects)。在社会学中,社会影响意味着人与人之间行为或情绪的扩散,它会导致一个人与好友之间的某些特征越来越相似。

论文收集了 1971—2003 年间由 12 067 位实验参与者组成的紧密相连的社会网络,利用统计模型研究了一个人的体重增加是否与朋友、兄弟姐妹、配偶或邻居的体重相关。结果表明,在任何时间点,社会网络中肥胖者和非肥胖者都成簇(cluster)出现。肥胖可通过社会网络在人与人之间扩散,并且这种影响的社会距离扩展到了三度分离(你朋友的朋友的朋友),仅用同质性无法解释簇的形成。这个发现对于临床和公共健康干预具有重要的现实意义。

图 1—6(a)显示了当一个人的朋友变肥胖后,本人肥胖概率的相对增长量。如果某人有一位直接认识(一度好友)的肥胖朋友,那么他自己肥胖的概率将增大 45%,对于二度好友概率将增大 20%,对于三度好友概率将增大 10%,对于四度好友这种影响就几乎消失了。图 1—6(b)则表明,朋友之间的地理距离对肥胖增长没有显著影响。不论地理相隔远近,两个人肥胖的相关性几乎没有变化。从而表明,相对于地理距离,社会距离对肥胖行为的传播扮演了更重要的角色。

### 1.2.5 强连接和弱连接

朋友关系的一个重要属性就是关系的强弱。一般情况下,每个人既有一些关系密切的朋友,也有一些只是偶尔联系的朋友。我们把亲密关系称为强连接(strong tie),而把一般关系称为弱连接(weak tie)。强连接和弱连接是否会给我们的工作和生活带来不同的影响呢?强连接是否一定会比弱连接的影响大呢?

20 世纪 60 年代末,哈佛大学的研究生 Mark Granovetter 研究了朋友关系在人们找工作时所起到的作用。他在波士顿地区采访了近 100 人,并向两百多人发出了问卷。这些被调查者,要么刚刚换了工作,要么最近才被雇用,而且都是专业技术人士。Granovetter 发现,人们在寻找工作时,那些关系紧密的朋友反倒没有那些关系一般的,甚至只是偶尔见面的朋友更能够发挥作用。事实上,关系紧密的朋友也许根本帮不上忙。下面是 Granovetter 给出的一个例子:

"Edward 在上高中的时候,他认识的一个女孩邀请他参加了一场聚会。在聚会上,Edward 遇到了那个女孩的大姐的男朋友。3 年以后,当 Edward 辞去工作后,他

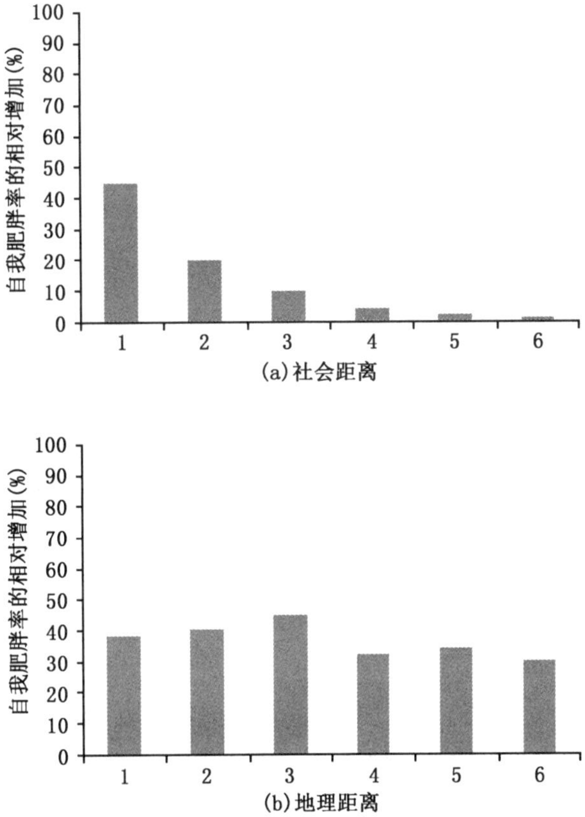


注:本图在论文图表的基础上进行了简化。

**图1—6 社会距离和地理距离对肥胖扩散的影响**

在当地住所偶遇了这位只有一面之交的朋友。在交谈中,这个人提起他所在的公司现在需要一名制图员,于是Edward申请了这份工作并顺利被聘用。"

Granovetter的这篇标题为《弱连接的力量》的论文,最初于1969年8月投给了《美国社会学评论》(*American Sociological Review*)杂志,但4个月后就被退稿。4年之后,这篇论文才在《美国社会学杂志》(*American Journal of Sociology*)发表。现在它被认为是有史以来最有影响力的社会学论文之一。

从网络的角度看,关系密切的朋友往往组成紧密的核心团体,而弱连接则对应不同团体之间的稀疏关系,如图1—7所示。核心团体内部的每个成员,很有可能都生活在相似的环境中,这意味着他们平时接触到的信息都是单一重复的。因此,一个人更有可能通过弱连接来获得新的信息。

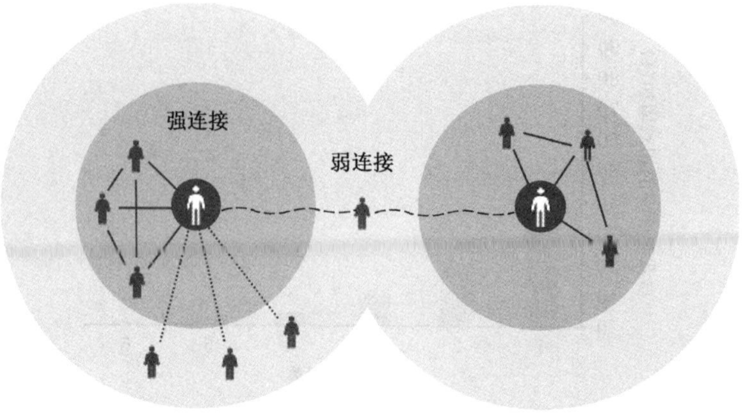


**图 1—7　一个人的强弱关系可以划分成两个同心圆，弱连接理论认为，弱连接的存在促进了来自不同核心团体的信息流动**

2012 年 1 月 17 日，Facebook 官方博客发表了题为《重新思考网络中的信息多样》的文章。① 文章指出，虽然一个人更有可能分享来自亲密朋友的消息，但 Facebook 上丰富的弱连接对信息传播起着更重要的作用，从而使 Facebook 的信息更具多样性。举例来说，假设你有 10 个强连接朋友和 100 个弱连接朋友，前者消息被转发的概率为 50%，后者概率仅为 15%。在这种情况下，你通过弱连接传递的信息量是强连接的 3 倍。总体而言，弱连接携带了更多的信息，更有可能带来你接触不到的新信息。

### 1.2.6　邓巴数

邓巴数（Dunbar's number）②是英国牛津大学人类学家 Robin Dunbar 提出的社会学概念，指一个人可以维持亲密关系的数量上限，一般在 100～230。人类社会中能够维持稳定联系的社群规模大约为 150 人，超过这个数的话，成员之间无法进行有效的沟通和协调，社群结构会变得松散，因此邓巴数也被称为“150 定律”。

1992 年，邓巴通过观察灵长类动物之间梳理毛发等社会行为，获得了 38 个非人类灵长类动物的种群规模。对这些种群的规模和大脑容量进行回归分析，邓巴确信动物的大脑容量和群体规模之间是存在一定比例的，并预测人类的“平均群体规模”为 148（四舍五入至 150）。

邓巴和他的同事将这一发现应用于人类社会，研究了有关群体规模的历史、人类学和当代心理学数据，包括社会群体在分裂或崩溃时的规模。他们发现这些案例在数

---

① https://about.fb.com/news/2012/01/rethinking-information-diversity-in-networks.

② 感兴趣的读者可以参考邓巴的科普作品《社群的进化》（*How Many Friends Does One Person Need?*），四川人民出版社 2019 年版。

字 150 前后具有显著的一致性。在邓巴看来，这种一致性的原因很简单：人不能超越生理条件的限制而实现无限的可能。例如，人不能像鸟儿一样飞翔、人耳听不到低于 20 赫兹的次声波和超过 20 000 赫兹的超声波。尽管现代文明程度有了很大进步，但人类的社交能力并没有获得大的提升。大多数人只能与有限数量的人建立具有实际意义的联系，虽然存在个体差异，但不会超出 150 太多。

然而，150 这个数字不能说明全部情况。邓巴本人也认为这个结果是探索性的，实验误差很大(95%的置信区间为 100～230)。因为既有不善交际、内向的人，也有善于交际、开朗的公众人物。

更一般的理论认为，人类的社会结构表现为如图 1—8 所示的同心圆模型：5 人左右的亲密圈；12～15 人的同情圈，在此范围里若有人去世，其他人会非常悲伤；35 人左右组成群落，共同生产、活动；150 人左右组成氏族，他们可能具有相同的信仰或习俗；500 人左右组成部落，他们使用相同的语言[①]；1 500 人左右为大群落，他们通常具备共同文化。参照此模型，当交际范围超过 150 人时，个体之间的交流、影响就会明显降低，只能靠共同的语言来维系；当人数上升到 1 500 人左右时，只能依靠共同文化来维系社会结构。

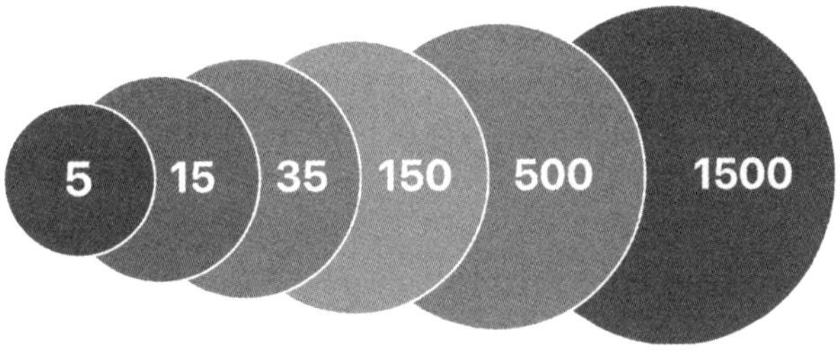


**图 1—8　邓巴数理论的同心圆模型**

### 1.2.7　小世界实验

小世界网络和六度分离理论

**● Milgram 小世界实验**

关于小世界现象(small world phenomenon)的第一个实证研究发生在 1967 年，美国哈佛大学的社会心理学家 Stanley Milgram 通过社会调查后给出的推断是：地球上任意两个人之间的平均距离是 6。也就是说，平均只要通过 5 个中间人，你就能与地球上任何一个角落的任何一个人发生联系。这就是著名的六度分离(six degrees of separation)。

让我们来看看 Milgram 的社会实验是怎么做的。首先，他选定了两个目标对象：

---

① 这里的“语言”指的是一些约定俗成的词语和概念。

一个是美国马萨诸塞州沙朗地区的一位神学院研究生的妻子，另一位是波士顿的一名证券经纪人。然后他在遥远的堪萨斯州和纳布拉斯加州招募到了一批志愿者。Milgram 要求这些志愿者通过自己所认识的人，用自己认为尽可能少的传递次数，设法把一封信最终转交到一个给定的目标对象手中。Milgram 在发表的论文中，描述了一封信件是如何仅用 3 步就从堪萨斯州的一位农场主手中转交到马萨诸塞州神学院学生的妻子手中：农场主将信件寄给一个圣公会教父，教父将其寄给住在沙朗的一位同事，然后信件就转到了神学院学生妻子的手中。尽管并不是每一个实验对象都如此成功，但 Milgram 根据最终到达目标者手中的信件的统计分析发现，从一个志愿者到其目标对象的平均距离是 6，如图 1－9 所示。实验结果在某种程度上反映了人际关系的小世界特征。

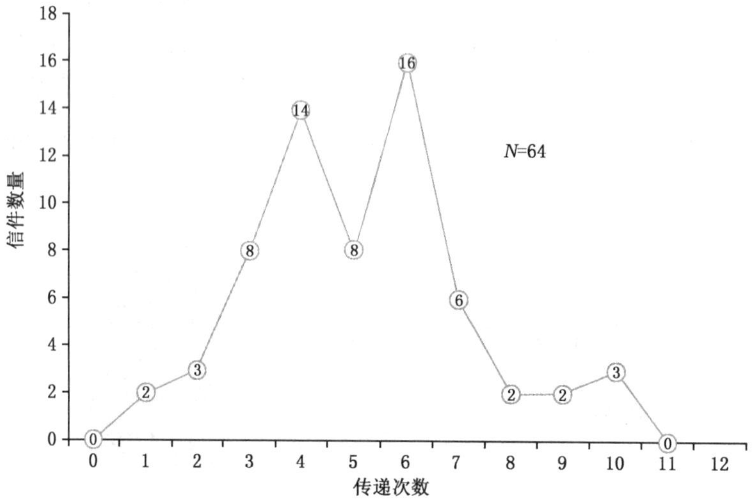


**图 1－9 Milgram 六度分离社会实验的路径长度分布图**

Milgram 的小世界实验在社会网络分析中具有重要影响，然而实验中存在一些局限性。实际上只有少部分的信件成功送到了收信人手中，实验的完成率很低。而且 Milgram 总共只送出了 300 封左右的信，即使这些信全都成功送到了收信人手中，用这么少的数据量来统计人际关系网络的性质，其可信度也是非常低的。

我们需要辩证地思考六度分离的现实意义，“人与人之间相距甚近”到底意味着什么？对于当今社会的大多数人到底有何价值？是否意味着人们在现代社会中彼此紧密相连？Milgram 对这些问题进行了深入思考，他认为，如果我们把每个人看作一个小型社交圈的中心，那么“6 步距离”将转变为“6 个社交圈的距离”，后者听起来像是一个遥远的距离了。

Milgram 的小世界实验为社会网络分析提供了重要参考。近些年来，人们一直在做着各种不同规模、不同方式的小世界实验，最终得出了一个被多数人认同的结论：社交网络中，任意两个人之间的距离都是很短的。即使你与知名艺术家或政治家之间有6步之遥的这一事实不会立刻给你带来回报，但是能够让我们更好地理解身处的社会环境和社会结构，帮助我们理解为什么一些谣言、传染疾病或者技术创新的传播能够如此迅速，同时也提醒我们迎接各种机遇和挑战。

● **Bacon数**

20世纪90年代末的一个著名社会实验是"Kevin Bacon游戏"。这个游戏的主角Bacon是好莱坞电影圈的著名演员，游戏的目的是把世界上所有演员与Bacon连接起来。在该游戏里为每个演员定义了一个Bacon数：如果一个演员与Bacon一起合作演过电影，那么他或她的Bacon数就为1；如果一个演员没有直接与Bacon合作，但是与Bacon数为1的演员一起演过电影，那么该演员的Bacon数就为2；以此类推。这个游戏通过是否共同出演一部电影作为纽带，建立了演员和演员之间的合作网络。而Bacon数描述了这个网络中任意一个演员到Bacon的最短路径。

美国弗吉尼亚大学计算机系的科学家建立了一个电影演员的数据库[①]，放在网上供人们查询。网站的数据库里目前共存有近60万个世界各地的演员的信息以及近30万部电影信息，输入演员名字就可以知道这个演员的Bacon数。比如，输入Jackie Chan（成龙）就可以得到这样的结果：成龙在《功夫熊猫3》中与James Hong合作；Hong在一部名为*R. I. P. D.*的电影中与Bacon合作。这样，成龙的Bacon数就为2。对近60万个演员统计发现，最大的Bacon数仅仅为8，而平均Bacon数仅为2.944。

● **Erdos数**

科研合作网络（coauthorship network）是一种被充分研究的社会协作网络，因为收集节点和连边数据相对容易。科研合作网络的节点是学者，如果两个学者共同撰写了科研论文，则进行连边。

Paul Erdos是20世纪最伟大的数学家之一，他对网络科学做出了重要贡献。他在一生中完成了大约1 600篇论文，其中大部分文章是与500位研究人员共同合作完成的。由于Erdos丰富的论文著作和合作关系，数学家们喜欢研究他们与Erdos的距离。他们把这个距离称为一个数学家的Erdos数，并建立了专门的网站。许多数学家都有非常小的Erdos数，比如爱因斯坦的Erdos数为2，华人数学家张益唐的Erdos数为4，由此可见，科学界真的不算大。

● **互联网上的小世界实验**

2001年，美国哥伦比亚大学的Duncan J. Watts等人建立了一个称为小世界项目

---

① 数据库网址为：http://oracleofbacon.org。

(small world project)的网站,开始在世界范围内检验六度分离理论。他们选定了一些目标对象,包括各种年龄、种族、职业和社会经济阶层的人。志愿者在网站注册后会被告知关于目标对象的一些信息。志愿者的任务就是把一条消息用电子邮件的方式传到目标对象。类似于 Milgram 的小世界实验,如果志愿者不认识指定的目标对象,可以向网站提供他觉得比较合适的一个朋友的电子邮件地址。网站会通知这个朋友该实验的事情,如果这个朋友同意就可以继续这个实验。该研究小组于 2003 年 8 月在《科学》(*Science*)上报道了他们的实验结果。在一年多的时间里,共有 13 个国家的 18 名目标对象以及 166 个国家和地区的 6 万多名志愿者参与实验,最后有 384 个志愿者的电子邮件抵达目的地。每封邮件平均转发 5～7 次,即可到达目标对象。

2011 年,康奈尔大学、米兰大学和 Facebook 的研究人员公布了关于 Facebook 的六度分离实验的研究结果:Facebook 上两个用户之间的平均距离仅为 3.74。研究采用了 Facebook 上大约 7.21 亿个活跃用户以及 687 亿条朋友关系,用户数超过了当时全球人口的 10%。5 年后即 2016 年,Facebook 的用户增加了 1 倍,Facebook 重新对数十亿人和数千亿友谊关系进行了计算,发现大多数人的距离在 2.9～4.2。用户之间的平均距离在过去 5 年中缩小了,世界上任何两个人之间的距离越来越近。

## 思考题

1. 列举生活中常见的大规模网络和小规模网络。
2. Zachary 空手道俱乐部为什么被称为网络科学中最经典的数据集?
3. 什么是强连接和弱连接? 现代社会中有哪些强连接和弱连接关系的例子?
4. 什么是邓巴数? 150 这个数字是如何得到的?
5. 请画出如图 1—1 所示的你自己的自我网络。

# 第 2 章　社会网络的基本概念

如果把社会系统中的不同要素和关系抽象成节点和连边，则可以用社会网络对社会系统进行表示。本章介绍社会网络的基础知识，帮助读者理解个体之间的简单连接如何一步步塑造出复杂的人类社会。从本质上看，网络是对一个复杂系统最简洁的描述，因为它剥去了一个系统的大量细节，只专注其中的实体以及实体之间的相互作用，将它们抽象成网络的节点和连边。因此，网络被用来研究各式各样的系统。节点可以代表各种实体，比如人、公司、组织、国家等社会系统的要素主体；连边可以代表这些实体之间的关系或互动，比如人们之间的友谊、公司之间的合作、手机之间的通信、国家之间的贸易关系等。本章主要探讨社会网络的基本概念、定义和重要应用。

## 2.1　网络的图表示

本节开始介绍一些网络科学基础，这些概念对社会网络的分析和应用至关重要。

### 2.1.1　网络与图

对于大自然或社会中遇到的各种网络，很容易列出它们之间的差异。例如，社会网络的节点是个人，连边代表了家庭、友谊或工作；通信网络的节点是用户手机，连边代表了通话、短信、信息传递等；交通网络的节点代表了火车站、飞机场、公交车站等，连边代表了运输路线。这些网络的产生过程也千差万别：现代社会的人际关系是数千年进化的结果；通信网络是由数百万个体和组织自发建立的；交通网络则是在人为干预下构建的。

尽管以上网络的场景、规模和产生机制各不相同，但我们都能用一套通用的数学语言来描述这些系统——图(graph)。图对网络进行了一定程度的抽象：把网络中的个体抽象成点，而不关注个体的大小、位置、形状、功能；把个体与个体之间的连接抽象成边，而不关注以何种方式连接。本章中出现的网络科学工具，大多数来自图论(graph theory)。图论是数学领域的一个分支，包含许多重要成果，本章只介绍图论中与社会网络最相关的那部分内容。

很少有学科像图论一样，能够追溯到历史上的某一时刻和事件。图论起源于俄罗斯的一座城市加里宁格勒，这座城市在数学史上非常有名，不过当年它还不叫加里宁格勒，而是叫作哥尼斯堡，是 18 世纪普鲁士的首都。这是一座商业繁荣的城市，为了支持贸易运输，哥尼斯堡市区建造了七座桥，把中心小岛和河岸连接起来，如图 2－1 所示。这种特殊的交通结构诞生了一个被称作“哥尼斯七桥”的难题：一个人可以不重复、不遗漏地一次走完七座桥吗？尽管当地居民尝试了很多种方案，但没人能找到这样的路线。直到 1735 年，瑞士数学家欧拉（Euler）提供了严格的数学证明，七桥问题是没有解的。

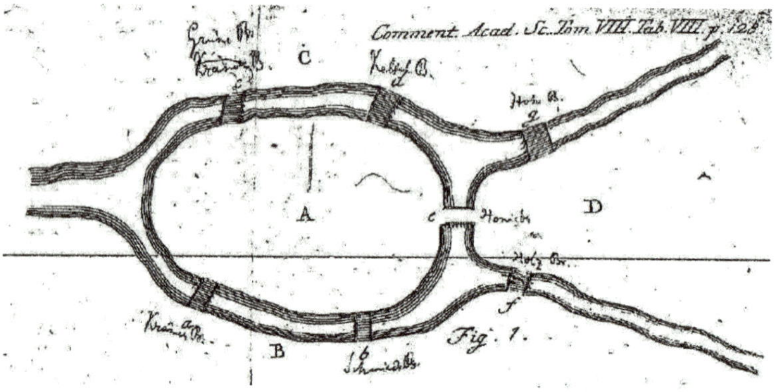


**图 2－1　欧拉关于七桥问题的手绘图**

欧拉认为，陆地与桥的实际位置、形状和距离并不是解决问题的重点，重要的是这些桥的连接方式。因此，七桥问题可以抽象成如图 2－2 所示的网络图，节点 A 到 D 代表被河流分割的土地区域，节点之间的连边代表七座桥。

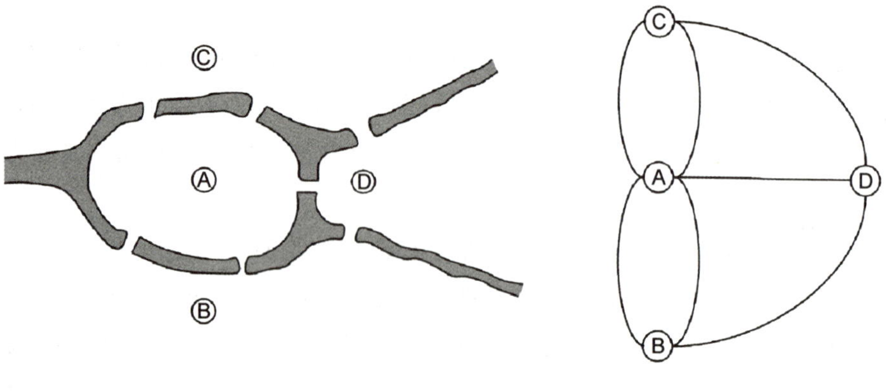


**图 2－2　七桥问题的图表示**

欧拉做了简单的观察:如果存在一条路线可以不重复、不遗漏地走完七座桥,那么具有奇数条连边的节点必须是路线的起点或者终点。因为对于具有偶数条连边的节点,离开它之后是可以重新返回的;但是一旦到达奇数条连边的节点,你会发现没有可用的连边来重新返回该节点。在七桥问题中,穿过所有桥的路线只能有一个起点和终点,然而图 2—2 中节点 A、B、C 和 D 都具有奇数条连边,因此七桥问题没有解。

在历史上,欧拉第一次使用图解决了一个数学问题,被认为是图论、拓扑学和网络科学的开端。七桥问题带给我们一些启示,如果用图来表示复杂系统,问题会变得更加清晰、更容易解决。接下来,我们将学习如何用图来表示各种网络,并介绍从度(degree)到集聚系数(clustering coefficient)等一系列社会网络的重要概念。

**● 节点和连边**

网络是由一群节点以及节点之间的连边构成,在数学领域被称作图。节点是对个体的抽象,连边代表了个体之间的关系,可以是社会关系、物理关系、通信关系、地理关系、化学关系、生物关系以及任何关系。虽然这些系统有着本质不同,但是网络提供了一个通用的理论框架,让社会学、数学、计算机科学、生物学等不同领域的学科在同一个语境下交流。如图 2—3 所示,3 种不同的系统都能表示成同一个网络。

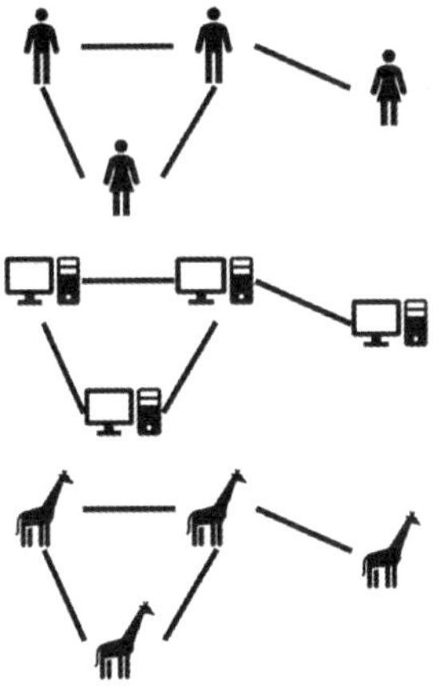

(a)不同的系统

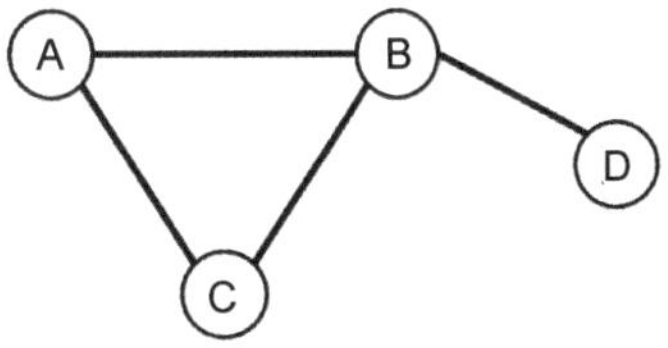


(b)相同的网络表示

**图 2—3　不同的系统用同一个网络表示**

有趣的是,在谈论网络时,不同领域通常会引入自己的学科术语。社会学家倾向于把社会个体称作主角(actor)而非节点(node),把社会关系称作纽带(tie)而非连边(link)。与此同时,数学家又提出了他们的数学术语——顶点(vertex)、连边(edge)以及图(graph)。这些术语背后可以看到学科之间的界限,如果你想在某个特定领域发表作品,千万记得使用符合规范的命名,否则审稿人会把你当作圈子外的人。

网络中节点的数量用 $N$ 表示，同时也是网络的规模大小，为了区分节点，通常将它们标记为 $i=1,2,\cdots,N$，或者使用不同的字母。网络中连边的数量用 $L$ 表示，一般情况下不需要对边标注，因为任意一条边都可以被两个节点标注，比如(2,4)意味着由节点 2 和 4 连接的边。图 2—3(b)的网络中，节点数 $N=4$，连边数 $L=4$。

通常情况下，两个节点之间至多存在一条连边，如果存在不止一条连边，则被称作重边(multi-edge)；通常认为节点不会与自己连边，与节点自身相连的边被称作自环(self-loop)。本书介绍的大部分案例是简单网络(simple network)，即没有重边和自环的网络。图 2—4 的网络包含了重边和自环。

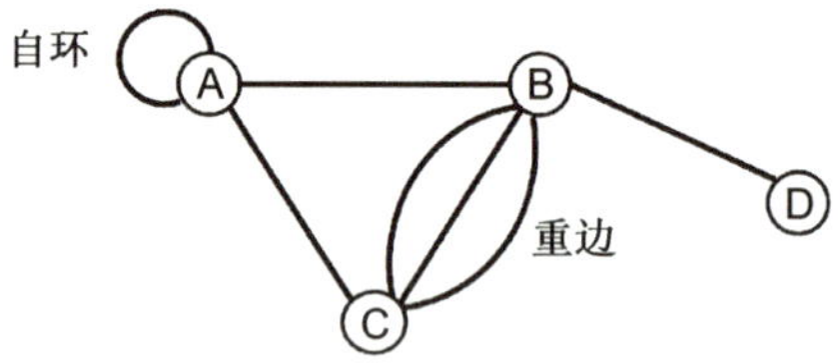


**图 2—4　重边和自环**

### ● 邻接矩阵

对一个网络的完整描述，最简单的方式是列举所有的连边，比如图 2—3(b)中的网络可以描述成(A,B)，(A,C)，(B,C)，(B,D)。这种方法被称作邻接表(adjacent list)，在计算机中经常用于存储和表达网络结构。为了对网络进行建模和分析，更多情况下使用邻接矩阵(adjacent matrix)来表达网络结构。网络 $G$ 的邻接矩阵 A 是一个 $N$ 阶方阵，第 $i$ 行第 $j$ 列的元素 $A_{ij}$ 满足：

$A_{ij}=1$ 代表节点 $i$ 和 $j$ 之间存在一条连边；

$A_{ij}=0$ 代表节点 $i$ 和 $j$ 之间没有连边。

比如，图 2—3 对应的邻接矩阵可表示为：

$$\mathrm{A}=\begin{bmatrix}0 & 1 & 1 & 0\\1 & 0 & 1 & 1\\1 & 1 & 0 & 0\\0 & 1 & 0 & 0\end{bmatrix}$$

从邻接矩阵中可以注意到两点：首先，对于没有自环的网络，邻接矩阵的对角线元素都为 0；其次，邻接矩阵是对称的，意味着如果节点 $i$ 和 $j$ 之间存在一条连边，则反之也成立。

重边和自环也可以用邻接矩阵表示。如果节点 $i$ 和 $j$ 之间存在两条连边，则 $A_{ij}=A_{ji}=2$。自环稍复杂些，如果节点 $i$ 产生了一个自环，则对角线元素 $A_{ii}=2$。为什么是 2 不是 1？事实上，由于自环与节点产生了两个接触点，可以理解为节点 $i$ 从左往右存在一条连边，从右往左存在另一条连边。图 2－4 中重边和自环的邻接矩阵可表示为：

$$A=\begin{bmatrix}2 & 1 & 1 & 0\\1 & 0 & 3 & 1\\1 & 3 & 0 & 0\\0 & 1 & 0 & 0\end{bmatrix}$$

● **度**

在网络科学中，节点的度代表一个节点与其他节点之间的连边数量。在好友网络中，一个人的度代表他或她有多少朋友。需要留意的是，度的定义是根据连边的数量，而不是相邻节点的数量。这个区别体现在带有重边的网络上：如果一个节点与相邻节点之间存在多条连边，则应该累加到该节点的度上，比如图 2－4。

虽然度的定义很简洁，但它是网络科学中用处最广泛的概念之一，它的身影将出现在本书的各个角落。我们定义 $k_i$ 为网络节点 $i$ 的度，比如在图 2－3 中，节点的度分别为 $k_1=2$、$k_2=3$、$k_3=2$、$k_4=1$。一个节点的度等于邻接矩阵的行和或者列和：

$$k_i=\sum_{j=1}^{N}A_{ij}=\sum_{j=1}^{N}A_{ji} \tag{2-1}$$

网络的连边数量 $L$ 可以表示为节点度之和以及邻接矩阵之和：

$$L=\frac{1}{2}\sum_{i=1}^{N}k_i=\frac{1}{2}\sum_{i,j}A_{ij} \tag{2-2}$$

式中的$\frac{1}{2}$是因为在度相加的过程中，每一条连边被重复计数了两次。网络的另一个重要衡量指标是平均度（average degree），可以用度或者邻接矩阵来表示：

$$\langle k\rangle=\frac{1}{N}\sum_{i=1}^{N}k_i=\frac{1}{N}\sum_{i,j}A_{ij}=\frac{2L}{N} \tag{2-3}$$

### 2.1.2　加权网络和有向网络

● **加权网络**

目前介绍的网络案例中，连边只代表了两个节点之间的简单关系：连接或者不连接。在一些情况下，为网络连边赋予强度、权重或者价值是非常有用的，能够表示相应两个个体之间联系的强弱。比如，通信网络中的连边可以代表用户之间的通话次数和时长，社会网络中的连边可以代表个体之间的接触频率和重要性，食物链网络中的连边可以代表物种之间的能量流动。我们将带有加权边的网络称作加权网络（weighted network），可以通过邻接矩阵表示每条连边的权重，图 2－5 的邻接矩阵为：

$$A=\begin{bmatrix}0&1&1&0\\1&0&3&3\\1&3&0&0\\0&3&0&0\end{bmatrix}$$

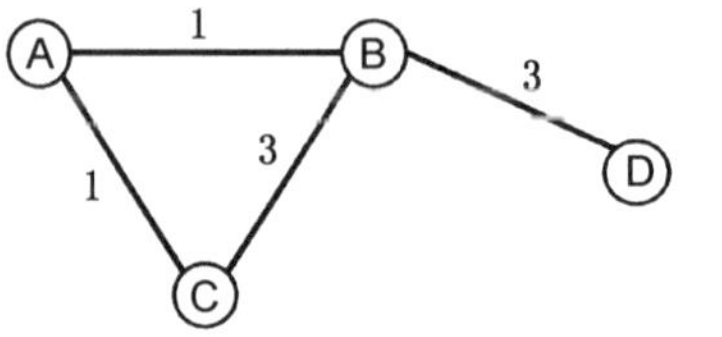


**图 2—5 加权网络**

加权网络的连边权重通常是正数，但是负数的情况也很常见。到目前为止，关于网络的讨论都是认为个体之间的关系具有正面的含义——节点之间的连边通常表示友谊、合作、信息共享或者同属于某个群体等关系。在线社交网络也体现出类似的特点，连接通常意味着好友、粉丝、追随者等。

但是，在大多数网络中也有负面的因素在起作用。一些关系是友好的，另一些关系可能是对抗的、敌对的，人和人之间的互动常常充满了争论、反对甚至冲突。在一个混有正面和负面关系的网络中，可以通过权重网络的连边权重来体现，正边表示友好，负边表示对立。

● **有向网络**

有向网络（directed network）中的连边是有方向的。有向边$(i,j)$意味着存在一条从节点$i$指向$j$的边，但并不意味着存在连边$(j,i)$。比如，道路交通网络中的单向车道对应的就是有向边，通信网络中的通话记录是一个人联系另一个人，商业网络中的资金转移也是存在方向性的。有向网络的邻接矩阵满足：

$A_{ij}=1$代表存在一条连边从节点$j$指向$i$；

$A_{ij}=0$代表不存在连边。

需要留意有向边定义中的下标$j$和$i$的位置，这看上去有些反直觉，但是在后面的矩阵运算过程中，这样的定义会提供一些便利。不同教材的标注方式不同，因此读者需要搞清楚有向网络的定义规则。图 2—6 的邻接矩阵为：

$$A=\begin{bmatrix}0&0&0&0\\1&0&1&0\\1&1&0&0\\0&1&0&0\end{bmatrix}$$

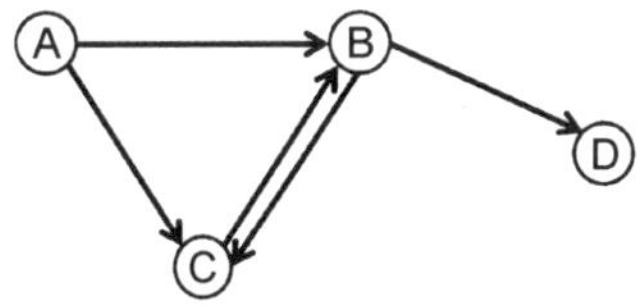


**图 2—6　有向网络**

在有向网络中，一个节点存在两个度值：出度(out-degree)意味着有多少连边从该节点出发连接到其他节点，入度(in-degree)意味着有多少连边从其他节点指向该节点。因此，出度和入度可以用邻接矩阵表示为：

$$k_i^{in}=\sum_{j=1}^{n}A_{ij},k_j^{out}=\sum_{i=1}^{n}A_{ij} \tag{2—4}$$

有向网络中，每一条边分别贡献了 1 个出度和 1 个入度，因此出度之和永远等于入度之和。同时，有向网络的连边数量 $N$ 等于所有节点的出度之和，也等于所有入度之和，即：

$$L=\sum_{i=1}^{N}k_i^{\text{in}}=\sum_{j=1}^{N}k_j^{\text{out}}=\sum_{ij}A_{ij} \tag{2—5}$$

于是，有向网络的平均入度和平均出度相等：

$$\langle k^{\text{in}}\rangle=\frac{1}{N}\sum_{i=1}^{N}k_i^{\text{in}}=\frac{1}{N}\sum_{j=1}^{N}k_j^{\text{out}}=\langle k^{\text{out}}\rangle \tag{2—6}$$

$$\langle k^{\text{in}}\rangle=\langle k^{\text{out}}\rangle=\frac{L}{N} \tag{2—7}$$

### 2.1.3　完全网络

实际网络的节点数 $N$ 和连边数 $L$ 的变化范围非常大。比如，历史上第一个完成基因测序的多细胞生物——秀丽隐杆线虫(caenorhabditis elegans)——只有 $N=302$ 个神经元。相比之下，人类大脑估计有 $N=10^{11}$ 个神经元，人类细胞大约有 $N=20\ 000$ 个遗传基因，社会网络由全世界 $N=8.0\times10^{9}$ 个人组成，而万维网的节点数量估计超过了 $N=10^{12}$ 个。

**表 2—1　　实际网络的数据**

| 网络 | 节点 | 连边 | 有向/无向 | 节点数 | 连边数 | 平均度 | 密度 |
|---|---|---|---|---|---|---|---|
| 互联网 | 路由器 | 网络连接 | 无向 | 192 244 | 609 066 | 6.34 | 0.000 033 |
| 万维网 | 网页 | 链接 | 有向 | 325 729 | 1 497 134 | 4.60 | 0.000 014 |
| 电力网络 | 电站 | 电线 | 无向 | 4 941 | 6 594 | 2.67 | 0.000 540 |
| 手机通信网络 | 手机 | 通话 | 有向 | 36 595 | 91 826 | 2.51 | 0.000 068 |

续表

| 网络 | 节点 | 连边 | 有向/无向 | 节点数 | 连边数 | 平均度 | 密度 |
|---|---|---|---|---|---|---|---|
| 电子邮箱网络 | 邮箱地址 | 邮件 | 有向 | 57 194 | 103 731 | 1.81 | 0.000 032 |
| 科研合作网络 | 科学家 | 科研合作 | 无向 | 23 133 | 93 439 | 8.08 | 0.000 349 |
| 演员网络 | 演员 | 电影合作 | 无向 | 702 388 | 29 397 908 | 83.71 | 0.000 119 |
| 引文网络 | 论文 | 文献引用 | 有向 | 449 673 | 4 689 479 | 10.43 | 0.000 023 |

从表 2—1 中可以看出，网络的连边数量 $L$ 差异也很大。从理论上讲，对于拥有 $N$ 个节点的无向网络，其连边数最小为 $L=0$，最大为 $L_{\max}$。

$$L_{\max}=\binom{N}{2}=\frac{N(N-1)}{2} \tag{2—8}$$

如果一个网络任意两个节点之间都存在连边，则称作完全网络（complete network），也称为全连通网络（fully connected network）。图 2—7 展示的完全网络包含 $N=16$ 个节点以及 $L_{\max}=120$ 条连边，邻接矩阵的非对角元素均为 1，平均度 $\langle k\rangle=N-1$。

**图 2—7　完全网络**

**● 网络的稀疏性**

网络的稀疏性可以用密度 $\rho$ 刻画，定义为网络实际存在的连边数与最大值 $L_{\max}$ 的比例。对于无向网络，我们有：

$$\rho=\frac{L}{\frac{1}{2}N(N-1)}=\frac{\langle k\rangle}{N-1} \tag{2—9}$$

如果是有向网络，上式分母中的$\frac{1}{2}$去掉即可。

实际网络中的连边数 $L$ 远小于 $L_{\max}$，大部分实际网络是稀疏的。比如，表 2—1 中的万维网包含 150 万个链接，如果是完全图，即网络中的节点两两相连，则它应该包

含 $L_{max} \approx 5 \times 10^{10}$ 个链接；也就是说，万维网的实际链接数占最大值的比例仅为 $3 \times 10^{-5}$。实际上，表 2—1 中的所有网络都是稀疏的：实际连边数相对于最大值只占很小的比例。

稀疏性对于我们研究和存储实际网络有着重要意义。例如，在计算机中存储一个大网络时，只存储邻接表（邻接矩阵中的非零元素）相对于存储整个邻接矩阵会好得多，因为邻接矩阵中相当大比例的元素是 0。因此，使用矩阵表示网络时，零元素会浪费大量的计算机内存空间。

实际网络一般也是随时间而演化的，而且大部分网络中的节点和连边数量总体上呈现递增趋势。因此，一个自然的问题是：随着时间的演化，网络是变得越来越稀疏还是越来越稠密？根据网络密度和平均度的关系，在网络规模 $N$ 不断增加的情况下，平均度 $\langle k \rangle$ 仍保持为一个常数（参考 1.2.6 的邓巴数）。比如，好友网络具有恒定的平均度，因为一个人的朋友数量不可能取决于全世界的人口，一个人拥有越多的朋友，意味着需要更多时间来维持友谊。平均而言，新加入的节点会与网络中一定数量的其他节点相连，整个网络的连边数会越来越多，这会提高网络密度；另一方面，新节点会增加网络连边的理论最大值 $L_{max}$，从而降低网络密度。

● **网络的价值**

梅特卡夫定律（Metcalfe law）指出，网络的价值与网络节点个数的平方（$N^2$）成正比，而不是线性相关（$N$）。该定律是由罗伯特・梅特卡夫（Robert M. Metcalfe）在 1980 年左右阐述通信设备网络价值时提出的。梅特卡夫定律背后的思想是，网络用户数越多，网络价值的增长速度就越快。例如，使用电子邮件的人数增长 1 倍，朋友之间的通信会更加顺畅，电子邮件这项服务对你而言的价值增长却不止 1 倍。

20 世纪 90 年代后期的互联网泡沫期间，梅特卡夫定律经常被用于对互联网公司进行定量估值。梅特卡夫定律表明，一项互联网服务的价值和其能创造的连边数成正比，也就是与其用户数的平方（$N^2$）成正比。相比之下，公司成本和用户数（$N$）却只是线性关系。因此，只要互联网服务能够吸引足够多的用户，就一定能够盈利——$N^2$ 总会超过 $N$，如图 2—8 所示。

梅特卡夫定律假定每个连边具有一样的价值，因此网络总价值正比于 $N(N-1)/2$。如果一个网络有 $N=10$ 个用户，那么这些用户之间最多可有 $L_{max}=45$ 个连接。当网络规模增加 1 倍（$N=20$），连边数会增加不止 1 倍，而是差不多 4 倍（$L_{max}=190$）。

然而，站在网络科学的角度，不难发现梅特卡夫定律的一些局限性：

（1）实际网络是稀疏的，意味着新增加节点提供的连接数是有限的。因此，实际网络的连边增加量并非平方增长，而是线性增长。

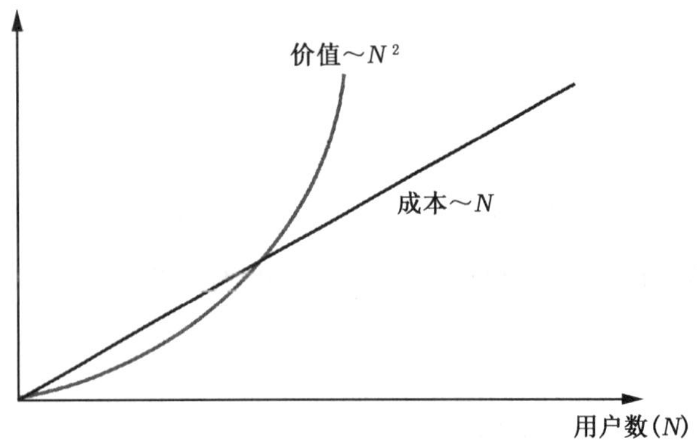


图 2—8 梅特卡夫定律

(2)网络用户存在异质性,并不是所有连接的价值都是一样的。有些连接的价值很大,而绝大部分连接的价值很小。

### 2.1.4 超网络和二部分网络

● **超网络**

目前,我们接触到的都是二元交互关系,一个关系需要两个个体来承接,或者说一条边连接两个节点,比如好友关系、通信关系和产品买卖关系等。然而,在许多实际复杂系统中,组成系统的个体之间不仅存在二元关系,也广泛存在多个体同时交互的情况。例如,在社交系统中,合作关系往往同时发生在多个体之间,多名学者共同合作完成科研文章、多个公司共投新项目、多个单位协同作战等;在神经系统中,神经元之间信号的传递是多个神经元共同调控产生的结果;在生物系统中,新陈代谢过程中的每一个化学反应都是由多种物质参与完成。这种涉及多个体的关系难以用二元交互关系来描述,因此,我们需要定义一种特殊的连边,它能够同时连接网络中多个节点。这种类型的边叫作超边(hyperedge),这样的网络叫作超网络(hyper network)或者超图(hypergraph)。

本书中遇到的许多系统都可以表示为超网络,例如在一些网络中,节点通过某种组织结构连接在一起,如一个家庭的共同成员、一家公司的董事会成员、同一部电影的主演等。在社会学中,这种网络被称作隶属网络(affiliation network)。如图 2—9(a)所示,在网络中存在多个体交互的关系,用不同的圆圈来表示这些关系,比如节点 A、C、D 共同构成了一个关系,节点 B、C、D 共同构成了另一个关系。超网络可以转化为如图 2—9(b)所示的二部分网络,两者包含的信息是完全相同的。

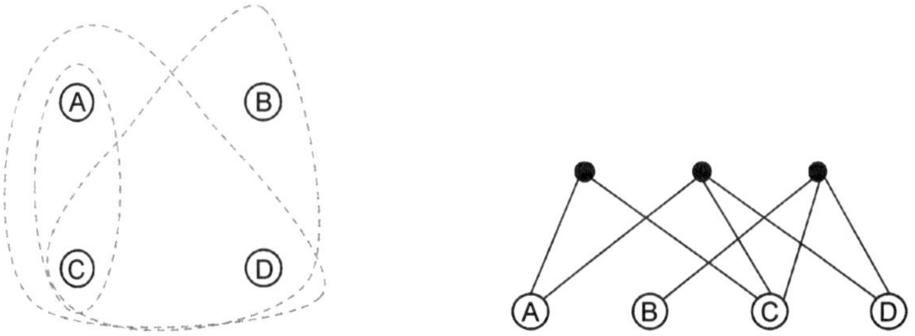


(a)　(b)

**图 2—9　超网络和二部分网络,两者可以互相转换**

● **二部分网络**

二部分网络(bipartite network)是这样一种网络:它的节点一共有两种类型,边只能在不同类型的节点之间连接。在社会学中也被称作二模网络(two-mode network)。如图 2—10 所示,二部分网络包含两个节点集合 $U$ 和 $V$,集合 $U$ 中的节点只与集合 $V$ 相连;也就是说,集合 $U$ 和 $V$ 的内部不存在连边。二部分网络常用来区分不同的群体,比如在电子商务情形中,消费者是一类节点,产品是另一类节点,连边则代表着购物记录。当以这种方式使用时,二部分网络包含的信息与超网络完全相同,图 2—9 中的超网络和二部分网络之间可以相互转换。在大多数情况下,二部分网络比超网络更方便,使用也更广泛。

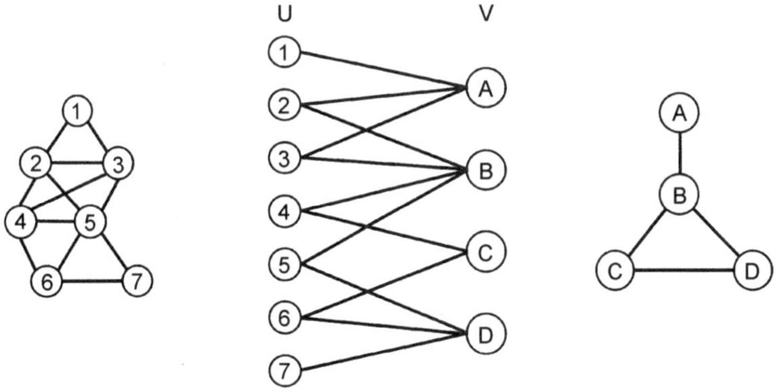


**图 2—10　二部分网络和两个投影网络**

二部分网络的邻接矩阵是一个长方形矩阵,其中每一行代表来自集合 $V$ 的节点,每一列代表集合 $U$。以图 2—10 为例,可以用一个 7×4 的矩阵来表示二部分网络:

$$
A=\begin{bmatrix}1&1&1&0&0&0&0\\0&1&1&1&1&0&0\\0&0&0&1&0&1&0\\0&0&0&0&1&1&1\end{bmatrix}
$$

尽管二部分网络能够记录一个特定系统的完整信息，但它有时候并不直观。在某些情况下，我们更关心某一类节点组成的网络。比如在一个学生选宿舍的系统中，我们并不关注哪些学生被分到了哪些宿舍，更关心哪些学生被分到了同一间宿舍。为了创建这样的网络，其中一种办法是摆脱宿舍节点，直接在学生节点之间进行连接。这个过程被称作单模投影（one-mode projection），生成的网络被称作投影网络。如图2—10所示，二部分网络可以生成两个投影网络。其中一个投影网络只包含集合 $U$ 的节点，如果 $U$ 中的两个节点指向 $V$ 中同样节点，则这两个节点在该投影网络中彼此相连。同理，另一个投影网络只包含集合 $V$。

另一个例子是电影合作网络，二部分网络中包含了演员和电影两类节点，如果某个演员出演了某部电影，则二者之间有一个连边。一个演员可以参演不同的电影，一部电影可以包含不同的演员。对这个二部分网络进行单模投影，其中一个投影网络是演员合作网络——出演过同一部电影的两个演员之间彼此相连，另一个投影网络是电影网络——至少有一个共同演员的两部电影彼此相连。

## 2.2 网络的描述性指标

在大数据出现之前，人们能够研究的社会网络通常是通过调查和访谈建立的，因此网络规模是有限的。在一些经典的社会网络文献中，网络仅由几十到上百个节点组成。对于这些小规模网络，我们能够把它画在纸上，通过肉眼观察就能区分每一个节点，并回答诸如“网络最重要的节点”“哪些节点之间关系更紧密”等问题。如今，我们需要面对大规模网络，比如Facebook好友网络规模达到了数十亿用户，并且用户的多样性涵盖了从普通的学生、白领，到国家领导人、科学家、商业领袖等。因此，我们需要通过统计性分析来获得节点的属性以及网络整体的一些重要性质。

### 2.2.1 度分布

在刻画某个节点性质时，我们首先会关心该节点与其他节点存在多少条连边，也就是前面介绍过的节点的度的概念。在确定了所有节点的度值后，就能够得到整个网络的度分布（degree distribution）。度分布不再关注某一个特定节点，而是一群具有相同度值的节点。通过对网络度分布的研究，能够得到网络整体的一些重要性质。

把网络中所有节点的度从小到大排序，并统计度为 $k$ 的节点占整个网络节点数的比例 $p_k$。比如，对于图 2－11(a)所示的一个包含 10 个节点的网络，可以得到一个度为 0 的节点、两个度为 1 的节点、四个度为 2 的节点、两个度为 3 的节点以及一个度为 4 的节点。于是，整个网络的度分布为：

$$p_0=\frac{1}{10},p_1=\frac{2}{10},p_2=\frac{4}{10},p_3=\frac{2}{10},p_4=\frac{1}{10},p_k=0,k>4$$

**图 2－11　度分布的案例**

从概率的角度看，$p_k$ 也可以视为在网络中随机选择一个节点，它的度等于 $k$ 的概率，这就是度分布 $P(k)$ 的统计意义。特别地，有向网络的出度分布(out-degree distribution)$P(k^{out})$定义为网络中一个随机节点的出度为 $k$ 的概率；入度分布(in-degree distribution)$P(k^{in})$定义为一个随机节点的入度为 $k$ 的概率。对于图 2－11(b)中的有向网络，需要分别用出度和入度来描述网络的度分布。

● **常见的分布函数**

在统计学中，正态分布是最重要、最常见的概率分布，用 $N(\mu,\sigma^2)$表示，其中 $\mu$ 和 $\sigma^2$ 分别是均值和方差。正态分布的曲线是钟形对称的：均值 $\mu$ 决定了分布的位置，方差 $\sigma^2$ 决定了分布的形状。正态分布的概率密度函数为：

$$f(x)=\frac{1}{\sqrt{2\pi}\sigma}\exp\left(-\frac{(x-\mu)^2}{2\sigma^2}\right) \quad (2-10)$$

正态分布是针对连续型随机变量而言的，而网络中节点的度是离散型随机变量，取值范围为非负整数。常见的离散型概率分布有二项分布(binomial)和泊松分布(poisson)等，它们在一定条件下都可以近似看作正态分布的离散形式。泊松分布的概率密度函数为：

$$P(X=k)=\frac{\lambda^k}{k!}e^{-\lambda} \quad (2-11)$$

其中，参数 $\lambda>0$，泊松分布的均值和方差都是 $\lambda$，并且随着 $\lambda$ 增大，泊松分布的形状迅速接近正态分布曲线。

服从钟形分布的随机变量，不论是正态分布还是泊松分布，都具有一个明显的特

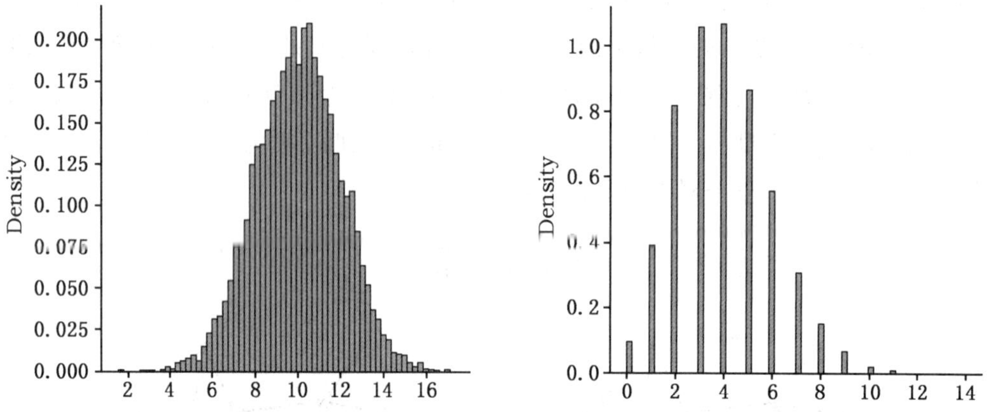


(a)正态分布　　(a)泊松分布

**图 2—12　正态分布和泊松分布**

征,即中间高、两边低,在均值附近达到峰值,然后随着 $X$ 的增大,概率迅速下降。以人的身高为例,假设全球成年男子的平均身高为 1.75 米,那么绝大多数成年男子的身高应该与 1.75 米相差不远,维持在 1.60～1.90 米。在大街上很少见到身高小于 1.5 米的矮个子或者高于 2 米的高个子。因此,全球成年男子的身高分布具有钟形曲线的形状是合理的。

然而,如果考察的是全球个人财富分布,情况就不一样了。因为财富的分布是极端不均匀的:既有大量一贫如洗的穷人,也有少数富可敌国的富豪。2020 年,联合国发布报告称,超过 70%的世界人口生活在收入和财富日趋不平等的环境中,世界上最富裕的 26 个人拥有的财富相当于全球半数人口;也就是说,这 26 个全球最富有的人所拥有的财富加起来超过 1.4 万亿美元,这个数字相当于全世界最穷的 38 亿人口所拥有的财产。看起来非常不可思议的数字,却是真实存在的。

全球个人财富的分布与钟形曲线完全不同,它具有一个长长的尾巴,所以也称为长尾分布(long tail distribution),如图 2—13 所示。长尾分布意味着大部分取值比较小,但是会有少数取值非常大。以财富分布为例,尽管大部分个人财富都比较少,但是也存在一些拥有至少 100 万美元财富的人,在这些人中,又存在一些至少拥有 1 000 万美元财富的人,还存在极少数拥有数亿财富的人。这一现象是钟形曲线无法描述的。

图 2—13 是 Facebook 好友网络的度分布。这张图显示了一些有趣的东西:网络中大部分节点的度是相当小的,大部分用户只有不到 20 个朋友,但是存在一条明显的"尾巴"。这个实际网络的度分布看上去在 $x=60$ 处截止,但事实上,网络中度最大的节点拥有 146 个好友,这意味着连接度最高的节点与网络中 12%的节点相连。我们

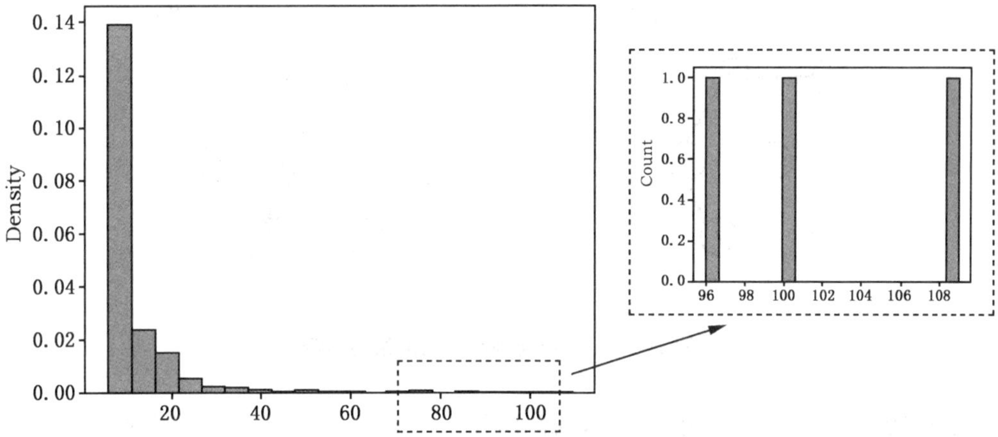


**图 2—13　大规模实际网络的度分布服从长尾分布，**
**大部分个体的取值很小，但是存在一些个体的取值非常大**

把这种拥有大量连边的节点称作枢纽节点，或称 Hub 节点。Hub 节点将在后面的章节发挥重要的作用。

如果一个实际网络的度分布曲线近似钟形，则曲线在峰值右侧将快速下降，这意味着网络中所有节点的度都在平均度$\langle k \rangle$附近，而不会偏离太远。换句话说，网络中出现一个超出平均度$\langle k \rangle$太多的节点的可能性微乎其微。然而，大量实证研究表明，几乎所有大规模实际网络的度分布曲线都具有长尾形状，而不是钟形形状。

在后续内容中，我们将继续介绍长尾分布和幂律分布（详见 3.3 节）。

### 2.2.2　路径和距离

在网络中，距离是一个比较难理解的概念。我们能够轻松把握两个城市之间的距离、公司离家的距离、球场上两个运动员之间的距离。然而，什么是两部手机的距离？陌生人之间的距离是多少？物理距离在社会场景中不再适用：两部手机可能分别在不同的国家，但是它们之间有通话关系；两个陌生人可能生活在同一个小区，但是他们一辈子也说不上话。

网络中，路径（path）取代了物理距离。路径是一串节点序列，序列中的节点彼此首尾相连，路径的距离是包含连边的数量（而不是包含节点的数量）。节点 $i$ 和 $j$ 之间的最短路径 $d_{ij}$（shortest path），是指连接这两个节点的连边数最短的路径。在有向网络中，路径、最短路径必须考虑连边的方向性。

图 2—14(a)的无向网络中，节点 1 和 7 之间的一条路径可以是 1→2→5→7，也可以是 1→2→4→7，这两条路径的距离都是 3。在图 2—14(b)的有向网络中，节点 1 和

**图 2—14 无向网络和有向网络的路径**

7 之间的路径需要考虑连边的方向，因此路径 1→2→5→7 在有向网络上行不通。无向网络中节点之间的距离是对称的，即 $d_{ij}=d_{ji}$，而在有向网络中一般不成立。

网络的平均距离 $\langle d\rangle$（average path length）定义为网络所有节点对距离的平均值，可以衡量网络的紧密程度、信息传递的效率等。

$$\langle d\rangle=\frac{1}{\frac{1}{2}N(N-1)}\sum_{i<j}d_{ij} \tag{2—12}$$

对于图 2—14(a)所示的包含 7 个节点和 8 条边的无向网络，它的平均距离为 $\langle d\rangle=1.81$。需要注意的是，平均距离只能测量所有节点之间都连通的网络。图 2—14(b)的有向网络中节点 4 无法到达节点 6，因此不存在平均距离。

网络直径（diameter）记为 $d_{\max}$，是指网络中任意节点对的距离的最大值，网络直径刻画了节点之间的最大距离。对于图 2—14(a)中的无向网络，所有最短路径中的最大距离为 4，因此网络直径为 4；有向网络直径不存在。

- **节点之间的最短路径数**

节点 $i$ 和 $j$ 之间的距离 $d_{ij}$ 和最短路径数 $N_{ij}$ 可以通过邻接矩阵 $A_{ij}$ 直接计算。

如果节点 $i$ 和 $j$ 直接相连（$A_{ij}=1$），则 $d_{ij}=1$。

如果节点 $i$ 和 $j$ 不直接相连，而在网络中存在一个中间节点 $k$，使得节点 $i$ 和 $k$ 相连，并且节点 $j$ 和 $k$ 相连，那么此时 $A_{ik}=1$，$A_{kj}=1$，节点 $i$ 和 $j$ 的最短距离 $d_{ij}=2$。并且，距离为 2 的路径数为：

$$N_{ij}^{(2)}=\sum_{k=1}^{N}A_{ik}A_{kj}=[A^2]_{ij} \tag{2—13}$$

上式表示，如果找到一个节点 $k$ 使得 $A_{ik}A_{kj}=1$，则意味着节点 $i$ 和 $k$ 之间存在连边，同时节点 $k$ 和 $j$ 之间存在连边，则距离为 2 的路径数增加一个。所有满足条件的节点 $k$ 的数量，就是 $N_{ij}^{(2)}$。

因此，想要判断节点 $i$ 和 $j$ 之间的最短距离，只需要计算 $N_{ij}^{(d)}=[A^d]_{ij}$ 即可，其

中 $d>1$。如果 $N_{ij}^{(d)}>0$,则最短距离为 $d$;如果 $N_{ij}^{(d)}=0$,则应该继续计算 $N_{ij}^{(d+1)}$。

上述公式对有向网络和无向网络都适用。虽然这种方法非常简洁,但不适用于计算大规模网络的最短距离。计算网络距离最高效的方法,是接下来介绍的广度优先搜索算法。

**● 广度优先搜索**

广度优先搜索(breadth first search,BFS)算法是网络科学中经常使用的一种算法。利用 BFS 算法计算某个节点与其他节点的距离,就像是在池塘里往该节点的位置扔一块石头,然后观察扩散开的波纹。第一批接收到波纹的距离为 1,第二批的距离为 2,以此类推。

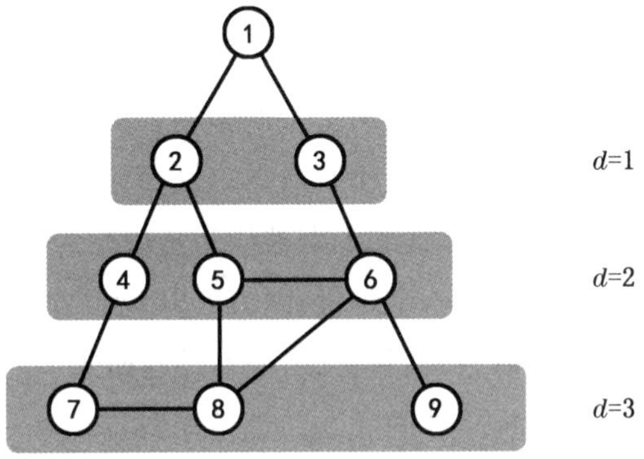


**图 2—15　广度优先搜索算法示意图**

在图 2—15 中,寻找节点 1 与其他节点之间最短路径的步骤如下:

(1)从节点 1 出发,找出它的所有邻居节点,包含节点 2 和 3,标记为一阶邻居;

(2)对于一阶邻居,找出它们所有未被标记的邻居节点,包含节点 4、5 和 6,标记为二阶邻居;

(3)重复步骤(2),直到网络中所有的节点都被标记。

## 2.2.3　连通性

网络表现出了许多有趣的性质,一个重要前提是节点之间必须是连通的。在通信网络中,如果一部手机不能与其他设备保持联络,它的用处就很有限了;如果一个交通网络只能达到几个地点,而不能与所有地点保持连通,也就不能为当地居民提供方便了。

设想这样一个问题:基于社会关系,将全世界所有人组成一个连通的网络,这是一个简单的任务,还是一个复杂的任务?尽管我们无法给出这个超大规模网络的完整结构,但还是可以凭直觉回答是不连通的。因为"所有人都连通"这个条件实在太苛刻,全世界只要有一个人没有朋友，或者只要有一个原始部落与世隔绝，那么整个网络的连通性就被破坏了。从这个角度看，网络的连通性其实是一个相当脆弱的性质，任何一个节点都能破坏连通性。然而，从另一个角度看，社会网络并不是那么支离破碎的。从你自己出发，考虑你身边的朋友、家人、同事，以及他们各自的朋友、家人、同事，那么所有这些人都处在同一个连通网络。其中很多人你可能没有机会认识，甚至一些人从没来过中国。因此，尽管每个人的自我网络是有限的，但是你所在连通网络的规模是非常可观的。

在无向网络中，如果节点 $i$ 和 $j$ 之间存在一条路径，则它们是连通的。如果两个节点不连通，一般认为节点距离为 $d_{ij}=\infty$，因此无法计算这些不连通网络的平均距离、直径等概念。

如果一个网络中所有节点之间都是连通的，则该网络具有连通性。图 2－16(a)中网络是不连通的，我们把互不连通的两个子网络称为分量(component)。一个连通分量是网络节点的子集，这个分量中的所有成员之间至少存在一条路径，并且不能往分量中继续增加任何节点。一个孤立的节点被认为是规模为 1 的分量。图 2－16(a)中的节点 5、6、7 互相连通，但不是一个分量，因为可以继续增加节点 4 到该分量中。

对于小规模网络而言，可以直接观察网络是不是连通的。对于拥有上百万节点的网络，验证连通性是一个具有挑战性的问题。邻接矩阵提供了一个方便的算法，对于不连通的网络，它的邻接矩阵可以重新排列成分块对角阵(block diagonal)的形式，如图 2－16(a)所示，每一个方块对应一个连通分量。值得一提的是，如果一条连边重新连接了两个分量，比如图 2－16(b)中的连边(2,4)，这样的连边被称作桥(bridge)。

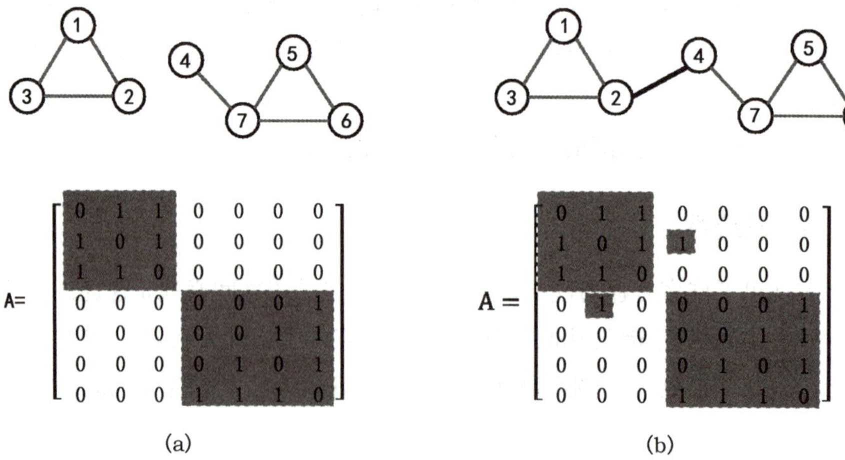


**图 2－16　连通网络和不连通网络**

事实上，许多实际大规模网络都是不连通的，但是往往存在一个特别大的连通分量，它包含整个网络大部分节点，这样的连通分量被称作最大连通分量（giant connected component，GCC），如图 2—17 所示。一些网络分析工具往往是针对 GCC 来进行的，因为 GCC 保留了网络大部分节点以及连接模式。实际网络的 GCC 几乎是唯一的，对于这个结论可以通过直觉来判断。假设网络中存在两个 GCC，各自都包含了成千上万个节点，那么各自分量中的两个节点偶然连接，都会破坏这两个分量的独立性；也就是说，这两个分量之间只要有一条连边，那么就会融合成为一个更大的分量。

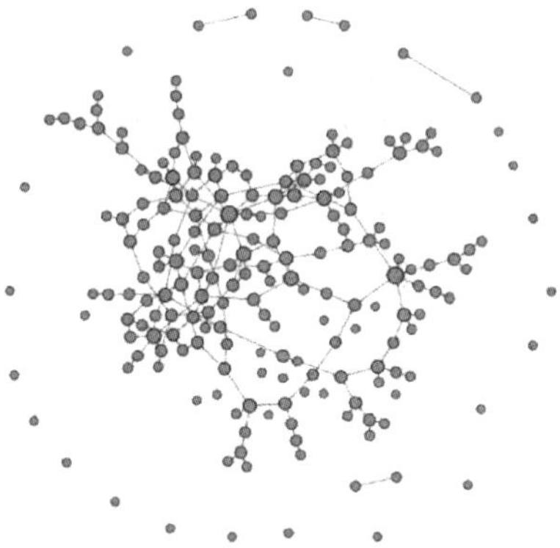

**图 2—17　具有一个最大连通分量的网络**

在有向网络中对连通分量的定义稍复杂一些。图 2—18 的有向网络，如果不考虑连边的方向性，则该网络具有两个连通分量，分别有 4 个节点。一旦考虑连边方向，右边分量的 4 个节点之间仍然互相连通；然而，左边分量却只有 3 个节点互相连通。因此，在有向网络中，如果任意两个节点彼此连通，则称作强连通网络（strongly connected network）。如果网络中的一个分量，在考虑连边方向时仍然是强连通，则该分量是强连通分量（strongly connected component），图 2—18 中的强连通分量由阴影区域表示。反之，如果在考虑连边方向时不是强连通，则该分量被称作弱连通分量（weakly connected component），比如图 2—18 左侧的 4 个节点。

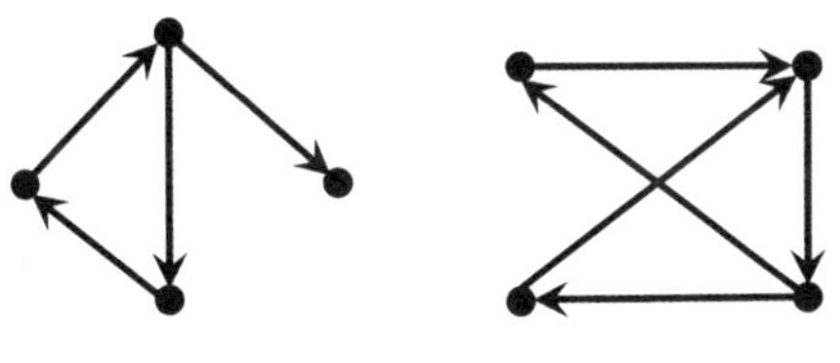

**图 2—18　强连通分量和弱连通分量**

### 2.2.4 小世界现象

基于前面关于连通分量的讨论，大规模社会网络的连通性让我们看到了一个惊人的特性：你身处的连通网络可以延伸至世界上的大部分人，而且这些路径都非常短。即使我们一生中大部分时间身处同一个地方，也只能建立有限的社会关系，然而很多人都遇到过这样的情况，在陌生的城市认识一个新朋友，聊了一会儿后发现，你们居然有一个共同好友，或者一份相似的社会经历。通过如此短的社会距离即可联系到几乎世界上的所有人，世界也因此看上去变小了，这就是著名的小世界现象。

在网络科学中，小世界现象意味着网络中随机选择的两个节点之间的距离很短，可以用网络的平均距离、直径来验证。考虑一个平均度$\langle k\rangle$的网络，平均情况下对于某个节点来说，具有$\langle k\rangle$个一阶邻居、$\langle k\rangle^2$个二阶邻居、$\langle k\rangle^d$个$d$阶邻居。例如，每个人平均认识 1 000 个朋友，即$\langle k\rangle=1\ 000$，那么他或她的三阶邻居已经达到了大约 10 亿人——和全世界 80 亿人口在同一个数量级。更一般地，从一个节点出发距离不超过$d$的所有邻居的期望数量为：

$$N(d)\approx 1+\langle k\rangle+\langle k\rangle^2+\cdots+\langle k\rangle^d=\frac{\langle k\rangle^{d+1}-1}{\langle k\rangle-1} \tag{2-14}$$

$N(d)$不能超过全世界人口的总数$N$，因此距离$d$不可能取任意大的值。网络直径$d_{\max}$是指任意节点之间的最短路径的最大值，代入公式后可以得到：

$$N(d_{\max})\approx N \tag{2-15}$$

经过近似和化简，从而有：

$$\langle k\rangle^{d_{\max}}\approx N \tag{2-16}$$

$$d_{\max}\approx\frac{\ln N}{\ln\langle k\rangle} \tag{2-17}$$

对于大多数网络而言，网络直径$d_{\max}$容易受到一些极端路径的影响，而平均距离$\langle d\rangle$是关于所有节点对距离的平均值，能够更好地衡量小世界现象。因此，通常情况下，小世界性质定义为：

$$\langle d\rangle\approx\frac{\ln N}{\ln\langle k\rangle} \tag{2-18}$$

我们可以简单计算一下公式(2－18)意味着什么，全球社交网络中节点数$N\approx 8\times10^9$，平均度$\langle k\rangle\approx10^3$，因此有：

$$\langle d\rangle\approx\frac{\ln 8\times10^9}{\ln 10^3}=3.30 \tag{2-19}$$

因此，一个人平均只需要建立 3、4 条连边，就能联系到世界上所有人。

到目前为止，我们对小世界现象做了近似的刻画，并且能够回答“如何才算小？与什么相比才算小”的问题。如果一个网络满足平均距离和网络规模呈对数关系$\langle d\rangle \sim \log N$，随着网络规模增大，平均距离增长得非常缓慢，那么我们认为这个网络具有小世界性质。

### 2.2.5　集聚系数

集聚系数

社会网络是研究社会关系的一种方式。在人与人之间的各种关系中，有一些关系具有传递性(transitivity)，在社会网络分析中具有重要的作用。在数学中，最简单的传递性关系是等式“=”，如果 $a=b$ 并且 $b=c$，则可以得到 $a=c$。在网络中，任意两个节点之间最基础的关系是“被一条边连接”。如果这个关系是传递性的，则意味着网络中如果节点 $u$ 和 $v$ 相连、节点 $v$ 和 $w$ 相连，那么一定有节点 $u$ 和 $w$ 相连。换句话说，网络的传递性是指“我的朋友的朋友也是我的朋友”。

“连边”传递性并不适用于大部分网络，完美的传递性只发生在一些特定的网络，比如所有节点都互相连接的完全网络。然而，在许多类型的网络，尤其是社会网络中，传递性现象依然是不能忽视的：如果 $u$ 认识 $v$，$v$ 认识 $w$，虽然不能保证 $u$ 和 $w$ 建立关系，但是一般来说这个概率是非常大的。相比于在全世界随机抽选一个人成为我的朋友，我朋友的朋友更容易成为我的朋友。

三元闭包(triadic closure)很好地描述了网络传递性的现象：在一个社交圈内，如果两个人有一个共同朋友，则这两个人在未来成为朋友的可能性就会提高。如图 2—19 所示，如果节点 B 和 C 有一个共同朋友 A，则 B 和 C 之间形成连边的概率很大，导致三个节点彼此相连的情形。在这个过程中，节点 B 和 C 在三角形结构中起到了“闭合”作用，因此称为“三元闭包”。

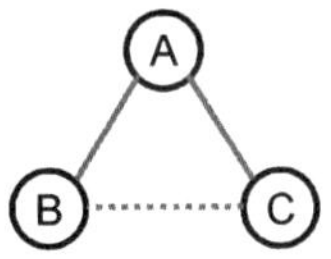


**图 2—19　三元闭包**

在三元闭包的启发下，社会学家提出了集聚系数(clustering coefficient)，一个节点的集聚系数 $C_i$ 定义为“一个人的两个朋友之间互相认识的概率”。假设节点 $i$ 的度为 $k_i$，即它有 $k_i$ 个一阶邻居，如果这 $k_i$ 个节点之间全部相连，则在理论上会产生 $k_i(k_i-1)2$ 条边。但是实际上，节点 $i$ 的 $k_i$ 个邻居之间未必全部相连。因此，节点 $i$ 的集聚系数 $C_i$ 的计算公式为：

$$C_i=\frac{E_i}{k_i(k_i-1)2}=\frac{2E_i}{k_i(k_i-1)},k_i\geqslant 2 \tag{2—20}$$

其中，$E_i$ 是节点 $i$ 的 $k_i$ 个邻居之间实际存在的连边数。如果节点 $i$ 是孤立节点或只有一个邻居（$k_i=0$ 或 $k_i=1$），那么 $E_i=0$，此时集聚系数 $C_i=0$。由于集聚系数本质上是一个百分比，因此 $0\leqslant C_i\leqslant 1$。当 $C_i=0$ 时，当且仅当节点 $i$ 的任意两个邻居都互不相连；当 $C_i=1$ 时，意味着所有邻居之间都存在连边。

可以结合三元闭包中的三角形来帮助理解集聚系数，如图 2—20 所示。$E_i$ 可以看做以节点 $i$ 为顶点的三角形数目，邻居之间每增加一条边，相应地增加一个三角形，在图中一共有两个三角形；节点 $i$ 至多存在 $k_i(k_i-1)/2$ 个三角形。因此，我们可以给出集聚系数的几何定义为：

$$C_i=\frac{\text{包含节点 } i \text{ 的三角形数目}}{\text{包含节点 } i \text{ 的三角形的理论最大数目}} \tag{2—21}$$

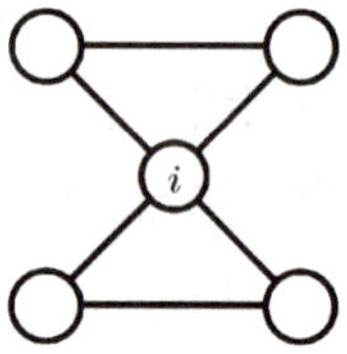


**图 2—20　以节点 $i$ 为中心的三角形**

一个网络的平均集聚系数 $C$ 定义为所有节点的集聚系数的平均值，即：

$$C=\frac{1}{N}\sum_{i=1}^{N}C_i \tag{2—22}$$

考虑图 2—21 所示的包含 6 个节点的网络。对于节点 1 有 $E_1=3$，$k_1=5$，于是有：

$$C_1=\frac{2E_1}{k_1(k_1-1)}=\frac{3}{10}$$

同样可以求出：

$$C_2=1,C_3=\frac{2}{3},C_4=\frac{2}{3},C_5=1,C_6=0$$

于是整个网络的平均集聚系数为：

$$C=\frac{1}{6}\sum_{i=1}^{6}C_i=0.606 \tag{2—23}$$

社会网络往往具有较高的集聚系数，比如空手道俱乐部的平均集聚系数为 $C=0.57$，1.1 节中的 Facebook 好友网络平均集聚系数为 $C=0.60$。相比之下，其他类型的网络（交通网络等）的数值比较小。

社会网络具有高集聚系数的原因，可以结合实际社交场景来解释。假设网络中有 $n$ 个人，每个人随机挑选 $c$ 个朋友，意味着网络中任意两个人成为好朋友的概率都是

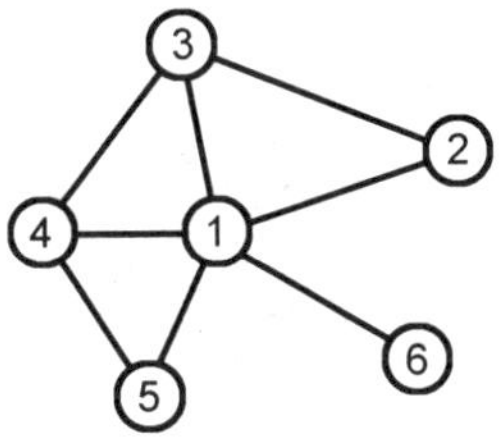


**图 2—21　包含 6 个节点的网络**

相同的，概率为 $c/(n-1)$。在这个场景中，一个节点的两个邻居互相认识的概率，即集聚系数的定义，也是 $c/(n-1)$，因为这两个邻居挑选朋友的方式都是随机的。如此一来，如果人们之间的交友模式是随机的，那么空手道俱乐部的平均集聚系数应该是 $C=0.14$，Facebook 好友网络平均集聚系数应该是 $C=0.01$。可以看到，实际网络的集聚系数要比随机场景大得多。一个比较合理的解释是，人们之间的交友模式并不是随机的，挑选朋友的概率并不一致。因此在现实世界中，如果两个人具有一个共同好友，那么他们成为朋友的概率会大得多。我们将在 3.1 节随机网络部分继续探讨集聚系数。

### 2.2.6　同配性

对于一个网络，如果总体上度大节点倾向与度大节点相连，那么该网络是度正相关的，或者称网络具有同配性（assortative）；如果总体上度大节点倾向与度小节点相连，那么该网络是度负相关的，或者称网络具有异配性（disassortative）。另外，如果网络中节点之间是否有边相连与节点的度无关，也就是说，网络中一条边两端节点的度是随机的，那么该网络不具有度相关性，或者称网络是中性的（neutral）。

如果希望用一个统计指标来描述网络的度相关性，可以考虑同配系数 $r$（assortativity coefficient），或者称为度相关性系数。当网络完全同配时，意味着网络中度最大的节点与度最大的节点相连、度最小的节点与度最小的节点相连，这时候 $r=1$；反之，当网络完全异配时，度最大的节点与度最小的节点相连，这时候 $r=-1$；当网络是中性时，节点之间的连边模式与度的大小无关，则 $r=0$。

一般来说，同配系数 $r$ 的取值范围为 $[-1,1]$，$r>0$ 时网络同配，$r<0$ 时网络异配。绝对值 $|r|$ 的大小反映了网络同配（异配）的强弱程度。

包括科研合作网络和演员合作网络在内的许多实际网络呈现较为明显的同配性特征，而一些非社会网络，比如交通网络、蛋白质网络，可能呈现异配性特征。图 2—22 给出了具有相同度分布的三个网络，但是它们的连边模式分别具有同配性、中性以及异配性。

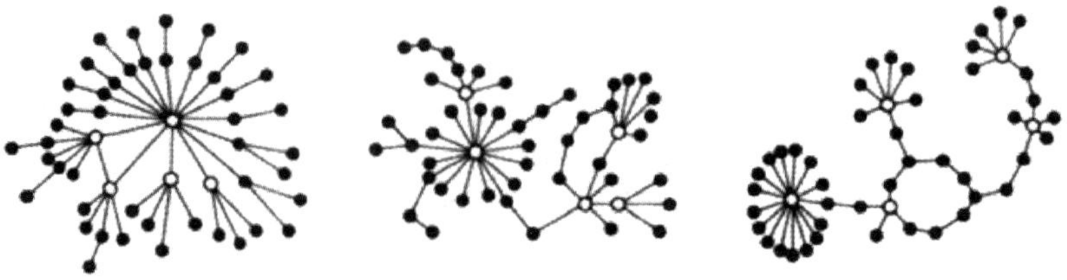

(a)同配网络　　(b)中性网络　　(c)异配网络

**图 2－22　度分布相同但是连边模式不同的三个网络**

关于同配性的更多讨论详见本书第 5 章。

## 思考题

1. 什么是社会网络？

2. 什么是超网络和二部分网络？超网络和二部分网络适合分析哪些场景的社会系统？

3. 什么是自我网络？社会网络和自我网络的关系是什么？

4. 大数据时代的社会网络研究具有什么特点？

5. 社会网络的描述性指标中度、入度和出度、度分布、平均距离、集聚系数、同配性等指标的定义、数学形式和含义分别是什么？

6. 什么是小世界特征？如何进行验证？小世界效应在哪些方面对社会生活产生影响？

7. 大数据驱动的社会网络如何服务于社会经济分析？

# 第 3 章　基本网络模型

在上一章中，我们看到不同类型的实际网络之间差异巨大，相比之下，我们更关心它们之间共享的一些特征：大部分网络中任意两个节点之间只需要几步就能到达，这个特征体现在平均距离上；大部分网络包含许多三角形，这个特征体现在节点的集聚系数上；大部分网络拥有大量度小的节点以及少数度特别大的节点，这个特征体现在网络的度分布上。我们不禁好奇，这些网络特征背后的内在机制是什么？节点之间如何产生连边？Hub 节点如何产生？三角形如何产生？本章将回答这些问题。

当我们想要探究一些现象的起源时，最好的方法是定制一个模型。我们在模型中加入一些直觉和假设，由此建立一个仿真网络，并与实际网络进行比较，看看它们有什么相似或不同。通过这种方式，我们可以了解实际网络的生成机制。本章将介绍三类经典模型：随机网络、小世界网络以及无标度网络模型。同时，我们还将追溯网络科学的发展历史和一些重要的网络科学家。

## 3.1　随机网络

### 3.1.1　ER 随机网络模型

在真实生活中，有一些网络具有显著特征，比如城市交通网络的井字形结构或者蜘蛛网放射型结构，这样的结构和规律让研究者感到愉悦，赞叹大自然的简洁之美。然而，我们遇到的大多数实际网络并没有可预测的结构，这些网络乍一看像是随机连接而成的。

假设你有一群不相连的节点，有许多方法可以将它们连接成一个网络。其中一种“平等主义”的方法是在随机选择的节点对之间放置连边，以这种方式建立的网络被称为随机网络（random network）或 Erdos-Renyi 网络，简称 ER 网络。随机网络具有两种形式的定义。

**图 3－1　随机网络生成示意图**

- **具有固定边数的 ER 随机网络 $G(N,M)$**

假设存在 $N$ 个节点，彼此之间没有连边，每次随机选取一对节点并进行连边，重复 $M$ 次后就得到一个包含 $N$ 个节点、$M$ 条连边的 ER 随机网络。通常情况下，我们希望构造的随机网络是一个没有重边和自环的简单网络。因此，每次选择的节点对应该是两个不同的节点，并且彼此之间没有连边。这样形成的随机网络记为 $G(N,M)$。

构建随机网络 $G(N,M)$ 的步骤如下：

(1)初始化：从 $N$ 个孤立节点开始；

(2)随机连边：在 $N$ 个节点中随机选取两个节点，在这对节点之间添加一条连边；

(3)重复步骤(2)，直到网络中出现 $M$ 条来自不同节点对的连边。

从另一个角度看，模型 $G(N,M)$ 能够产生各种形状的网络，如图 3－2 所示。如果在计算机上重复做两次实验，最后生成的网络尽管拥有相同的节点数 $N$ 和连边数 $M$，但是最终形状一般是不同的。正是由于随机性的存在，我们可以把随机网络看作从所有具有 $N$ 个节点和 $M$ 条连边的简单网络集合中随机抽样出来的一个网络。具体来说，$G(N,M)$ 模型一共包含 $\binom{N}{2}$ 个节点对，其中每一对节点都有概率连接，因此一共产生了 $\binom{\binom{N}{2}}{M}$ 种方式来确定 $M$ 条连边，即生成 $\binom{\binom{N}{2}}{M}$ 个网络。

严格来说，随机网络 $G(N,M)$ 指的并不是一个随机生成的网络，而是一群网络的集合(ensemble)，在这个集合中，每个网络出现的概率服从均匀分布。如图 3－2(a)所示，$G(N=4,M=2)$ 生成的随机网络集合一共有 $\binom{\binom{4}{2}}{2}=15$ 种可能。如果仅考虑网络的拓扑性质，可以将这 15 个网络归纳成两类，如图 3－2(b)所示，其中第一类网络占比 20％，第二类网络占比 80％。

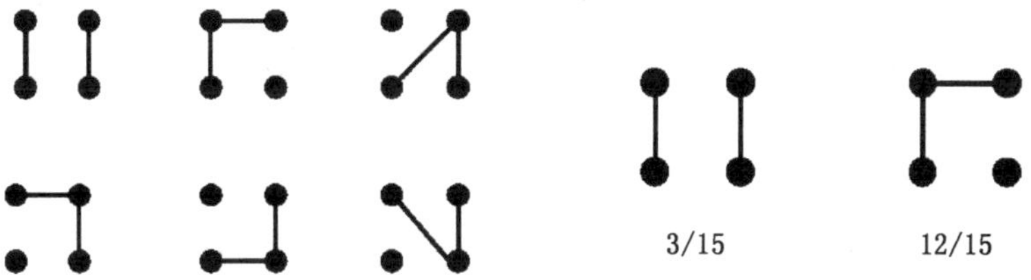


(a) $G(4,2)$产生的各种网络结构　　(b)所有网络可以分成两类形状

**图 3－2　随机网络产生的网络集合**

当我们描述随机网络 $G(N,M)$的统计指标时，指的是对应网络集合中一系列网络的统计指标的平均值。比如随机网络 $G(N,M)$的直径就是一系列网络 $G_i$ 的直径 $D(G_i)$的平均值，即：

$$\langle D\rangle=\sum_i P(G_i)D(G_i) \tag{3-1}$$

其中，$P(G_i)$是类型 $G_i$ 在集合中所占的比例。以图 3－2 为例，随机网络 $G(N=4, M=2)$对应的直径为$\langle D\rangle=\frac{3}{15}\times 1+\frac{12}{15}\times 2=1.8$。这种平均定义的合理之处在于：随机网络的统计指标的分布都具有显著的尖峰特征，于是平均值可以很好地代表这个网络集合。例如，我们可能想知道给定 $L$ 条边的网络的直径一般是多少。在某些特殊情况下，网络的直径可以特别大($D=L-1$)或特别小($D=2$)，而总体平均值通常是一种很好的解决方法。Erdos 等数学家同时证明了，当网络规模 $N$ 趋于无穷时，随机网络 $G(N,M)$的许多统计指标可以解析并且精确地计算。

● **具有固定连边概率的 ER 随机网络 $G(N,p)$**

随机网络 $G(N,p)$有两个参数：节点数 $N$ 和连边概率 $p$，概率 $p$ 描述的是任意两个节点之间产生连边的可能性。我们可以找到一枚硬币，假设它正面朝上的概率为 $p$。对于网络的所有节点对，我们都抛一次硬币，如果硬币正面朝上，则在节点对之间连边；否则不连边。

构建随机网络 $G(N,p)$的步骤如下：

(1)初始化：给定 $N$ 个节点以及连边概率 $p$。

(2)随机连边：

①在 $N$ 个节点中随机选取两个节点；

②生成一个随机数 $r\in(0,1)$；

③如果 $r<p$，那么在这对节点之间连边，否则不连边。

(3)重复步骤(2),直到所有节点对都被选择过一次。

$G(N,p)$生成的随机网络,根据概率 $p$ 有如下几种情形:

(1)当 $p=0$ 时,$G(N,p)$生成的网络是唯一的,即 $N$ 个孤立的节点,边数 $L=0$;

(2)当 $p=1$ 时,$G(N,p)$生成的网络也是唯一的,即 $N$ 个节点组成的全连通网络,边数 $L=\frac{N(N-1)}{2}$;

(3)当 $0<p<1$ 时,$G(N,p)$将生成一系列网络,每个网络的结构和连边数不尽相同,连边数的范围 $0\leqslant L\leqslant\frac{N(N-1)}{2}$。

$G(N,p)$模型固定了两个节点的连边概率,$G(N,M)$模型固定了总的连边数。这两个模型之间的主要区别在于,随机网络 $G(N,p)$的连边数 $L$ 是可变的,一般来说会围绕一个平均值波动。当节点数 $N$ 足够大时,连边数 $L$ 会逐渐收敛到一个特定值。$G(N,M)$模型中可以简单算出平均度 $\langle k\rangle$,即 $\langle k\rangle=2M/N$。但遗憾的是,$G(N,M)$模型中大部分统计指标的计算非常困难,相比之下,$G(N,p)$模型则容易一些。本书主要探讨 $G(N,p)$模型,不仅是因为该模型便于计算网络的一些关键性质,而且因为在实际网络中连边数很少保持固定不变。

Erdos-Renyi 随机网络模型是以两位数学家 Paul Erdos 和 Alfred Renyi 命名的,他们在 1959—1968 年间联合发表了几篇开创性的论文,为随机网络理论奠定了基础。值得一提的是,Paul Erdos 是一个有趣的人物。他没有固定的居住场所,但他并不是无家可归:当他和同事们一起研究数学问题时,他会拜访当地的同事并住在他们家里。同事们都很乐意接待他,因为这些访问机会往往会诞生著名的学术成果。一旦证明了一个定理或完成了一篇论文,Erdos 就会开始寻找一个新的挑战、一个新的合作者,以及一个新的家。除了图论之外,Erdos 还涉猎许多不同领域,并先后与五百多位数学家合作。

### 3.1.2 统计分析

**● 连边分布**

在随机网络 $G(N,p)$中,虽然网络连边数 $L$ 是随机的,但我们能够方便地计算连边数 $L$ 的期望值。对于一个给定的概率 $p$,随机网络产生的连边数量类似于反复抛出一枚硬币并计算正面朝上的次数。我们拿到一枚不均匀的硬币,假设它正面朝上的概率为 $p=0.1$,那么平均来看,每扔 10 次硬币都会获得 1 次正面和 9 次反面。硬币预期的正面朝上次数与硬币的正面概率 $p$ 成正比,也与掷硬币的次数 $N$ 成正比。

类似地,随机网络中连边数 $L$ 的期望与概率 $p$ 和节点对的数量成比例,网络中一

**图 3—3　Paul Erdos(1913—1996)(左)与 Alfred Renyi(1921—1970)(右)**

共有 $N(N-1)/2$ 个节点对。因此,随机网络 $G(N,p)$ 的连边数 $L$ 的期望为:

$$\langle L\rangle=\frac{N(N-1)}{2}p \tag{3—2}$$

由于网络的平均度 $\langle k\rangle$ 等于 2 倍平均连边数 $\langle L\rangle$ 和节点数 $N$ 的比值,因此,随机网络 $G(N,p)$ 的平均度为:

$$\langle k\rangle=\frac{2\langle L\rangle}{N}=p(N-1) \tag{3—3}$$

上式告诉我们,随机网络 $G(N,p)$ 中一个节点平均能拥有多少个朋友,取决于概率 $p$ 以及其他 $N-1$ 个节点。

直观地说,连边概率 $p$ 刻画了随机网络的密度,概率 $p$ 越大则连边数越多,而密度 $\rho$ 是实际连边数与最大连边数之间的比率。我们知道,实际网络通常是稀疏的(与网络规模 $N$ 相比,它们的平均度 $\langle k\rangle$ 非常小,密度 $\rho$ 也非常小)。一般认为,如果用随机网络模型去拟合实际网络,那么连边概率 $p$ 应该接近于零。

$$\rho=\frac{L}{\frac{1}{2}N(N-1)}=\frac{\langle k\rangle}{N-1}=p \tag{3—4}$$

我们已经知道,随机网络 $G(N,p)$ 产生的连边数 $L$ 是随机的。为了更好地刻画随机网络的连边数量,需要获得连边数 $L$ 的分布 $p_L$。给定节点数 $N$ 和连边概率 $p$,生成的随机网络恰好具有 $L$ 条连边的概率,相当于在所有 $\frac{N(N-1)}{2}$ 个节点对中,随机挑选 $L$ 个节点对进行连边,同时满足剩余的节点对不连边。则对应的概率为:

$$p_L=\binom{\frac{N(N-1)}{2}}{L}p^L(1-p)^{\frac{N(N-1)}{2}-L} \tag{3—5}$$

以上是标准的二项分布,其中

$$\binom{\frac{N(N-1)}{2}}{L} \tag{3-6}$$

表示随机网络 $G(N,p)$ 对应的网络集合的数量。

根据二项分布可知，随机网络 $G(N,p)$ 连边数的期望为：

$$\langle L\rangle=\frac{N(N-1)}{2}p \tag{3-7}$$

连边数的方差为：

$$\sigma_L^2=\frac{N(N-1)}{2}p(1-p) \tag{3-8}$$

方差 $\sigma_L^2$ 刻画了随机网络 $G(N,p)$ 连边数 $L$ 围绕平均值 $\langle L\rangle$ 的波动大小。值得注意的是，随着网络规模 $N$ 的扩大，连边数 $L$ 的分布会变得越来越窄、越来越靠近平均值 $\langle L\rangle$。

$$\frac{\sigma_L}{\langle L\rangle}=\sqrt{\frac{1-p}{p}\frac{2}{N(N-1)}}\approx\frac{1}{N} \tag{3-9}$$

● **度分布**

我们已经掌握了随机网络的连边分布，它的度分布是什么呢？度分布 $p_k$ 的意思是，在网络中任意抽取一个节点，它有 $k$ 个邻居的概率。由于随机网络中所有节点都扮演相同的角色，我们可以只考虑任意一个节点，例如 $i$，并观察它没有邻居、一个邻居、两个邻居的概率分别是多少。节点 $i$ 能够与网络中其他节点组成 $N-1$ 个节点对，根据随机网络 $G(N,p)$ 的连边规则，每个节点对产生连边的概率为 $p$，与网络的其他部分无关。

让我们再次回到抛硬币的问题上，现在问题变成了：如果我们手上有一个正面朝上概率为 $p$ 的硬币，一共抛了 $N-1$ 次，那么我们获得 $k$ 次正面的概率是多少？这个问题仍然可以由二项分布来回答。

$$p_k=\binom{N-1}{k}p^k(1-p)^{N-1-k} \tag{3-10}$$

随机网络 $G(N,p)$ 中，一个节点 $i$ 恰好有 $k$ 个邻居的概率是下面三项的乘积：

(1) $k$ 条连边存在的概率 $p^k$；

(2) 其余 $N-1-k$ 条连边不存在的概率 $(1-p)^{N-1-k}$；

(3) 在 $N-1$ 个节点中选出 $k$ 个进行连边，一共有 $\binom{N-1}{k}$ 种方式。

根据二项分布，随机网络 $G(N,p)$ 的平均度为：

$$\langle k\rangle=p(N-1) \tag{3-11}$$

这个结果是非常直观的，随机网络的平均度$\langle k\rangle$相当于节点 $i$ 在 $N-1$ 个节点中平均拥有多少个邻居。随机网络 $G(N,p)$度分布的方差为：

$$\sigma_k^2=(N-1)p(1-p) \tag{3-12}$$

随着网络规模的扩大，相比于平均度$\langle k\rangle$，度分布的标准差 $\sigma_k$ 会越来越小，度分布会越来越窄，意味着所有节点的度越接近均值 $p(N-1)$。

$$\frac{\sigma_k}{\langle k\rangle}=\sqrt{\frac{1-p}{p}\frac{1}{N-1}}\approx\frac{1}{\sqrt{N}} \tag{3-13}$$

换句话说，当随机网络的规模大到一定程度时，几乎所有节点的度都是相同的。在这个层面上，随机网络与实际网络是不相符的。

在数理统计中我们知道，当 $N$ 足够大并且概率 $p$ 足够小时，二项分布可以用泊松分布近似表达。由于大部分真实网络是稀疏的，意味着平均度远小于网络规模，即$\langle k\rangle\ll N$，因此随机网络的拟合值 $p$ 足够小。于是，随机网络 $G(N,p)$的度分布可以用泊松分布表示为：

$$p_k=e^{-\langle k\rangle}\frac{\langle k\rangle^k}{k!} \tag{3-14}$$

泊松分布和二项分布都能够用来刻画随机网络的度分布，它们拥有许多相似的性质：

(1)两个分布都在平均度$\langle k\rangle$附近有一个峰值，增加 $p$ 值会使网络变得稠密，度分布的峰值会右移；

(2)两个分布的方差也由 $p$ 和$\langle k\rangle$控制，网络越稠密，分布越宽，节点度的差异也越大。

泊松分布的优势在于仅依赖于$\langle k\rangle$这一个参数，像$\langle k\rangle$、$\langle k^2\rangle$和 $\sigma_k$ 等网络统计指标更简单。泊松分布不直接依赖于节点数 $N$，因此对于平均度$\langle k\rangle$相同但规模 $N$ 不同的随机网络，它们的度分布几乎一样。

综上所述，随机网络 $G(N,p)$度分布的准确表达是二项分布，而不是泊松分布。但是，由于泊松分布形式简单、便于分析，因此人们更倾向于使用泊松分布来刻画随机网络的度分布 $p_k$。除非特别指出，本书剩下部分将使用泊松分布作为随机网络 $G(N,p)$的度分布。

**● 实际的社会网络不是泊松分布**

随机网络中节点度可以在 0 到 $N-1$ 之间变化，由此引发的一个问题是，随机网络中节点的度最大能达到什么程度？又能小到什么程度？我们将通过随机网络的度分布来估算这两个数字。

我们身处的社会网络，乍一看是随机连接的：每一天我们会遇见谁、与谁成为熟人都充满了随机性。因此，我们假设社会网络可以由随机网络 $G(N,p)$ 来描述。在全世界范围内，我们不妨假设一个普通人大约认识 1 000 个好友(可以参考微信好友的数量)。因此，我们假设随机网络的规模为 $N=7\times10^9$，并且平均度为平均度 $\langle k\rangle=$ 1 000。根据前面介绍的随机网络性质，我们可以得到以下结论：

(1)随机社会中连通性最好的人(度最大的节点)，大约有 $k_{\max}=1\ 185$ 个熟人。

(2)连通性最差的人，认识大约 $k_{\min}=816$ 个人，与 $k_{\max}$ 或 $\langle k\rangle$ 的差异并不大。

(3)随机网络度分布的标准差为 $\sigma_k=\langle k\rangle^{1/2}$。对于平均度 $\langle k\rangle=1\ 000$ 的随机网络，其标准差为 $\sigma_k=31.62$。这意味着任何一个普通人认识的好友数在 $\langle k\rangle\pm\sigma_k$ 的范围内，即介于 968 和 1 032 之间一个非常狭窄的范围。

总之，在随机网络构建的社会系统中，每个人的朋友数大体相当。换句话说，所有人是随机连接在一起的，就不会出现异常的人：没有非常受欢迎的大明星，也没有只有少数几个朋友的隐士。这一结论源于随机网络的一个重要性质：随机网络中，大多数节点的好友数分布在 $\langle k\rangle$ 附近的狭窄范围内。

实际上，很多人认识的好友数远远超过 1 185。在微博、Facebook 等社交平台上，很多用户的好友数达到了上万，一些公众人物的粉丝数甚至达到了上百万。因此，随机网络的上述结论明显与现实不符。

● **最大度和最小度**

如何计算随机网络 $G(N,p)$ 的最大度 $k_{\max}$ 和最小度 $k_{\min}$？对于 $N$ 个节点的随机网络，有且仅有一个节点的度大于等于 $k_{\max}$，即网络中度最大的节点。这意味着泊松分布中 $k\geqslant k_{\max}$ 部分的累积概率值不超过 $1/N$，否则会有多个节点的度大于等于 $k_{\max}$，如图 3—4 所示。因此得到公式：

$$1-P(k\leqslant k_{\max})\leqslant\frac{1}{N} \tag{3—15}$$

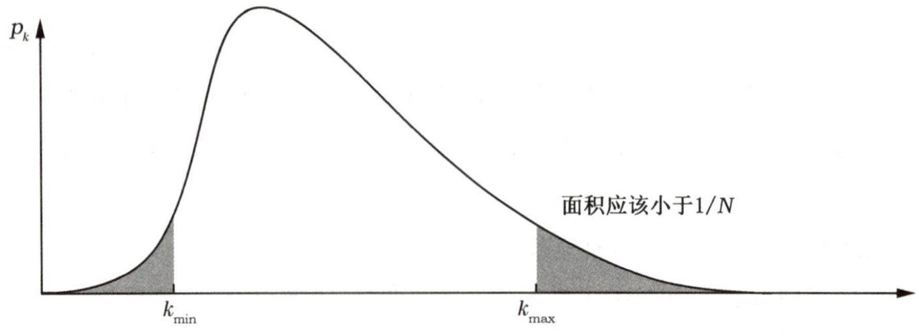


**图 3—4 随机网络度分布中的最小度和最大度**

对于离散变量而言，$P(k \leqslant k_{\max})$是所有小于等于 $k_{\max}$的 $k$ 值出现的概率之和，代入泊松分布后可得：

$$\begin{aligned}1-P(k \leqslant k_{\max}) &= 1-e^{-\langle k\rangle}\sum_{k=0}^{k_{\max}}\frac{\langle k\rangle^k}{k!} \\ &= e^{-\langle k\rangle}\sum_{k=k_{\max}+1}^{\infty}\frac{\langle k\rangle^k}{k!} \\ &\approx e^{-\langle k\rangle}\frac{\langle k\rangle^{k_{\max}+1}}{(k_{\max}+1)!}\end{aligned} \tag{3-16}$$

在最后的求和项中，我们仅保留最大的一项，由此可以求解 $k_{\max}$。

对于全球社会网络来说，其大致规模为 $N=10^9$，平均度$\langle k\rangle=1\ 000$。根据上式可以计算出 $k_{\max}=1\ 185$。这表明，随机社会网络中没有朋友数特别多的人，即 Hub 节点，这与实际网络是不符的。

采用类似的方法，我们可以计算出最小度 $k_{\min}$。要求最多只有一个节点的度小于等于 $k_{\min}$，即：

$$P(k \leqslant k_{\min}) \leqslant \frac{1}{N} \tag{3-17}$$

在 $N=10^9$、$\langle k\rangle=1\ 000$ 时，解为 $k_{\min}=816$。

● **集聚系数**

我们目前研究了随机网络中节点与邻居之间的关系，然而，邻居与邻居之间是相连还是互相孤立？这个问题可以用集聚系数 $C_i$ 来回答。在网络中，一个节点的集聚系数衡量的是该节点的一对邻居相互连接的概率。两个邻居之间的连边形成了一个闭合的三角形，所以集聚系数也可以解释为某个节点的自我网络中三角形的比例。$C_i=0$ 意味着节点 $i$ 的邻居之间没有连边，$C_i=1$ 则意味着节点 $i$ 的任意两个邻居之间都相互连接。

在随机网络中，任意一对节点相连的概率是 $p$，与其他因素无关。因此，对于随机网络中的任意一个节点，它的任意两个邻居节点之间相互连接的概率，即集聚系数，也为 $p$。在随机网络中，并非所有节点的集聚系数都恰好相同，单个节点的集聚系数可能会与 $p$ 有一些偏差，但所有节点的平均值能够收敛到 $p$。

我们已经注意到，如果要通过随机网络 $G(N,p)$来描述真实网络的稀疏性，$p$ 必须是一个非常小的数字。与此相反，实际社会网络的高集聚现象(见 2.2.5)又要求 $p$ 不能太小。因此，如果 $p$ 足够大，随机网络保证了足够多的三角形，但是不切实际的密集；如果 $p$ 足够小，随机网络保证了稀疏性，但是无法保证实际网络中观察到的高比例三角形。为了调和这个矛盾，我们需要在随机网络的基础上制定某些规则，添加足够多的三角形。这样的模型将在 3.2 节中介绍。

上面我们从随机网络的性质出发直接推导出集聚系数，接下来，我们按照公式 $C_i=2E_ik_i(k_i-1)$ 重新计算随机网络的集聚系数。

对于随机网络中的节点 $i$，要计算其集聚系数 $C_i$，我们需要估计该节点的 $k_i$ 个邻居之间的连边数 $E_i$。由于节点 $i$ 的 $k_i$ 个邻居之间最多有 $k_i(k_i-1)/2$ 条连边，这些邻居之间随机相连，$E_i$ 的期望值为：

$$\langle E_i\rangle=p\frac{k_i(k_i-1)}{2} \tag{3-18}$$

因此，节点 $i$ 的集聚系数的期望为：

$$C_i=\frac{2\langle E_i\rangle}{k_i(k_i-1)}=p=\frac{\langle k\rangle}{N} \tag{3-19}$$

从上式中我们可以观察到：

(1)给定平均度 $\langle k\rangle$ 的情况下，网络越大，节点的集聚系数越小，集聚系数 $C_i$ 和 $1/N$ 成正比；

(2)随机网络中，节点的集聚系数 $C_i$ 和节点的度 $k_i$ 相互独立。

为了验证以上结论，我们绘制了 Facebook 好友网络中所有节点的集聚系数 $C_i$ 和度 $k_i$ 的函数关系，如图 3—5 所示。我们发现，实际网络中节点的集聚系数和度之间相互并不独立，集聚系数 $C_i$ 随着节点度 $k_i$ 增加而下降，违背了随机网络的结论。

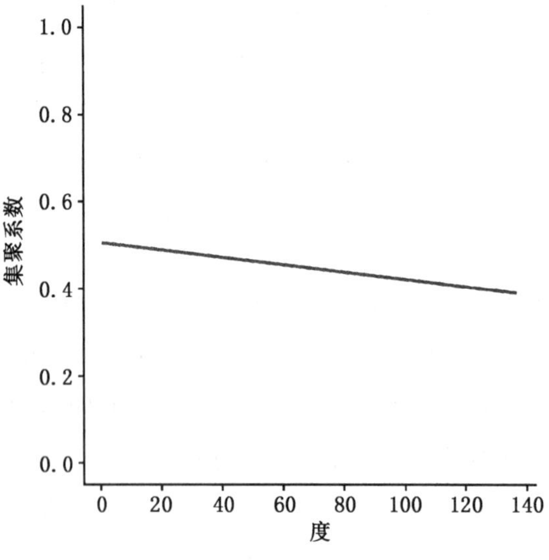


**图 3—5　Facebook 好友网络中集聚系数 $C_i$ 和度 $k_i$ 的函数关系**

● **平均距离**

回顾一下，平均距离指的是网络中任何两个节点之间的最短路径的平均值。在 2.2.2 中我们提到，在网络中任意选取一个节点，平均而言有 $\langle k\rangle$ 个一阶邻居(距离为

1 的邻居)，大约有$\langle k\rangle^2$ 个二阶邻居(距离为 2 的邻居)，以此类推。通过这种方法也可以得到随机网络的平均距离，随机网络的平均距离$\langle d\rangle$随着节点数 $N$ 的变化而变化，大约为 $\ln N$。即使 $N$ 很大，$\ln N$ 也是一个相对较小的数字，这种平均距离随着网络规模呈对数增长的现象就是典型的小世界特征。

### 3.1.3　连通性和连通分量

考虑随机网络 $G(N,p)$ 在 $p=0$ 时的情况，如图 3－6(a)所示，在这种情况下，网络中没有连边，每个节点彼此独立。网络有 $N$ 个分量，每个分量正好有一个节点。图 3－6(b)显示了 $p=1$ 时的情况，此时网络是全连通的，网络中每个节点都互相连接。在这种情况下，这些节点组成了一个连通分量。

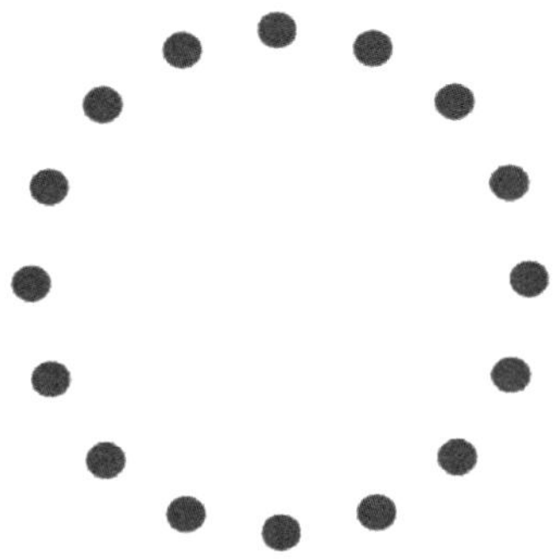

(a) $p$=0

(b) $p$=1

**图 3－6　随机网络 $p=0$ 和 $p=1$ 的连通情况**

在上述第一种情况下，网络中最大的连通分量规模为 1($p=0$)，与网络节点数 $N$ 无关；而在第二种情况下，最大的连通分量的规模为 $N(p=1)$，意味着这个连通分量将随着网络规模的增长而增长。如果一个连通分量的规模与 $N$ 成正比，那么这个连通分量将包含网络中相当比例的节点，在网络科学中，这样的分量被称作最大连通分量(giant connected component，GCC)。

连通分量是社会网络分析的重要概念，如果网络中不存在一个最大连通分量，那么许多网络指标和应用将会失效。正如 2.2.3 所讨论的，大多数实际网络存在一个连通分量，能够包含网络中相当比例的节点。例如，互联网产生的一个前提，就是存在一个连通大多数计算机的 GCC。如果 GCC 不存在，那么互联网就无法提供计算机与计算机之间的实时通信。

接下来，我们将具体分析随机网络 $G(N,p)$ 的最大连通分量。当 $p=0$ 时，它的大小恒定为 1；当 $p=1$ 时，它的大小为 $N$。一个有趣的问题是，如果我们从 0 开始逐渐增加 $p$ 的值，最大连通分量的规模是如何过渡的呢？直观上，随着概率 $p$ 的增加，随机网络的连边数也在增加，网络的连通性会越来越好。我们可能会猜测，最大连通分量的规模随着 $p$ 逐渐增加，并且只有当 $p=1$ 时才会变成全连通网络。然而，在具体实验中发生了有趣的事情，在 $p$ 很小的时候，随机网络的节点已经全部连通了。图 3—7 给出了随机网络($N=10$)在不同概率 $p$ 时的连通性，每个网络的连边数大约为：

$$\langle L\rangle = pN(N-1)/2 = 45p \tag{3—20}$$

因此，从 $p=0$ 开始，每增加 0.1，新的随机网络将增加大约 4 条连边。在图 3—7 中我们发现，当 $p=0.1$ 时，最大连通分量的规模为 40%；在 $p=0.2$ 时，10 个节点已经构成了一个最大连通分量，规模达到了 100%。最大连通分量的规模经历了一个突然变化，在物理学中被称作相变(phase transition)。

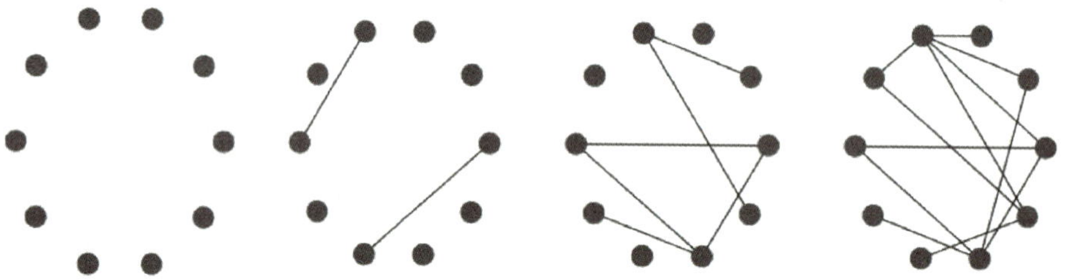


**图 3—7 不同概率 $p$ 的随机网络的连通性**

现在的问题是：当连边概率 $p$ 从 0 开始逐渐增加到 1 时，最大连通分量的规模是如何变化的？换句话说，当 $p$ 多大时会产生一个足以包含大部分节点的连通巨片(见图 3—8)？

- **连通巨片的涌现**

Erdos 和 Renyi 系统性研究了当 $N\to\infty$ 时，随机网络 $G(N,p)$ 的性质与概率 $p$ 之间的关系。特别地，他们发现随机网络 $G(N,p)$ 的许多重要性质，比如平均距离、连通性，都是突然涌现的。下面我们将重点分析最大连通分量的涌现过程。

当 $p$ 足够大的时候，假设随机网络中存在一个连通巨片；并且，随着网络规模的增长，这个连通巨片的规模也随之增长。因此，最大连通分量在整个网络中占据一个稳定比例，我们称之为 $S$，这个值与 $p$ 相关而与 $N$ 无关。我们可以在网络规模 $N\to\infty$ 的极限下准确地计算出比例 $S$。

让我们用 $u$ 表示随机网络中不属于连通巨片的节点比例，即 $u=1-S$。或者说，我们可以把 $u$ 看作在网络中随机选择一个节点，它不属于连通巨片的概率。对于一个不属于连通巨片的节点 $i$，它与连通巨片中的任何节点都不存在连接方式。哪怕它有一条边与连通巨片中的一个节点相连，节点 $i$ 本身就会进入连通巨片中。这意味着

**图 3—8　随机网络中的连通巨片**

对于网络中其他节点 $j$ 来说，只可能包含以下几种情况：

(1)节点 $j$ 与 $i$ 之间没有连边，这种情况的概率为 $1-p$。

(2)节点 $j$ 与 $i$ 有连边：

①$j$ 是连通巨片的成员，这种情况下节点 $i$ 会通过 $j$ 进入连通巨片，所以这种情况不存在；

②$j$ 不是连通巨片的成员，这种情况的概率为 $pu$。

其中，$p$ 代表节点 $i$ 和 $j$ 的连边概率，$u$ 代表节点 $j$ 不属于连通巨片的概率。对于任意节点 $j$，必须满足情况(1)或者情况(2)中的②，才能保证节点 $i$ 不属于连通巨片，节点 $i$ 保持独立的概率是 $1-p+pu$。那么，对于网络中其他 $N-1$ 个节点，节点 $i$ 保持独立的概率就是 $1-p+pu$ 的 $N-1$ 次方，即：

$$u=(1-p+pu)^{N-1} \tag{3—21}$$

根据以上公式，当我们得到概率 $p$ 后，可以计算得到 $u$ 的值。我们可以进一步简化公式，首先用平均度 $\langle k\rangle$ 取代概率 $p$，得到：

$$u=\left(1-\frac{\langle k\rangle}{N-1}(1-u)\right)^{N-1} \tag{3—22}$$

在两边取对数后得到：

$$\ln u=(N-1)\ln\left[1-\frac{\langle k\rangle}{N-1}(1-u)\right]$$

$$=-(N-1)\frac{\langle k\rangle}{N-1}(1-u)$$
$$=-\langle k\rangle(1-u) \tag{3-23}$$

其中，第二个等式用到了$\lim_{x\to 0}\ln(1+x)=x$的极限定理。进一步整理得到：

$$u=e^{-\langle k\rangle(1-u)} \tag{3-24}$$

于是，连通巨片的比例$S$为：

$$S=1-e^{-\langle k\rangle S} \tag{3-25}$$

上式尽管看上去简单，但是不能直接得到解析解。不过，我们可以绘制出当平均度$\langle k\rangle$取不同值时对应$S$的函数，如图3—9所示。

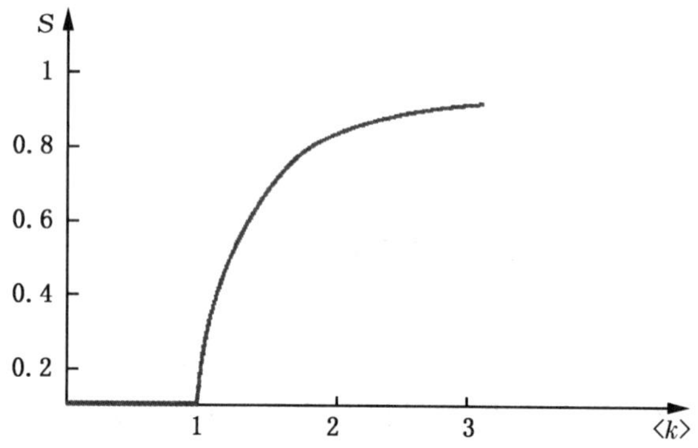


**图3—9　随机网络平均度$\langle k\rangle$和连通巨片规模$S$的关系**

可以看到，当$\langle k\rangle<1$时，$S=0$意味着不存在较大的连通分量；当$\langle k\rangle>1$时，$S>0$意味着连通巨片的涌现。由于随机网络的平均度$\langle k\rangle=p(N-1)\approx pN$，所以产生连通巨片的概率$p$的临界值为：

$$p_c=\frac{\langle k\rangle}{N-1}\approx\frac{1}{N} \tag{3-26}$$

在概率$p$从0增大的过程中，网络$N$个独立节点开始形成一些小的连通片段；也就是说，当$p$很小时，网络是由大量碎片构成的。随着$p$的继续增加，一些小的连通片段融合成为更大的连通片段。当$p$超过某个临界值$p_c$时（$\langle k\rangle=1$），会突然涌现出一个包含相当部分节点的连通巨片。

### 3.1.4　随机网络与实际网络的对比

自1959年被提出以来，随机网络$G(N,p)$是被研究最多的网络模型之一。之后的几十年里，它让我们对真实世界的网络结构有了更深入的了解，特别是在连通分量和网络平均距离方面。它既能简单描述，又能用严格的数学方法分析，这使它成为研究各种网络现象的首选工具。然而，我们不禁要问："实际网络是随机的吗？"

答案显然是否定的。作为一个网络模型，随机网络 $G(N,p)$ 存在一些不容忽视的缺陷。

(1)随机网络没有刻画出真实社会网络的高集聚现象。随机网络 $G(N,p)$ 的集聚系数是 $C=\langle k\rangle/(N-1)$，在 $N$ 无穷大时，随机网络的集聚系数趋向于零。全世界大约有 70 亿人，假设每个人有大约 1 000 个熟人，则随机网络的集聚系数为 $C\approx\frac{1\ 000}{7\ 000\ 000\ 000}\approx10^{-7}$。这个数量级与现实社会网络相距甚远，比如 Facebook 好友网络的平均集聚系数就达到了 0.23。很明显，真实社会网络并不是完全随机的。

(2)度分布的差异。随机网络 $G(N,p)$ 的度分布近似服从"中间高、两边低"的泊松分布，这意味着网络中节点的度基本集中在平均度 $\langle k\rangle$ 附近。然而，实际网络的度分布往往呈现"左边高、右边低"的特征：大部分节点的度很小，但存在少量 Hub 节点，它们的度远远大于平均度 $\langle k\rangle$。

(3)随机网络不存在同配性。随机网络中相邻节点的度之间没有相关性，因为连边是完全随机的，如图 3－10(b)所示。相比之下，真实社会网络中节点的度之间通常具有同配性，如图 3－10(a)所示。

(4)随机网络没有涌现出社团结构，几乎所有实际网络都会产生社团结构。

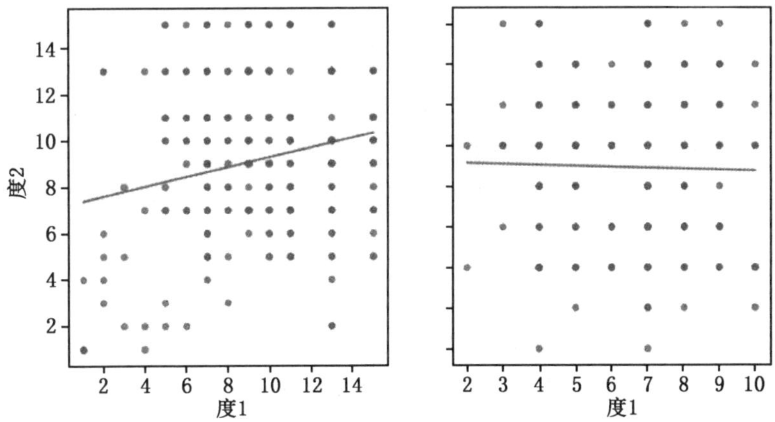


(a)真实好友网络　　(b)随机网络

**图 3－10　真实好友网络以及对应随机网络的同配性比较**

### 3.1.5　配置网络

ER 随机网络中给定的是节点数 $N$、连边数 $M$ 或者节点之间的连边概率 $p$，我们已经知道随机网络度分布服从平均度为 $\langle k\rangle$ 的泊松分布。随机网络度分布最大的问题在于，无法重现真实世界中的 Hub 节点。因此，我们开始关注一个问题：在保留随机连边机制的前提下，我们能否构建一个服从实际网络度分布的随机网络？

人们可以从多个角度对 ER 随机网络进行拓展，使它更接近实际网络，到目前为止，研究最多的就是配置网络模型(configuration network)。这个模型想要实现一个目标：生成一个随机网络，但是每个节点的度都要服从提前给定的序列 $k_1, k_2, \cdots, k_N$。这个序列可以是我们感兴趣的特定分布，也可以从实际网络中提取。于是，我们可以生成任意度分布的随机网络。

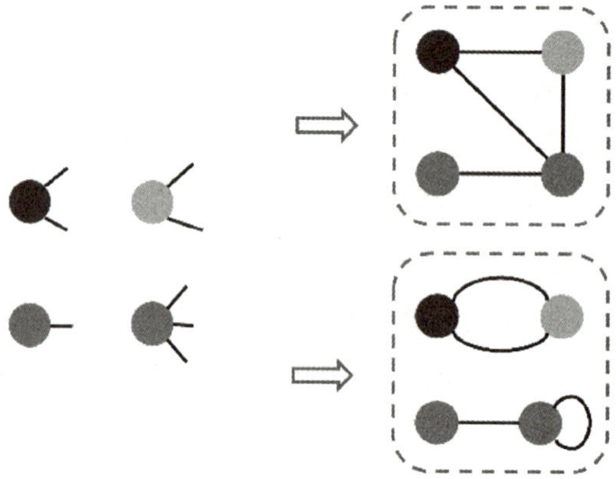

**图 3—11　配置网络，如何根据给定的度序列生成随机网络**

如图 3—11 所示，假设我们有一组节点和一组度序列，构建配置网络的步骤如下：

(1)首先为每个节点分配若干个端点(end point)，每个节点的端点数量与度序列的值相对应，两个端点可以形成一条连边；

(2)在所有未连接的端点中，随机选择两个端点，在对应的两个节点之间形成连边；

(3)重复步骤(2)，直到所有端点都被连接。

为了让所有端点都被成对连接，需要保证度序列之和为偶数。假如一个节点有 $k$ 个端点，那么它最终会有 $k$ 个邻居，因此配置网络的度分布一定服从给定的度序列。通过这种方式创建的配置网络存在一定的随机性，这取决于端点成对的先后顺序。有些端点对可能并不符合我们的要求，比如两个节点之间存在多条连边或者出现自环。因此，可以加入额外的约束条件，保证生成的配置网络是简单网络。

在 2.2.1 中我们看到，网络的许多现象和特殊性质都与度分布息息相关。而配置模型产生了具有指定度分布的随机网络，这在网络分析中非常有用。比如，配置网络能够产生 Hub 节点，并且保证度大的节点倾向与度大节点相连(同配性)，这些都是 ER 随机网络不具备的性质。然而，有些网络现象我们不确定是否与度分布有关。通过配置模型，我们就能检验一种网络特征是不是由度分布所导致。

给定一个原始网络，我们可以利用配置模型生成具有相同度分布的随机网络。这些随机网络可以看作将原始网络的连边打乱之后的结果，它保留了原始的度分布，但其他一切完全随机。现在我们可以检验，在原始网络被打乱后某种网络特征是否仍然存在？如果存在，那么这个网络特征一定可以被度分布解释；否则，与度分布无关。

例如，我们想研究集聚系数：一个真实社会网络的集聚现象可以被它的度分布来解释吗？我们需要做的是得到足够多的配置网络，计算它们的集聚系数并得出平均值和标准差，最后与实际网络中的集聚系数进行比对。如果估计值与实际值相符，那么我们认为实际网络中的三角形数量是由度分布所导致；如果估计值比实际值小得多，那么表明度分布无法保证三角形的产生，集聚现象一定是由其他机制造成的。

## 3.2 小世界网络

正如我们在上一节中看到的，实际网络与随机网络是不同的。ER 随机网络虽然有短路径，但是三角形很少，导致平均集聚系数比实际网络要小几个数量级。20 世纪 90 年代末，Duncan J. Watts 和 Steven H. Strogatz（见图 3－12）提出了 Watts-Strogatz 模型，也被称为 WS 小世界模型。该模型生成的网络同时具备低平均距离和高集聚系数两个特征。WS 小世界网络是网络科学领域中最重要的论文之一，在发表之后得到了大量的引用，已经成为网络科学文献中的 Hub 节点。本节将围绕 WS 小世界模型展开，介绍模型的构建方法以及网络的描述性指标。

**图 3－12 Duncan J. Watts（左）和 Steven H. Strogatz（右）**

### 3.2.1　规则网络

● **全连通网络**

如果一个网络中任意两个节点之间都有连边，那么就称该网络为全连通网络(fully connected network)，如图3—13(a)所示。在实际社会中，小规模团体的内部成员一般彼此认识，比如讨论小组、公司部门、学校班级等，这些成员就构成了一个全连通网络。但是，当组织规模达到一定程度之后，要使得所有成员之间都互相认识就变得极为困难。假设你在一所大学内学习和生活，显然能够与宿舍或者社团的同学互相认识。但是，一般来说，你无法认识校园内所有的学生、老师和工作人员。就算你成功拿到了校园里所有人的联系方式，每天与这些人保持社会联系，所需的时间精力也是难以想象的。对于互联网来说，如果要想在任意两个路由器之间直接相联，消耗的资金无异于天文数字。

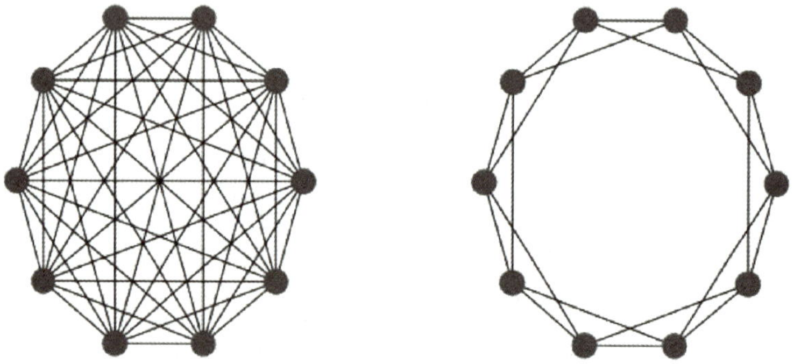

(a)全连通网络　　(b)最近邻耦合网络

**图3—13　全连通网络和最近邻耦合网络**

这些例子说明，构建和维护一个大规模全连通网络的成本是极其高昂的。这也反映了全连通网络作为实际网络模型的局限性：一方面，大规模实际网络一般都是稀疏的，它们的连边数目一般与$N$成正比，而不是$N^2$；另一方面，尽管实际网络不太可能是全连通的，但是网络内部可能存在不少稠密甚至是全连通的子网络。例如，学校作为网络一般是稀疏的，但是每个班级内部往往是全连通的。

$N$个节点构成的全连通网络有$N(N-1)/2$条边。在所有网络中，全连通网络拥有最多的连边数、最大的集聚系数$C=1$，以及最短的平均距离$\langle d \rangle=1$。

● **最近邻耦合网络**

如果在一个网络中，每个节点只与它周围的邻居节点相连，那么就称该网络为最近邻耦合网络，一般也称为规则网络(regular network)。常见的规则网络通常将$N$个节点围成一个环，其中每个节点都与它左右各 $K/2$ 个邻居节点相连，这里 $K$ 是一个偶数。如图 3－13(b)所示，每个节点只与最近的 $K=4$ 个邻居相连并构成了一维环，所有节点的度均为 $K=4$。

最近邻耦合网络的特点是网络的拓扑结构由节点之间的相对位置所决定，并且所有节点都服从同一种模式。例如，在现实生活中，我们大部分朋友集中在同一个城市、毕业于同一所学校；两个人地理距离越远，成为朋友的可能性也就越低。这些社会关系的特点和最近邻耦合网络是相吻合的。

对于平均度为 $K$ 的最近邻耦合网络，一共有 $L=\langle k\rangle N/2$ 条边。计算集聚系数时稍复杂一些，由于所有节点的结构都是同质的，因此我们只要计算任意一个节点 $i$ 的集聚系数即可。我们采用节点 $i$ 的邻居之间连边数 $E_i$ 的定义来计算最近邻耦合网络的集聚系数。

$$C_i=\frac{2E_i}{k_i(k_i-1)},k_i\geqslant 2 \tag{3－27}$$

假设 $N$ 充分大，$K$ 是一个与 $N$ 无关的常数且 $K\ll N$。如图 3－14 所示，节点 $i$ 左右两侧分别有 $K/2$ 个节点，以逆时针方向标记每个节点。$E_i$ 指的是 $K$ 个节点之间形成的连边数量，为了不重复计算，规定每个节点只能与位于右侧的节点形成连边。位于节点 $i$ 左侧的每个节点，均可以与 $K/2-1$ 个节点形成连边；位于右侧的节点能形成的连边数则依次减少，节点 $i+1$ 可以形成 $K/2-1$ 条边，而节点 $i+K/2$ 无法与右侧节点形成连边。

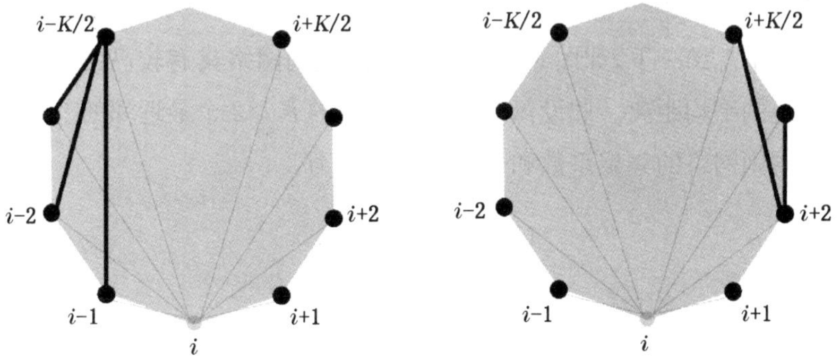


**图 3－14　计算最近邻耦合网络的集聚系数**

因此，$K$ 个节点之间形成的连边数量 $E_i$ 为：

$$E_i=\left(\frac{K}{2}-1+\cdots+\frac{K}{2}-1\right)+\left(\frac{K}{2}-1+\cdots+2+1+0\right)$$

$$=\left(\frac{K}{2}-1\right)\times\frac{K}{2}+\frac{\left(\frac{K}{2}-1+0\right)\times\frac{K}{2}}{2}$$

$$=\frac{3}{4}\left(\frac{K}{2}-1\right)K \tag{3-28}$$

最近邻耦合网络的集聚系数 $C_i$ 为：

$$C_i=\frac{2E_i}{K(K-1)}=\frac{3(K-2)}{4(K-1)} \tag{3-29}$$

最近邻耦合网络的集聚系数 $C$ 随着 $K$ 值增大而增大。当 $K=2$ 时，无法形成三角形，集聚系数 $C$ 为 0；当 $K$ 足够大时，节点 $i$ 与其他节点全部相连，则集聚系数 $C$ 为 1。需要注意的是，公式(3—29)的极限为 0.75，这是因为图 3—14 是在 $K \ll N$ 的前提下进行计算的。

值得注意的是，最近邻耦合网络不具有小世界现象。节点 $i$ 在一步之内能达到的最远间距为 $K/2$，因此相距 $m$ 的两个节点之间所需步数为$[2m/K]$，即至少需要 $2m/K$ 的最小整数。因此，最近邻耦合网络的平均距离为：

$$\langle d \rangle \approx \frac{1}{(N/2)}\sum_{m=1}^{N/2}[2m/K] \approx \frac{N}{2K} \tag{3-30}$$

对于固定的 $K$ 值，当网络规模 $N$ 趋于无穷时，平均距离也趋于无穷大，这与 $d \sim \ln N$ 的小世界定义不相符。

### 3.2.2 WS 小世界模型

现在我们来总结一下，如图 3—15(a)所示的规则网络具有较高的集聚系数，但是并不具备较短的平均距离。假设每个节点与固定的 $K>2$ 个最近邻的节点相连($K$ 为偶数)，那么规则网络的集聚系数和平均距离分别为：

$$C=\frac{3(K-2)}{4(K-1)} \geqslant 0.5 \tag{3-31}$$

$$\langle d \rangle \approx \frac{N}{2K} \to \infty \tag{3-32}$$

同时，ER 随机网络虽然具有小的平均距离，却没有高集聚系数，如图 3—15(b)所示。节点数为 $N$、平均度为 $K$ 的随机网络的集聚系数和平均距离分别为：

$$C=\frac{K}{N-1} \to 0 \tag{3-33}$$

$$\langle d \rangle \sim \frac{\ln N}{\ln K} \tag{3-34}$$

因此，不论是规则网络还是随机网络，都无法满足实际网络中的高集聚现象和小

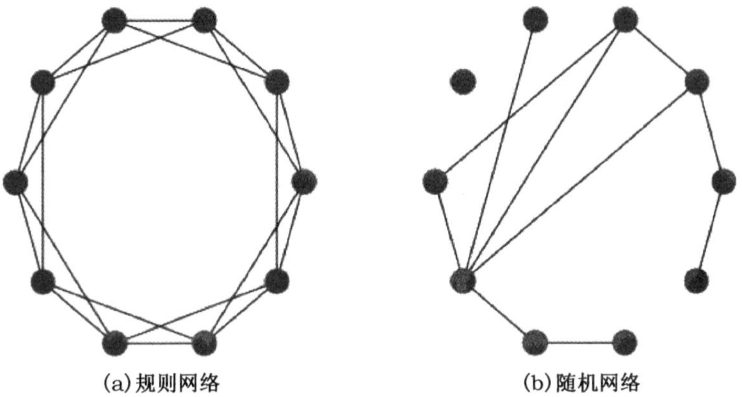


**图 3—15　规则网络和随机网络**

世界现象。某种程度上，我们身处的社会网络既不是完全规则的，也不是完全随机的。我们倾向与身边的邻居同学交朋友，但也可以通过各种途径认识异国他乡的伙伴。实际网络兼顾了“强联系”和“弱联系”，而以上两个模型无法同时做到这一点。

是否可以构建一个简单模型来兼具以上两个特点？1998 年，Watts 和 Strogatz 提出了小世界网络，他们发现，只要在规则网络中加入少许随机连边，就可以产生小世界现象，现在被称作 WS 小世界模型。WS 小世界模型可以看作规则网络和随机网络的结合，人们既与志同道合的人建立联系，也能够与网络中较远的人建立联系。构建 WS 小世界模型的步骤如下：

(1)从规则网络开始：考虑含有 $N$ 个节点的最近邻耦合网络，其中每个节点与它左右相邻的 $K$ 个节点相连，$K$ 是偶数。

(2)随机重连：以概率 $p$ 随机地重新连接网络中的连边。对于每一条连边，保持一个端点不变，另一个端点以概率 $p$ 转移到网络中另一个节点；以概率 $1-p$ 不改变位置。这样一来，平均会产生 $pNK/2$ 条随机连边，而网络的总边数 $L$ 不变。注意，每一条边只能修改一次位置，并且不得产生重边和自环。

如果随机重连的概率 $p$ 非常小(接近 0)，那么修改后的网络会保留规则网络的模样，网络的平均距离仍然很大。如果概率 $p$ 非常大(接近 1)，那么网络就会变成一个 ER 随机网络，基本上所有连边都被重新连接到随机选择的节点上，这相当于在随机选择的节点对之间产生连边。在这种情况下，原规则网络中的大多数三角形被破坏，集聚系数变得非常小。但是，如果概率 $p$ 选得适中，就可能实现一种权衡：有足够的随机连边使网络的平均距离相当小，但又不至于破坏大多数三角形。在这种情况下，修改后的网络与随机网络一样，具有短平均距离，而平均集聚系数相对于规则网格只略有下降，因此它可以更好地刻画真实社会网络的模样。

在 WS 小世界模型中，$p=0$ 对应于完全规则网络，$p=1$ 对应于完全随机网络，通过调节 $p$ 值就可以控制从完全规则网络到完全随机网络的过渡，如图 3－16 所示。在随机重连的过程中，每一条边至多更换一次位置。不失一般性地，规定一条连边中编号较大的节点改变位置，而编号较小的节点保持不动。因此，对于每一个节点 $i$，位于其逆时针方向的 $K/2$ 条连边以概率 $p$ 随机选择网络中的另一个节点，以概率 $1-p$ 保持不变。由此可知，WS 小世界模型中每个节点的度至少为 $K/2$，然而，随机网络的节点度则没有任何限制。所以，即使当 $p=1$ 时，WS 小世界模型也并不等同于随机网络，除非每一条边的两个端点都完全随机更换位置。

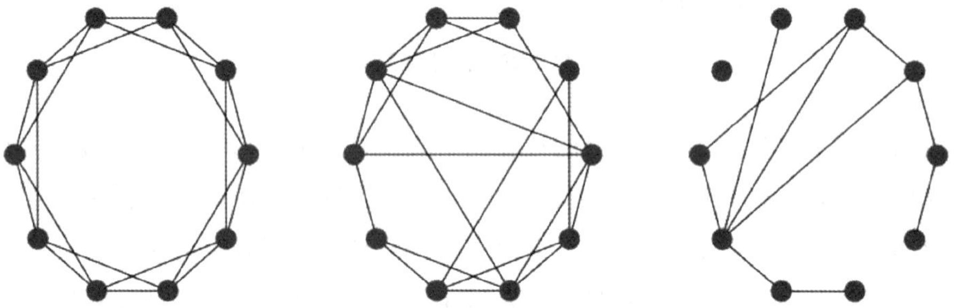

(a) 规则网络 $p$=0　　(b) 小世界网络 $p$=0.2　　(c) 随机网络 $p$=1

**图 3－16　WS 小世界模型与规则网络、随机网络的关联**

WS 小世界模型的集聚系数 $C$ 和平均距离 $\langle d \rangle$ 均可看作重连概率 $p$ 的函数，但是，我们很难得到 $C$ 和 $\langle d \rangle$ 的精确表达式。图 3－17(a) 利用计算机仿真实验，显示了参数 $N=1\ 000$、$K=10$ 时的集聚系数 $C$ 和平均距离 $\langle d \rangle$ 与概率 $p$ 的变化关系。

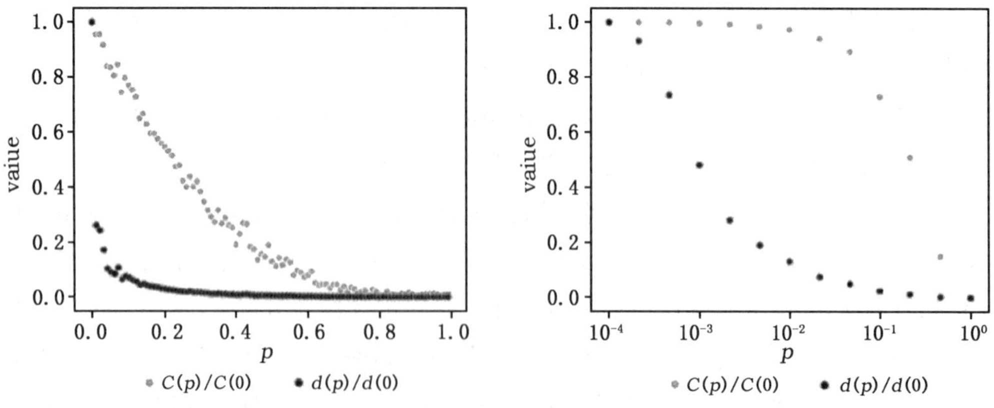


(a) 线性坐标　　(b) 对数坐标

**图 3－17　WS 小世界模型的集聚系数和平均距离与重连概率 $p$ 的变化关系**

图3－17(a)和(b)描述的是同一批数据，但是给人的直觉截然相反，其中的一些数据处理方法值得我们学习。

(1)归一化处理。图中没有直接画出$C(p)$和$d(p)$，而是对这两个统计量做了归一化处理，即$C(p)/C(0)$和$d(p)/d(0)$。这样做的好处在于，可以在同一个取值范围内比较两个统计指标的变化趋势；否则，平均距离$\langle d\rangle$最大值达到了31，而集聚系数$C$最大值为1，难以直接比较两者的变化幅度。

(2)对数坐标。在图3－17(a)的线性坐标中，$C(p)$和$d(p)$都随着$p$下降，从图中得到的信息较少。但是图3－17(b)不仅反映了下降趋势，而且反映了两个统计量不同的下降速率。图3－17(b)中横坐标取的是对数坐标，这是为了重点关注当$p$较小时集聚系数$C$和平均距离$\langle d\rangle$的变化情况。采用对数坐标的好处在于，可以在横轴上把较小$p$值的刻度拉宽而压缩较大$p$值的区间。

从图3－17(b)可以看到，当$p$从0开始增大时，集聚系数$C$下降缓慢，但是平均距离$\langle d\rangle$下降很快，意味着当$p$值较小时，WS小世界模型既具有较大的集聚系数，又有较小的平均距离。

### 3.2.3　NW小世界模型

在WS小世界模型提出之后，人们希望进一步分析该网络的统计性质，但是WS模型的连边机制并不容易进行理论分析。不久之后，Mark Newman和Watts提出了Newman-Watts模型，新模型在理论分析方面相对容易处理，现在称为NW小世界模型。

与WS模型的随机重连不同，NW模型采用的是随机加边机制。我们注意到，WS模型的连边数量始终保持在$NK/2$，其中随机重连的连边数量的均值为$pKN/2$。而在NW模型中，原来的$NK/2$条连边保持不变，而是在此基础上随机添加一些连边，为了便于与WS模型比较，NW模型添加的随机连边数目的均值同样为$pKN/2$。构建NW小世界模型的步骤如下：

(1)从规则网络开始：考虑含有$N$个节点的最近邻耦合网络，其中每个节点与它左右相邻的$K$个节点相连，$K$是偶数。

(2)随机加边：在网络中随机选取$NK/2$个节点对，以概率$p$产生连边，以概率$1-p$不产生连边。这样一来，平均会增加$pNK/2$条随机连边。注意，不得产生重边和自环。

当$p=0$时，WS模型和NW模型都对应于规则网络；当$p=1$时，WS模型可以近似看作随机网络，而NW模型则相当于在规则网络的基础上叠加了一个随机网络。当$p$足够小而$N$足够大时，可以认为NW模型和WS模型是等价的。

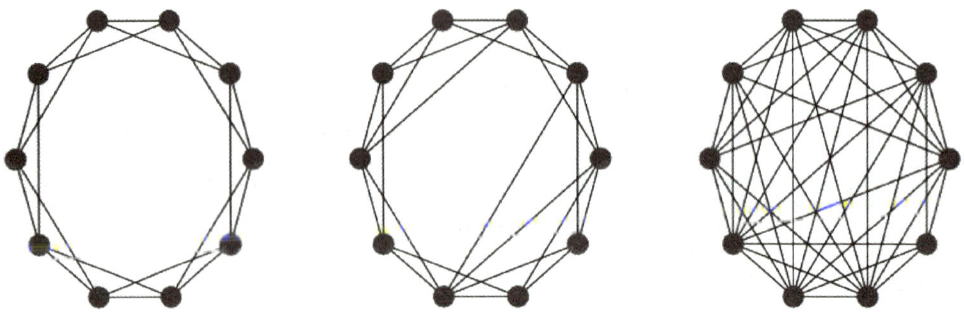


**图 3—18 NW 小世界模型**

小世界网络模型反映了社会网络的这样一种现象：你的大部分朋友代表了“短距离连边”，比如来自同一个小区、同一所学校或者同一个工作单位，这种情形对应规则网络的最近邻耦合；与此同时，也有一些朋友代表了“长距离连边”，比如远在异国他乡的朋友，这种情形对应于 WS 模型通过随机连边或者 NW 模型通过随机加边产生的远程连边。从另一个角度我们得知，只需要极少数 $pKN/2$ 的随机边就能够迅速降低网络的平均距离，我们可以称这些边为长程边(shortcuts)。这个机制可以解释小世界现象为何如此常见：只需要一点随机性，就足以快速降低网络的平均距离。同时，少数随机重连的连边并不足以破坏网络的原有性质。

## 3.3 幂律和无标度现象

虽然 ER 随机网络和 WS 小世界网络在某些统计指标上具有良好的性质，但是这两个模型都没有考虑实际网络中特殊的度分布和 Hub 节点的存在。这两个模型的一个共同特征就是度分布集中在一个有限的范围内，网络中大部分节点的度集中在$\langle k\rangle$附近，距离均值$\langle k\rangle$越远，其概率呈指数快速衰减，基本不存在度特别大或者特别小的节点。然而，真实情况是，包括万维网、社交网络、引文网络在内的许多实际网络均具有长尾效应(long tail effect)，即随着度的增加，其概率衰减得非常缓慢，意味着度特别大的节点是有一定概率存在的，从而导致了 Hub 节点的产生。

许多分布函数具有长尾形状，但是幂律分布是比较特殊的一个。本节将重点讨论幂律分布和实际网络的一个重要性质——无标度现象(scale free phenomenon)，这是一种比随机性更深层次的网络机制。

### 3.3.1　幂律分布

万维网(world wide web)中,节点是网页,人们可以通过点击链接,从一个网页跳转到另一个网页。万维网是目前为止人类建造出的规模最大的网络,包含的网页数目估计超过 1 万亿。万维网在网络科学发展的过程中发挥了重要作用,很多网络现象的发现都离不开对万维网的认识和分析。每个网页的内容反映了创建者的个人兴趣或专业兴趣,由于兴趣的多样性,这些网页上的链接似乎会指向随机其他网页。在 20 世纪 90 年代,万维网还没有完全普及,当时的人们完全有理由相信万维网是一个随机网络。

如果把万维网看作一个随机网络,则度分布应该服从泊松分布。然而,如果把万维网画出来就会发现,万维网和随机网络之间存在一些令人费解的差异。实际上,在随机网络中,高度连接的 Hub 节点以及孤立节点是几乎不可能存在的。相比之下,万维网中同时存在大量度很小的节点和少数 Hub 节点,默默无闻、无人问津的网页和谷歌、Facebook 等拥有异常多链接的网页同时存在。这是随机网络无法解释的现象。

1999 年 9 月,Barabasi 小组对万维网进行了深入研究,通过网络爬虫技术,他们获得了万维网的一部分节点和连边。Barabasi 和 Albert 惊奇地发现,万维网中节点的度分布并不像 ER 随机网络所预料的那样服从泊松分布,而是服从幂律分布(power law distribution)。他们还注意到,包括电影演员网络和电力网络的许多实际网络的度分布都服从幂律分布,而不是传统认为的泊松分布。同时,为了解释这种现象,他们提出了产生幂律度分布的两个基本机制,建立了 BA 无标度网络模型(我们将在下一节介绍)。近些年来,已经有越来越多的证据表明,许多实际网络的度分布并不服从具有均匀特征的泊松分布,而是可以被如下形式的幂律分布更好地拟合:

$$p_k \sim k^{-\gamma} \tag{3—35}$$

其中,$\gamma$ 为幂指数,实际网络的取值通常为 2～3。上式两侧取对数,可以得到:

$$\log p_k \sim -\gamma \log k \tag{3—36}$$

如果一个网络的度分布服从幂律分布,那么 $\log p_k$ 和 $\log k$ 应该呈线性关系。在 1999 年,Barabasi 和 Albert 统计得到了万维网的参数为 $\gamma_{in}=2.1$,$\gamma_{out}=2.45$,平均度 $\langle k\rangle=4.60$。图 3—19 描述了万维网的出度和入度分布,可以看到泊松分布与实际网络的度分布出入非常大(其中,泊松分布的参数 $\langle k\rangle$ 和 $N$ 均取自实际网络)。在双对数坐标下,不论是入度 $k_{in}$ 还是出度 $k_{out}$,万维网的度分布均可以用一条直线拟合。

**● 幂律分布的定义**

节点的度 $k$ 是非负整数,因此,一个节点正好有 $k$ 个邻居的概率 $p_k$ 服从离散形式的幂律分布:

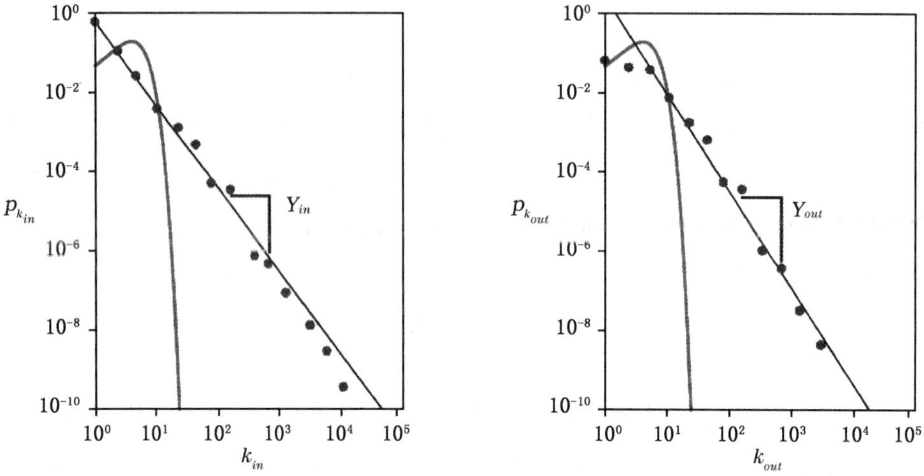


(a)入度分布　　　　(b)出度分布

图片来源：Barabasi，《网络科学》。

**图 3—19　灰色点代表万维网的度分布，曲线代表拟合的泊松分布**

$$p_k = Ck^{-\gamma} \tag{3—37}$$

常数 $C$ 满足：

$$C = \frac{1}{\sum_{k=0}^{\infty} k^{-\gamma}} \tag{3—38}$$

为了方便解析和计算，通常假设概率 $p_k$ 服从连续形式的幂律分布，即节点的度 $k$ 可以是任意非负实数。对于连续变量 $k>0$，使用归一化条件，常数 $C$ 满足：

$$C = \frac{1}{\int_{k_{\min}}^{\infty} k^{-\gamma} \mathrm{d}k} = (\gamma - 1) k_{\min}^{\gamma-1} k^{-\gamma} \tag{3—39}$$

注意，离散形式中 $p_k$ 有明确的含义：一个随机选择的节点其度为 $k$ 的概率。相比之下，连续形式中对一个区间的 $\int_{k_1}^{k_2} p(k)\mathrm{d}k$ 定义为：一个随机选择节点的度介于 $k_1$ 和 $k_2$ 之间的概率。

Barabasi 将这类网络称为无标度网络（scale free network）。无标度网络是度分布服从幂律分布的网络。如果是有向网络，无标度性质分别适用于入度和出度。

● **幂律分布和二八定律**

20 世纪初，意大利经济学家帕累托（Pareto）研究了个人收入的统计分布，发现意大利的极少数富人占有着大部分财产，而人口的大多数却只占有小部分财产。他将这种现象总结为“社会收入服从幂律分布”，这是关于幂律分布的最早的有记载的报道。

帕累托的这一发现被广泛流传，在如今被称为80/20法则：20%的人口掌握了80%的社会财富。

80/20法则在很多领域都有所体现。例如，在经济学领域，80%的利润由20%的商品创造。与之类似，会议讨论中80%的决策是在20%的时间内做出的；万维网中，80%的链接指向了20%的网页；科学引文网络中，80%的引用指向20%的科学家。实际上，大部分符合幂律分布的变量都遵循80/20法则。在社会收入极度不平等的今天，幂律分布又有了新的意义：世界上最富裕的26个人拥有的财富超过1.4万亿美元，相当于全球半数人口的财富。这种现象是收入差异的一个缩影，也是收入服从幂律分布的表现。

除此之外，幂律分布还体现在语言学中。20世纪30年代，哈佛大学的语言学家Zipf发现，如果把英文单词按照在文章中出现的频率由大到小排列，那么名次为$r$的单词出现的频率服从幂律关系：

$$P(r)\sim r^{-\alpha} \tag{3-40}$$

这种现象被称为Zipf定律，它表明在大部分语言中，只有极少数的词被经常使用，而绝大多数的词很少被使用。

● **检验幂律分布**

判断一个网络的度分布$p_k$是否服从幂律分布，有一种很简单的方法，即如图3－20所示的双对数坐标。假如我们要验证是否存在常数$C$和幂指数$\gamma$，使得网络度分布$p_k$服从幂律分布：

$$p_k=Ck^{-\gamma} \tag{3-41}$$

可以对上式两边取对数，从而有：

$$\log p_k=\log C-\gamma\log k \tag{3-42}$$

这表明$\log p_k$是$\log k$的线性函数。因此，如果在双对数坐标中$\log p_k$和$\log k$呈现一条斜率为$-\gamma$、截距为$\log C$的直线，那么就可以初步推断数据服从幂律分布，并且该直线的斜率就是对应的幂指数。

然而，在大规模实际网络的度分布中，只有一部分取值范围能够很好地拟合成幂律分布，如图3－20所示。事实上，当人们提到网络度分布服从幂律分布时，往往指的是当$k$在较大时近似具有幂律形式。图3－20展示了Facebook好友网络的度分布形状，我们发现它并不能全部被幂律分布解释：在$k$较小时，网络度分布的左侧低于拟合曲线，这个被称为"低头现象"；当$k$达到最大时，由于$p_k$无法进一步减小（$p_k$始终大于等于$1/N$），导致度分布的右侧在水平方向发散。也就是说，实际网络的度分布在度很小或度很大的时候都不满足幂律分布。

只凭借双对数坐标中的曲线形状来判断是否服从幂律分布，毕竟不是一种科学的方法，更何况还要回答在什么范围内服从幂律分布、在什么范围内不服从，以及幂指数等问题，容易带来较大的误差。因此，通常采用最小二乘法(least square estimate)来拟合度分布曲线。

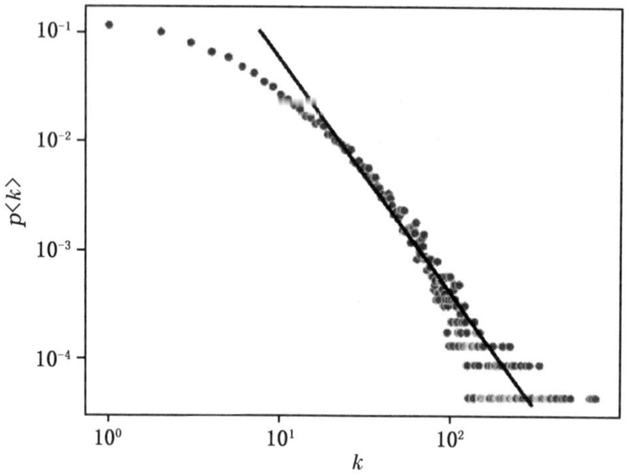


**图 3—20　双对数坐标中 Facebook 好友网络的度分布和拟合直线**

在双对数坐标中，判断度分布是否服从幂律分布还存在一些问题：在一些度值处有明显的噪声扰动和偏差，比如在早期微信账号的用户上限为 5 000 人、Facebook 的每次推荐列表为 40 人。这些人为设定和操作，对度分布产生了系统性偏差。一种常见的数据处理方法是利用累积概率分布 $P_k$，它表示的是网络中度不小于 $k$ 的节点所占的比例，或者说随机选取的一个节点的度不小于 $k$ 的概率。

$$P_k=\sum_{k'\geqslant k}P_{k'} \tag{3—43}$$

如果一个网络的度分布 $p_k$ 服从幂律分布，那么累积度分布 $P_k$ 满足幂指数为 $\gamma-1$ 的幂律分布：

$$P_k\approx\frac{C}{\gamma-1}k^{-(\gamma-1)} \tag{3—44}$$

为了保证上式求和收敛，这里假设 $\gamma>1$。

图 3—21 显示的是 Facebook 好友网络的累计度分布。累计度分布曲线中的数据点反映的是频率累加和，因此相邻点是相关的，相邻点之间的数值差异一般不会特别大。但是，由于相邻点不是完全独立的，这意味着通过最小二乘法来拟合幂指数并不合适，因为最小二乘法的前提是数据点之间是独立的。

图 3—20 中的度分布曲线和图 3—21 中的累计度分布曲线，两者具有非常相似的特征。首先，度分布和累计度分布都是单调下降的，并且在较小 $k$ 值处都出现了“低

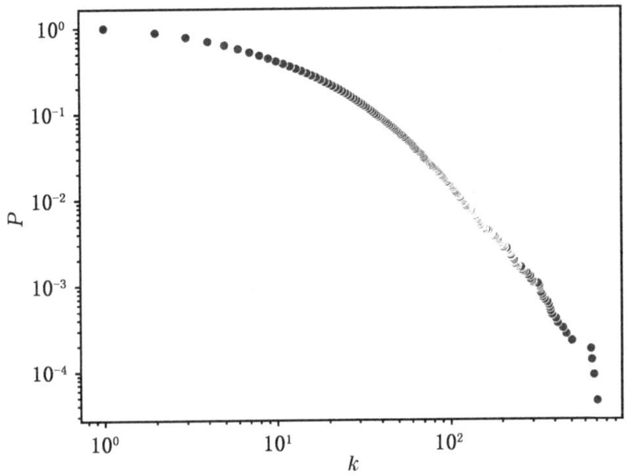


**图 3—21　双对数坐标中 Facebook 好友网络的累积度分布**

头现象”;其次,度分布和累计度分布都体现了社会网络的非均匀特征:大部分用户的好友数小于 100,而少数用户具有高达 700 个朋友,累计度分布在 $k$ 大于 500 的范围内出现了明显截断。图 3—21 的累计度分布是一条更光滑的曲线,没有出现度分布曲线在尾部的抖动。

### 3.3.2　无标度性质

无标度(scale-free)也叫无尺度,这个概念最早来源于统计物理中的尺度不变性(scale invariant)。物理学家发现了一种有趣的现象:某些因变量 $y$ 会随着自变量 $x$ 的变化而变化,并且,当自变量 $x$ 扩大或缩小 $\lambda$ 倍时,因变量 $y$ 的变化倍数 $f(\lambda x)/f(x)$ 只与 $\lambda$ 有关,而与 $x$ 所处位置无关。我们用函数来表示这类现象。

$$f(\lambda x)=C(\lambda)f(x) \tag{3—45}$$

变化量 $C(\lambda)$①只与 $\lambda$ 相关,而与 $x$ 无关,这类性质就被称为尺度(变化量)不变性。

在自然界和人类社会中,尺度不变性的例子随处可见。对于一个圆,边长 $x$ 扩大至原来的 $\lambda=2$ 倍,那么面积 $y$ 一定扩大至原来的 $\lambda^2=4$ 倍,与边长 $x$ 的取值没有关系。在银行存款中,获得的利息 $y$ 与存款 $x$ 有关,当我们把存款 $x$ 扩大至原来的 $\lambda=10$ 倍,利息 $y$ 会扩大至原来的 $\lambda=10$ 倍,这个变化量与存款 $x$ 没有关系;换句话说,在一定范围内,不论你把存款从 1 万元增加至 10 万元,还是从 100 万元增加至 1 000 万元,银行支付的利息变化量都是 $\lambda=10$ 倍。

接下来,我们举一些尺度变化的例子,即因变量 $y$ 的大小变化与 $x$ 所处位置相

① 英文中为 scale 或者 dilatation。

关。在自然界中，种群规模 $x$ 越大，会导致新增个体数 $y$ 越多。比如在种群规模 $x$ 很小时，种群规模扩大至原来的 $\lambda=2$ 倍，新增个体数量也能扩大至原来的 $\lambda=2$ 倍。然而，种群规模 $x$ 达到一定程度后，环境资源饱和，新增个体数量或许只能扩大 1.2 倍。尺度变化 $C(\lambda,x)$ 与种群规模 $x$ 本身有关系，因此不具有尺度不变性。

为了进一步理解尺度不变性的迷人之处，我们先介绍一下函数的幂级数展开（泰勒展开）。我们日常接触到的几乎所有的数学函数，都可以表示为一些幂级数之和。

$$f(x)=c_0+c_1x+c_2x^2+c_3x^3+\cdots \tag{3-46}$$

现在，如果我们在这个序列中插入一些带有单位的变量后会发生什么？例如，我们输入长度单位米（m），会得到：

$$f(3m)=c_0+3c_1m+9c_2m^2+27c_3m^3+\cdots \tag{3-47}$$

然而，我们并不允许把这些不同单位的变量相加，3 米的长度和 9 平方米的面积相加是没有意义的。这意味着，为了让函数返回合理的结果，我们只能输入纯数字。如果我们想要研究一些带有单位的变量，比如价格、重量，首先应该除以某个标准值从而消除单位。因此，我们不能直接研究长度 $l$，但是可以研究长度的比率，比如 $l/L$。

$$f\left(\frac{l}{L}\right)=c_0+c_1\frac{l}{L}+c_2\frac{l^2}{L^2}+c_3\frac{l^3}{L^3}+\cdots \tag{3-48}$$

标准值 $L$ 可以是任何数值，一般而言，我们更倾向于用一些常识性数值，比如标准大气压、阿伏伽德罗常数、音速等。但是，我们可能会好奇，选择不同的标准 $L$ 对函数会产生什么影响吗？从我们的日常生活来说，更换单位并不会给我们造成太大的困扰。如果商品 A 的价格是 B 的 2.7 倍，那么不论货币单位是人民币、美元还是英镑，这两者利润的差异仍然是 2.7 倍；一个国家的国土面积大小并不会因为地图比例尺不同而发生变化。

所以，更换标准单位 $L$ 到底会造成什么影响？把 $L=1m$ 换成 $L=2m$ 或者 $L=0.01m$ 真的有区别吗？我们可以通过实验来回答。假设我们选择了特定的单位 $L$，但随后换成了 $\lambda L$，比例 $x$ 会随之产生变化：

$$x=\frac{l}{L}\rightarrow\frac{l}{\lambda L}=\lambda^{-1}x \tag{3-49}$$

对于变量 $x$，这种变换无非是一种缩放。然而，在这种尺度变换下，$f(x)$ 会产生什么变化？

$$f\left(\frac{l}{\lambda L}\right)=c_0+\lambda^{-1}c_1\frac{l}{L}+\lambda^{-2}c_2\frac{l^2}{L^2}+\lambda^{-3}c_3\frac{l^3}{L^3}+\cdots \tag{3-50}$$

函数中每一项关于 $l/L$ 的系数都发生了变化，并且变化量也不同。这意味着对于比例 $x$ 来说，选择不同的单位会改变函数的形式。由于这个原因，我们说任意一个幂级数都不具有尺度不变性。进一步地,高等数学中几乎所有函数都可以表示为幂级数,因此大多数函数不是尺度不变的。

既然满足尺度不变性的函数如此稀少,为何要花这么多精力去研究它?回顾一下尺度不变性的性质:当我们对自变量 $x$ 进行放缩,相对于对因变量 $y$ 直接进行缩放。在更换单位的例子中,如果一个函数满足尺度不变性,那么当单位从 $L$ 变成 $\lambda L$ 时,我们可以直接对函数值 $f(x)$ 进行缩放,而不需要重新计算。

$$f\left(\frac{l}{\lambda L}\right)=C(\lambda^{-1})f\left(\frac{l}{L}\right) \tag{3—51}$$

这些尺度不变函数的有趣之处在于,不论我们选择哪个单位和标准,或者说不论自变量 $x$ 处在什么范围,这些函数的性质都是相同的。其中,最常见的尺度不变函数是幂函数(power function)。

$$f(x)=ax^k \tag{3—52}$$

可以看到幂函数是幂级数的一部分,但是它避免了不同单位相加的问题,因为它只包含了其中一项计算量。幂函数的尺度不变性很容易验证:

$$f(\lambda x)=a(\lambda x)^k=\lambda^k f(x) \tag{3—53}$$

为了形象地展示幂函数(幂律分布)的尺度不变性,我们将其与正态分布函数进行对比。我们在[0.01,0.1]、[0.1,1]、[1,10]、[10,100]的区域内画出幂函数 $y=x^{-2}$ 曲线,如图3—22所示。形象地说,就像用一个放大镜观察这个分布,无论在任何局部放大多少倍数,幂律分布的形状都是一样的,这种现象就来源于尺度不变性(scale invariant)。相比之下,图3—23中的正态分布曲线,虽然在整体上呈现钟形,但是在任何局部都不会得到钟形的图案。

很遗憾地(或者说很幸运地),只有幂函数满足尺度不变性,除此之外的所有函数都不满足尺度不变性。[①] 事实上,之前提到的尺度不变性现象,比如圆的面积和半径、利率和存款,背后都是 $y=x^2$、$y=x$ 等幂函数。因此,尺度不变性就和幂律绑定在一起了,而度分布服从幂律分布的网络又被称为无标度或无尺度网络。

### 3.3.3 Hub 节点

随机网络和无标度网络的主要区别体现在度分布的尾部,即 $p_k$ 中 $k$ 比较大的区域。图3—24展示了幂律分布和泊松分布在同一坐标下的对比,其中图3—24(a)是线性坐标系,图3—24(b)是双对数坐标系。其中,泊松分布的 $\lambda$ 和幂律分布的 $\gamma$ 均由同一实际网络拟合得到。我们发现:

---

① 详细证明请参考 https://www.ellipsix.net/blog/2012/02/scale-invariance-and-the-power-law.html。

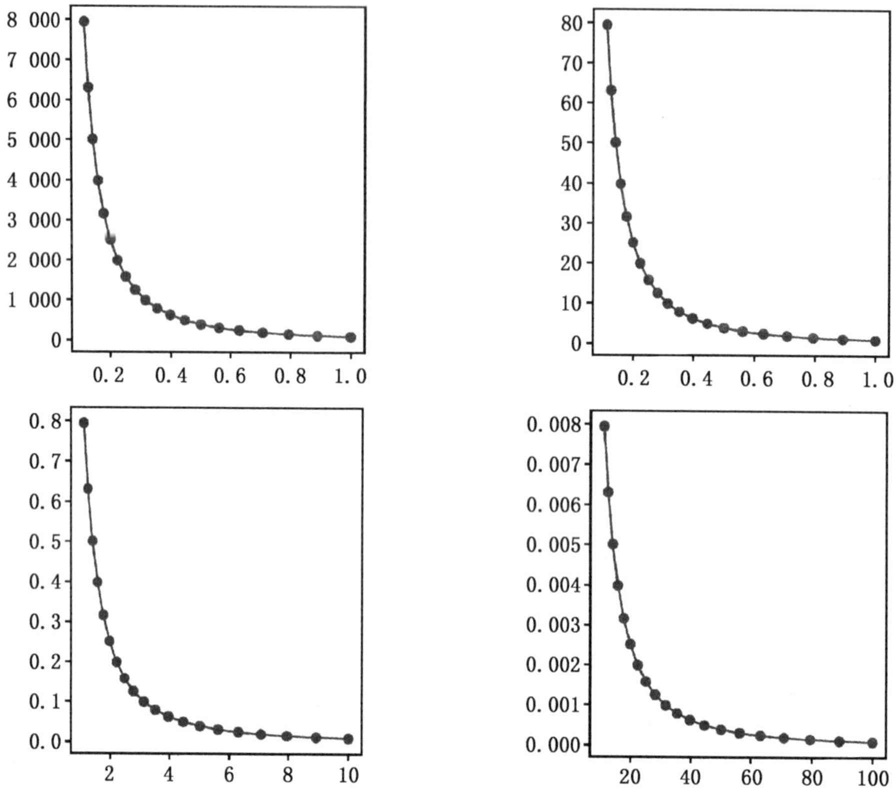


**图 3—22　幂律分布在不同范围下的形状**

(1)当 $k$ 小于平均度$\langle k\rangle$时,幂律分布在泊松分布之上。这表明,无标度网络中度比较小的节点数量更多,而随机网络中这样的节点很少出现。

(2)当 $k$ 处于平均度$\langle k\rangle$附近时,泊松分布在幂律分布之上。这表明,随机网络中大多数节点的度在平均度$\langle k\rangle$附近。

(3)当 $k$ 比较大时,幂律分布再次位于泊松分布之上。在双对数坐标下,如图 3—24(b)所示,这种差异会格外明显。这一现象表明,在无标度网络中观察到一个大度节点——Hub 节点的概率,要比在随机网络中大好几个数量级。

假如万维网是一个平均度$\langle k\rangle=4.6$、节点数为 $N=10^{12}$ 的随机网络,那么观察到一个 $k=100$ 的节点的概率为 $p_{100}\approx10^{-94}$。并且,链接数大于 100 的网页节点几乎没有,其概率为:

$$N_{k\geqslant100}=10^{12}\sum_{k=100}^{\infty}\frac{(4.6)^k}{k!}e^{-4.6}\simeq10^{-82} \tag{3—54}$$

相反,在幂指数为 $\gamma=2.1$ 的幂律分布下,观察到一个 $k=100$ 的节点的概率为 $p_{100}\approx10^{-4}$,是随机网络的 $10^{90}$ 倍。并且,链接数大于 100 的网页节点不少于 40 亿。

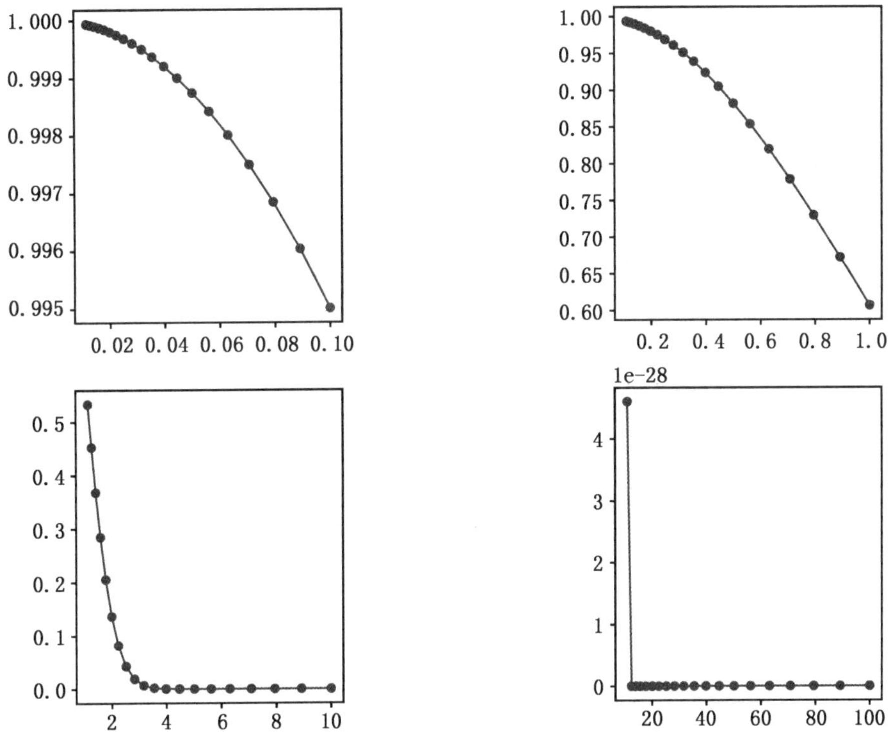


**图 3—23　正态分布在不同范围下的形状**

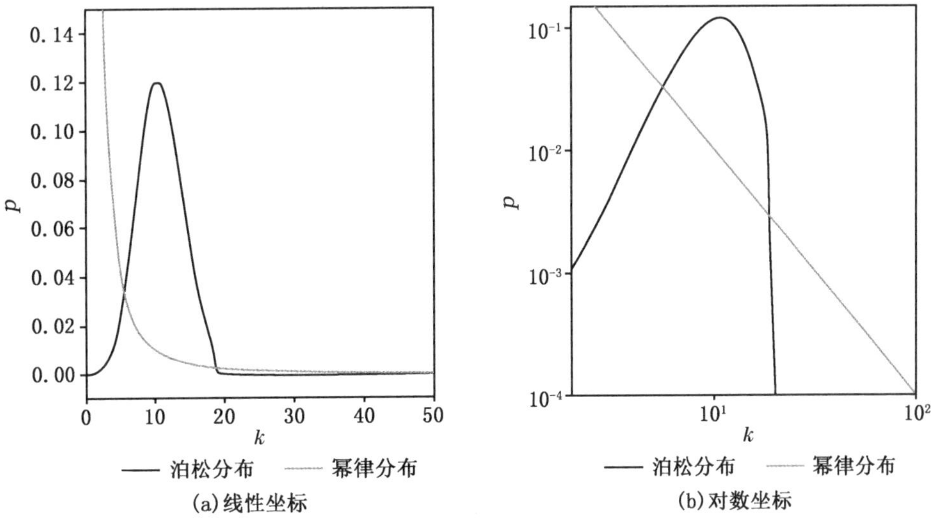


**图 3—24　泊松分布和幂律分布的对比**

● **Hub 节点的规模**

Hub 节点也称为枢纽节点，是网络中度最大的节点，也是网络中最重要的节点。在互联网、万维网或者人类社会这些拥有上亿节点的网络中，我们不禁好奇：Hub 节点的规模能达到多少？网络规模 $N$ 是如何影响 Hub 节点的？为了回答这个问题，我们需要计算网络中的最大度 $k_{\max}$、最小度 $k_{\min}$ 与规模 $N$ 的关系，其中最大度 $k_{\max}$ 可以反映 Hub 节点的期望值。

我们首先观察随机网络中的最大度 $k_{\max}$ 和最小度 $k_{\min}$，为了计算方便，我们把随机网络的度分布从泊松分布简化为指数分布。

$$p_k = Ce^{-\lambda k} \tag{3-55}$$

对于最小度 $k_{\min}$，由概率分布的归一化条件

$$\int_{k_{\min}}^{\infty} p(k)\,\mathrm{d}k = 1 \tag{3-56}$$

可得 $C=\lambda e^{\lambda k_{\min}}$。为了计算最大度 $k_{\max}$，假设该网络中只有一个节点的度达到了 $k_{\max}$。换句话说，网络中度超过 $k_{\max}$ 的节点概率为 $1/N$。

$$\int_{k_{\max}}^{\infty} p(k)\,\mathrm{d}k = \frac{1}{N} \tag{3-57}$$

结合以上两个公式可得：

$$k_{\max} = k_{\min} + \frac{\ln N}{\lambda} \tag{3-58}$$

可以看到，在随机网络中 Hub 节点的规模大约为 $\ln N$，这意味着随着网络规模的增加，Hub 节点的增长速度其实非常缓慢，并且最大度 $k_{\max}$ 和最小度 $k_{\min}$ 之间的差距并不明显。

现在我们回到无标度网络上。当网络度分布服从幂律分布时，我们可以得到

$$k_{\max} = k_{\min} N^{\frac{1}{\gamma-1}} \tag{3-59}$$

在无标度网络中，Hub 节点的规模大约为 $N^{\frac{1}{\gamma-1}}$，这意味着随着网络规模的增加，Hub 节点呈幂律快速增长，$k_{\max}$ 可以变得非常大，最大度 $k_{\max}$ 和最小度 $k_{\min}$ 之间可能存在几个数量级的差别。其中，$\gamma$ 的取值将影响规模 $k_{\max}$ 的增长速度。

(1)当 $\gamma>2$ 时，$k_{\max}$ 的增长速度低于 $N$；

(2)当 $\gamma=2$ 时，$k_{\max}$ 的增长速度与 $N$ 相同；

(3)当 $\gamma<2$ 时，$k_{\max}$ 的增长速度超过网络规模增长的速度。

为了更直观地对比随机网络和无标度网络中 Hub 节点的不同，我们以包含 $N=3\times10^5$ 个节点的好友网络为例，默认最小度 $k_{\min}=1$。如果服从泊松分布，那么网络的最大度 $k_{\max}$ 大约为 14；而如果服从幂律分布，则最大度 $k_{\max}$ 为 95 000。随机网络中，

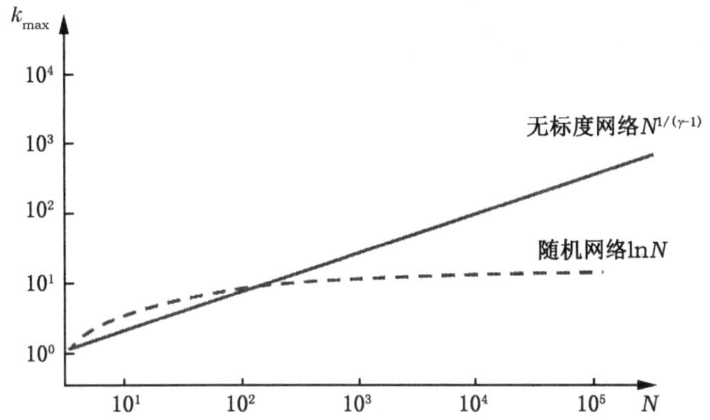


**图 3—25 无标度网络和随机网络的 Hub 节点增长速度对比**

大多数节点具有相近的度，因此 Hub 节点是不存在的；在无标度网络中，Hub 节点必然出现。

这也反映了实际网络的一个关键特征：真实网络是异质的，不同节点之间的差异非常巨大。因此，无标度网络刻画了现实复杂系统中节点度的多样性：少数节点有许多连接，而大多数节点的连接很少。

**● 幂律分布的期望和方差**

为了进一步理解幂律分布的无标度性质，我们先熟悉一下度分布的矩(moment)。度分布的 $n$ 阶矩定义为：

$$\langle k^n \rangle = \sum_{k_{min}}^{\infty} k^n p_k \approx \int_{k_{min}}^{\infty} k^n p(k)\,\mathrm{d}k \tag{3—60}$$

其中有两个重要的低阶矩：当 $n=1$ 时，一阶矩是平均度 $\langle k \rangle$；当 $n=2$ 时，二阶矩 $\langle k^2 \rangle$ 可以用来计算方差 $\sigma^2$，方差刻画了度分布的分散程度。在无标度网络中，度分布 $p_k$ 的 $n$ 阶矩为：

$$\langle k^n \rangle = \int_{k_{min}}^{k_{max}} k^n p(k)\,\mathrm{d}k = C\,\frac{k_{max}^{n-\gamma+1} - k_{min}^{n-\gamma+1}}{n-\gamma+1} \tag{3—61}$$

$n$ 阶矩 $\langle k^n \rangle$ 可以由 $k_{min}$ 和 $k_{max}$ 表示，一般情况下我们认为 $k_{min}=1$。为了研究 $n$ 阶矩在大规模实际网络($N\to\infty$)条件下的性质，我们令公式(3－61)中的最大度 $k_{max}\to\infty$。于是我们发现，$n$ 阶矩 $\langle k^n \rangle$ 是否存在取决于 $k_{max}^{n-\gamma+1}$ 中幂指数 $\gamma$ 和阶数 $n$ 的相对大小。

(1)当 $\gamma<n+1$ 时，$k_{max}^{n-\gamma+1}$ 趋于无穷，即 $n$ 阶矩 $\langle k^n \rangle$ 发散；

(2)当 $\gamma\geqslant n+1$ 时，$k_{max}^{n-\gamma+1}$ 趋于 0，即 $n$ 阶矩 $\langle k^n \rangle$ 收敛至一个值。

结合无标度网络度分布的期望和方差，我们可以得到：

(1)当 $\gamma<2$ 时,无标度网络的期望$\langle k\rangle$趋于无穷,方差 $\sigma^2$ 趋于无穷;

(2)当 $2\leqslant\gamma\leqslant3$ 时,无标度网络的期望$\langle k\rangle$收敛至一个值,但方差 $\sigma^2$ 仍然无穷大;

(3)当 $\gamma>3$ 时,无标度网络的期望$\langle k\rangle$和方差 $\sigma^2$ 均收敛至一个值。

许多实际网络拟合的幂指数大小为 2~3,因此,这些大规模网络在 $N\rightarrow\infty$的极限下,依然拥有有限的平均度($\langle k\rangle$)以及无穷大的方差($\langle k^2\rangle$)。高阶矩的发散可以帮助我们从另一个角度理解无标度现象。

实际上,对于服从泊松分布的随机网络而言,任意一个节点的度所处的范围通常为:

$$k=\langle k\rangle\pm\sigma_k \tag{3-62}$$

其中,标准差 $\sigma=\langle k\rangle^{1/2}$ 总是小于平均度$\langle k\rangle$。换句话说,随机网络中节点的度相差不大,仿佛被限制在一个有“标度”的范围内。

相反,对于 $2\leqslant\gamma\leqslant3$ 的幂律分布而言,一阶矩有限但二阶矩无穷大。当网络规模 $N$ 较大时,标准差 $\sigma$ 是发散的,意味着任意一个节点的度和平均度$\langle k\rangle$的偏差可以非常大。因此,在无标度网络中,随机选择一个节点时,节点的度可以很小,也可以任意大。无标度网络中节点的度相差巨大,仿佛缺少一个“标度”的限制,因此这样的网络被称为是无标度的。

## 3.4 无标度网络

本章前两节分别介绍了随机网络和小世界网络,这些模型能够解释实际网络中的一些有趣现象,比如集聚系数、平均距离等。然而,3.3 节提到的无标度现象让我们不得不思考一些基本问题:为什么 ER 随机网络和 WS 小世界网络不能产生实际网络中出现的 Hub 节点?实际网络中的幂律分布是如何产生的?

本节将介绍无标度网络的若干种产生机制,除了最有名的“增长择优”机制外,本节还会简单介绍其他机制,比如节点复制模型和网络优化模型等。

### 3.4.1 BA 无标度网络模型

BA无标度网络

到目前为止,我们研究的网络模型(随机网络、小世界网络)都是静态的,网络参数都是固定不变的,比如节点数 $N$、连边数 $L$ 以及度分布 $p_k$。网络中所有节点仿佛从一开始就在那里,我们所做的只是在它们之间添加(或重新连接)连边。然而,在现实中,真实网络通常是动态的,节点和连边会随着时间出现或消失。我们身边的大规模实际网络,比如互联网、万维网、微博好友网络等,它们的规模一直在增长;同时,这些网络的节点也可能消失,比如社交账户的删除。

这些实际网络的动态机制是网络规模增长的原因，同时也促进了 Hub 节点和幂律分布的产生。

网络的动态增长过程往往是从一个非常小的连通分量开始的，然后逐步增加新的节点。其中，每个新节点均按照某种规则附加到许多旧节点，这是动态网络模型的特征。如图 3－26 所示，网络结构通常是动态变化的。新节点 $i$ 加入网络时包含两个端点，每个端点都会按照一定的规则与现有节点产生连边。

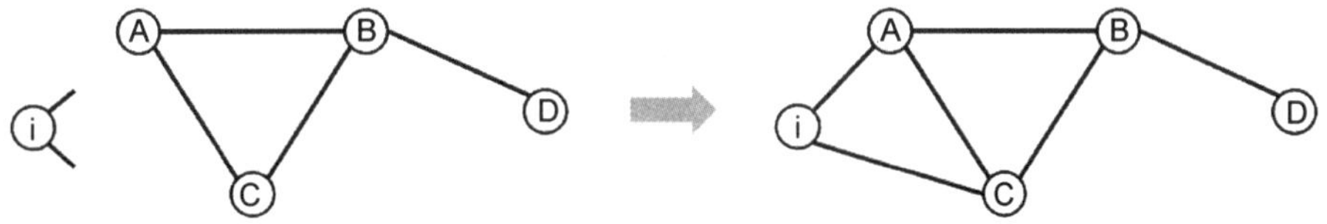


**图 3－26　网络增长过程**

新节点的加入能够解释网络增长的问题，但是仍然无法解释实际网络中 Hub 节点的存在。在 3.1.5 中，我们可以通过配置网络模型保证 Hub 节点的产生，但必须先验地给出网络的度分布——这对我们解释实际网络为何出现 Hub 节点没有任何帮助。回顾随机网络和小世界网络，它们没有产生 Hub 节点的原因在于节点之间的连边规则基本上是平等的，就像 ER 模型的随机连边以及 WS 模型的随机断边重连。这样一来，任何一个节点最终都不可能比其他节点更有优势，并拥有更多的邻居。如果我们想产生 Hub 节点，就有必要引入一种机制，在网络增长的过程中，使得一些节点比其他节点更有优势。这样的机制被称为择优连接(preferential attachment)：一个节点的度越大，它更有可能获得新节点的连边。

择优连接的基本思想很简单。假设我们在社交平台上创建了一个新的账户，并希望它包括一些指向其他用户的连边，则需要在成千上万用户中选择一小部分作为我们的好友。在这个过程中，我们并不会对所有用户“一视同仁”，而是根据一些社会偏好来决定谁是我们的好友。在社交网络中，有一些账户是非常流行的，它们拥有大量用户的偏好连边。顺带一提，这可能也是我们发现它们的主要原因：如果一个账号拥有大量连边，那么相比于其他普通账号，它们更有可能通过系统推荐或搜索引擎被我们发现。因此，我们初次登录社交平台时，会倾向于选择最受欢迎的流行用户作为我们的好友。同样地，当我们写一篇学术论文并整理参考文献目录时，通常会选择那些高被引论文，因为我们在其他文章的参考文献中和文献检索结果中更可能撞见它们。

在网络科学中，一个受欢迎的节点具有更大的度值，意味着它有许多邻居，同时这些流行节点有更高的概率获得新加入节点的连边。历史上许多学者都提出了不同的机制来解释这些现象，其中最著名的是 Barabasi 和 Albert 在 1999 年提出的 BA 无标度网络模型。BA 模型指出，ER 随机网络和 WS 小世界网络忽略了实际网络的两个重要性质：

(1)增长

网络规模 $N$ 是不断扩大的，比如社交平台上不断增长的用户，万维网每天都有新的网页产生。而随机网络和小世界网络中的节点数和连边数都是不增长的。

(2)择优连接

网络中新加入的节点更倾向与那些具有较高连边数的 Hub 节点相连。这种现象在人类社会中非常普遍。例如，在社会财富分布不均衡的问题中，富豪们拥有大量财富的同时，他们能够以与目前拥有的财富值成正比的速度获得更多的钱。这意味着，富豪们的财富值以及财富增长量均远远超过普通人。这似乎是一个合理的现象：富豪们主要通过投资来赚钱，而投资回报的增量基本上与投资额成正比。这种现象也被称为“富者更富”(rich get richer)或者“马太效应”(Matthew effect)。已经有学者通过证明这种“富者更富”的效应可以产生幂律分布，并在网络度分布的研究中起到了重要作用。在历史上，这种机制拥有不同的名称，比如累积优势和择优连接，在本节中我们主要使用后一个术语。

构建 BA 无标度网络的步骤如下：

(1)增长：从一个具有 $m_0$ 个节点的连通分量开始，每次引入一个新的节点并连接到 $m \leqslant m_0$ 个已存在的节点上；

(2)择优连接：一个新节点与现有节点 $i$ 相连的概率，取决于度值 $k_i$ 的大小。

$$\Pi_i = \frac{k_i}{\sum_j k_j} \tag{3-63}$$

初始时，网络中有 $m_0$ 个节点和 $M_0$ 条连边，这些节点只需保证连通即可。接下来，网络按照增长和择优两个步骤演变，经过 $t$ 个时间步后，BA 模型生成了一个具有 $N=m_0+t$ 个节点、$L=M_0+mt$ 条连边的网络。图 3－27 显示了 $m_0=2$、$M_0=1$、$m=2$ 的 BA 模型演变过程。择优连接机制体现在连边概率上：新节点可以与网络中的任意节点相连，但是连边概率与现有节点的度 $k_i$ 成正比。这样一来，一个度为 10 的节点获得新连边的可能性是度为 1 的节点的 10 倍。

图 3－28 展示了 $N=20\,000$、$m=10$ 的 BA 模型产生的网络度分布，在双对数坐标下可以看出，BA 无标度网络服从幂律分布。

- **度动力学**

BA 模型表明，增长和择优连接这两个简单的机制不仅能形成无标度网络，而且能够解释幂律分布和 Hub 节点等现象。为了理解该模型中无标度性质的涌现，我们需要熟悉该模型的数学性质。

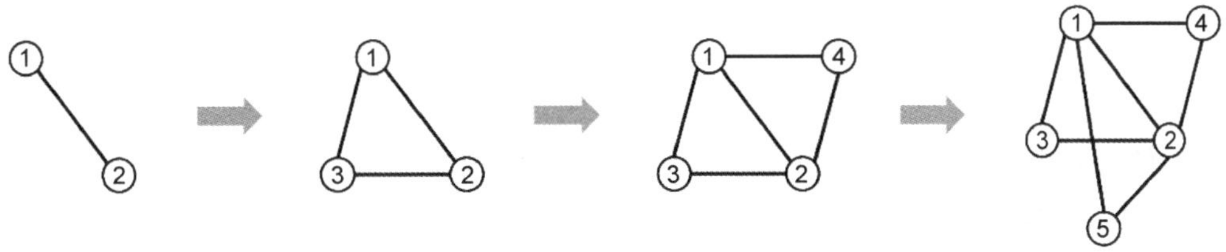


**图 3－27　BA 模型的网络演变过程**

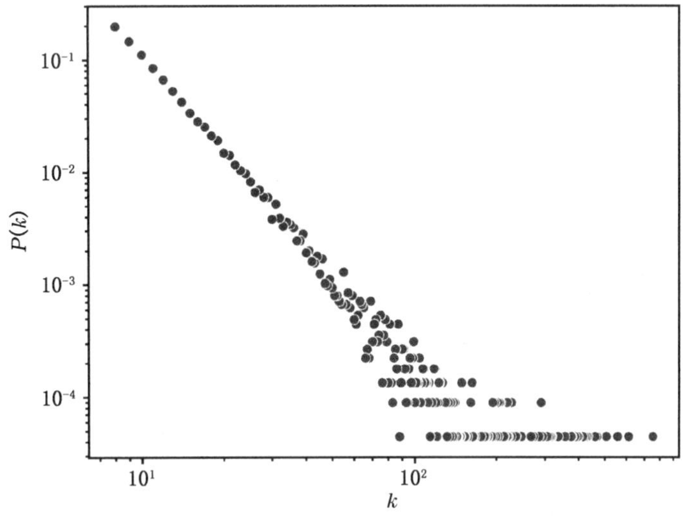


**图 3－28　BA 模型产生网络的度分布**

在 BA 模型中，每当有新节点加入时，网络中的现有节点就有机会获取新的连边，因此每个节点的度会随时间增加。我们用一个连续变量 $k_i$ 来近似节点 $i$ 的度值，该变量随着时间 $t$ 变化，可以理解为节点 $i$ 在多次仿真实验中的平均度值。记时刻 $t$ 节点 $i$ 的度为 $k_i(t)$。对于充分大的 $t$，此时网络的节点数和连边数分别为：

$$N(t)=m_0+t\approx t \tag{3－64}$$

$$L(t)=M_0+mt\approx mt \tag{3－65}$$

$$\sum_j k_j(t)=2L(t)=2mt \tag{3－66}$$

在时刻 $t$，新节点会从网络中已经存在的 $N(t)$ 个节点中择优连接 $m$ 个节点，与之相连的概率由线性择优机制给出。则在时刻 $t$，节点 $i$ 获得新连边的速率可以写成：

$$\frac{dk_i(t)}{dt}=m\Pi_i=\frac{mk_i(t)}{\sum_j k_j(t)}=\frac{mk_i(t)}{2mt}=\frac{k_i(t)}{2t} \tag{3－67}$$

其中，节点 $i$ 被新节点选择的概率为 $\Pi(k_i)$，节点 $i$ 一共有 $m$ 次被选择的机会。进一步可以得到：

$$\frac{dk_i(t)}{k_i(t)}=\frac{1}{2}\frac{dt}{t} \tag{3-68}$$

对公式左右两边积分，并且考虑到节点 $i$ 在时刻 $t_i$ 加入网络时的度为 $m$，即 $k_i(t_i)=m$，我们有：

$$k_i(t)=m\left(\frac{t}{t_i}\right)^{1/2} \tag{3-69}$$

上式描述了节点 $i$ 加入网络后，度随着时间 $t$ 变化的过程。从公式中可以得到一些推论：

(1)每一个节点的度都服从幂指数为 1/2 的幂律增长，这符合 3.3.3 中 Hub 节点规模的增长模式 $N^{\frac{1}{\gamma-1}}$。

(2)唯一决定节点度的因素是加入时间，节点加入网络的时间 $t_i$ 越早，则度 $k_i(t)$ 越大。因此可以推测越早加入网络的节点越有可能成为 Hub 节点，这种现象在市场营销学中被称作先手优势(first-mover advantage)。

综上所述，BA 模型为我们描述了网络的动态演变过程，刻画了“真实网络中新节点的加入与连边”这一事实。该模型中，节点之间形成对新节点连边的竞争，现有节点比新节点在获得连边方面更有优势，最终更有可能成为 Hub 节点。

### 3.4.2　幂律度分布的形成

BA 模型生成的网络具有幂律度分布，我们将计算度分布的函数形式，并理解其形成的原因。有许多数学工具可以推导出 BA 无标度网络的度分布，在此我们选择速率方程(rate equation)，这种方法常用来探索增长网络的各种特性。

我们的最终目的是获得 BA 无标度网络的度分布 $p_k$。我们注意到，在时刻 $t$，度分布可以表示为：

$$p_k(t)=N(k,t)/N(t) \tag{3-70}$$

其中，$N(t)$为时刻 $t$ 网络中的总节点数，$N(k,t)$为时刻 $t$ 度为 $k$ 的节点数。我们在每个时间步向网络中添加一个新节点，因此在任意时刻都有 $N(t)\approx t$。所以，只需要获得不同时刻 $t$ 的 $N(k,t)$，就能计算出度分布 $p_k$。

遗憾的是，我们无法直接求解 $N(k,t)$。然而，我们可以间接计算出，每当新节点加入后网络中度为 $k$ 的节点群的数量 $N(k,t)$是如何变化的。事实上，如图 3－29 所示，在 $t\rightarrow t+1$ 过程中 $N(k,t)$有两种变化情况：

(1)当新节点连接了度为 $k-1$ 的节点，则该节点的度变成 $k$，因此 $N(k,t)$增加一个；

(2)当新节点连接了度为 $k$ 的节点,则该节点的度变成 $k+1$,因此 $N(k,t)$ 减少一个。

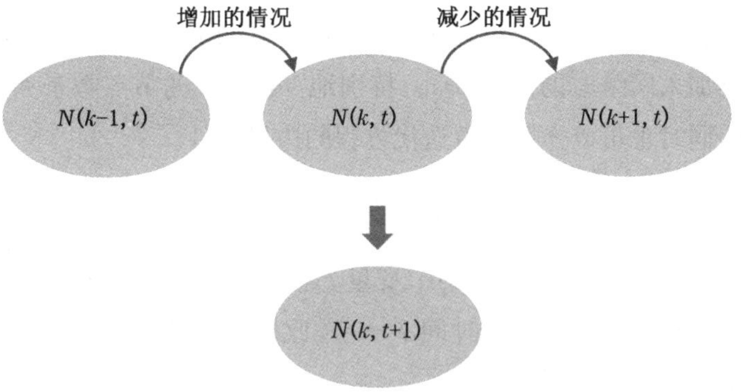


**图 3－29　在时刻 $t$ 中,度为 $k$ 的节点数量 $N(k,t)$ 的变化情况**

换句话说,我们可以在 $N(k,t+1)$ 和 $N(k,t)$ 之间构建如下关系:

$$N(k,t+1)=N(k,t)+\Delta_{增加}+\Delta_{减少} \tag{3-71}$$

其中,$\Delta_{增加}$代表在时刻 $t$ 有多少节点的度从 $k-1$ 变成了 $k$,$\Delta_{减少}$代表有多少节点的度从 $k$ 变成了 $k+1$,分别对应上文的两种情况。因此,为了获得 $N(k,t)$,我们现在需要求解$\Delta_{增加}$和$\Delta_{减少}$。

已知对于度为 $k$ 的节点,获得新节点择优连接的概率为:

$$\Pi(k)=\frac{k}{\sum_j k_j}=\frac{k}{2mt} \tag{3-72}$$

新节点加入后,一些度为 $k$ 的节点获得连边变成了 $k+1$,这样的节点一共有:

$$\frac{k}{2mt}\times Np_k(t)\times m=\frac{k}{2}p_k(t) \tag{3-73}$$

其中,等式左边的第一项刻画了新节点连接到度为 $k$ 的节点的概率(择优连接);第二项为网络中度为 $k$ 的节点数量,度为 $k$ 的节点数越多,新节点连接到度为 $k$ 节点的概率越大;第三项为新节点的连边数,$m$ 越大,新节点连接到度为 $k$ 节点的机会越多。

我们把这个结果应用于情况(1)和(2),得到:

(1)在时刻 $t$ 度为 $k-1$,后来获得一条连边变为 $k$ 的节点数为:

$$\Delta_{增加}=\frac{k-1}{2}p_{k-1}(t) \tag{3-74}$$

(2)在时刻 $t$ 度为 $k$,后来获得一条连边变为 $k+1$ 的节点数为:

$$\Delta_{减少}=\frac{k}{2}p_k(t) \tag{3-75}$$

于是，在 $t+1$ 时刻，度为 $k$ 的节点数量 $N(k,t+1)$ 为：

$$(N+1)p_k(t+1)=Np_k(t)+\frac{k-1}{2}p_{k-1}(t)-\frac{k}{2}p_k(t) \tag{3-76}$$

该公式构建了系统在 $t$ 时刻和 $t+1$ 时刻的迭代方程，适用于所有度 $k>m$ 的节点（每个节点刚加入网络时的度为 $m$）。特别地，度为 $m$ 的节点数量 $N(m,t)$ 的方程需要单独列出，同时也可以作为求解迭代方程的边界条件。

$$(N+1)p_m(t+1)=Np_m(t)+1-\frac{m}{2}p_m(t) \tag{3-77}$$

迭代方程中度分布 $p_k(t)$ 存在两个变量 $t$ 和 $k$，而我们的目标始终是度分布 $p_k$，需要找一个办法消除变量 $t$。令时间 $t\to\infty$，此时度分布 $p_k(t)$ 收敛到一个稳态 $p_k(\infty)=p_k$，此时上式可以改写为：

$$(N+1)p_k=Np_k+\frac{k-1}{2}p_{k-1}-\frac{k}{2}p_k \tag{3-78}$$

$$(N+1)p_m=Np_m+1-\frac{m}{2}p_m \tag{3-79}$$

整理得到速率方程：

$$p_k=\frac{k-1}{k+2}p_{k-1},k>m \tag{3-80}$$

$$p_m=\frac{2}{m+2} \tag{3-81}$$

通过迭代法最终获得：

$$p_k=\frac{2m(m+1)}{k(k+1)(k+2)}\sim k^{-3} \tag{3-82}$$

以上便是 BA 无标度网络度分布的完整推导过程。该公式表明，BA 无标度网络的度分布与参数 $m$ 的取值无关，总是服从 $\gamma=3$ 的幂律分布。

### 3.4.3　增长和择优连接机制

BA 模型凭借增长和择优连接两个机制，很好地解释了无标度网络的形成过程。然而，这引出了一个后续的问题：这两个机制对于无标度性质都是必要的吗？如果只保留一个机制，而抛去另一个，是否也能够产生一个无标度网络呢？Barabasi 和 Albert 在文章中详细讨论了只保留一个机制的情况。

- **只保留增长机制**

为了测试增长机制在无标度网络中的作用，我们提出模型 A：仅保留网络的增长机制，而去掉择优连接机制。具体而言，模型 A 从一个具有 $m_0$ 个节点的连通分量开始，按照如下步骤演化：

(1)增长:在每个时间步,引入一个新的节点并且连接到 $m \leqslant m_0$ 个已存在的节点上;

(2)随机连接:新节点和现有节点随机相连,连边概率 Π 服从均匀分布,与节点度 $k_i$ 无关。

$$\Pi(k_i)=\frac{1}{(m_0+t-1)} \approx \frac{1}{t} \tag{3-83}$$

模仿 BA 模型的数学公式推导,我们可以得到模型 A 中节点 $i$ 的度值 $k_i(t)$ 随时间呈对数增长:

$$k_i(t)=m\ln\left(e\,\frac{m_0+t-1}{m_0+t_i-1}\right) \tag{3-84}$$

相比之下,这要比 BA 模型中的幂律增长慢得多。模型 A 的度分布服从指数分布,如图 3—30 所示。①

$$p(k)=\frac{e}{m}\exp\left(-\frac{k}{m}\right) \tag{3-85}$$

指数函数的衰减速度要比幂函数快得多,在模型 A 中无法出现 Hub 节点。因此,缺少择优连接机制的模型无法得到无标度性质和 Hub 节点。实际上,当所有节点获得连边的概率相同时,BA 模型就退化成了随机网络模型,缺少了连边的偏好,自然也就无法产生“富者更富”的结果。

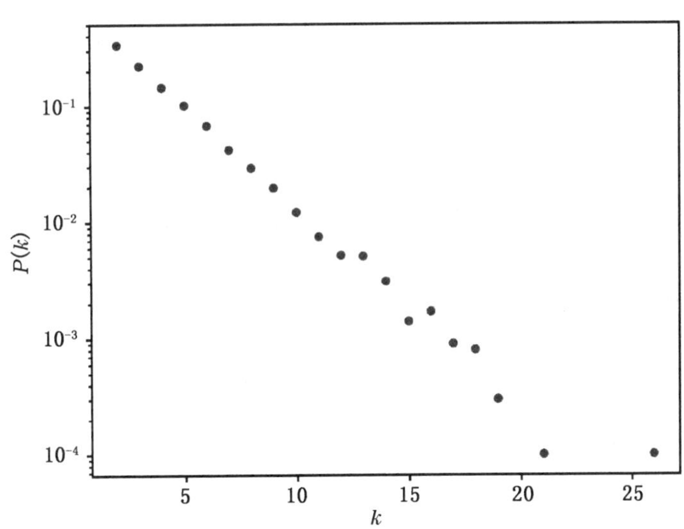


**图 3—30　模型 A 包含增长机制但没有择优机制,度分布服从指数分布**

① 如果一个函数在线性 $x$ 轴、对数 $y$ 轴的坐标系中成直线,可以认为该函数服从指数分布。

● **只保留择优连接机制**

为了测试择优连接机制在无标度网络中的作用，我们提出模型 B：仅保留网络的择优连接机制，而去掉增长机制。具体而言，模型 B 从 $N$ 个孤立节点开始，对这些节点进行择优连接：在每个时间步，随机选择一个节点，该节点与节点 $i$ 相连的概率取决于度值 $k_i$ 的大小。由于 $\Pi(0)=0$，所以孤立节点在初始阶段无法形成连边，在计算过程中我们假设度 $k=0$ 的节点的度为 $k=1$。

在模型 B 中，网络节点数 $N$ 在演化过程中保持不变，而连边数随时间呈线性增长。因此，当 $t$ 很大时，模型 B 中节点 $i$ 的度值 $k_i(t)$ 随时间呈线性增长。

$$\Pi(k_i)\approx\frac{2}{N}t \tag{3-86}$$

在早期阶段，模型 B 和 BA 模型没有区别，实验模拟表明，在这个阶段模型 B 的度分布同样服从幂律分布。然而，如图 3—31 所示，度分布 $p_k$ 不是稳定的，随着连边数逐渐增多，度分布开始出现峰值，并且收敛到平均度。当 $t$ 足够大时，网络变成了一个全连通网络——所有节点的度都为 $N-1$。

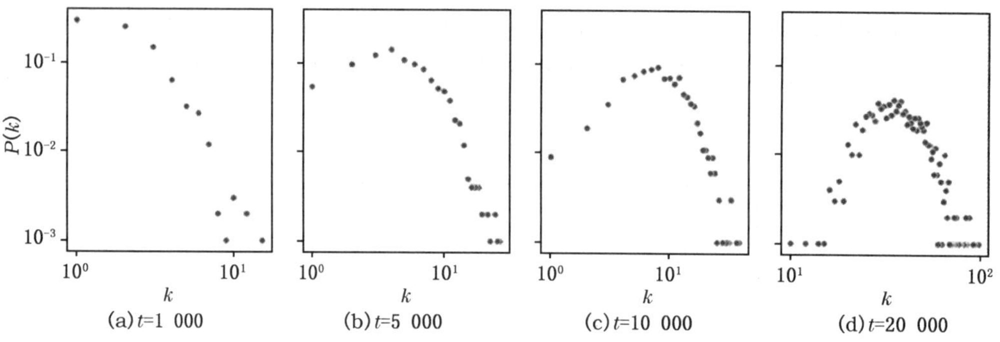


**图 3—31 模型 B 包含择优机制但没有增长机制，度分布随着时间 $t$ 一直在变化**

综上所述，缺少择优连接机制的模型 A 会得到一个稳定的指数度分布。相反，缺少增长机制的模型 B 无法得到稳定的分布，最终会演化成一个全连通网络。模型 A 和 B 都无法再现真实网络中观测到的幂律分布和 Hub 节点。这表明，增长机制和择优连接机制对于无标度特性的涌现而言都是不可或缺的。

● **线性和非线性择优连接**

通过前面的分析我们了解到，增长和择优连接共同导致了网络的无标度特性。对于真实系统而言，增长现象是显而易见的：所有实际网络都是通过不断地增加新节点从而达到如此规模的。然而，择优连接不能被直接观察到。鉴于择优连接在真实网络演化中的关键作用，我们一定会问：择优机制是如何产生的？这个问题可以分成两个更具体的问题：

(1)为什么 $\Pi(k_i)$ 会依赖于 $k_i$？比如随机网络模型中与 $k_i$ 无关，连边概率 $\Pi(k_i)$ 是均匀的。

(2)为什么 $\Pi(k_i)$ 和 $k_i$ 呈线性关系？

这两个问题可以通过实际网络的 $\Pi(k_i)$ 函数来验证。具体而言，如果我们掌握了每个节点加入网络的时间，或者网络在相隔一段时间内的结构差异，那么我们就可以测量实际网络的 $\Pi(k_i)$ 随着时间变化的函数。

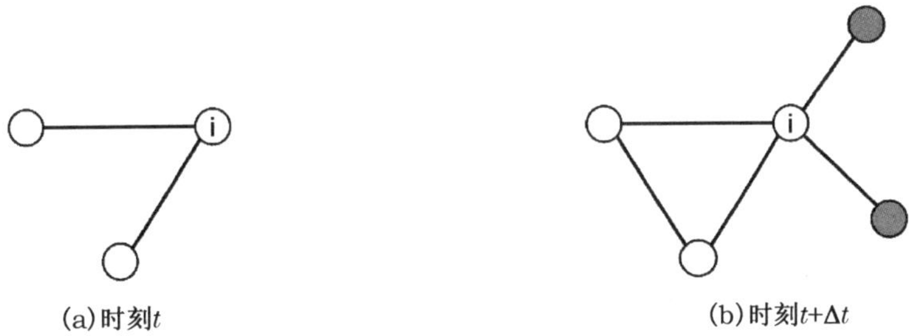


**图 3—32　网络在不同时刻的结构变化**

考虑第二种情况，如图 3—32 所示，如果我们能观测到同一个网络在 $t$ 和 $t+\Delta t$ 两个时刻的结构，就可以通过比较两者的差异来测量函数 $\Pi(k_i)$。假设节点 $i$ 的度在这两个时间间隔内发生了变化，度的变化量记为 $\Delta k_i=k_i(t+\Delta t)-k_i(t)$，变化速率 $\Delta k_i/\Delta t$ 为：

$$\frac{\Delta k_i}{\Delta t}\sim\Pi(k_i) \tag{3—87}$$

这就是择优连接的函数形式。为了让测量结果有效，我们需要保证 $\Delta t$ 不能太大，避免度的变化量 $\Delta k$ 限制在一定范围；然而，$\Delta t$ 也不能过小，否则在这两个时刻之间网络的变化不显著。实际上，得到的 $\Delta k/\Delta t$ 曲线可能包含噪声。为了减少噪声的影响，我们可以仿照测量度分布幂指数的思想，转而使用累积分布函数：

$$\pi(k)=\sum_{k_i=0}^{k}\Pi(k_i) \tag{3—88}$$

当择优连接机制不存在时，$\Pi(k_i)$ 是常数；如果存在线性偏好连接，按照公式应该有 $\pi(k)\sim k^2$。图 3—33 展示了 4 个实际网络测量到的 $\pi(k)$ 函数，分别是引文网络、互联网、神经科学领域的科学合作网络和演员网络。每个子图中均有两条辅助线：虚线对应线性择优连接的情况[$\pi(k)\sim k^2$]，实线表示不存在偏好连接的情况[$\pi(k)\sim k$]。

我们在每个数据集中都发现了 $\Pi(k_i)$ 与 $k$ 的依赖关系，可以观察到 $\pi(k)$ 的增长比线性增长要快，意味着择优连接机制是存在的。为了进一步检验择优机制是否为线

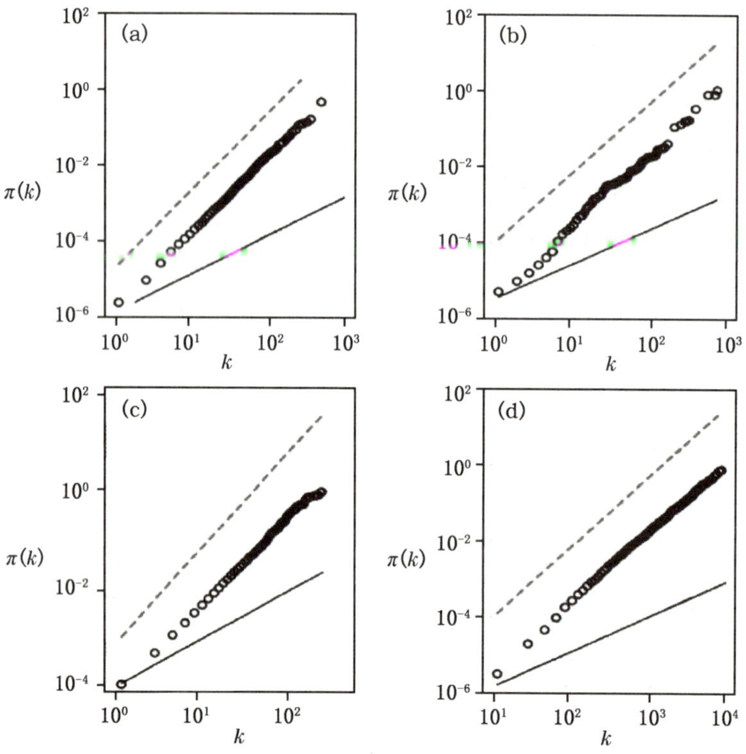


图片来源：Barabasi,《网络科学》。

**图 3—33 实际网络中择优连接机制存在的证据**

性的，我们把 $\Pi(k_i)$ 近似为：

$$\Pi(k) \sim k^{\alpha} \tag{3—89}$$

对于互联网和引文网络而言，$\alpha \approx 1.0$，即 $\Pi(k_i)$ 和 $k$ 是线性关系，因此是符合线性择优连接的；对于科学合作网络和演员网络而言，最佳拟合结果是 $\alpha = 0.9 \pm 0.1$，这意味着出现了亚线性择优连接。

结合实际网络的数据结果表明，新节点进入网络后的连接概率依赖于现有节点的度值。我们还发现，在有些系统中，择优连接是线性的；而在另一些系统中，择优连接是亚线性的。对于非线性择优连接（nonlinear preferential attachment），我们下面只做简单的介绍。

（1）当 $\alpha = 0$ 时，不存在择优连接机制，退化成了模型 A，度分布服从指数形式。

（2）当 $0 < \alpha < 1$ 时，称为亚线性择优连接机制（sub-linear）。新节点倾向与度大节点相连，但是当 $\alpha$ 过小时，这种倾向较弱，还不足以产生幂律分布，也无法产生 Hub 节点。

（3）当 $\alpha = 1$ 时，称为线性择优连接机制，等价于标准的 BA 模型，从而得到一个服

从 $\gamma=3$ 幂律分布的无标度网络。

(4)当 $\alpha>1$ 时，称作超线性择优连接机制(super-linear)。新节点和度大节点相连的倾向性增强了，加速了“富者更富”的进程。当 $\alpha$ 足够大时，模型会出现“赢者通吃”的极端现象：几乎所有节点都连接到一个超级 Hub 节点。

### 3.4.4　择优机制的起源

对非线性择优连接机制的讨论中，我们发现要么无法产生 Hub 节点(亚线性择优连接)，要么只有一个超级 Hub 节点(超线性择优连接)。无论哪种情况都无法产生 Hub 节点，因此，线性择优连接机制($\alpha=1$)是产生 Hub 节点的唯一的途径。这也暴露出 BA 模型的一个基本缺点：连接概率 $\Pi(k_i)$ 与度值 $k_i$ 之间保持严格的比例关系是不现实的。幸运的是，正如我们接下来要介绍的，存在一些机制能够自然地产生、诱发线性择优机制。

BA 模型除了线性择优机制的严格假设外，它还存在一些限制：

(1)对于任何情况，BA 模型产生的度分布函数的斜率都是固定的($\gamma=3$)，然而在一些实际情况下可能衰减得更快或更慢；

(2)Hub 节点一般都是最老的节点，意味着新节点永远无法超越旧节点；

(3)BA 网络并没有创造出很多三角形，平均集聚系数比实际网络要低得多；

(4)只能添加节点和连边，但是在实际网络中可以被删除；

(5)由于每个节点都与旧节点相连，所以网络只会组成一个连通分量，但是在实际网络中存在很多连通分量；

(6)网络中所有节点的 $k$ 核值都相同。①

接下来，我们将提出更复杂的网络增长模型，以解决 BA 模型中的一些局限性。

- **吸引力模型(attractiveness model)**

择优连接有一个微妙的陷阱：如果一个节点没有邻居会怎样？它的度数是零，获得连边的概率也是零，所以该节点永远不会有邻居。如果 BA 模型的初始状态是一群孤立节点，那么新加入的节点不会连接到任何旧节点上，于是网络将永远无法增长和连接。然而在标准的 BA 模型算法中，初始状态必须是一个连通分量，每个节点都有邻居，这个问题不会发生。除此之外，择优连接在一些情况下同样也无法正常工作。如果我们考虑有向网络，并假设连接概率只取决于节点的入度，由于每个新节点在加入网络时只有出度而没有入度，因此无法从后续节点那里接受连边。

早在 20 世纪六七十年代，Price 针对孤立节点和有向网络问题提出了解决方案。

---

① 关于 $k$ 核的内容请参考 4.8 节 $k$-壳分解。

Price 提出了累积优势机制，并建立了相应的网络模型。Price 模型在线性择优连接的基础上稍微修改了规则，使得连接概率不需要与度值严格成正比。这个想法最初是在引文网络的背景下提出的，即一篇论文被其他论文的引用是因为它有一个内在吸引力，这个吸引力程度取决于论文的被引用次数。在吸引力模型中，一个节点的度值越大，它的连接概率就越高，但是两者并不是严格正比。构建 Price 有向网络模型的步骤如下：

(1)增长：从一个具有 $m_0$ 个孤立节点的网络开始，每次引入一个新的节点并且通过 $m \leqslant m_0$ 条有向边指向现有节点；

(2)累积优势：一个新节点指向入度为 $k_i^{in}$ 节点的概率 $\Pi_i$ 满足如下关系，其中 $a$ 是所有论文的基本吸引力。

$$\Pi(i)=\frac{k_i^{\text{in}}+a}{\sum_j (k_j^{\text{in}}+a)} \tag{3-90}$$

可以看到，当 $a=0$ 时，BA 模型可以视为 Price 模型的特例，而累积优势事实上就是择优连接机制。不同的是，吸引力模型采用不同的参数 $a$ 都会建立具有长尾度分布的网络，并且分布函数的斜率取决于参数 $a$。这样一来，Price 模型能够与各种实际网络的度分布相匹配。

● **适应性模型(fitness model)**

在 BA 模型中，Hub 节点永远是那些最早加入网络的节点，这与现实不相符。在万维网的历史中，谷歌网站创建于 1998 年，尽管当时已经有数以百万的网站，但谷歌最终成为全球最大的搜索引擎，吸收了万维网中绝大多数的网页连边。同样在引文网络中，被引用次数最多的论文并不是发表时间最早的论文，一些重大突破性论文的被引次数往往超过许多早期出版物。

这些节点(网站、论文、社交媒体用户等)之所以能够后来居上，是因为它们比旧节点更具有吸引力，从而提高它们积累连边的速度。为了刻画这种吸引力，我们除了关注它们的度值之外，还要关注一些内在属性。前面介绍的吸引力模型中，所有节点都是同质的，我们无法在节点之间引入差异。因此，吸引力模型与 BA 模型一样，Hub 节点仍然是最古老的节点。

为了允许新节点成为 Hub 节点，Bianconi 和 Barabasi 提出了一种适应性模型，其中每个节点都有不同的吸引力，用适应性参数 $\eta>0$ 刻画。适应性参数是节点的内在特征，它们不随时间变化。因此，连接概率取决于目标节点的度 $k_i$ 和适应度 $\eta_i$ 的乘积。

$$\Pi(i)=\frac{\eta_i k_i}{\sum_j \eta_j k_j} \tag{3-91}$$

如果所有节点都有相同的适应度，则常数 $\eta$ 在分子和分母之间互相抵消，该模型就会退化成 BA 模型，回到了标准的线性择优机制。如果参数 $\eta$ 可以取任意大的值，那么就会出现赢家通吃的效果，即适配度最高的节点与网络中大多数节点相连。所以在一般情况下，参数 $\eta$ 只能在一定范围内取值(即 $\eta$ 的最大值有限)，那么模型的度分布就能产生类似幂律分布的长尾分布。最常见的情况是令参数 $\eta$ 服从 [0,1] 均匀分布，从而获得每个节点的异质性适应度。

适应性模型产生的网络具有两个理想的特性：首先，只要适应度参数 $\eta$ 是有界限的，网络就有多个 Hub 节点；其次，适应度机制允许一个节点与它的所有同伴竞争，排除了年龄和地位的限制。因此，适应性模型中适应度最大的节点最终会成为 Hub 节点，无论它们何时被引入网络。

- **随机游走模型(random walk model)**

用 BA 模型构建的网络的集聚系数非常低。回顾一下三元闭包的定义，如图 3－34 所示，如果两个节点 B 和 C 拥有一个共同邻居 A，那么它俩之间更容易产生连边。因此，社会网络中会出现大量三角形以及很高的集聚系数。然而在 BA 模型中，一个节点接受连边的概率只取决于它的度，而与共同邻居无关，导致无法形成大量三角形。

**图 3－34 三元闭包**

为了增加三角形的产生，有必要引入一种机制来促进有共同邻居的节点对之间建立连边。在这里我们讨论一个非常直观的机制，称为随机游走模型。这个想法是，除了让新节点随机连接到现有节点之外，我们还允许新节点连接到现有节点的邻居。比如在社交网络中，如图 3－34 所示，节点 B 除了随机连接到 A 以外，还会通过三元闭包机制认识节点 C。

具体而言，随机游走模型可以从一个任意的初始网络开始，按照如下步骤演化：

(1)在每个时间步，引入一个新的节点 $i$ 以及 $m$ 条连边。

(2)对于节点 $i$ 的第一条连边，在现有节点中随机选择节点 $j$ 进行连边。

(3)对于节点 $i$ 的其余 $m-1$ 条连边，以概率 $p$ 在节点 $j$ 的邻居中随机连边，或者以概率 $1-p$ 在现有节点中随机连边。其中，参数 $p$ 代表了三角形闭合的概率。通过 $i$ 和 $j$ 以及 $j$ 的邻居(比如 $k$)同时进行连边，我们闭合了三角形 $(i,j,k)$。

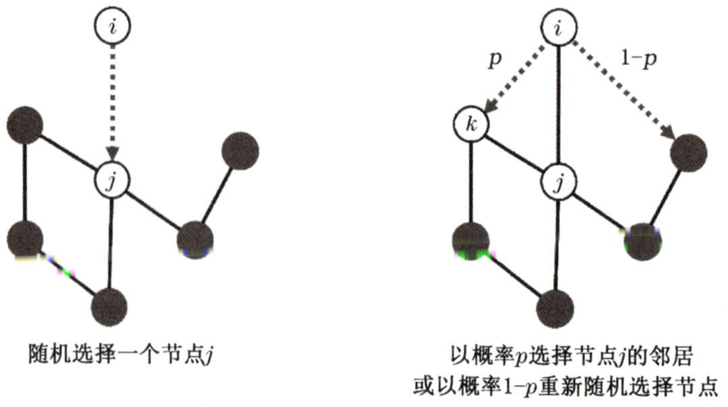


**图 3—35　随机游走模型**

随机游走模型如图 3—35 所示，它创建的网络具有一定数量的三角形，可以通过调整参数 $p$ 来改变。特别地，如果 $p=0$，则新节点完全随机地选择它们的邻居，无法保证产生三角形；当 $p=1$ 时，新节点 $i$ 的所有连边都用来闭合三角形。在这个过程中，一个节点的度越高，该节点就越容易成为随机选择连边的其中一端。这表明，随机游走模型能够产生择优偏好机制，最终能够构造出无标度网络。

随机游走模型中使用的随机连边机制比 BA 模型中的择优连接机制更直观，因为该模型只是以随机的方式探索网络，相比之下，BA 模型需要假设新节点能够掌握网络所有旧节点的度信息（在真实世界中是不可能的）。换句话说，三元闭包过程隐含地诱导了择优连接机制。从这个角度来看，随机游走模型也可以解释为随机连边选择（link selection）：在网络中随机选择一条存在的连边，并将新节点与该连边其中一个端点进行连边。不同的是，在三元闭包中，新节点与所选连边的两个端点同时相连，但是两种情况所产生的度分布是相似的。

因此，在随机游走模型中可以看到，在没有择优连接机制的情况下我们仍然能够生成无标度网络。

● **复制模型（copy model）**

在社会网络中，三元闭包意味着一个人复制了其他人的好友关系。这种复制机制也可以在其他情况下发生：

（1）基因复制是生物进化过程中产生新遗传物质的过程。考虑蛋白质互相作用网络，其中每个节点代表蛋白质，如果两个蛋白质在某些场景下共同发挥功能则进行连边。当一个基因被复制时，新基因将继承原始基因包含的蛋白质交互模式。因此，这些蛋白质节点的连边被复制了。

（2）学者们经常在一篇论文的参考文献列表中发现新的文章，并在自己的论文中引用它们。这样做的时候,他们其实就复制了其他论文的引文模式。

(3)在设计网页的时候,创作者可能会发现内容相关的网页,并倾向于从这些相似网页中借鉴超链接。

这些情况可以被看作复制模型,它类似于前面讨论的随机游走模型:新节点连接到一个随机选择的旧节点,并且以一定概率连接到旧节点的邻居。然而,在复制模型中缺少三元闭包机制,新节点不会同时连接到一个节点和其邻居。因此,通过复制模型可以得到 Hub 节点,但很少有三角形。

## 3.5 网络模型总结

本章依次介绍了随机网络、小世界网络、无标度网络以及它们的各种泛化模型,这些网络模型背后的机制决定了节点相互连接的规则,从而帮助我们理解实际网络中观察到的一些性质、特征和结构。下面我们简单总结,从各种模型中获得的经验和启发:

(1)ER 随机网络模型中,每个节点之间的连边概率是相同的。这些网络具有小世界现象,但是没有 Hub 节点,平均集聚系数也很低。

(2)WS 小世界模型是规则网络与随机网络的结合。规则网络具有高平均集聚系数和高平均距离,增加一些随机连边后,几条随机长程边足以大幅减少节点之间的平均距离,从而涌现出小世界性质,与此同时,保留了较高的集聚系数。然而,该模型仍然无法创建 Hub 节点。

(3)配置网络模型可以产生任意度分布的网络,从而拟合实际网络的幂律分布以及 Hub 节点。然而,这个网络结构是"人工"设计出来的,并不是由某个机制所导致的。配置模型经常被用作某些网络特征的检验手段,为了验证这些特征到底是由度分布造成的还是由其他因素造成的。

(4)动态网络模型用来解释网络增长等现象,即网络中的节点和连边是随着时间动态变化的。这与现实世界中许多网络的演变过程相符,比如互联网、社交网络等。

(5)择优连接是解释 Hub 节点出现的关键机制:一个节点的度越高,它获得新节点连边的概率就越高。

(6)BA 无标度网络模型结合了增长和择优连接两种机制,产生了服从幂律分布的网络,并且涌现出了 Hub 节点。

(7)择优连接可以通过各种机制间接地表达,比如三元闭包、随机游走等机制。

## 思考题

1.随机网络的提出者是谁？模型的生成机制是什么？随机网络的度分布、集聚系数和平均距离具有什么统计特征？

2.小世界网络的提出者是谁？模型的生成机制是什么？小世界网络的度分布、集聚系数和平均距离具有什么统计特征？

3.无标度网络的提出者是谁？模型的生成机制是什么？无标度网络的度分布、集聚系数和平均距离具有什么统计特征？

4.什么是无标度分布？如何理解社会网络的无标度度分布？

5.如何从社会系统的角度理解无标度网络中的择优机制？

6.社会网络具有小世界特征、层级结构和无标度度分布特征，如何构建模型理解社会网络生成和演化机制？

# 第 4 章　社会网络中的节点中心性

每当我们坐火车出远门的时候，经常会遇到以下情况：两个城市之间并没有直达的车次，需要通过去一些交通发达城市换乘才可以到达目的地。如果我们观察国内的交通运输网络，会发现大部分城市的机场、火车站规模都比较小，但是少数城市（比如北京、上海、武汉等）每天都有前往数百个目的地的航班或车次。同样，在社会网络中，有些用户比其他人更引人注目、更有影响力；在万维网中，有一些非常受欢迎的网站，比如百度、微博等，而大多数网站则不为人所知。这些例子反映出实际网络的异质性（heterogeneity）特征，节点和连边的属性和功能往往呈现广泛的差异性。

寻找网络中的关键节点是网络科学的重要研究内容，我们用中心性（centrality，也叫中心度）来衡量一个节点的重要性。在本章中，我们将介绍一些重要的节点中心性指标，并且介绍节点中心性在一些实际场景中的应用。

## 4.1　度中心性

在网络中，度量一个节点重要性的最简单方式是度中心性（degree centrality），即一个节点所拥有的连边数量①，连边数量越多就意味着这个节点越重要。在社会网络研究领域中，度中心性有时也被称为度信息。在有向网络中，节点的出度和入度都可以用来衡量度中心性。度中心性 $x_i$ 的定义方式为：

$$x_i = \sum_j A_{ij} \tag{4-1}$$

尽管度中心性是一个简单的指标，但它很好地刻画了一个节点相对于其他节点的影响力大小。比如在社交网络中，我们通常会假设拥有大量粉丝或熟人朋友的用户往往拥有更大的影响力、获取更多信息的途径以及更高的社会声望。在引文网络中，一篇论文被其他论文的引用次数，即有向网络中节点的入度，可以衡量一篇论文在该领域的

---

① 度描述的是一个节点的连边数量，而不是邻居数量。在大部分网络中，两者相同；但是在重边和自环的情况下，两者存在区别。

重要性或者影响力。

在一个包含 $N$ 个节点的网络中，节点的度中心性最小为 0，最大为 $N-1$。为了便于在不同规模的网络之间进行比较，我们通常对度中心性进行归一化处理，度为 $k_i$ 节点的度中心性为 $k_i/(N-1)$。

● **半局部中心性**

度中心性指标简单直观，根据网络局部的信息就能够刻画出节点的重要性，同时具有较低的计算复杂度，适用于超大规模的网络计算；但是另一方面，度中心性的实际效果欠佳，没有考虑到网络的全局信息。为了权衡计算的效果和效率，我们有时候会考虑使用一种基于半局部信息的节点重要性指标，称为半局部中心性(semi-local centrality)。首先定义 $N(j)$为节点 $j$ 的两层邻居度，其值等于从节点 $j$ 出发两步内可到达的邻居数目，然后定义节点 $i$ 的局部中心性为：

$$Q(i)=\sum_{j\in\Gamma(i)}N(j) \tag{4-2}$$

其中，$\Gamma(i)$为节点 $i$ 一阶邻居的集合。可见，半局部中心性这类思想涉及节点的高阶邻居信息，拓展之后的 $Q(i)$可以包含节点 $i$ 在网络中的二阶邻居、三阶甚至四阶邻居。这种计算方法存在许多优势，半局部中心性方法的计算复杂度随着网络规模呈线性增长，即便是大规模网络也只需要消耗很少的计算时间，就能够得到远好于度中心性的效果。但是，这类指标的缺点也是显而易见的，对于存在 Hub 节点的实际网络，Hub 节点的一阶邻居已经包含了足够多的节点，它们的高阶邻居数量要远远超过其他节点，导致与剩余节点的中心性差距过大。除此之外，我们从小世界现象中可以预见，对于平均距离只有 2～3 的网络，节点的高阶邻居数量并没有区分节点重要性的能力，因为一部分节点的三阶邻居已经涵盖了整个网络，这意味着这些节点的半局部中心性都是非常接近的。

## 4.2 接近度中心性

节点中心性的另一种衡量指标是该节点与其他节点的接近程度，我们称为接近度中心性(closeness centrality)，可以通过计算该节点与网络中其他节点的平均距离来实现。如果一个节点与其他 $N-1$ 个节点的距离都很短，那么它们的总和就是一个小数字，我们就说该节点在网络中具有较高的重要性。我们用 $d_{ij}$ 作为节点 $i$ 到 $j$ 的距离，则节点 $i$ 到达其他所有节点的平均距离为：

$$l_i=\frac{1}{N}\sum_j d_{ij} \tag{4-3}$$

在社交网络场景中，平均距离越低的用户，他们的观点和言论在网络中往往传播的速度更快、范围更广。平均距离 $l_i$ 的中心性指标与本章的其他指标在方向上相反：对处于中心的节点给出低值，对处于边缘的节点给出高值。因此，在社会网络研究领域中，我们一般使用平均距离的倒数作为节点的接近度中心性，从而表示中心性越大则节点重要性越高。

$$C_i=\frac{1}{l_i}=\frac{n}{\sum_j d_{ij}} \tag{4-4}$$

接近度中心性是一个非常直观的中心性指标，经常被用于社会网络研究。比如在电影合作网络中，我们发现接近度中心性最高的演员往往不是名声最大、商业价值最高的演员，反而是同时代的一些配角演员。这些演员在漫长的职业生涯中出演了非常多的电影，通过增加合作者的数量来减少他(她)与网络中其他节点的平均距离。这个结果与直觉相悖，因为我们一般认为度更高的节点与其他节点的平均距离更短，这意味着接近度中心性和度中心性是正相关才对。所以，衡量一个节点的重要性，不仅要考虑它的局部特征(度中心性)，而且要考虑它在网络全局中的位置信息(接近度中心性)。

如果一个网络拥有多个连通分量，则节点的接近度中心性无法计算，不连通节点之间的最短距离定义为无限大。对于一个不连通的网络来说，所有节点 $i$ 的 $l_i$ 都是无限大并且 $C_i$ 为 0，这两个指标同时失去了作用。对于这个问题，最常见的解决办法是只测量同一个连通分量内的平均距离。但它也有自己的问题，比如在不同规模的连通分量中的衡量标准不一致。在规模较小的连通分量中，节点之间的距离往往较小，因此相比于大规模连通分量，小规模连通分量中的节点能获得较低的平均距离 $l_i$ 以及较高的接近度中心度。

为了避免无穷大距离对中心性的影响，另一种较为妥当的解决办法是将接近度中心性定义为：

$$C'_i=\frac{1}{N-1}\sum_{j(\neq i)}\frac{1}{d_{ij}} \tag{4-5}$$

这样定义有几个好处：一是可以消除 $d_{ij}=\infty$ 对计算造成的影响，如果节点 $i$ 和 $j$ 处于不同的连通分量，那么求和中的对应项为 0；二是这个计算指标会给予短距离更高的权重。指标 $C_i$ 认为所有距离的权重都是相同的，而 $C'_i$ 会更加关注短距离在平均距离的权重。在计算节点 $i$ 中心性的过程中，我们认为与附近节点的距离是最重要的，如果一个节点 $j$ 和 $i$ 的距离非常远，那么节点 $j$ 的确切距离就不是那么重要了。指标 $C'_i$ 就反映了这个思想，远距离节点对接近度中心性的贡献接近于零。

## 4.3　介数中心性

以上提到的两个中心性指标——度中心性和接近度中心性——分别从网络结构的局部信息和全局信息出发，衡量了一个节点在网络中的重要性。接下来，我们从传播和扩散的角度来衡量一个节点在网络中发挥的作用。

我们之所以需要构建网络，一部分原因是为了能够在节点之间进行传播和扩散。比如在交通运输网络中，货物、乘客需要在不同的站点之间流通；在社交网络中，信息或谣言能够从一个用户传递到另一个用户；流行疾病在社会接触网络中进行个体之间的传染。这就提出了节点中心性的第三个指标，介数中心性(betweenness centrality)：一个节点在网络中越重要，它在传播扩散过程中的作用就越大。

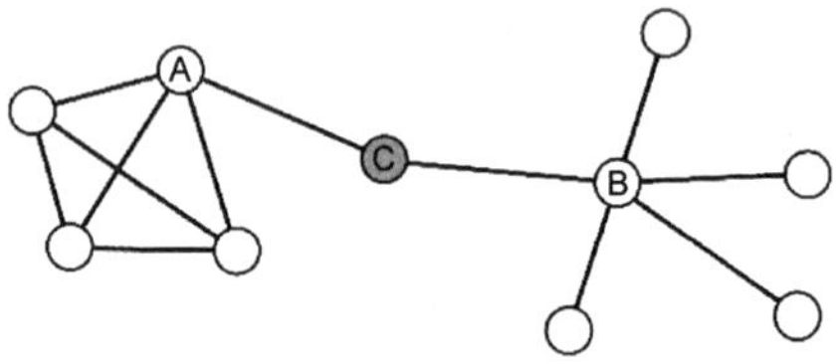


**图 4—1　介数中心性示意图**

我们观察图 4—1 所示的一个简单网络。从度中心性的角度看，节点 A 和 B 都比 C 重要。现在我们假设图 4—1 的网络中有一些货物运输任务，在每次任务中，起点和终点都是随机挑选的，并且司机总会选择网络中的最短路径，如果有多条最短路径则随机选择一条。然后，我们想问的是：网络中哪个节点是最繁忙的、被访问频率最高的？也就是说，经过哪个节点的货物总量最多？即使不动手计算，我们凭肉眼也能判断节点 C 最重要，因为它处于两个分量的中间，两个分量之间的货物运输任务都必须经过节点 C。

具有高介数中心性的节点在网络中之所以具有影响力，一方面是因为它们控制着其他节点之间的信息传递效率。在上面的货物运输场景中，节点 C 是传递货物数量最多的节点。如果每个节点在传递货物时能得到报酬，那么节点 C 就能凭借在网络中的特殊位置获得更多的权利或财富。另一方面，如果把介数中心性最高的节点移除，那么将最大限度地破坏整个网络的信息传递。假如图 4—1 中节点 C 被移出，那么左右两个分量之间就无法进行货物运输了。

从这个角度，我们可以给出介数中心性的数学定义：网络的所有最短路径中，经过某个节点的最短路径的比例。对于任意节点对$(s,t)$，如果节点 $i$ 处于连接 $s$ 和 $t$ 之间的最短路径，则令 $n_{st}^{i}=1$；如果节点对$(s,t)$不连通，或者最短路径不经过节点 $i$，则令 $n_{st}^{i}=0$。节点 $i$ 的介数中心性为：

$$x_i=\sum_{st}n_{st}^{i} \tag{4-6}$$

这个公式适用于无向网络和有向网络。在无向网络中，节点对之间任何方向的最短路径都是相同的，应该避免重复计算。除此之外，一些严格定义会要求起点 $s$ 和终点 $t$ 必须是不同的节点，但实际并不会改变每个节点的介数中心性的相对大小。

介数中心性的另一种形式为：

$$x_i=\sum_{s\neq t\neq i}\frac{n_{st}^{i}}{g_{st}} \tag{4-7}$$

其中，$g_{st}$ 为从节点 $s$ 到 $t$ 的最短路径数量，$n_{st}^{i}$ 表示从节点 $s$ 到 $t$ 的 $g_{st}$ 条最短路径中经过节点 $i$ 的最短路径数目。以图 4－2 为例，首先我们考虑节点 1 的介数中心性。所有最短路径中，只有节点对(2,4)的最短路径会经过节点 1，同时节点对(2,4)存在两条最短路径，分别经过 1 和 3。于是，节点 1 在网络中的介数中心性为 1/2。其次，我们考虑节点 3 的介数中心性。网络中经过节点 3 的最短路径包括节点对(1,5)、(2,4)、(2,5)和(4,5)。节点对(2,4)存在两条最短路径，分别经过 1 和 3，因此节点 3 的介数中心性增加 1/2；节点对(1,5)存在一条条最短路径并经过节点 3，因此节点 3 的介数中心性增加 1。最终，节点 3 的介数中心性为 3.5。

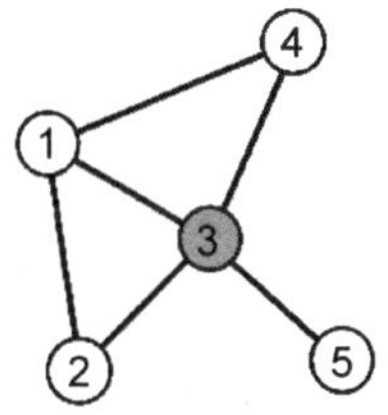


**图 4－2　介数中心性计算案例**

在具体问题研究中，我们可以使用归一化后的介数中心性，缩放至 0～1 区间，同时不影响节点介数的相对大小。注意公式(4－7)的求和项中共包含$(N-1)(N-2)/2$ 个项，计算平均值即可得到归一化介质中心性。

$$BC_i=\frac{1}{(N-1)(N-2)2}\sum_{st}\frac{n_{st}^{i}}{g_{st}} \tag{4-8}$$

到目前为止，我们只考虑了无向网络，但介数中心性也可以应用于有向网络。在有向网络中，两个节点之间的最短路径一般取决于所走的方向：从 A 到 B 的最短路径与从 B 到 A 的最短路径不同。事实上，可能在一个方向上有多条最短路径，而在另一个方向上则根本没有最短路径。因此，在一个有向网络中，明确每个节点对之间任一方向的最短路径数是很重要的。上式的定义已经考虑到了这一点,所以我们在有向网络中可以使用相同的定义。但一般情况下,很少在有向网络中使用介数中心性,所以本书也不会做进一步讨论。

从信息传递的角度来看,介数越高的节点其重要性也越大,去除这些节点后对网络传输的影响也越大。但是在实际网络中,节点对之间的传输效率并不一样,而且并非所有的传输都是基于最短路径的,因此介数中心性只能在一定程度上刻画节点的影响力。同时需要指出,基于网络距离得到的介数中心性和接近度中心性的计算时间复杂度较高,这两个指标均不适用于大型网络。

## 4.4 特征向量中心性

让我们回到以度中心性为代表的基于网络局部信息的节点中心性指标。我们不得不承认,与接近度、介数中心性相比,度中心性是一个相当粗糙的衡量指标:对于一个节点而言,所有的邻居都是相同的。然而,在许多情况下,一个节点在网络中的重要性并不完全取决于邻居的数量,而是取决于这些邻居的质量。比如,你在社交平台上可能只认识几个朋友,但如果这些朋友都是来自各个领域的精英和领袖,那么你自己可能也是一个重要人物;换句话说,中心性衡量的不仅是你认识多少人,而且在于你认识谁。

考虑到邻居重要性这个因素,我们可以把度中心性扩展成特征向量中心性(eigenvector centrality)。在度中心性概念中,一个节点的重要性 $x_i$ 等同于它拥有的邻居数量,默认每个邻居的重要性为 1;但是在特征向量中心性中,一个节点的重要性 $x_i$ 等于它邻居的重要性 $x_j$ 之和。这听起来像是在循环计算:为了计算节点 $i$ 的中心性,首先需要知道所有节点 $j$ 的中心性。但是,在线性代数的帮助下,只要做一点工作就可以计算出所有节点的特征向量中心性。

考虑一个无向网络,节点 $i$ 的特征向量中心性 $x_i$ 与一阶邻居的中心性之和成正比,即:

$$x_i = c^{-1} \sum_{j \in \Gamma(i)} x_j \tag{4-9}$$

其中,$\Gamma(i)$ 为节点 $i$ 一阶邻居的集合,$c$ 为一个比例常数。

从公式(4—9)可以看出,一个节点获得高中心性的途径,除了认识许多低中心性的邻居之外,还可以去认识几个高中心性的邻居(或者两者都有)。用邻接矩阵 $A$ 写成如下形式:

$$Ax = cx \tag{4-10}$$

其中，$x=[x_1,x_2,\cdots,x_n]^T$ 代表了 $N$ 个节点中心性，$x$ 是邻接矩阵 $A$ 的一个特征向量，常数 $c$ 是对应的特征值，因此称为特征向量中心性。

然而，邻接矩阵 $A$ 有 $n$ 个不同的特征向量，我们应该使用哪个特征向量呢？我们希望所有节点的中心性值是非负的，如果节点 $i$ 的中心性为负，即使绝对值很大，我们仍然无法判断它的重要性是高还是低。那么只有一个选择：$x$ 必须是邻接矩阵 $A$ 的最大特征值对应的特征向量，比例常数 $c$ 必须等于 $A$ 的最大特征值。这个结论来自线性代数中的 Perron-Frobenius 定理：对于一个所有元素非负的矩阵（比如邻接矩阵 $A$），有且只有一个特征向量满足所有元素非负，这就是最大特征值对应的特征向量；换句话说，邻接矩阵 $A$ 的其他特征向量中都至少存在一个负值。

特征向量中心性理论也适用于有向网络，但是需要面对一些复杂的情况。一方面，有向网络的邻接矩阵 $A$ 一般是不对称的，这意味着它有两组特征向量，即左特征向量和右特征向量，因此同时有两个最大特征值对应的特征向量。在大多数情况下，我们会选择使用右特征向量，因为有向网络的中心性通常是由其他节点沿着连边赋予被指向节点，而不是反方向赋予。比如在社交平台上，如果一个用户被许多公众人物关注，这就很好地反映了该用户的重要性。另一方面，任何人都可以建立一个关注了许多公众人物的账号，但这并不意味着这个账号很重要。

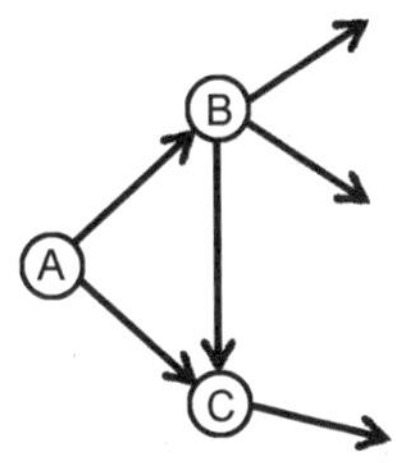


**图 4—3 特征向量中心性在有向网络中存在的问题**

特征向量中心性在有向网络中仍然存在一些问题。如图 4—3 所示，节点 A 与网络的其他节点相连，但只有出度而没有入度，于是节点 A 的特征向量中心性总是为 0。这似乎不是一个问题：如果网络中所有节点都认为节点 A 不重要，那么它的中心性应该为 0。

但是，问题出在节点 B 和 C 上。节点 B 只有一条来自节点 A 的边，因此节点 B 的中心性也是 0。从这个结论出发，我们可以看到节点 C 只有来源于 A 和 B 的连边，因此节点 C 的中心性也为 0。如此循环往复，这个怪现象会蔓延至许多节点。严格来说，只有在强连通分量中的节点才能具有非零的特征向量中心性，除此之外的网络（比如引文网络）并不适合使用特征向量中心性。

为了解决这个问题，我们会在下文中介绍 Katz 中心性和 PageRank 算法。

## 4.5 Katz 中心性

Katz中心性

为了解决特征向量中心性的部分节点中心性为 0 的缺陷，我们在计算过程中给每个节点一个额外初始值 $\beta$。因此，每个节点的重要性 $x_i$ 为：

$$x_i = \alpha \sum_j A_{ij} x_j + \beta \tag{4—11}$$

其中，$\alpha$ 和 $\beta$ 均为大于 0 的常数。Katz 中心性在特征向量中心性的基础上，通过增加 $\beta$ 保证了网络中每个节点的中心性大于 0。上式还强调了邻居的数量优势，即便是入度为 0 的节点也能获得大小为 $\beta$ 的中心性，于是这些入度为 0、中心性却为 $\beta$ 的节点就能把中心性传递给它们所指向的其他节点。这意味着，拥有大量入度的节点一般都会有很高的中心度。用邻接矩阵 $A$ 写成如下形式：

$$x = \alpha A x + \beta \mathbf{1} \tag{4—12}$$

其中，向量 $\mathbf{1} = [1, 1, \cdots]$，进一步整理可以得到：

$$x = \beta (I - \alpha A)^{-1} \mathbf{1} \tag{4—13}$$

由于我们只关心节点中心性的相对大小，所以一般情况下将 $\beta$ 设为 1，即：

$$x = (I - \alpha A)^{-1} \mathbf{1} \tag{4—14}$$

这个指标由 Katz 在 1953 年首次提出①，因此我们一般称为 Katz 中心性。

计算 Katz 中心性之前需要确定参数 $\alpha$ 的大小，它控制着公式(4—12)中特征向量中心性和常数项之间的平衡。在具体实验中，$\alpha$ 的取值必须在一定范围内才能达到很好的效果。当 $\alpha$ 趋近于 0 时，各个节点的中心性主要来源于常数项 $\beta$，来源于一阶邻居的中心性可以忽略不计。在 $\alpha$ 从 0 逐渐增大的过程中，Katz 中心性会在某些 $\alpha$ 取值时发散，这些情况可以被描述为：

$$\det(\alpha^{-1} \mathbf{I} - \mathbf{A}) = 0 \tag{4—15}$$

可以看到，当特征方程中 $\alpha^{-1}$ 等于邻接矩阵 $A$ 的特征值时，$(I - \alpha A)^{-1}$ 会变成无穷大(或无穷小)。事实上，为了避免发散，$\alpha$ 不能等于邻接矩阵 $A$ 的任何特征值的倒数 $1/\lambda_i$。一般情况下，我们可以把参数控制在 $0 < \alpha < 1/\lambda_1$ 范围内。一些学者根据以往经验，会让参数 $\alpha$ 略小于 $1/\lambda_1$：在这种情况下，常数项 $\beta$ 对中心性的贡献最低，而特征向量中心性的贡献最高。计算结果近似于特征向量中心性，同时又避免出现中心性

---

① L. Katz. A New Status Index Derived from Sociometric Analysis[J]. Psychometrika, 1953, 18(1): 39—43.

为 0 的节点。

对于特征向量中心性在有向网络中遇到的问题，Katz 中心性提供了一个解决方案：加入一个常数项，使得每个节点获得一些初始权重。Katz 中心性通过调节参数 $\alpha$，既强调了邻居的数量（度中心性），又强调了邻居本身的质量（特征向量中心性），能够在某些场景中发挥非常好的效果。①。

● **Katz 中心性的原始思想**

1953 年，密歇根州立学院的教授 Leo Katz 发表了名为《从社会计量分析中得出的一种新指标》（A New Status Index Deriued from Sociometric Analysis）的论文，根据影响力衰减的思路推导出了 Katz 指标。

在当时的社会计量分析中，学者们默认不同个体都具有同质的影响力，因此获得的重要性指标效果欠佳。Katz 提出了一种计算社会重要性的新方法，不仅考虑到每个人收到的直接投票数量，而且考虑到每个投票者的地位。因此，这个新指标不仅侧重于有多少人选择，而且关注是哪些人选择。

**表 4—1　Katz 指标的示例**

| | | 被选者 | | | | | |
|---|---|---|---|---|---|---|---|
| | | A | B | C | D | E | F |
| 投票者 | A | 0 | 0 | 0 | 0 | 0 | 1 |
| | B | 0 | 0 | 1 | 0 | 0 | 1 |
| | C | 0 | 1 | 0 | 1 | 0 | 1 |
| | D | 1 | 0 | 0 | 0 | 1 | 0 |
| | E | 0 | 0 | 0 | 1 | 0 | 1 |
| | F | 1 | 0 | 0 | 1 | 0 | 0 |
| | 总分 | 2 | 1 | 1 | 3 | 1 | 4 |

Katz 在论文中举了一个例子，如表 4—1 所示。在一次选举过程中，6 个人之间互相投票，比如 A 只投给了 F、B 投给了 C 和 F 等。由于不能给自己投票，因此矩阵的对角元素均为 0。以上表格可以转化为一个 6×6 的矩阵 $C$，其中每个元素 $c_{ij}$ 代表个体 $i$ 对 $j$ 的投票情况。

矩阵 $C$ 刻画了不同个体之间的影响力传递过程，比如节点 $i$ 除了直接影响 $j$ 外，还可以通过一些路径间接影响 $j$。这些间接链路可以用矩阵 $C^2$ 来表示，其中 $c_{ij}^2 = \sum_k c_{ik} c_{kj}$，对于任意的 $i$ 和 $j$，如果存在一些中间节点 $k$，使得 $i$ 选择了 $k$ 并且 $k$ 选

① 事实上，当 $\alpha \to 1\lambda_1$ 时，Katz 指标等价于特征向量中心性；当 $\alpha \to 0$ 时，Katz 指标等价于度中心性。

择了 $j$，那么$c_{ij}^2>0$；如果不存在中间节点 $k$，则$c_{ij}^2=0$。矩阵 $C$ 的高阶幂都有相似的解释方式。

矩阵 $C$ 的列求和给出了每个人的直接得票数，而矩阵 $C^2$ 的列和反映的是每个人得到的“二步”得票数，矩阵 $C^3$ 的列求和反映的是每个人得到的“三步”得票数。因此，除了直接得票数之外，我们可以将这些间接得票数纳入节点重要性的衡量标准，并且给这些间接票数一个合适的权重。为了构建一个合适的权重参数，Katz 提出了衰减系数 $\alpha$。

首先，Katz 假设网络中所有连边都是同质的，比如信息传递的速率、每次投票的价值等。在此基础上，Katz 认为两个节点之间的影响力会随着网络距离的增长而快速衰减，定义 $k$ 阶邻居的影响力为 $\alpha^k$。可以看到，参数 $\alpha$ 起到了调节作用：如果 $\alpha=0$ 则完全衰减，意味着节点之间不存在影响力；如果 $\alpha=1$，则不论两个节点相距多远，都能够完全保留节点之间的影响力。

我们已经注意到，衰减系数 $\alpha$ 是 Katz 指标的关键。假如我们的研究兴趣是新闻或谣言的传播问题，很明显，不同的群体对相同的信息会有不同的反应；同样地，一个群体对不同的信息也会表现出不同的反应。例如，关于新任市长的信息可能会在当地商会引起激烈的反应，而大多数学生群体对此几乎没有任何兴趣。一些心理学研究发现，在不同的群体中，衰减系数 $\alpha$ 不是固定的，而是与特定场景有关。然而，我们目前的研究都假设系数 $\alpha$ 是已知的，因此在未来的研究中有必要考虑更复杂的模型。

结合衰减系数 $\alpha$，Katz 中心性指标的表达式为：

$$x_i=\sum_j \alpha A_{ij}+\sum_j \alpha^2 A_{ij}^2+\sum_j \alpha^3 A_{ij}^3+\cdots \tag{4-16}$$

其中，$A_{ij}^n=[A^n]_{ij}$，写成矩阵形式得到：

$$x=\alpha A\mathbf{1}+\alpha^2 A^2\mathbf{1}+\alpha^3 A^3\mathbf{1}+\cdots=(I-\alpha A)^{-1}\mathbf{1} \tag{4-17}$$

上式与公式(4－14)具有相同的形式。

## 4.6 PageRank 算法

4.5 节的 Katz 中心性有一个潜在的缺点：一个具有高中心性的节点指向其他节点，那么所有被指向的节点都会得到高中心性。例如，我建立了一个微博账户，微博官网可能会连接到我。既然微博官网是一个 Hub 节点，那么我是否因此也被认为是一个重要节点呢？大多数人会拒绝这种说法，因为我只是众多用户中的一个，微博官网传递给我的中心性会因为分享而被削弱。

为了解决这个问题，我们可以改良 Katz 中心性：一个节点如果指向了许多节点，即使中心性很高，也只能把少量的中心性传递给邻居；换句话说，如果一个节点指向了 $m$ 个邻居，那么每个邻居只能分到 $1/m$ 份中心性。我们在 Katz 公式(4—11)的基础上引入节点的出度 $k^{out}$，得到：

$$x_i = \alpha \sum_j A_{ij} \frac{x_j}{k_j^{out}} + \beta \tag{4—18}$$

如果节点 $j$ 的出度 $k_j^{out}=0$，为了避免分母出现 0，可以人为调整 $k_j^{out}=1$。事实上，如果一个节点出度为 0，意味着 $A_{ij}=0$，因此，$k_j^{out}$ 可以调整为任意的非零值而不影响 $x_i$ 的结果。写成矩阵形式得到：

$$x = \alpha A D^{-1} x + \beta \mathbf{1} \tag{4—19}$$

其中，$D$ 是一个对角矩阵，元素 $D_{ii}$ 代表了每个节点的出度 $\max\{k_i^{out},1\}$，进一步整理得到：

$$x = \beta (I - \alpha A D^{-1})^{-1} \mathbf{1} \tag{4—20}$$

这种中心性度量方法就是著名的 PageRank 算法，以谷歌创始人 Larry Page 命名。PageRank 算法是谷歌搜索引擎的核心技术，用来估计数以亿计网页的重要性，并把最重要的网页排在首页。当网页 A 有一个链接指向网页 B 时，就认为网页 B 获得了 A 的一部分重要程度。特别地，PageRank 将每个网页的中心性除以出度，从而确保 Hub 网页不会对其他网页造成不成比例的影响。

与 Katz 中心性一样，PageRank 中心性包含一个参数 $\alpha$(通常令 $\beta=1$)，在使用之前必须确定其值。通过对 Katz 公式的类比可知，PageRank 公式中 $\alpha$ 的值应该小于矩阵 $AD^{-1}$ 最大特征值的导数。在无向网络中，这个最大的特征值是 1，因此 $\alpha$ 需要小于 1；对于有向网络，最大特征值的取值是不固定的，参数 $\alpha$ 的最优值需要借助大量实验。现实中，谷歌搜索引擎使用 $\alpha=0.85$ 进行计算。

值得一提的是，如果令 $\beta=0$，那么 PageRank 中心性的表达为：

$$\boldsymbol{x} = \alpha \boldsymbol{A} \boldsymbol{D}^{-1} \boldsymbol{x} \tag{4—21}$$

上式与特征向量中心性类似，只不过是矩阵 $AD^{-1}$ 的特征向量。对于无向网络来说，公式(4—21)在 $\alpha=1$ 时存在一组解 $x_i=k_i$，也就是度中心性。对于有向网络来说，公式(4—21)没有太多的实际用途，因为它遇到的问题与特征向量中心性类似，即存在一些节点中心性为 0。

- **PageRank 的实际应用**

我们简单介绍一下以谷歌为例的搜索引擎的工作原理。首先，通过网络爬虫遍历万维网中的大部分网页，获取每个网页中的文本信息；然后，建立一个“关键词—网页”的索引列表。当我们提交一个关键词时，搜索引擎会返回所有包含该关键词的网页。

然而，可能有数以万计的网页与我们的查询相匹配。

因此，排名算法是搜索引擎的关键组成部分。如果仅仅根据网页内容和查询关键词之间的相似性排序，用户将不得不接受很多低质量的网页，甚至是垃圾邮件和广告；如果结合网页之间的引用关系和重要性，那么排名靠前的网页就更可能符合我们的搜索目标。1998 年，Sergey Brin 和 Larry Page 提出了基于 PageRank 算法的网络搜索引擎，后来发展成为著名的谷歌公司。

PageRank 算法来自对人们随机浏览网页行为的想象。我们点开一个网页后通常会沿着链接随机打开另一个网页，这个过程被称为万维网上的随机游走(random walk)。随机游走模型是对用户浏览或搜索行为的一个简单刻画：如果当前网页没有我们想要的信息，并且我们也不知道该选择哪个链接，于是最简单的方式就是随机浏览，即页面中的每个链接被点击的机会是相等的。除此之外，PageRank 算法还希望捕捉到另一种用户行为，即用户厌倦了当前的浏览路径并随机开启了一个新的网页，这种行为被认为是跳转(jump)。

通过模拟包含随机游走和跳转行为的网页浏览过程，我们可以统计每个页面被访问的频率，这个频率就是该网页的 PageRank 值。如果一个节点拥有更多的入度，那么在随机游走的过程中它会更频繁地被访问，因此具有更高的 PageRank 值。

● **四种中心性的比较**

到目前为止，我们介绍了度中心性、特征向量中心性、Katz 中心性和 PageRank 中心性，这四种指标的思想是一脉相承的：一个节点的重要性既取决于邻居的数量，也取决于邻居的质量。根据是否包含常数项 $\beta$ 以及是否使用 $D^{-1}$ 平分中心性，我们可以把这四种中心性归纳整理成表 4－2。在无向网络中，$D_{ii}$ 代表了每个节点的度 $\max\{k_i, 1\}$；在有向网络中，$D_{ii}$ 代表了每个节点的出度 $\max\{k_i^{\text{out}}, 1\}$。

**表 4－2　　四种中心性的比较**

| | 常数项 | 不包含常数项 |
|---|---|---|
| 除以出度 | PageRank 中心性<br>$(I-\alpha AD^{-1})^{-1}\mathbf{1}$ | 度中心性<br>$x=AD^{-1}x$ |
| 不除以出度 | Katz 中心性<br>$(I-\alpha A)^{-1}\mathbf{1}$ | 特征向量中心性<br>$x=c^{-1}Ax$ |

## 4.7　HITS 算法

20 世纪 90 年代后期，在搜索引擎领域出现了两个经典的算法，除了 PageRank 之外，另外一个是由美国康奈尔大学的 Kleinberg 提出的 HITS 算法(hyperlink-induced topic search)。

到目前为止，我们针对有向网络提出的中心性指标基本上遵循相同的原则：如果一个节点被其他高中心性节点所指向，则该节点也同样具有高中心性。然而在一些情况下，如果一个节点 $i$ 指向了其他高中心性节点，那么也应该给予节点 $i$ 高中心性。例如在引文网络中，综述(reviews)论文会专门引用某个领域近些年来最重要的一些论文。尽管综述论文本身并不包含该领域的研究创新和理论突破，但它能够告诉我们在哪里找到信息。同样地，如果一些投资者关注的基金经理都有不错的回报率，那么我们认为这类投资者的判断标准本身就包含价值。

因此，网络中的节点重要性一共有两类刻画指标：权威性告诉我们哪些节点包含了相关话题和有用信息，而枢纽性告诉我们在哪里可以找到高权威性的节点。值得一提的是，一个节点可以同时具有高权威性和高枢纽性，两者并不冲突。例如，综述论文在引用高权威节点的基础上，本身也会对该领域补充有价值的学术观点。显然，权威性和枢纽性只存在于有向网络中，因为在无向网络中指向一个节点和被指向之间没有区别。

HITS 算法赋予节点 $i$ 两个中心性值，权威中心性 $x_i$ 和枢纽中心性 $y_i$。具有高权威中心性的节点被许多具有高枢纽中心性的节点所指向；同时，具有高枢纽中心性的节点指向许多具有高权威中心性的节点。

在 Kleinberg 论文中，节点 $i$ 的 Authority 值 $x_i$ 正比于指向节点 $i$ 的所有节点的 Hub 值 $y_j$ 之和，即：

$$x_i = \alpha \sum_j A_{ij} y_j \tag{4-22}$$

其中，$\alpha$ 是一个常数。类似地，节点 $i$ 的 Hub 值 $y_i$ 正比于节点 $i$ 指向的所有节点的 Authority 值 $x_j$ 之和，即：

$$y_i = \alpha \sum_j A_{ji} x_j \tag{4-23}$$

其中，$\beta$ 是一个常数，需要留意 $A_{ji}$ 的下标，意味着从节点 $i$ 指向节点 $j$。以上两个式子写成矩阵形式为：

$$x = \alpha A y \tag{4-24}$$

$$y = \beta A^T x \tag{4-25}$$

进一步可以整理得到：

$$AA^T x = \lambda x \tag{4-26}$$

$$Ay = \lambda y \tag{4-27}$$

其中，$\lambda = (\alpha\beta)^{-1}$，Authority 值和 Hub 值分别是矩阵 $AA^T$ 和 $A^TA$ 的特征向量，并且

对应相同的特征值。与特征向量中心性类似，为了保证每个节点中心性非负，根据 Perron-Frobenius 定理，Authority 值和 Hub 值必须选择最大特征值对应的特征向量。在具体实验中，我们并不需要同时求解上述两个方程，如果我们算出了 Authority 值，根据公式(4－25)即可得到相应的 Hub 值；反之亦然。

HITS 算法的一个特点是，它规避了特征向量中心性在有向网络中遇到的问题，即只有在强连通分量的节点才有非零中心性。回顾一下，Katz 指标的解决方法是，在特征向量中心性的基础上加入常数项 $\beta$。在 HITS 算法中，入度为 0 的节点的 Authority 值也为 0(这符合我们的直觉)，但这些节点仍然可以有非零的 Hub 值，同时被它们所引用的节点也具有非零的 Authority 值。

## 4.8 $k$-壳分解

***k*-壳分解**

我们发现许多实际网络具有核心-边缘(core-periphery)结构，并且认为处于核心位置的节点是最重要的。然而，我们无法用肉眼观察像 Facebook 这样的超大规模网络，即使可视化了之后，也只能在屏幕上看到密密麻麻的节点堆在一起。所以，我们必须通过一些技巧把网络中的核心节点与边缘节点分开。

如果把网络看作一颗洋葱，我们可以假设核心节点藏在洋葱芯附近，边缘节点覆盖在洋葱表皮附近。类似剥洋葱的过程，把边缘节点依次删除之后，最后剩下的就是最核心的节点。下面，我们介绍一种基于网络位置的节点重要性分类方法——$k$-壳分解($k$-shell decomposition)。

一个连通的网络不存在度为 0 的节点，因此，从度中心性的角度看，度为 1 的节点就是网络中最不重要的节点；换句话说，如果对网络进行删边，这些度为 1 的节点是最容易离开连通分量的节点。如果把网络中所有度为 1 的节点以及与其相连的边都去掉，这时网络可能又会出现一批新的度为 1 的节点，重复这种操作，直到整个网络中不再有度为 1 的节点为止，如图 4－4(a)和(b)所示。这种操作看上去像是剥去了洋葱的最外层，我们把所有这些被去除的节点称为 1-壳节点(1-shell)。特别地，网络中度为 0 的节点，即孤立节点，也称为 0-壳节点。

剥去了 1-壳节点后，新网络中每个节点的度至少为 2。接下来，我们把网络中度为 2 的节点去掉，直到整个网络中不再有度为 2 的节点为止，如图 4－4(b)和(c)所示。我们把这一轮被去除的节点称为网络的 2-壳节点(2-shell)。以此类推，可以进一步得到更高维的壳节点，直到网络中所有节点都被划分到相应的 $k$-壳中，于是就完成了该网络的 $k$-壳分解。网络中的每一个节点都有唯一的 $k$-壳指标 $k_s$，并且 $k$-壳指标

和度中心性满足 $k_s \leqslant k$。

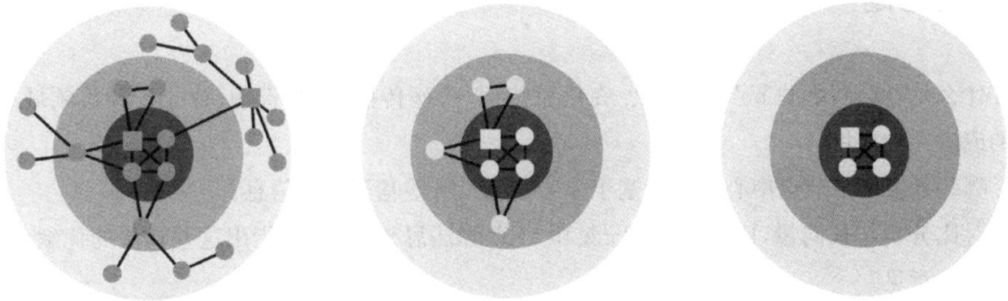

(a)原始网络　　(b)去除1-壳节点后　　(c)去除2-壳节点后

**图 4—4　$k$-壳分解过程**

图 4—4 显示了一个网络的 $k$-壳分解过程。该网络存在两个度最大的节点(正方形),分别位于图 4—4(a)的中心和右上角,按照度中心性,它们是网络中同等重要的节点。但是,它们具有不同的 $k$-壳指标 $k_s$:位于核心位置的节点 $k_s=3$,位于边缘位置的节点 $k_s=1$。从这个例子中我们可以看到,度大的节点未必是重要的节点。

在得到所有节点的 $k$-壳指标后,我们把 $k_s \geqslant k$ 的节点的并集称为 $k$-核($k$-core),正如图 4—4(b)和(c)分别代表了网络的 2-核和 3-核。按照如下过程可以得到网络的 $k$-核:首先,去除网络中所有度小于 $k$ 的所有节点,如果在剩下的节点中新出现了度小于 $k$ 的节点,那么就继续去除这些节点,直至剩下的节点的度都不小于 $k$。然后,依次取 $k=1,2,3,\cdots$,就得到了该网络的 $k$-核分解。

$k$-壳分解算法的计算复杂度低,在处理大规模网络的层级结构等方面有很多应用。然而,此方法也有一定的局限性。

(1)$k$-壳分解在很多场景下无法发挥作用,比如在树状图、规则网络和 BA 网络中,所有节点都会被划分在同一个壳层中。在 BA 网络的生成过程中,每个新加入节点的度是固定的(假设为 3)。于是,对 BA 网络进行 $k$-壳分解的过程中,不存在 1-壳节点和 2-壳节点。但是,在去除度为 3 的节点时,最晚加入的节点首先被去除(没有机会得到后续节点的连边),然后是倒数第二加入的节点被去除,网络中的节点被依次去除,直到剩下初始网络。在 BA 网络中,不管是 Hub 节点还是最后加入的节点,所有节点的 $k$-壳指标都为 $k_s=3$。

(2)$k$-壳分解的排序结果太过粗糙,很多节点处在同一层上,使得节点之间的区分度不大。$k$-壳分解的区分粒度比度中心性少得多,相比之下,一个大规模网络的度中心性范围可以从零到上万。

(3)$k$-壳分解没有考虑每个节点在分解前的情况,相当于认为处于同一层的节点在外层都有相同的连边结构,这显然不合理。

## 思考题

1. 什么是社会网络的节点中心性？在信息传播、疾病传播、组织管理、智能投顾等领域有哪些重要的或潜在的应用？

2. 哪些社会网络节点中心性指标基于邻居信息？哪些基于全局信息？

3. 对比分析特征向量，Katz、PageRank 和 HIT 算法思想的异同，指出这些算法的优缺点，并尝试提出改进意见。

4. 如何将节点（个人或组织）的年龄、兴趣偏好、影响力等属性融入中心性度量指标？

5. 社会网络是动态演化的，如何设计基于网络结构动态演化的节点重要性度量方法？

# 第 5 章　社团结构

物以类聚，人以群分。有人的地方就会有社会组织，最终导致社团的形成。当我们看到如图 5—1 所示的网络时，首先会注意到一些节点聚集在一起并形成了不同的社团(community)，有时也称为集群(cluster)或者模块(module)。社团内部节点之间的连边紧密，社团之间的连边稀疏。社团能够告诉我们一个网络是如何组织和构建的，以及它有什么功能。例如，在社交网络中，具有相同兴趣爱好的用户往往组成一个定期联络的小团体；在蛋白质交互网络中，同一个社团内的蛋白质通常在生物体内发挥相似的功能；在政治博客网络中，人们根据不同的政治倾向被划分成两个不同的社团。在这些网络中，节点并不是随机连接在一起，而是相同类型的节点之间连接紧密、不同类型的节点之间连接稀疏。

社团结构识别是复杂社会系统研究的重要课题之一，本章介绍一系列与社团有关的现象、指标以及检测方法。

## 5.1　同配混合

在社会网络中，人的身上有很多属性，比如年龄、国籍、种族、语言、收入、教育水平、兴趣话题等。通常情况下，社会网络中相互连接的节点往往具有相似的属性：与亲友生活在同一座城市、与朋友拥有类似的兴趣等。社会学家最早观察到这种现象，他们发现在多民族国家或地区中，人们更愿意与同族人生活在一起，于是城市被划分成不同的种族聚居地区。

人们似乎有一种强烈的倾向与自己相似的人交往，这种倾向在社会学中被称为同质性(homophily)，在网络科学中也被称作同配混合(assortative mixing)。图 5—1 描述了节点之间基于颜色属性的同配混合，即相同颜色的节点之间更容易产生连边。当然，在一些社会关系中也存在异配混合(disassortative mixing)，即人们倾向与不一样的人交往，最广泛的例子就是男女恋爱关系或者婚姻关系。

同质性现象在社会网络中非常普遍，如果我们不能直接观察一个人，但是我们可

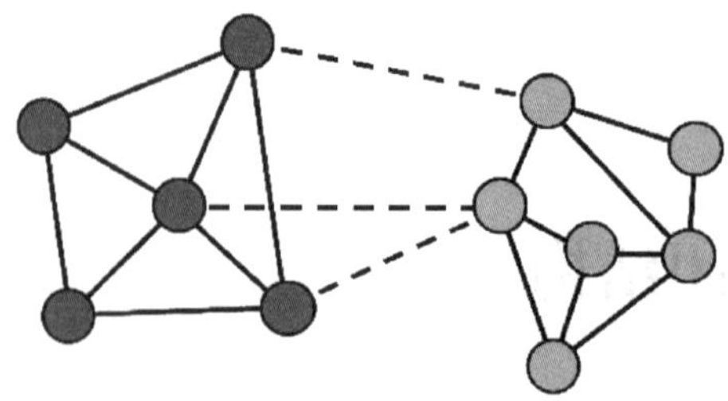

图 5－1　网络中的同质性现象

以通过观察其邻居来预测这个人的行为模式和性格特征。正如前文空手道俱乐部网络所示，即使隐藏了个人资料，我们仍然可以通过成员之间的交互模式判断他们最终加入了哪一个新俱乐部。

社会网络中的同质性现象存在多种原因。其中一种可能是，如果人们在某些方面相似，他们就更有可能相互选择并建立社会关系，这也就是我们常说的“物以类聚，人以群分”。这样的例子随处可见，生活在同一座城市的人，从事相同职业的人，或者拥有共同运动爱好的人，这些人更有可能相遇并成为朋友。一些婚恋约会应用程序利用这种同质性现象，基于用户的个性特征推荐和匹配对象。

与同质性相反的机制是社会影响（social influence），即我们与朋友之间变得越来越相似。人是社会动物，从出生起就能够模仿其他个体。在成长的过程中，我们的观念、想法和偏好都受到社会的强烈影响。事实上，我们很难将同质性与社会影响区分开——是相似性诱发了连边，还是连边诱发了相似性？通常这些因素同时塑造了我们的社会关系，并相互加强。

随着社交媒体的快速发展，我们要留意同质性现象的负面影响。在微博、微信公众号、抖音等社交平台，我们只需要轻轻一点，就能与相同世界观的人建立联系，并屏蔽不同意见的人。这种信息筛选机制会导致我们每天接收的信息来源非常单一并且与事实有较大偏差，进一步导致社会观点的两极化。当我们被这些同质化的信息包围起来时，我们就处于回音室（echo chamber）或者信息茧房（information cocoons）中：我们接触到的所有信息都迎合了自己的观点，并加强了我们的这种偏见，而不是质疑它们。

接下来，我们将讨论如何量化网络中节点之间的同配混合，主要考虑节点的离散属性（如种族、性别、国籍）和连续属性（如年龄、收入）这两种情况。

### 5.1.1　节点的离散属性

假设网络中的节点存在多个类别，并且这些类别不按特定顺序排列，则认为这些属于节点的离散属性。常见的离散属性包括：

（1）标签属性（nominal attribute），意味着与事物的名称相关，代表某种类别。比如用户的婚姻状态是未婚、已婚还是离异，用户的常用语言是中文、英文还是其他语言等。

（2）二元属性（binary attribute），意味着只有 0 和 1 两种状态，通常表示用户是否拥有某种状态。比如用户是否购买了某款产品、用户是否实名认证等。

（3）序数属性（ordinal attribute），意味着某种方式的排序，比如将用户按照注册时间顺序分别标记 1～$N$ 号用户。序数属性的取值大小具有一定的意义，但是彼此之间的差值是没有含义的。比如 1、2 号用户注册时间的差值并不等于 $N-1$、$N$ 号用户的差值。

量化同配混合的一种简单方法，就是计算同类型节点之间的连边数量在整个网络中所占比例，如果同类型节点之间的连边比例越大，那么这个网络的同配混合程度就越高。然而，从 3.1 节随机网络可知，即使同配混合机制不存在，同类型节点之间仍会随机产生连边。因此，一种更好的量化方法，是将实际网络与相同规模的随机网络进行比较。

首先，我们找出网络中同类型节点之间的连边数量；然后，我们在不考虑节点类型的情况下对网络节点进行随机连边，并记录有多少连边产生于同类型节点之间。举例来说，如果一个网络的所有节点都属于同一类型，那么 100%的连边都产生于同类型节点之间；但是，在随机网络中这个比例也是 100%。这两个比例之差为 0，于是，我们认为该网络的同配混合值是 0 而不是 1。只有当同类节点之间的连边比例明显大于随机网络的情况时，我们才会给出一个较大的同配混合值。因此，从某种意义上说，同配混合指标衡量的是网络节点之间连边的非随机性程度。

为了计算网络的同配混合值，我们首先要判断一条连边$(i,j)$两端的节点是否属于同一类型。假设网络中共有 $k$ 种类型，节点 $i$ 的类型是 $g_i$，节点 $j$ 的类型是 $g_j$，$g$ 的取值范围为$\{1,2,\cdots,k\}$。其次，我们使用一个二元函数 $\delta(i,j)$来判断双方节点是否属于同一类型，如果两者相等，则输出值为 1，否则为 0。

$$\delta_{ij}=\begin{cases}1 & i=j\\ 0 & i\neq j\end{cases} \tag{5-1}$$

则网络中所有同类型节点之间的连边数量的表达式为：

$$\sum\nolimits_{\mathrm{edge}(i,j)}\delta_{g_ig_j}=\frac{1}{2}\sum\nolimits_{ij}A_{ij}\delta_{g_ig_j} \tag{5-2}$$

其中，$\frac{1}{2}$是因为所有连边会被重复计算两次，$A_{ij}\delta_{g_ig_j}=1$ 意味着节点 $i$ 和 $j$ 属于同一种类型并且互相连接。

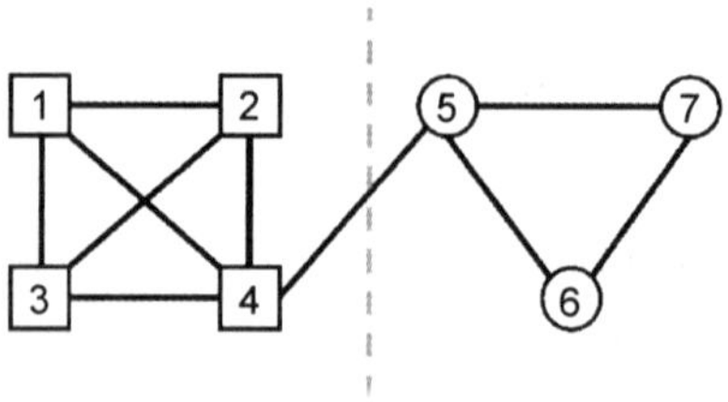


**图 5—2　计算同配性的案例**

如图 5—2 所示，网络中共有两种类型的节点，假设左边类型为 $a$，右边为 $b$。首先，我们用向量 $g$ 表示每个节点的类型，即：

$$g=[a,a,a,a,b,b,b] \tag{5—3}$$

其次，对所有连边进行同类型判断，并将结果保存在矩阵 $\delta$ 中。

$$A=\begin{pmatrix} 0 & 1 & 1 & 1 & 0 & 0 & 0 \\ 1 & 0 & 1 & 1 & 0 & 0 & 0 \\ 1 & 1 & 0 & 1 & 0 & 0 & 0 \\ 1 & 1 & 1 & 0 & 1 & 0 & 0 \\ 0 & 0 & 0 & 1 & 0 & 1 & 1 \\ 0 & 0 & 0 & 0 & 1 & 0 & 1 \\ 0 & 0 & 0 & 0 & 1 & 1 & 0 \end{pmatrix} \tag{5—4}$$

$$\delta=\begin{pmatrix} 0 & 1 & 1 & 1 & 0 & 0 & 0 \\ 1 & 0 & 1 & 1 & 0 & 0 & 0 \\ 1 & 1 & 0 & 1 & 0 & 0 & 0 \\ 1 & 1 & 1 & 0 & 0 & 0 & 0 \\ 0 & 0 & 0 & 0 & 0 & 1 & 1 \\ 0 & 0 & 0 & 0 & 1 & 0 & 1 \\ 0 & 0 & 0 & 0 & 1 & 1 & 0 \end{pmatrix} \tag{5—5}$$

在 $\delta_{ij}$ 和 $A_{ij}$ 中同时为 1 的元素个数即为网络中同类型节点之间的连边数量。更一般地，对于各种节点属性，都可以提出相对应的向量 $g$ 和矩阵 $\delta$，最后得到的同类型连边数量也不相同。

接下来，我们计算随机网络中的同类型连边。保留网络中 $N$ 个节点以及每个节点的度信息 $k_i$，并删除所有的连边。随机连边的目标是将每个节点的 $k_i$ 个端点重新配对，形成连边。如果节点 $i$ 与 $j$ 相连，意味着节点 $i$ 的一个端点在 $2m$ 个端点①中随机选择到属于节点 $j$ 的端点，其概率为 $k_j/2m$。考虑到节点 $i$ 一共有 $k_i$ 个端点，我们可以把这个过程看作重复 $k_i$ 次的伯努利试验，每次成功的概率为 $k_j/2m$，并且每次实验相互独立。因此，节点 $i$ 和 $j$ 之间连边数量的期望为 $k_ik_j/2m$ 条。则随机网络中同类型连边的期望表达式为：

$$\frac{1}{2}\sum_{ij}\frac{k_ik_j}{2m}\delta_{g_ig_j} \tag{5-6}$$

因此，我们可以计算消除了随机性影响后，网络的实际同配性的大小，即：

$$\frac{1}{2}\sum_{ij}A_{ij}\delta_{g_ig_j}-\frac{1}{2}\sum_{ij}\frac{k_ik_j}{2m}\delta_{g_ig_j}=\frac{1}{2}\sum_{ij}\left(A_{ij}-\frac{k_ik_j}{2m}\right)\delta_{g_ig_j} \tag{5-7}$$

通常情况下，我们会计算同类型连边所占的比例，即除以网络的连边数 $m$，得到：

$$Q=\frac{1}{2m}\sum_{ij}\left(A_{ij}-\frac{k_ik_j}{2m}\right)\delta_{g_ig_j} \tag{5-8}$$

上式就是在离散属性情况下网络同配混合的计算公式。同时，$Q$ 也称为网络的模块度（modularity），这是网络科学最重要的概念之一。

● **模块度**

模块度衡量的是网络中同类型节点之间连接的紧密程度，取值范围是－1～1。当模块度为正，意味着网络中同类型节点之间的连边数量要大于随机产生的预期值，网络呈现同配混合；如果模块度为负，则同类型节点之间的连边数量比随机情况还要少，可以认为网络呈现异配混合。Facebook 好友网络的模块度为 $Q=0.305$，意味着社交群体之间存在着较强的同配混合；在性接触网络或者交叉学科引文网络中，一般呈现负的模块度。

接下来，让我们用另一个视角观察模块度公式(5－8)。为了计算网络中同类型节点之间连边的比例，我们分别考虑类型为$\{1,2,\cdots,k\}$的节点，并把 $e_r$ 定义为类型为 $r$ 的连边②在网络中的比例。那么，网络中同类型节点之间连边的比例就等于 $k$ 个类型之和，即$\sum_r e_r$。

$$e_r=\frac{1}{2}\sum_{ij}A_{ij}\delta_{g_ir}\delta_{g_jr} \tag{5-9}$$

在这里，二元函数 $\delta(g_i,r)$ 用来判断节点 $i$ 的类型是否为 $r$。除此之外，对于类型为 $r$ 的节点，我们还要减去它们之间随机连边的部分。网络中共有 $2m$ 个端点，其中 $r$ 类型节点的端点所占比例为：

① 网络中有 $m$ 条连边，则一共有 $2m$ 个端点。
② 如果一条连边两端的节点都为 $r$，则该连边的类型为 $r$。

$$a_r = \frac{1}{2m} \sum_i k_i \delta_{g_i, r} \tag{5-10}$$

因此，$r$ 类型节点之间随机连边，等同于在网络中随机找到两个类型为 $r$ 的端点进行连边，其连边概率为 $a_r^2$。于是，模块度的另一种表达方式为：

$$Q = \sum_r (e_r - a_r^2) \tag{5-11}$$

从中可以发现模块度的几个重要元素：节点类型 $r$，连边比例 $e_r$，以及随机连边的部分。实际上，只需要对模块度公式（5－8）做一点小改动，就可以推导出公式（5－11）。我们注意到：

$$\delta_{g_i g_j} = \sum_r \delta_{g_i, r} \delta_{g_j, r} \tag{5-12}$$

将上式带入模块度公式(5－8)中，即可获得：

$$\begin{aligned} Q &= \frac{1}{2m} \sum_{ij} \left( A_{ij} - \frac{k_i k_j}{2m} \right) \sum_r \delta_{g_i, r} \delta_{g_j, r} \\ &= \sum_r \left[ \frac{1}{2m} \sum_{ij} A_{ij} \delta_{g_i, r} \delta_{g_j, r} - \frac{1}{2m} \sum_i k_i \delta_{g_i, r} \frac{1}{2m} \sum_j k_j \delta_{g_j, r} \right] \\ &= \sum_r (e_r - a_r^2) \end{aligned} \tag{5-13}$$

### 5.1.2 节点的连续属性

在社交网络中，年龄、收入、教育程度相近的用户之间更有可能产生连边，这些属性被称为连续属性（continuous attributes）。在上节介绍的离散属性中，两个节点之间只有相同和不相同两种情况，无法衡量英国用户和法国用户之间进一步的相似性。连续属性的好处是，两个节点之间的相似性可以转化为数值进行比较，比如收入 1 000 元是收入 500 元的两倍关系。

如果属性越相近的节点之间越容易产生连边、差异越大的节点之间越难产生连边，则认为网络在该属性上是同配混合的。比如，人们倾向与同龄人交往，与年龄差距过大的人不容易交往，那么社会网络在年龄属性上是同配混合的。一个更形象的例子是，无论哪个国家或地区，当地的有钱人都更喜欢与其他有钱人交往，而贫穷的人则很难进入富豪的社会圈子。这意味着，如果把收入看作社会网络中节点的属性，那么富豪和贫穷者在网络中形成了各自的阶层，并且彼此之间很少有交集。

对于同配混合的网络，一条连边两端的节点往往具有相似的属性值，为了刻画这种相似程度，我们选择用协方差来刻画连续属性的同配混合程度。在概率统计中，协方差是一种用来描述两个随机变量 $X$ 和 $Y$ 之间联合变化程度的工具。如果随机变量 $X$ 较大时 $Y$ 也较大、$X$ 较小时 $Y$ 也较小，则认为 $X$ 和 $Y$ 倾向于表现出相似的行为，协方差为正；在相反的情况下，当一个变量较大时另一个变量较小，则倾向于表现出相反的行为，协方差为负。协方差公式为：

$$\operatorname{cov}(X,Y)=E[(X-E[X])(Y-E[Y])] \tag{5-14}$$

其中，$E[X]$ 为随机变量 $X$ 的期望值。

为了计算网络中连边两端属性值的协方差，如图 5－3 所示，我们收集了网络 $m$ 条连边，让左边端点和右边端点的属性值分别构成两个随机变量 $L$ 和 $R$。其中，令 $x_i$ 为节点 $i$ 的属性值，比如年龄、收入等。由于一条连边可以同时被视为$(i,j)$和$(j,i)$，因此一条连边在 $L$ 和 $R$ 中会被重复计算。我们可以看到，$L$ 和 $R$ 的长度都为 $2m$，并且都包含了相同的元素：2 个 $x_1$，3 个 $x_2$，2 个 $x_3$，1 个 $x_4$。但是，$L$ 和 $R$ 的元素排列循序是不同的，彼此之间的协方差就是我们要求得的同配混合。

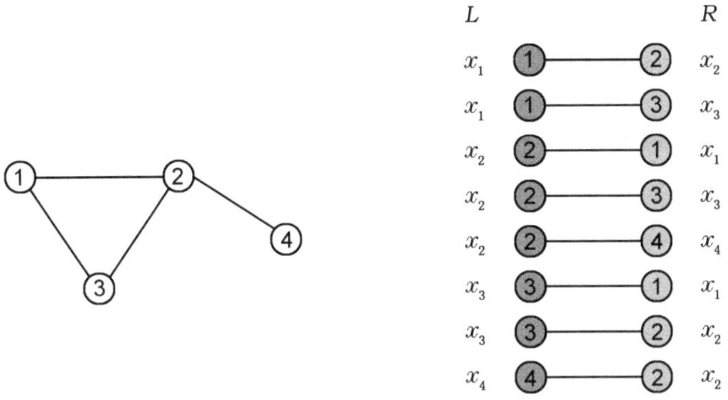


**图 5－3　计算连续属性的同配混合**

我们注意到，节点 $i$ 分别在 $L$ 和 $R$ 出现了 $k_i$ 次，于是随机变量 $L$ 和 $R$ 的均值 $\mu$ 和方差 $\sigma^2$ 都是相同的。其中，均值 $\mu$ 为：

$$\mu=\frac{\sum_i k_i x_i}{\sum_i k_i}=\frac{\sum_i k_i x_i}{2m} \tag{5-15}$$

注意，$\mu$ 并不是节点属性 $x_i$ 的平均值，而是所有端点属性的平均值。随机变量 $L$ 和 $R$ 协方差可以解释为，网络连边中左端节点和右端节点的属性值的变化方向是否相同。其计算公式为：

$$\begin{aligned}\operatorname{cov}(X,Y)&=\frac{1}{2m}\sum_i^{2m}(L_i-\mu)(R_i-\mu)\\&=\frac{1}{2m}\sum_{ij}A_{ij}(x_i-\mu)(x_j-\mu)\\&=\frac{1}{2m}\sum_{ij}A_{ij}(x_i x_j-\mu x_i-\mu x_j+\mu^2)\\&=\frac{1}{2m}\sum_{ij}A_{ij}x_i x_j-\mu^2\end{aligned}$$

$$=\frac{1}{2m}\sum_{ij}A_{ij}x_ix_j-\frac{1}{(2m)^2}\sum_{ij}k_ik_jx_ix_j$$

$$=\frac{1}{2m}\sum_{ij}\left(A_{ij}-\frac{k_ik_j}{2m}\right)x_ix_j \tag{5-16}$$

我们发现,协方差 cov($X$,$Y$)与模块度公式(5—8)非常相似,只不过是将二元函数 $\delta(i,j)$ 替换成了 $x_ix_j$。由于协方差的取值范围是无穷大,因此我们无法判断网络的同配混合程度。一般情况下,我们更倾向用相关系数描述两个随机变量的联合变化程度,也被称为 Pearson 相关系数。随机变量 $X$ 和 $Y$ 的 Pearson 相关系数 $\rho$ 为:

$$\rho=\frac{\mathrm{cov}(X,Y)}{\sqrt{\mathrm{var}(X)}\sqrt{\mathrm{var}(Y)}} \tag{5-17}$$

Pearson 相关系数 $\rho$ 的范围为−1～1,取值等于 1 时意味着完全正线性相关。由于随机变量 $L$ 和 $R$ 的元素相同,因此方差也相同。

$$\mathrm{cov}(X,X)=\frac{1}{2m}\sum_{ij}A_{ij}x_i^2-\mu^2$$

$$=\frac{1}{2m}\sum_{ij}A_{ij}x_i^2-\frac{1}{(2m)^2}\sum_{ij}k_ik_jx_ix_j$$

$$=\frac{1}{2m}\sum_{ij}\left(A_{ij}x_i^2-\frac{k_ik_j}{2m}x_ix_j\right) \tag{5-18}$$

于是,随机变量 $L$ 和 $R$ 的 Pearson 相关系数 $\rho$ 为:

$$r=\frac{\sum_{ij}(A_{ij}-k_ik_j2m)x_ix_j}{\sum_{ij}(k_i\delta_{ij}-k_ik_j2m)x_ix_j} \tag{5-19}$$

我们用 $\rho$ 来刻画同配混合程度,如果是完全的同配混合,则 $\rho=1$;如果是完全的异配混合,则 $\rho=-1$;如果 $\rho=0$,则意味着网络连边两端的 $x_i$ 是不相关的。

## 5.2 度相关性

5.1 节我们介绍了网络的离散属性、连续属性和同配混合的关系。在网络中,最特殊的连续属性就是节点的度。如果一个网络在度属性上是同配混合的,意味着度大节点倾向与其他度大节点相连,度小节点倾向与其他度小节点相连。我们经常在电视新闻中看到明星、政治领袖、大型公司的 CEO 的社会踪迹,发现他们互相认识的可能性非常大。假设明星、政治领袖们只能随机选择 1 000 个好友,那么在全世界 80 亿人中,两个明星、政治领袖互相认识的概率只有 $10^{-6}$。显然,现实中这些社会公众人物聚集在一起的背后,是社会同质性现象的一个缩影。正是同质性机制让社会网络产生了一个有趣的特性：Hub 节点倾向与其他 Hub 节点相连。

假设节点之间是随机相连的，那么度为 $k_i$ 和 $k_j$ 的两个节点相连的概率为：

$$p_{ij}=\frac{k_i k_j}{2m} \tag{5-20}$$

从上式可以看到，Hub 节点由于具有更大的度，所以彼此之间产生连边的概率更高，而不是连接到度小节点上。事实上，度大节点之间相连的概率要比度小节点之间大得多。例如，节点 $a_1$ 和 $a_2$ 的度分别是节点 $b_1$ 和 $b_2$ 的 10 倍，但是前两者之间存在连边的概率是后两者的整整 100 倍。

为了刻画网络中不同度节点之间的连边倾向，接下来我们介绍网络的度相关性。

### 5.2.1 同配网络和异配网络

社会网络中拥有大量连边的 Hub 节点之间彼此相连，至少在大部分网络中是这样的。但也存在例外，一些网络中 Hub 节点更喜欢与度小节点相连。对于一个网络，如果总体上度大节点倾向与度大节点相连，那么该网络是度正相关的，或者称网络具有同配性；如果总体上度大节点倾向与度小节点相连，那么该网络是度负相关的，或者称网络具有异配性。另外，如果网络中节点之间是否有边相连与两端节点的度无关；也就是说，网络中一条边两端节点的度是随机的，那么该网络不具有度相关性，或者称网络是中性的。

图 5—4、图 5—5 和图 5—6 左侧分别展示了中性网络、同配网络和异配网络的形状，颜色深浅表示节点的度大小；每幅图右侧的网络均为 $N=1\,000$ 且平均度 $\langle k\rangle=10$ 的随机网络，它们拥有相同的度分布但是度相关性不同，颜色深浅表示两端为 $k_i$ 和 $k_j$ 的连边在网络中所占的比例。

(1)中性网络

图 5—4(a)是一个随机网络，我们称这个网络是中性的(neutral network)，因为节点之间是否产生连边与度无关。我们观察到图 5—4(a)中颜色较深的 Hub 节点之间并没有连边，并且图 5—4(b)中不同度的节点之间随机相连。

(2)同配网络

图 5—5(a)的网络度分布与图 5—4(a)完全一致，但是我们观察到，同配网络中的 Hub 节点倾向于彼此相连，而非与度小节点相连，同时度小节点与其他度小节点相连。图 5—5(b)中，大量连边集中在矩阵对角线上，意味着如果两个节点拥有相近的度，那么它们之间产生连边的概率要大得多。这类模式的一个极端表现就是完全同配网络，即度为 $k$ 的节点只连接到度为 $k$ 的节点。

(3)异配网络

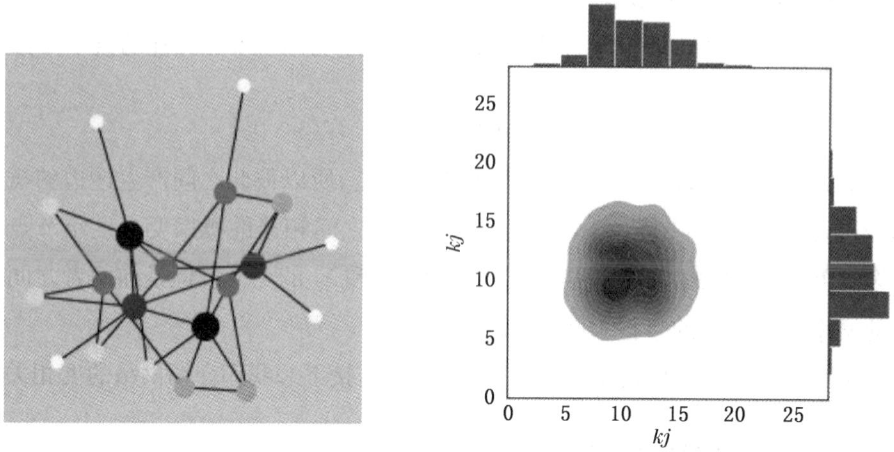


(a) 中性网络 (b) 中性网络的度相关性

**图 5—4 中性网络和度相关性**

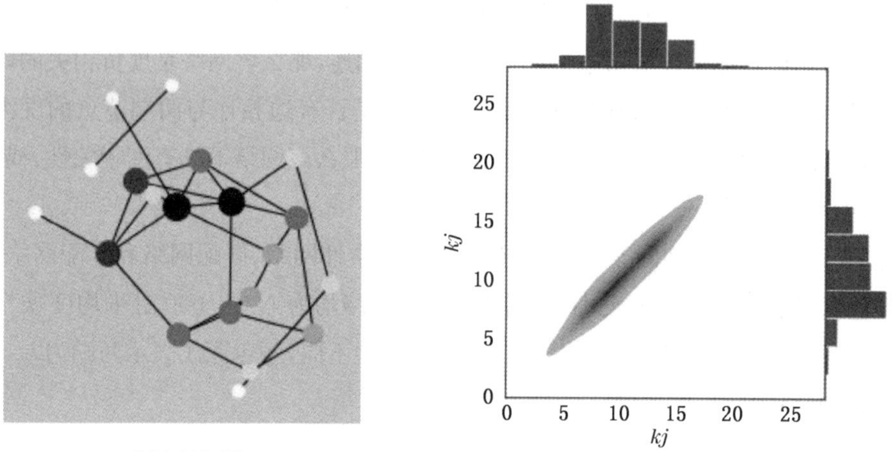


(a) 同配网络 (b) 同配网络的度相关性

**图 5—5 同配网络和度相关性**

图 5—6(a)中的 Hub 节点倾向于彼此不相连,而是连接到度小节点。图 5—6(b)中,大量连边集中在矩阵的次对角线上,意味着如果两个节点度相加等于定值,或者说它们的度互补,那么它们之间产生连边的概率要大得多。

在自然界中,酵母蛋白质相互作用网络是典型的异配网络,其中每个节点对应一种蛋白质,如果两种蛋白质可以在细胞内结合,则将这两种蛋白质相连。真实情况是,Hub 蛋白质节点彼此之间不相连,而是只与度很小的蛋白质相互作用,使网络形成中心辐射模式。这些 Hub 节点被称为必需蛋白质,如果缺少这些蛋白质就会导致生物体死亡;相反,移除边缘的蛋白质并不会改变生物细胞的基本功能。

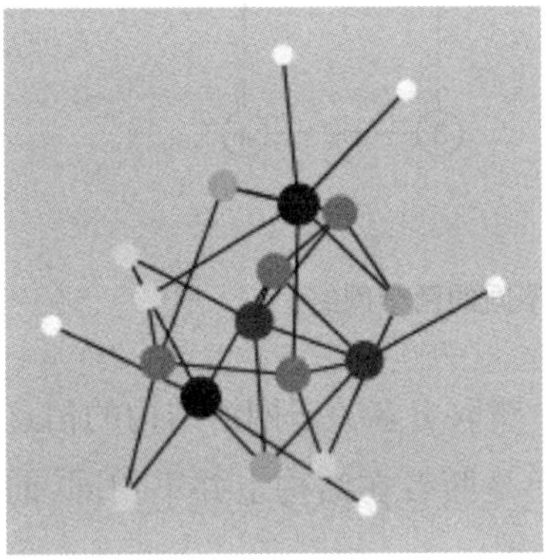

(a)异配网络

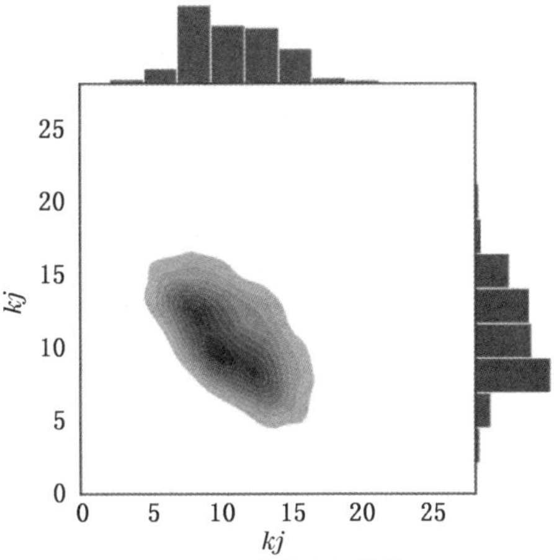


(b)异配网络的度相关性

**图 5—6　异配网络和度相关性**

### 5.2.2　联合度分布

截至目前，我们已经掌握了平均度、度分布等概念，但是这两者仍然无法刻画同配网络、异配网络中的结构信息。因此，我们引入余度分布（excess degree distribution）和联合度分布（joint degree distribution）的概念，用来表达网络的度相关性信息。

对于包含 $N$ 个节点的网络，我们该如何刻画它的拓扑结构信息？最简单的办法就是给出整个网络的邻接矩阵，里面包含了所有拓扑信息；但是我们无法处理这么高维的信息，不得不提出一些统计性指标来描述网络，比如集聚系数、平均距离等。我们既希望使用简洁的统计指标，又希望不损失过多的网络信息，在这个过程中找到平衡取决于我们研究的具体问题。接下来，我们从度概念出发，分别比较平均度、度分布、余度分布和联合度分布这四者刻画网络拓扑结构的区别。

- **平均度和度分布**

我们可以把平均度 $\langle k \rangle = 2L/N$ 视为网络最简单的特性，因为它只告诉我们网络中有 $L$ 条边，并没有给出这些边是如何安置在 $N$ 个节点上。由于平均度提供的信息比节点度 $k_i$ 还要少，因此我们称平均度 $\langle k \rangle$ 为网络度信息的 0 阶特性。如图 5—7 所示，两个网络具有完全相同的平均度，但是两者在结构上并不相同。

为了进一步刻画网络的拓扑结构，我们在平均度 $\langle k \rangle$ 的基础上介绍度分布 $p_k$ 的概念。度分布告诉我们这 $L$ 条连边在 $N$ 个节点中的分布，即不同度的节点在网络中所占的比例。如果我们从网络中随机选取一个节点，那么该节点有 $k$ 个邻居的概率为 $p_k$。显然，度分布已经包含了平均度的信息，因此我们称度分布 $p_k$ 为网络度信息

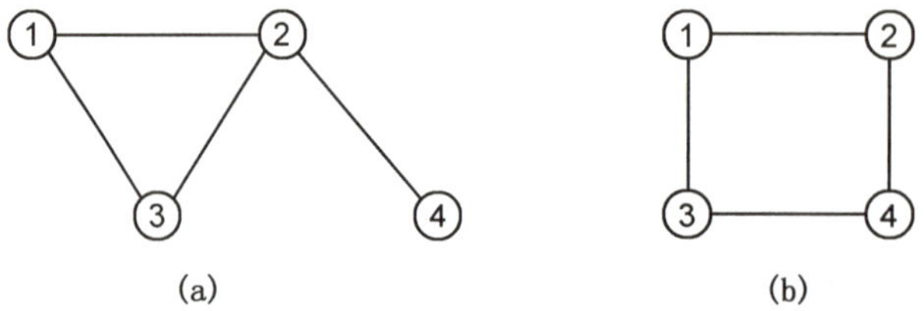


图 5—7 平均度相同但度分布不同的两个网络

的一阶特性。但是除此之外,我们无法从度分布中获取更多关于网络结构的信息。如图 5—8 所示,两个网络具有完全相同的度分布,但是两者在结构上并不相同:前者是不连通的、存在三角形,后者是连通的、不存在三角形。

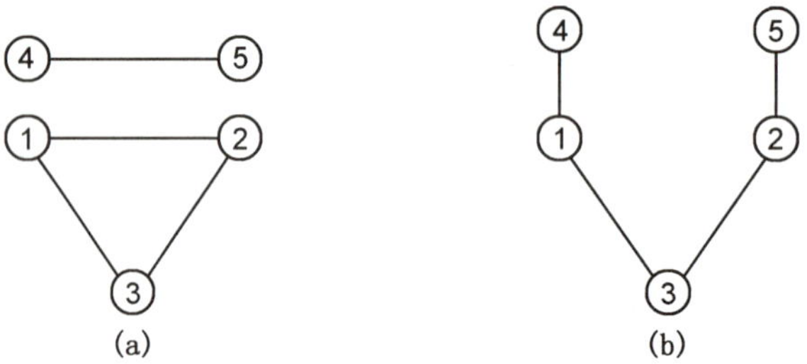


图 5—8 度分布相同但结构不同的两个网络

● **余度分布**

即使前一分钟才提到过度分布,但为了方便读者对比它和余度分布(excess degree distribution)的区别,我们不厌其烦地重复一下度分布 $p_k$ 的定义:在网络中随机选择一个节点,它的度等于 $k$ 的概率。类似地,我们把余度分布 $q_k$ 定义为:在网络中随机选择一条连边,其端点的度等于 $k$ 的概率。余度分布 $q_k$ 显然不等于度分布 $p_k$。以 $q_0$ 为例,度为 0 的节点不存在连边,所以在网络中通过一条连边访问孤立节点的概率为 0,而不是 $p_0$。

首先,余度分布 $q_k$ 是一个概率。在实际网络中计算余度分布稍微麻烦些,但是在基于给定的度分布 $p_k$ 构造出的配置网络①中,我们可以把余度分布 $q_k$ 看作度为 $k$ 的端点在所有端点中所占的比例。

$$q_k=\frac{Np_kk}{2L}=\frac{p_kk}{\langle k\rangle} \tag{5—21}$$

我们注意到,在网络中随机选择一条边,通过它访问到度为 $k$ 的节点的概率 $q_k$,

① 参见 3.1.5 配置网络。

不是与 $p_k$ 成正比，而是与 $p_k k$ 成正比。让我们以真实社交场景为例来说明这个公式的有趣之处，如果在社交平台上随机选择一对朋友，也许你会认为其中一个朋友的度一定很小。因为真实网络服从幂律分布，即大部分节点的度都很小，只有少部分节点的度很大。既然大部分用户的度都很小，那么我们随机选择的连边中的一个朋友的度肯定不会很大。但是，实际上我们选中的用户极有可能是社交网络中的 Hub 节点，而非普通用户；换句话说，通过一条连边访问到 Hub 节点，这个概率是非常大的。网络中 Hub 节点的比例虽然少，但拥有许多条连边，我们可以通过其中任何一条连边到达该 Hub 节点。因此，我们在网络中随机选择一条连边，到达度为 $k$ 节点的概率是到达度为 1 节点的 $kp_kp_1$ 倍，而不是 $p_kp_1$ 倍。

基于这个原理，我们可以在生活中做一个有趣的实验。如果我们想要在人群中找到最受欢迎的那个人，即网络中度最大的节点，那么按照电话号码一个个去调查显然费时费力，并且找到的概率只有 $1/N$。让我们换一种做法：随机挑选一个电话号码，让对方说出一个朋友的名字。乍一看似乎又是在 $N$ 个人中随机挑选，但实际上这么做找到 Hub 节点的成功率要远大于 $1/N$。如图 5—9 所示，节点 A 在网络中拥有最多的连边数。如果我们按照第一种做法，在 $N$ 个人中随机选择，则 A 被选中的概率约为 1/7≈14％；如果我们按照第二种做法，随机选择一个节点后，再随机选择该节点的邻居，则选中 A 的概率为 416＝25％。

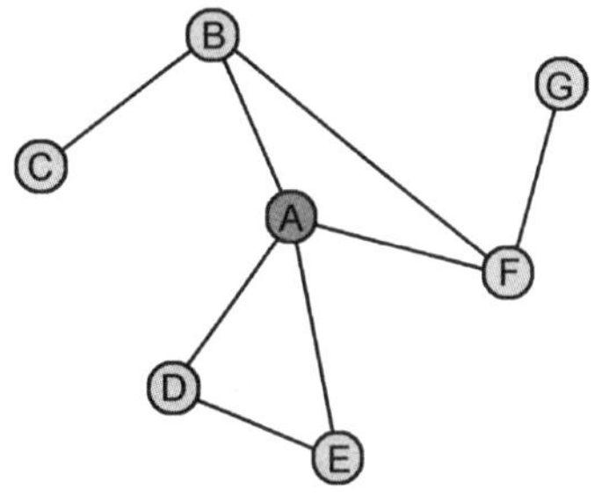


**图 5—9 如何寻找到 Hub 节点 A**

如果一个人有 100 个朋友，那么他（她）在人群中被提及的机会要远远大于只有 10 个朋友的人。在网络中寻找朋友的朋友，本质上是在网络中选择一条连边，而不是一个节点。当我们随机挑选节点时，每一个节点被访问的概率相同；当我们随机挑选连边时，一个节点的邻居数量越多，它被访问到的概率就越高。在图 5—9 中，节点 C 更难被发现，因为它拥有的朋友数只有节点 A 的 1/4。

我们可以利用这个现象来定位 Hub 节点，如果你的朋友圈没有包含 Hub 节点，那么不妨去你的朋友的朋友圈找 Hub 节点，可以增加访问 Hub 节点的概率，这是因为可访问的连边数量增加了，包含 Hub 节点的连边也增加了。在很多情况下，迅速定位 Hub 节点是非常有帮助的。例如，在流行病暴发期间，Hub 节点由于接触的人数最多，潜在的疾病传播能力也最强，对他们进行及时的隔离或者疫苗接种是非常重要的环节。在这种情况下，我们可以随机选择一部分人，让他们提供一些朋友的信息，因为这些人的朋友成为 Hub 节点的概率要比这些被选中的人高。

根据这个应用，我们可以引出余度分布的另一种定义方式：在网络中随机选择一个节点，然后再从该节点出发，随机沿着一条连边到达一个邻居，该邻居节点的度为 $k$ 的概率为 $q_k$。[①]

● **友谊悖论**

余度分布 $q_k$ 的计算公式和结论只适用于配置网络，并不适用于实际网络的复杂情况。在配置网络中，随机选择一个节点然后沿着连边出发，每个节点被访问的概率是不同的，但是每个端点被访问的概率是均匀分布的。然而，在实际网络中这个假设是有争议的，因为一条边的两端节点往往存在度相关性。这意味着，从网络中的一个节点出发，访问到一个度为 $k$ 的邻居，这个概率与出发节点本身有关。例如，我们想要访问网络中的一个重要节点，那么从另一个重要节点出发的成功率要比从一个普通节点出发高得多。

由于忽略了度相关性，余度计算会得出一些与直觉不符的结论，其中就包括著名的友谊悖论(friendship paradox)：你的朋友往往比你更受欢迎。

让我们以图 5—9 中的节点 B 为例，它拥有 3 个邻居，这些邻居一共拥有 8 个朋友，于是“节点 B 的邻居”的平均朋友数为 8/3。当我们对网络中所有节点进行统计后，得到网络中一个节点的平均朋友数 $\langle k \rangle = 2.29$，而“邻居”的平均朋友数为 2.83。这个计算结论在社会网络中非常普遍，一个节点的邻居的平均度往往大于该节点本身的平均度；换句话说，我们的朋友拥有比我们更多的朋友数。根据之前的研究，互联网的平均度仅为 4.2，但是邻居的平均度居然达到了 224，整整相差了 50 倍。

我们把以上思路整理成数学公式。根据度分布的定义，任意一个节点的度为 $k$ 的概率为 $p_k$，因此节点的平均度为$\langle k \rangle$。根据余度分布的定义，从任意一个节点出发，它的邻居度为 $k$ 的概率为 $q_k$，因此邻居的平均度为：

$$\sum_k k q_k = \sum_k k \frac{k p_k}{\langle k \rangle} = \frac{\langle k^2 \rangle}{\langle k \rangle} \tag{5—22}$$

结合二阶矩的计算，我们可以证明邻居的平均度要严格大于等于节点的平均度。

$$\frac{\langle k^2 \rangle}{\langle k \rangle} - \langle k \rangle = \frac{1}{\langle k \rangle}(\langle k^2 \rangle - k^2) = \frac{\sigma_k^2}{\langle k \rangle} \tag{5—23}$$

① 我们在第 11 章的案例 11.2—12 中用代码复现了这个有趣的现象。

其中，$\sigma_k^2$ 是度分布的方差，为非负值。只有当度分布为均匀分布时，方差才等于 0，我们暂时忽略这种情况。因此可以得到：

$$\frac{\langle k^2\rangle}{\langle k\rangle}>\langle k\rangle \tag{5-24}$$

因此，我们可以认为友谊悖论是由于抽样偏差造成的。当我们计算节点的平均度时，网络中每个节点只被计算一次；相反，当我们计算邻居的平均度时，网络中每个节点作为"邻居"会被重复计算。事实上，度为 $k$ 的节点在作为"节点"时只会被计算 1 次，在作为邻居时会被重复 $k$ 次。例如，图 5－9 中的节点 A 会被计算 4 次，因为节点 A 出现在其他 4 个节点的邻居列表中。正是在权重上的偏差导致了两个平均数的差异：对于节点的平均度来说，每个节点都是同等重要的；而对于邻居的平均度来说，节点的度越大则权重越高。

● **联合度分布**

为了刻画网络中不同度的节点之间的连边情况，我们引入包含更多网络信息的联合度分布(joint degree distribution)。我们将 $e_{ij}$ 定义为在网络中随机选取的一条边，其两个端点的度分别等于 $i$ 和 $j$ 的概率；或者说，是网络中连接度为 $i$ 和 $j$ 节点的连边的比例。$e_{ij}$ 作为概率满足归一化，即：

$$\sum_{ij} e_{ij}=1 \tag{5-25}$$

其中，$i$ 和 $j$ 的取值范围为 $k_{\min}\sim k_{\max}$。

我们可以把余度分布 $q_i$ 与联合度分布 $e_{ij}$ 结合起来。对于随机连接的中性网络，我们通常认为连边与这两侧端点的度值无关；也就是说，两个端点的度彼此之间是独立的。因此，一条边的两侧端点的度分别等于 $i$ 和 $j$ 的概率 $e_{ij}$，等于端点的度分别为 $i$ 和 $j$ 的概率乘积 $q_iq_j$。

$$e_{ij}=q_iq_j \tag{5-26}$$

我们可以把联合度分布 $e_{ij}$ 看作联合概率密度函数，对 $j$ 进行求和，可以得到：

$$\sum_j e_{ij}=q_i \tag{5-27}$$

由于我们可以从联合度分布 $e_{ij}$ 中推导出余度分布 $q_i$，因此，我们称联合度分布 $e_{ij}$ 为网络度信息的 2 阶特性。需要注意的是，上式中的等号只有在随机连接的中性网络中才成立。我们通常把 $q_iq_j$ 作为度相关性的衡量标准：如果一个网络中的 $e_{ij}$ 不同于 $q_iq_j$，那么我们认为连边产生的概率与节点的度有关，该网络呈现度相关性。

联合度分布 $e_{ij}$ 构成一个矩阵，包含了度相关性的所有信息，其可视化可以参考图 5－4、图 5－5 和图 5－6 中的图(b)。在中性网络中，节点之间随机相连，因此 $e_{ij}$ 不呈现任何趋势。在同配网络中，主对角线方向上存在高相关性，表明节点倾向于连接到相同度的节点，即度小节点与其他度小节点相连，Hub 节点与其他 Hub 节点相连。与之相反，在异配网络中，$e_{ij}$ 在次对角线上有高相关性，即 Hub 节点倾向于连接到度小节点。

总体来说，联合度分布 $e_{ij}$ 包含了丰富的度相关性信息，但是存在一些缺点。例如，很难从矩阵的可视化图片中提取信息；无法定量计算网络的度相关性，从而在不同网络之间进行比较；等等。

### 5.2.3　同配系数

联合度分布 $e_{ij}$ 包含了一个网络中关于度相关性的全部信息，但是通过观察可视化矩阵显然不是一种高效的办法。因此，接下来我们提出更为简洁的统计性指标来判断网络到底是度不相关、同配还是异配的。

● **余平均度**

度相关性刻画的是相连节点的度之间的关系，一种直观的量化方式是选择一个随机的节点 $i$、比较节点的度 $k_i$ 和它的邻居的平均度之间进行。如图 5－10 所示，节点 $i$ 的度为 $k_i=4$，计算其邻居 A、B、C、D 的度的平均值，可以得到节点 $i$ 的邻居的平均度为(4＋3＋3＋1)/4＝2.75。这种思路与之前提到的余度分布类似，因此我们可以把邻居的平均度称为余平均度(excess average degree)。在网络中，节点 $i$ 的余平均度可以表示为：

$$k_{nn}(i)=\frac{1}{k_i}\sum_{j=1}^{N}A_{ij}k_j \tag{5-28}$$

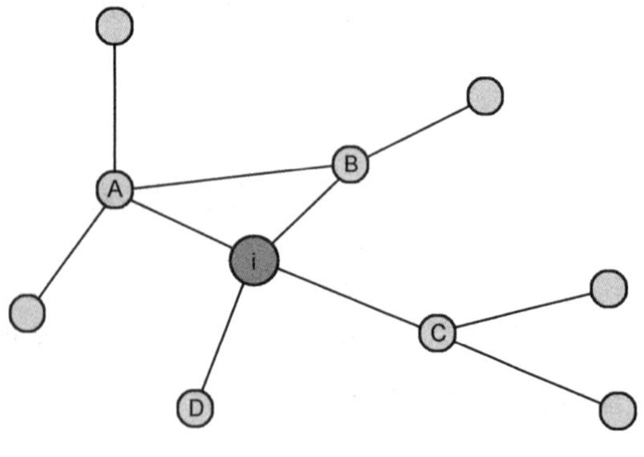


**图 5－10　邻居的平均度**

更一般地，我们把网络中所有度为 $k$ 的节点视为同一类型，于是度为 $k$ 的节点的余平均度记为 $k_{nn}(k)$。需要注意的是，我们不能直接用余度分布 $q_k$ 来计算余平均度，是因为余度计算公式只适用于随机连边的配置网络，而并不适用于所有网络。于是，我们通过条件概率来计算期望，余平均度 $k_{nn}(k)$ 可以表示为：

$$k_{nn}(k)=\sum_{k'}k'P(k' \mid k) \tag{5-29}$$

其中，条件概率 $P(k'|k)$ 定义为随机选取的一条连边中，已知一端节点的度为 $k$，则另一端节点的度为 $k'$ 的概率。如果条件概率 $P(k'|k)$ 与 $k$ 相关，那么说明节点度之间存在相关性。网络中的条件概率 $P(k'|k)$ 可以用联合度分布 $e_{ij}$ 来表示为：

$$P(k' \mid k)=\frac{P(k,k')}{P(k)}=\frac{e_{kk'}}{\sum_{k'}e_{kk'}} \tag{5-30}$$

(1)中性网络

对于中性网络而言，一条连边的两端节点的度之间彼此独立，于是：

$$P(k' \mid k)=\frac{e_{kk'}}{\sum_{k'}e_{kk'}}=\frac{e_{kk'}}{q_k}=\frac{q_{k'}q_k}{q_k}=q_{k'} \tag{5-31}$$

余平均度 $k_{nn}(k)$ 可以改写为：

$$k_{nn}(k)=\sum_{k'}k'q_{k'}=\sum_{k'}k'\frac{k'p(k')}{\langle k\rangle}=\frac{\langle k^2\rangle}{\langle k\rangle} \tag{5-32}$$

因此，在中性网络中，一个节点的余平均度 $k_{nn}(k)$ 与该节点的度 $k$ 无关，只取决于网络的全局特征 $\langle k\rangle$ 和 $\langle k^2\rangle$。

(2)同配网络

在同配网络中，Hub 节点倾向与其他 Hub 节点相连，于是，节点的度 $k$ 越高，它的余平均度也越高。因此，在同配网络中，一个节点的余平均度 $k_{nn}(k)$ 随着 $k$ 递增。

(3)异配网络

在异配网络中，Hub 节点倾向与度小节点相连，于是，节点的度 $k$ 越高，它的余平均度就越小。因此，在异配网络中，一个节点的余平均度 $k_{nn}(k)$ 随着 $k$ 递减。

总结一下，我们可以用余平均度 $k_{nn}(k)$ 来判断一个网络的度相关性。如果随着 $k$ 递增，表明网络呈现同配性；如果随着 $k$ 递减，表明呈现异配性；如果与 $k$ 无关，则认为没有度相关性。

- **同配系数**

如果希望用一个统计指标来描述网络的度相关性，可以考虑使用同配系数(assortativity coefficient)，或者叫度相关性系数。我们已知，如果一个网络存在度相关性，那么 $e_{ij}$ 和 $q_iq_j$ 之间不相等。于是，我们可以用两者之差刻画网络的同配或者异配程度，即：

$$\sum_{ij}ij(e_{ij}-q_iq_j) \tag{5-33}$$

当网络完全同配时，$e_{ij}=q_i\delta_{ij}$，公式(5—33)达到最大，等于余度分布 $q_k$ 的方差。

$$\sigma^2 = \sum\nolimits_k k^2 q_k^2 - (\sum\nolimits_k k q_k)^2 \tag{5-34}$$

于是，得到归一化的相关系数，即同配系数为：

$$r = \frac{1}{\sigma^2} \sum\nolimits_{ij} ij(e_{ij} - q_i q_j) \tag{5-35}$$

事实上，同配系数 $r$ 可以看作网络中任意一条连边的两个端点的度的 Pearson 相关系数，取值范围为 $-1 \leqslant r \leqslant 1$。当 $r > 0$ 时，网络是同配的；当 $r = 0$ 时，网络是中性的；当 $r < 0$ 时，网络是异配的。并且 $r$ 的绝对值大小反映了网络同配或异配的强弱程度。同配系数背后的假设是余平均度 $k_{nn}(k)$ 以斜率 $r$ 线性相关于 $k$。

我们还可以从 Pearson 相关系数的角度，重新推导出同配系数。延续 5.1.2 的思路，我们可以把节点的度 $k_i$ 作为连续属性进行同配混合的计算。有趣的是，与年龄或收入不同，度本身是网络结构的一个属性，而不需要在网络外部观测。我们把协方差公式（5—16）中的连续属性 $x_i$ 换作节点的度 $k_i$，则可以得到：

$$\mathrm{cov}(k_i, k_j) = \frac{1}{2m} \sum\nolimits_{ij} (A_{ij} - k_i k_j / 2m) k_i k_j \tag{5-36}$$

归一化之后得到：

$$r = \frac{\sum\nolimits_{ij} (A_{ij} - k_i k_j / 2m) k_i k_j}{\sum\nolimits_{ij} (k_i \delta_{ij} - k_i k_j / 2m) k_i k_j} \tag{5-37}$$

## 5.3 社团检测

社团检测

如果一组节点内部连边紧密、外部连边稀疏，那么我们称这组节点为一个社团。社会学家很早就注意到，在社会网络中很容易找到社团结构：在工作场所中，员工更倾向与同一个公司的同事打交道，而不是与其他公司的员工交流；在海豚组成的社会网络中，人们发现有些海豚之间的互动更加紧密，而与其他陌生海豚的互动则较少。

在关于社团的研究中，Zachary 空手道俱乐部是最经典的网络数据集之一。社会学家 Zachary 用三年时间观察了美国一所大学的空手道俱乐部成员间的社会关系，并构造出了一个包含 34 个节点和 78 条边的网络。如图 5—11 所示，在 Zachary 的观察过程中，俱乐部经理 John（节点 33）与教练 Mr. Hi（节点 0）之间关于空手道课程的价格产生了冲突。因此，俱乐部最终分裂成以经理 John 和教练 Hi 为核心的两个小社团，对应图中不同形状的节点。由于这两个小社团具有清晰的实际意义，因此空手道俱乐部网络成为社团发掘算法的基准测试集，一个合格的算法应该能够把网络划分为两个社团。

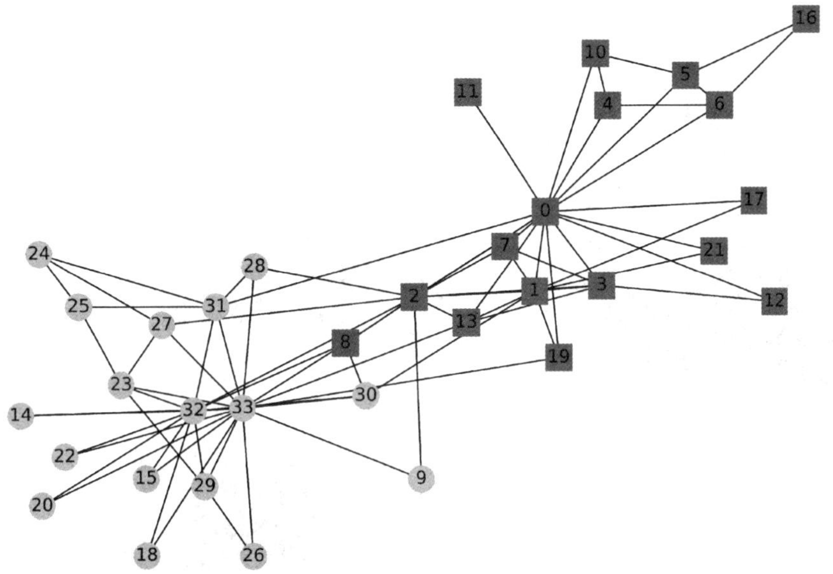


**图 5－11　空手道俱乐部,正方形节点选择了经理(节点 0),圆形节点选择了教练(节点 33)**

第二个例子来自 2022 年我们在班级做的一次问卷调查①,如图 5－12 所示,它显示了一个班级同学之间的好友关系。发放问卷之前,我们没有提供任何学生的个人信息,只要求大家从班级名单中选择“你认识哪些同学”。在第二次课堂上我们展示了这幅网络,意外发现原来大家来自 3 个不同的班级,而这个事实被准确地反映在网络结构上。

结合图 5－11 和图 5－12 的两个例子,我们大致对网络中社团的模样有了概念。但是,社团究竟意味着什么?我们该如何精准地定义社团?社团真的存在吗,还是只是我们的人为假设?本节将介绍如何定义社团、探索不同的社区性质,以及基于不同原则的一系列社区检测算法。

### 5.3.1　社团基础

我们对社团的认知可以归纳为一句话:社团内部连边紧密,社团之间连边稀疏。如图 5－13 所示,首先,我们认为每个社团内部的节点是连通的,这意味着网络中两个互不相连的子网络不能构成社团;其次,节点更倾向连接到同一社团的其他节点,而不是其他社团。

换句话说,在我们定义社团的时候,主要是从节点之间的连通性和紧密度来考虑

---

①　每学期我们会在第一节课做一次问卷调查,确认班上同学之间的好友关系。这张图来自 2022 年 9 月的课程。

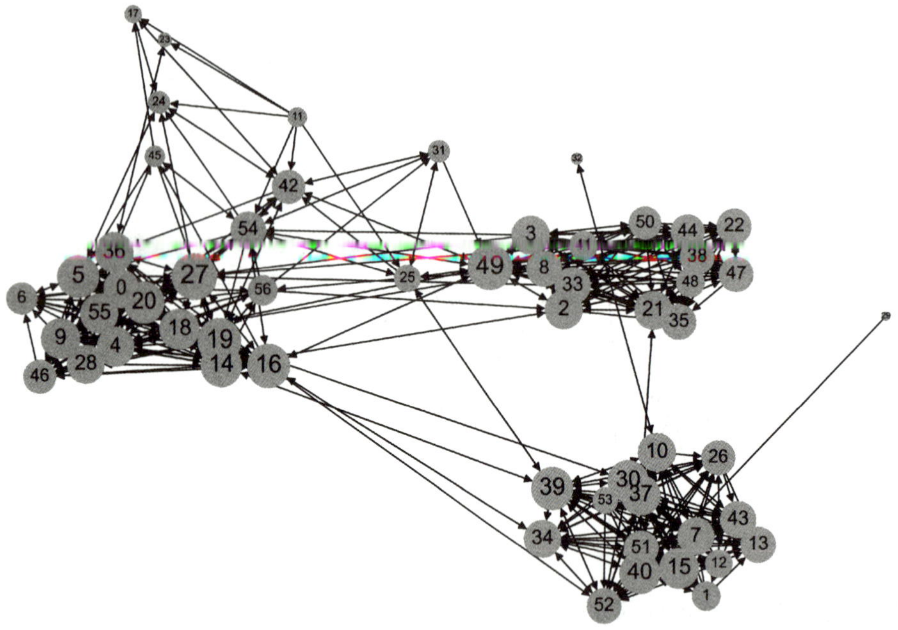


**图 5－12 2022 年问卷得到的班级好友网络**

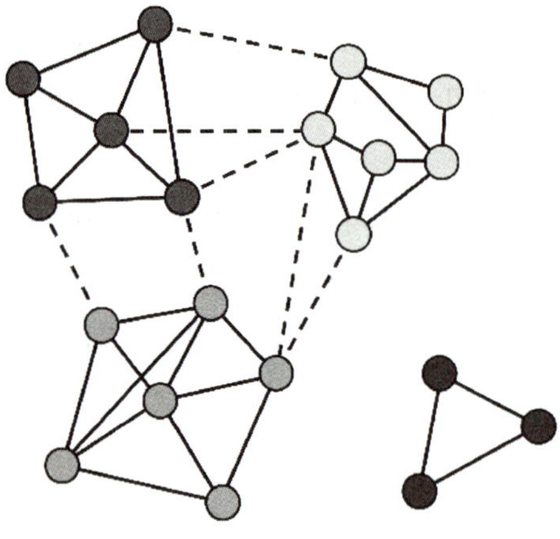

**图 5－13 用不同颜色区分不同的社团**

的。虽然这个假设很大程度上缩小了“什么是社团”的范围，但仍然没有给出具体定义。

● **强社团和弱社团**

关于社团最早的定义，认为所有成员彼此都认识的网络才叫社团。用网络术语来说，社团必须是一个完全连通的团。这样的定义自然满足社团之间的连通性和紧密度，但是过于严苛了。如图 5－14(a)所示，4 个节点互相连接构成了 4 阶的连通网络，满足最严格的社团定义。

对完全连通网络的定义稍微放松后，我们可以提出一个指标来衡量社团内部和社团间的连边数量。对于一个包含 $N_C$ 个节点的子网络 $C$，节点 $i$ 的内部度（internal degree）$k_i^{int}$ 是节点 $i$ 在 $C$ 中的邻居数量，比如图 5—13 中的实线；外部度（external degree）$k_i^{ext}$ 是节点 $i$ 在 $C$ 以外的邻居数量，比如图 5—13 中的虚线。由于节点 $i$ 的邻居要么在 $C$ 中要么不在 $C$ 中，所以 $k_i = k_i^{int} + k_i^{ext}$。如果 $k_i^{int}$ 很小而 $k_i^{ext}$ 很大，则节点 $i$ 在 $C$ 中的邻居很少而与其他社团的邻居很多，节点 $i$ 应该属于其他社团；如果 $k_i^{ext}$ 很小而 $k_i^{int}$ 很大，则节点 $i$ 的大部分邻居在 $C$ 中，节点 $i$ 应该属于社团 $C$。

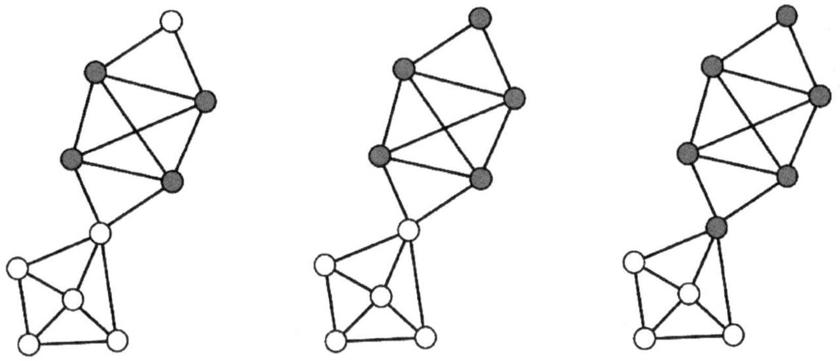

(a)完本连通　(b)强社团　(c)弱社团

**图 5—14　定义强社团和弱社团**

如果 $C$ 中每个节点的社团内部邻居都要多于外部邻居，则 $C$ 为强社团，如图 5—14(b)所示；也就是说，子网络 $C$ 构成强社团需要每个节点 $i$ 满足：

$$k_i^{int}(C) > k_i^{ext}(C) \tag{5—38}$$

进一步对强社团放松，可以得到弱社团的定义：如果 $C$ 中所有节点的内部邻居之和要多于外部邻居之和，那么 $C$ 为弱社团，如图 5—14(c)所示。具体而言，子网络 $C$ 构成弱社团需要满足：

$$\sum_{i \in C} k_i^{int}(C) > \sum_{i \in C} k_i^{ext}(C) \tag{5—39}$$

我们可以注意到，完全连通社团一定属于强社团，而强社团则一定属于弱社团；反之则不成立。

以上强社团和弱社团的定义存在一个缺点：它们把社团 $C$ 从网络中抽出，把剩下所有节点当作同一个部分，但没有考虑到剩下部分中仍然有其他社团存在。如果子网络 $C$ 是一个社团，那么我们应该要求 $C$ 中每个节点与内部节点的联系，要比其他任何一个社团的联系更强。于是，我们对社团的定义进一步放松，得到新的强社团和弱社团定义。

(1)在一个强社团中,每个节点在社团内部拥有比其他任何一个社团更多的邻居数量,而不需要大于所有外部邻居的总和。

(2)在一个弱社团中,所有节点的内部邻居之和要大于它们在其他任何一个社团的外部邻居之和。

- **图划分**

在强社团和弱社团的基础上,我们能够衡量不同节点群之间的联系紧密程度,从而判断哪些节点群是社团、哪些不是。为了识别网络中的社团,首先我们将整个网络划分成不同的节点群,使得每个节点群都满足社团要求,即图划分(graph partition)问题。其中,最简单的情况就是图的二划分问题:将网络划分成不重合的两个社团,使得彼此之间的连边数(割集)最小,如图 5—15 所示。

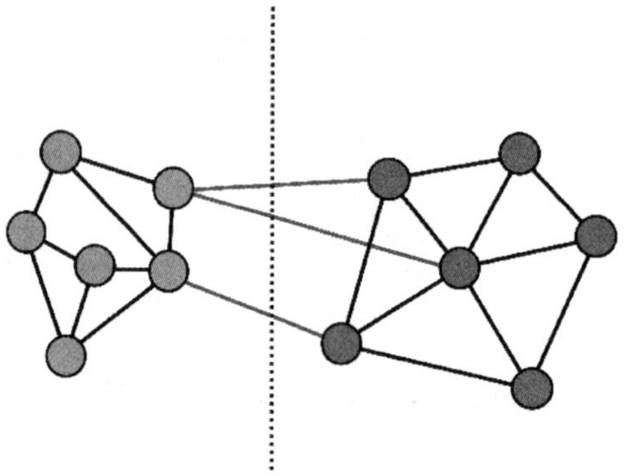

**图 5—15　图的二划分问题**

我们可以穷举所有的划分方式,并选择其中割集最小的,就能得到网络的社团结构。然而,穷举法的划分数量会以指数级增长。举例来说,对于一个拥有 $N$ 个节点的网络,要想划分成 $N_1$ 和 $N_2$ 个节点的两部分,所有不同划分方式的数目为:

$$\frac{N!}{N_1!N_2!} \tag{5—40}$$

对于一个拥有 16 个节点的网络,会产生超过 $10^9$ 种划分方式,在一台计算机上运行可能需要几百个小时。如果我们只考虑把网络分成均匀的两部分,即 $N_1=N_2$,划分数量会降到 12 870,看似合理了许多。不过当 $N=50$ 时,均匀划分的数量仍然会迅速增加。因此,对于大部分网络来说,通过穷举法来得到社团是不可行的。

接下来,我们会讨论一些社团检测方法,只需要计算一部分有限的划分方式,就能找到近似最优的解决方案。

### 5.3.2　模块度优化

到目前为止，社团检测的难点主要来源于定义的模糊："社团内部紧密"，有多紧密？"社团间稀疏"，有多稀疏？我们如何判断一个网络划分有多"好"？一个自然的想法是分别衡量每一个社团的表现。例如，我们可以计算每个社团内部的连边数量，看看它是否足够高。如果超过一定比例，则我们可以认为这个社团是"好"的。

然而，如果以连边数量的多少为标准会导致错误的结果。以随机网络为例，我们不期望在随机网络中找到社团结构，因为节点之间没有特定的连边模式，不应该出现连边紧密或者稀疏的情况。这对于社团检测来说是一个很好的起点：随机网络中不存在社团结构；换句话说，我们可以通过比较社团和随机网络之间的连边数量差距，来判断这个社团是具有真实的紧密连边模式还是偶然生成的连边模式。

5.1.1 节提出了一种可以量化的社团检测指标——模块度（modularity）。模块度不是连边数量的绝对值，而是通过衡量与随机连边模式的差异来评估社团划分的效果。简单来说，模块度是所有社团的内部连边数量与随机网络中该数量的预期值之间的差异。我们在 5.1 节中已经讨论过相似的话题，在网络中让每个节点保持度不变然后进行随机连边，就能够得到社团之间由于随机机制产生的内部连边数量。通常来讲，随机连边机制产生的连边数量很少，意味着模块度也很低。因此，如果原始网络中每个社团的内部连边数要远远大于在随机网络中的内部连边数，那么模块度可以达到很大的值，这也就说明这种紧密连边模式不可能是随机机制导致的；相反，如果原始网络中每个社团的内部连边数与随机网络相差不大，那么我们就可以拒绝该社团的存在。

对于一个网络，假设找到了一种社团划分方式，那么所有社团的内部连边数的总和为：

$$Q=\frac{1}{2}\sum_{ij}A_{ij}\delta(g_i,g_j) \tag{5—41}$$

其中，$g_i$ 和 $g_j$ 分别表示节点 $i$ 和 $j$ 在网络中所属的社团，如果两个节点属于同一个社团，那么 $\delta(g_i,g_j)=1$，否则 $\delta(g_i,g_j)=0$。

对于相应的随机网络，保持度分布 $p_k$ 不变，如果用相同的社团划分方式，那么所有社团的内部连边数总和的期望为：

$$Q=\frac{1}{2}\sum_{ij}p_{ij}\delta(g_i,g_j) \tag{5—42}$$

其中，$p_{ij}$ 是随机网络中节点 $i$ 和 $j$ 之间连边的概率。在一般情况下，我们会选择配置模型，因为它与原始网络具有相同的度分布并且消除了度相关性。在配置网络中，节

点 $i$ 和 $j$ 之间连边的概率正比于双方节点的度的乘积，即 $p_{ij}=k_ik_j/2m$。

因此，一个网络的模块度 $Q$ 等于该网络的社团内部连边数与相应随机网络的差值占整个网络边数 $m$ 的比例，即：

$$Q=\frac{1}{2m}\sum_{ij}\left(A_{ij}-\frac{k_ik_j}{2m}\right)\delta(g_i,g_j) \tag{5—43}$$

根据模块度的定义，$Q$ 的取值范围为$-1\sim1$，模块度 $Q$ 越高，对应的社团划分就越好。如图 5—16(a)所示，模块度达到了最大，网络被划分为上下两个显而易见的社团；图 5—16(b)给出了另一种社团划分方式，然而模块度较低。注意两种特殊情况，如果将整个网络视为一个社团，那么模块度 $Q=0$，如图 5—16(c)所示；如果将每个节点视为不同的社团，那么模块度一定为负值，如图 5—16(d)所示。

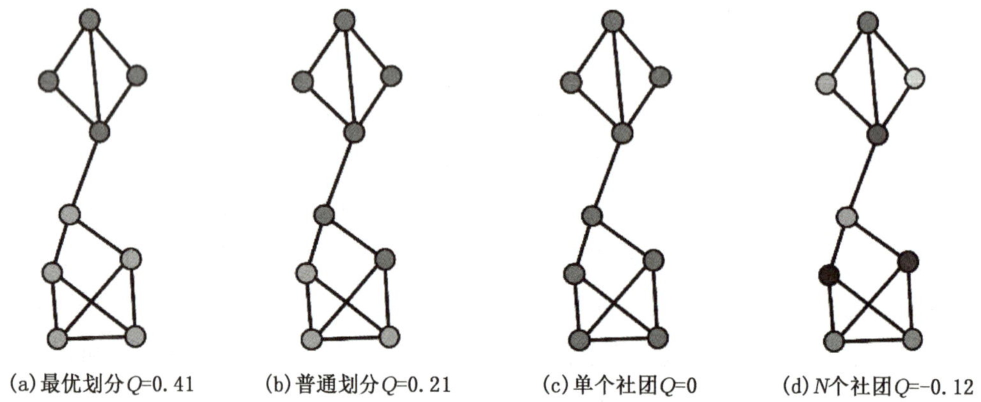


**图 5—16　不同划分方式得到的模块度大小**

● **模块度最大化**

截至目前，我们已经将社团检测任务转化为模块度最大化的问题，我们可以把模块度 $Q$ 写成以下形式：

$$Q=\frac{1}{2m}\sum_{ij}\left(A_{ij}-\frac{k_ik_j}{2m}\right)\delta_{g_ig_j}=\frac{1}{2m}\sum_{ij}B_{ij}\delta_{g_ig_j} \tag{5—44}$$

其中，$B_{ij}=A_{ij}-k_ik_j/2m$ 称为模块度矩阵(modularity matrix)，我们注意到它拥有一些有趣的性质。

$$\begin{aligned}\sum_i B_{ij}&=\sum_i A_{ij}-\frac{k_j}{2m}\sum_i k_i=k_j-\frac{k_j}{2m}2m=0\\ \sum_j B_{ij}&=\sum_j A_{ij}-\frac{k_i}{2m}\sum_j k_j=k_i-\frac{k_i}{2m}2m=0\end{aligned} \tag{5—45}$$

这些性质对我们求解模块度最大化有很大的帮助。模块度公式 $Q$ 适用于任意一个社团数量的划分，我们首先考虑最简单的二划分问题，即节点 $i$ 要么属于社团 $a$，要

么属于社团 $b$，得到：

$$s_i=\begin{cases}+1 & \text{节点 } i \text{ 属于社团 a}\\ -1 & \text{节点 } i \text{ 属于社团 b}\end{cases} \tag{5-46}$$

根据定义，当节点 $i$ 和 $j$ 属于同一个社团时，$\frac{1}{2}(s_i s_j+1)=1$，否则为 0。于是，替代 $\delta(g_i,g_j)$ 可以得到：

$$Q=\frac{1}{4m}\sum\nolimits_{ij}B_{ij}(s_i s_j+1)=\frac{1}{4m}\sum\nolimits_{ij}B_{ij}s_i s_j \tag{5-47}$$

其中，我们用到了 $\sum\nolimits_j B_{ij}=0$。在模块度优化问题中，$B_{ij}$ 是固定的，决策变量只有 $s_i$，即每个节点 $i$ 都被赋予一个社团类别（$s_i=\pm1$），使得网络的模块度 $Q$ 达到最大。于是，求解模块度最大化的优化问题可以写成如下形式：

$$\begin{aligned}&\max_s \quad s^T \mathrm{B}s\\ &\text{s. t.} \quad s=\pm1\end{aligned} \tag{5-48}$$

其中，$s$ 是 $n$ 维向量，B 为模块度矩阵。以上的优化问题被称为整数规划（integer programming），需要在离散的决策变量中使得目标函数最大化。整数规划已经被证明是一个非常困难的问题，意味着无法在有限时间内获得最优解。所以，这类优化问题通常只能给出近似最优解；也就是说，我们只能找到一个具有较大模块度的社团划分，但不一定是最优的划分。

一个近似最优的社团划分，是否符合我们的要求呢？这取决于具体的研究问题，在大多数情况下答案是肯定的。一般来说，这些近似最优的社团划分与最优划分的结果非常接近，即大多数节点被划分成相同的社团，只有少数节点的划分方式不同。然而，我们可能遇到一些特殊情况，例如，一些划分的模块度几乎与最优值相同，但是彼此的划分结果完全不同，那么近似最优的社团划分算法很可能失败。

### 5.3.3　GN 分裂算法

为了解决社团检测算法计算复杂度过高的问题，除了 5.3.2 提到的模块度优化算法以外，层次聚类（hierarchical clustering）是另外一种被广泛使用的社团检测算法。

层次聚类的思想非常直接，我们认为网络中彼此相似的节点更容易形成社团，比如相同兴趣爱好的用户、同一部门工作的职员、相似功能的蛋白质等。因此，我们可以把社团检测任务看作一个更为普遍的数据聚类问题（clustering），即根据某种相似性指标将元素分类，使得同一聚类中的元素要比不同聚类中的元素更为相似。首先需要计算相似度矩阵（similarity matrix），矩阵的每个元素 $x_{ij}$ 表示节点 $i$ 和 $j$ 之间的相似性。

在层次聚类问题中，从 $N$ 个节点出发，基于相似度 $x_{ij}$ 一步步将相似度最高的节点合并，就能够获得社团结构。层次聚类的核心在于相似度指标的选择，比如共同邻居数、余弦相似度等。这些丰富的指标体系既是层次聚类的优点，也是缺点。尽管我们在面对具体问题时能够有足够的灵活性，在面对不同类型的网络时选择最适合的相似度指标，但是在绝大多数情况下，我们无法判断一个指标是否比另一个指标更好、是否能够产生最有用的信息。因此，层次聚类中的相似度指标需要通过大量的实验来决定。

层次聚类主要分为两种方式：凝聚算法（agglomerative algorithm）和分裂算法（divisive algorithms）。凝聚算法首先把所有节点当作 $N$ 个不同社团，然后在每一步中将相似度最高的节点合并，直到形成一个社团；而分裂算法的思路正好相反，首先把所有节点当作一个社团，然后在每一步中删除相似度最低的连边使得社团之间彼此分离，直到形成 $N$ 个社团。

在本节，我们主要介绍由 Girvan 和 Newman① 于 2002 年提出的一种分裂算法，简称 GN 算法。

在网络中，如果将一条连边删除后会导致网络分成两个不连通的子网络，我们将这类连边称为桥连边。在社团检测的场景中，我们稍微放宽桥连边的定义，把连接两个社团的任意连边都称为桥。所以一个自然的想法是，如果我们能够找到所有的桥连边，那么网络中的社团就会彼此断开连接。这就是 GN 算法和其他一些分裂算法在社团检测任务中的核心思想。

基于桥连边的分裂算法的关键在于，能够找到一个衡量连边"桥"属性的指标。GN 算法选择的是连边介数(link betweenness)。与 4.3 节的介数中心性相似，连边介数刻画了网络中所有最短路径中通过连边$(i,j)$的最短路径的比例。如果一条连边处在两个社团之间，相当于在两个社团节点之间充当桥梁的作用，因此这些不同社团的节点之间的最短路径必须通过这些桥连边，如图 5－17 所示。相比之下，社团内部连边的介数要低得多，这是因为社团内部的连边紧密，存在许多备用的最短路径分布在社团中，所以任何一条连边都不是必需的。

GN 算法在每一次迭代过程中，识别并删除网络中介数最大的一条连边，逐渐将网络分解成不相连的 $N$ 个节点。GN 算法的步骤如下：

(1)将整个网络作为初始状态，计算所有连边的介数；

(2)删除介数最大的一条连边，如果存在多条介数最大的连边，则随机选择一条

---

① M. Girvan and M. E. J. Newman. Community Structure in Social and Biological Networks[J]. PNAS, 2002(99):7821－7826.

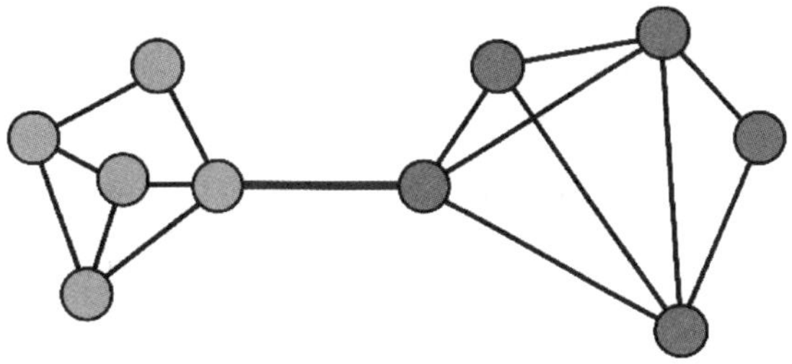

图 5－17　连接两个社团的桥连边

删除；

(3)重新计算剩余连边的介数；

(4)重复步骤(2)和(3)，直到所有的连边被移除。

需要注意的是，每次迭代中必须重新计算所有连边的介数。这是 GN 算法能够分离社团的关键之处，但也使该方法非常缓慢。对于具有强社团结构的网络，会迅速断裂成不连通的子网络，接下来，我们只需要在规模较小的子网络中重新计算连边介数即可，这可以大大缩短计算时间。

在 GN 分裂算法中，我们认为网络中的连通分量就是一个社团。所以，每当删除一条连边并使得连通分量进一步分裂时，社团的数量就会增加一个。这样的社团划分是具有层次结构的，一个连通分量会逐步分解成更小的连通分量，直到所有连通分量都只包含一个节点，最终得到如图 5－18 所示的树状图。树状图展示了网络分裂成各个社团的顺序，在删除前几条边后，网络首先分裂成两个社团，分别包含节点 A、B、C、D 和节点 E、F、G、H；接着，后者继续被分裂成 E、F 和 G、H 两个社团，直到所有节点都成为社团为止。

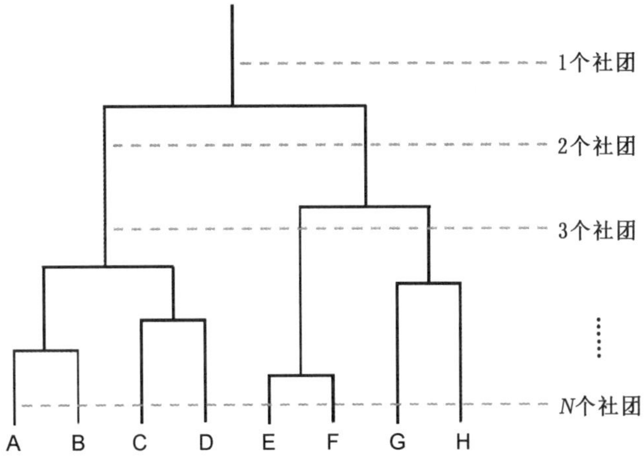


图 5－18　社团分裂算法流程

在图 5－19 中,我们展示了 GN 算法在 Zachary 空手道俱乐部的社团检测过程。首先,我们对网络中所有连边进行介数计算,发现 0 号(教练 Hi)和 31 号节点之间的连边介数最大,达到了 0.127,于是删除该条连边。其次,逐步删除介数最大的连边。在这个过程中,结合图 5－16,我们可以大致判断出模块度 $Q$ 的变化过程:最初只有一个社团时,模块度 $Q$ 一定等于 0;在删除桥连边的过程中,社团结构开始出现,因此模块度 $Q$ 逐步提升;最后,所有节点形成了 $N$ 个社团,模块度 $Q$ 变成负值。我们发现在删除了大约 25 条边后,空手道俱乐部的模块度达到了最大值。因此,我们选择此时网络中的连通分量作为不同的社团,作为对 Zachary 空手道俱乐部的划分结果。

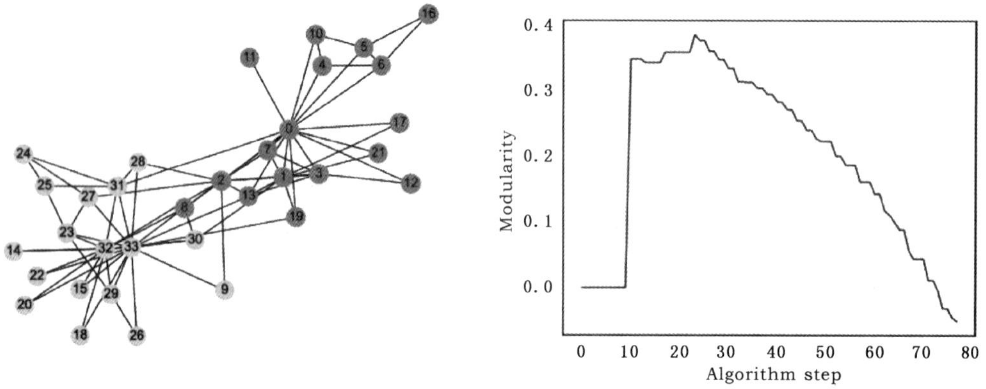


(a)空手道俱乐部　　(b)GN算法每一步的模块度

**图 5－19　GN 算法在空手道俱乐部中的应用**

### 5.3.4　Louvain 凝聚算法

分裂算法的优点是准确度高,然而对于大规模社会网络而言,计算介数需要消耗大量时间。与 GN 分裂算法相反,凝聚算法从每个节点开始,根据节点(社团)之间的相似性进行合并。凝聚算法的步骤如下:

(1)将每个节点看作一个独立的社团,选择一个相似性指标,计算所有社团之间的相似性;

(2)选择相似性最高的两个社团进行合并;

(3)计算合并后的社团间的相似性;

(4)重复步骤(2)和(3),直到所有节点被归入一个社团为止。

为了进一步简化计算流程、提高计算速度,科学家提出了 Louvain 算法对社团结构进行快速识别,如图 5－20 所示。Louvain 算法的步骤如下:

(1)将每个节点看作一个独立的社团。

(2)对每个节点 $i$,尝试把节点 $i$ 分配到其每个邻居节点 $j$ 所在的社团,比较模块

度的前后变化 $\Delta Q$。如果 $\max\{\Delta Q\}>0$,则让节点 $i$ 加入模块度增益 $\Delta Q$ 最大的社团;否则保持不变。

(3)重复步骤(2),直到所有节点的所属社团不再变化。

(4)将同一社团的节点压缩成一个新节点,社区内部连边的数量转化为新节点自环的权重,社团之间连边的数量转化为新节点之间连边的权重。

(5)对压缩后的网络重复步骤(1)~(4),直到所有节点属于一个社团。

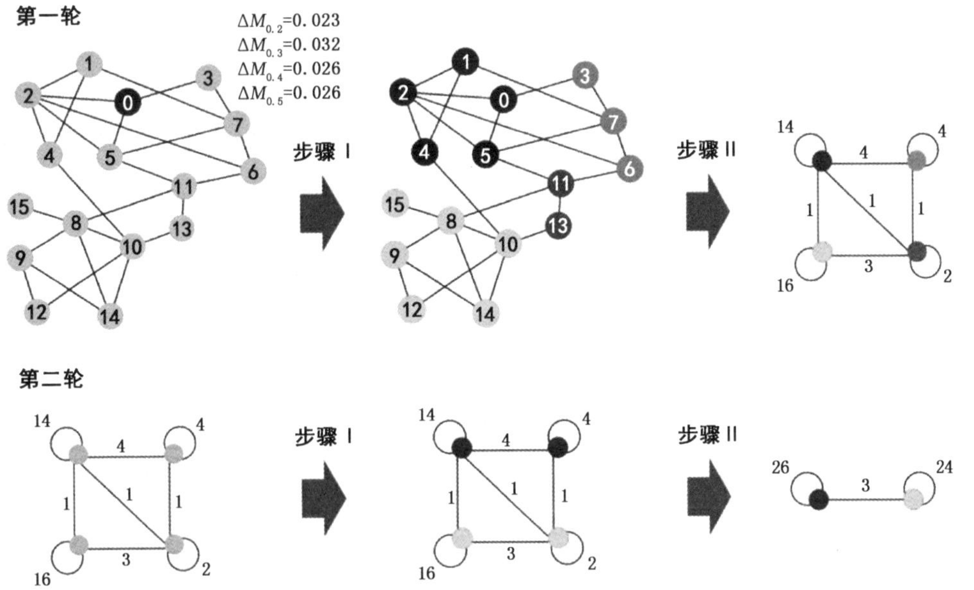


图片来源:Barabasi,《网络科学》。

**图 5—20　Louvain 算法的计算过程**

## 思考题

1. 什么是社团结构?
2. 什么是模块度?模块度的定义中为什么要减去随机相连的概率?
3. 为什么朋友的朋友总是多于我的朋友?如何进行证明?
4. 什么是 GN 算法?具体的计算过程是什么?
5. 凝聚算法的思想是什么?具体的计算过程是什么?
6. Louvain 算法的思想是什么?如何将节点的年龄、行为模式和兴趣偏好等信息融入 Louvain 算法中?
7. 在公司治理、社会治理和智能投顾等场景中,如何应用社团结构识别算法?

# 第6章　个性化推荐

在社交媒体上，我们每天都会做出各种决定，比如购买产品、购买服务、添加朋友和租借电影等。在海量的信息面前，每个人经常面临多款产品、多项服务、多个朋友和多部电影。单凭一个人有限的知识和精力，我们无法从多样化的选择中追求最优性。这时候，我们需要外部的帮助。有时我们求助于搜索引擎，但是搜索引擎中的结果是面向所有人的，无法符合我们的特定需求。

个性化推荐(personal recommendation)解决的是用户和内容中间的关联关系，它是二者的桥梁。基于用户的兴趣偏好，个性化推荐系统把用户感兴趣的物品或者视频、资讯等推荐给他们。如今各种购物、音乐、新闻类 App，每个用户的首页展示都是“千人千面”，个性化推荐系统依据用户的历史行为、偏好生成了内容推荐。

一个完整的推荐系统由三个部分组成：收集用户信息的行为记录模块、分析用户喜好的模型分析模块和推荐算法模块。行为记录模块负责记录用户的喜好行为，比如问答、评分、购买、下载、浏览等。问答和打分的信息相对容易收集，然而有的用户不愿意向系统提供这些信息，那么就需要通过其他方式对用户的行为进行分析，比如购买、下载、浏览等行为。通过这些用户的行为记录来分析用户的潜在喜好产品和喜欢程度，这就是模型分析模块所要完成的工作。模型分析模块可以对用户的行为记录进行分析，建立合适的模型来描述用户的喜好信息。最后是推荐算法模块，利用后台的推荐算法，实时地从产品集合中筛选出用户感兴趣的产品进行推荐。其中，推荐算法模块是推荐系统中最为核心的部分。

本章简要介绍一些文献和实际系统中采用的推荐算法以及不同类型的推荐系统。根据推荐算法的不同，推荐系统可以分为如下几类：

(1)协同过滤(collaborative filtering)推荐系统；

(2)基于用户-产品二部分网络结构(network-based)的推荐系统；

(3)基于内容(content-based)的推荐系统。

最后，我们将指出这些系统存在的缺陷以及未来可能的若干研究方向。

# 6.1　个性化推荐系统的蓬勃发展

## 6.1.1　产生背景

互联网的飞速发展与日益普及将人类社会带入了“信息时代”，知识和信息在经济、科技、文化等各领域都成为重要的资源，促使人们的生产、生活发生着重大的变革。一方面，互联网的发展深刻地影响了我们生活的方方面面，比如足不出户就可以随心所欲地购买到自己想要的商品、搜索到自己需要的文件资料等，这些经历都让我们深刻感受到互联网带来的惊喜；另一方面，不断增长的客户需求和供货能力促进现代商业的全球化竞争，促使企业进入电子商务模式阶段。

互联网和信息技术的发展，虽然为我们的日常生活注入了新的活力，但是它在带来海量信息资源的同时，也面临着信息超载的严峻挑战，人们逐渐从信息匮乏阶段步入信息超载的时代。数以千计的电影、成百上万的书籍、数十亿的网页，互联网为我们提供的信息种类和数量纷繁复杂，信息增长的速度远快于我们所能处理的速度，这就带来了大量的冗余信息，这些冗余信息对准确分析和正确选择有用信息产生了严重的干扰，进而使得用户在庞大的信息群中找到自己感兴趣的内容变得越来越困难，经常在大量信息的环绕中泥足深陷。此时，无论是信息消费者（比如用户）还是信息生产者（比如各种电子商务网站）都遇到了很大的挑战：对于用户来说，从大量的冗余信息中找到自己感兴趣的信息是一件非常困难的事情；而对于如电子商务网站的信息生产者，如何让自己的信息或产品脱颖而出，受到广大用户的关注和喜爱，也变成一件非常困难的事情。为此，如何快速、准确、高效地筛选过滤出最适合于我们的信息以及提高信息的利用率正逐渐成为人们关注的焦点，这也是一个全球性难题。

众所周知，为了解决上述信息超载的难题，已经有不少学者和科学家提出了很多有用的解决方案，其中最具代表性的解决方案就是分类目录和搜索引擎，这两种方案催生了互联网领域的两家著名公司——雅虎和谷歌。雅虎公司凭借分类目录起家，现在比较著名的分类目录型网站还有国外的 DMOZ 以及国内的 Hao123 等。DMOZ 网站是一个著名的开放式分类目录（open directory project），之所以称为开放式分类目录，是因为 DMOZ 不同于一般分类目录网站利用内部工作人员进行编辑的模式，而是由来自世界各地的志愿者共同维护与建设的最大的全球目录社区。这些目录将著名的网站进行归类，从而方便用户根据类别来查找自己需要访问的网站。但是，随着互联网规模的不断扩大，分类目录网站只能覆盖少量的热门网站，难以满足用户的需求。因此，第一代信息过滤系统——搜索引擎出现了，它的使用是信息过滤研究中里程碑式的标志。通过在搜索引擎中输入要查询的关键字，我们运用相应的策略以及程序来收集互联网上的信息，通过对信息的组织处理，我们可以发现需要的信息。现在比较流行的搜索引擎有百度、谷歌等。尽管搜索引擎因为使用简单、不需要存储用户信息而迅速流行，但是它需要用户主动提供准确的关键词来寻找信息。如果用户无法找到准确描述与自己需求一致的关键词时，搜索引擎就无能为力了。并且这种信息过滤的方式只能呈现给所有的用户一样的排序结果，并没有考虑到用户的个人喜好和兴趣；也就是说，个性化的需求并没有被满足，同时使得一般的用户无法获取网络中大量少人问津的“暗信息”。

在这种背景下，为了更有效地解决信息超载的问题，在信息过滤技术发展的基础上，个性化推荐系统应运而生。个性化推荐系统不需要用户提供明确的需求，而是通过分析用户的历史行为，建立用户与信息产品之间的二元关系，利用已有的选择过程或相似性关系挖掘每个用户潜在感兴趣的对象，主动给用户推荐能够满足他们兴趣和需求的信息。从根本上说，推荐问题就是代替用户评估他所不了解的产品，包括电影、音乐、书籍、网页，甚至美食、景点等。而一个高质量的推荐系统可以准确、高效地挖掘出用户潜在的消费倾向，把满足用户潜在需求的商品推荐给用户，为众多的用户提供个性化服务，改善用户体验。因此，从某种意义上说，个性化推荐系统和搜索引擎对于用户来说是两个互补的工具。搜索引擎满足了用户有明确目的时的主动查找需求，而个性化推荐系统则能够在用户没有明确目标的时候帮助他们发现自己感兴趣的内容。

近年来，个性化推荐系统有了迅猛的发展，这主要也来源于 Web2.0 技术的成熟。自此，用户不再是被动的网页浏览者，而是成为主动的参与者。迄今为止，个性化推荐系统被认为是过滤超载信息的最有效方式。

### 6.1.2 个性化推荐系统的应用发展

自从“推荐”这一概念被提出以来，推荐系统一直是电子商务、人类社会学以及网络经济学等领域的研究热点。国际学术界也开展了许多与推荐相关的研究活动，计算机协会（ACM）设立推荐系统年会（ACM Recommender System），为推荐系统的研究提供了一个交流互动的重要平台。此外，Netflix 开出 100 万美元的竞赛奖金，奖励给能使其网站产品的推荐准确度提高 10%的参赛者。在国外，大多数商务系统都采用个性化推荐算法，比较著名的个性化推荐实践研究主要有：

1995 年 3 月，在美国人工智能协会大会上，卡耐基梅隆大学的 Robert Armstrong 等人提出了 Web Watcher 个性化系统；与此同时，另一具有代表性的个性化推荐系统 LIRA 也由斯坦福大学推出。

1995 年 8 月，麻省理工学院的 Henry Lieberman 在国际人工智能联合大会（IJ-

**图 6—1　使用个性化推荐的著名企业**

CAI)上提出了个性化导航智能体 Letizia。

1996 年,Yahoo 公司推出了 MY Yahoo 产品。

1997 年,AT&T 实验室开发的基于协同过滤算法的个性化推荐系统 PHOAKS 和 Referral Web 问世。

1999 年,德国 Dresden 技术大学提出的 Tanja Joerding 成功实现了个性化电子商务的原型系统 TELLIM。

2000 年,NFC 研究院增加了搜索引擎的个性化推荐功能。

2001 年,为了方便商家开发电子商务网站,IBM 公司在自己的电子商务平台 Websphere 上增加了个性化功能。

2003 年,谷歌开创了 AdWards 盈利模式,通过用户搜索的关键词来提供相关的广告。AdWords 的点击率很高,是谷歌广告收入的主要来源。2007 年 3 月开始,谷歌为 AdWords 添加了个性化元素,对用户一段时间内的搜索历史进行记录和分析,据此了解用户的喜好和需求,从而更为精确地推送相关的广告内容。

2007 年,雅虎推出了 SmartAds 广告方案。雅虎掌握了海量的用户信息,比如用户的性别、年龄、收入水平、地理位置以及生活方式等,再加上用户搜索、浏览行为的记录,使得雅虎可以为用户呈现个性化的横幅广告。

2009 年,Overstock(美国著名的网上零售商)开始运用 ChoiceStream 公司制作的个性化横幅广告方案,在一些高流量的网站上投放产品广告。Overstock 在运行这项方案的初期就取得了惊人的成果,公司称:“广告的点击率是以前的两倍,伴随而来的销售增长也高达 20%～30%。”

2009 年 7 月,国内首个推荐系统科研团队——北京百分点信息科技有限公司成立,该团队专注于推荐引擎技术与解决方案,在数据平台上汇集了国内外百余家知名电子商务网站与资讯类网站,并通过这些 B2C 网站每天为数以千万计的消费者提供实时智能的商品推荐。

2011 年 9 月,百度世界大会上,李彦宏将推荐引擎与云计算、搜索引擎并列为未来互联网的重要战略规划以及发展方向。百度新首页将逐步实现个性化，智能推荐用户喜欢的网站和经常使用的 App。

此外，还有电子商务领域的亚马逊（Amazon）书籍推荐系统、Netflix 电影推荐系统，以及 Googlenews 的个性化新闻推荐系统。

**表 6—1　　个性化推荐系统举例**

| 网站 | 推荐内容 |
| --- | --- |
| Amazon | 书 |
| Facebook | 朋友 |
| MovieLens | 电影 |
| Nanocrowd | 电影 |
| Findory | 新闻 |
| Digg | 新闻 |
| Zite | 新闻 |
| Netflix | DVDs |
| careerbuilder | 工作 |
| Monster | 工作 |
| Pandora | 音乐 |
| Mufin | 音乐 |
| StumbleUpon | 网页 |

当前，个性化推荐系统成为信息检索和信息过滤领域的研究热点，受到了众多研究机构和学者的关注，而且已经有大量推荐系统在实际中得到应用。个性化推荐系统和推荐引擎的区别在于个性化推荐系统需要依赖用户的行为数据，因此一般都是作为一个应用存在于不同的网站之中。下面，我们将介绍不同领域中个性化推荐系统的应用。

- **电子商务领域中个性化推荐的应用**

电子商务网站是个性化推荐系统的一大应用领域。著名的电子商务网站亚马逊是个性化推荐系统的积极应用者和推广者，被 RWW（读写网）称为“推荐系统之王”。亚马逊的推荐系统深入其各类产品中，其中最主要的应用有个性化商品推荐列表和相关商品的推荐列表。

下面主要介绍亚马逊的个性化商品推荐列表，它拥有一个标准的个性化推荐系统的用户界面，包含以下几个组成部分：

（1）推荐结果的标题、缩略图以及其他内容属性。这些可以告诉用户系统给他们推荐的是什么。

(2)推荐结果的平均分。平均分反映了推荐结果的总体质量，也代表了大部分用户对此类产品的看法。

(3)推荐理由。亚马逊根据用户的历史行为给用户推荐。因此，如果它给某用户推荐了一本金庸的小说，大致原因是该用户曾经在亚马逊上对武侠方面的书给出过表示喜欢的反馈。

个性化商品推荐列表采用了一种基于产品的推荐算法(item-based method)，该算法向用户推荐那些与他们之前喜好相似的产品。除此之外，亚马逊还有另外一种个性化推荐列表，就是按照用户在 Facebook 中的好友关系，向用户推荐他们的好友在亚马逊上喜欢的物品。

除了个性化商品推荐列表，亚马逊另外一个重要的推荐应用就是相关商品推荐列表。当你在亚马逊上购买一个商品时，在商品信息下面会有相关商品的展示。Amazon 有两种不同的相关商品列表：一种是购买了这个商品的用户经常购买的其他商品，另一种是浏览过这个商品的用户经常购买的其他商品。这两种相关商品推荐列表的区别就是使用了不同的用户行为计算物品的相关性。此外，相关商品推荐列表最重要的应用就是打包销售(cross selling)。当你购买某件物品的时候，亚马逊会告诉你其他用户在购买这个商品的同时会购买的其他商品，然后让你选择是否要同时购买这些商品。如果你点击了同时购买，亚马逊会把这几件商品“打包”，有时还会提供一定的折扣。这种销售手段是推荐算法最重要的应用，目前被很多电子商务网站应用。

至于个性化推荐系统对于亚马逊的意义，其首席执行官 Jeff Bezos 在接受采访时曾经说过，Amazon 相比于其他电子商务网站的最大优势就在于个性化推荐系统，该系统让每个用户都能拥有一个自己的在线商店，并且随时能在商店中找到自己感兴趣的商品。

● **电影和视频网站中个性化推荐的应用**

在电影和视频网站中，个性化推荐系统也是一种重要的应用。它能够帮助用户在浩如烟海的视频库中找到令他们感兴趣的视频。在该领域成功使用推荐系统的一家公司就是 Netflix。

Netflix 原先是一个 DVD 租赁网站，最近几年开始涉足在线视频业务。Netflix 非常重视个性化推荐技术，并且从 2006 年起开始举办著名的 Netflix Prize 推荐系统竞赛。该竞赛奖金额为 100 万美元，目的是希望研究人员能够将 Netflix 的推荐算法的预测准确度提升 10%。2009 年，AT&T 的研究人员获得了该项竞赛最终大奖。该竞赛对于推荐系统的发展起到了重要的推动作用：一方面，向学术界提供了一个实际系统中大规模用户行为的数据集；另一方面，3 年的竞赛中，参赛者们提出了很多种推荐算法，均大大降低了推荐系统的预测误差。此外，该竞赛吸引了很多优秀的科研人员加入推荐系统的研究中，大大提高了推荐系统在企业界和学术界的影响力。

Netflix 所采用的推荐算法与亚马逊的推荐算法类似，也是基于物品的推荐算法，即向用户推荐与他们曾经喜欢的电影相似的电影。至于推荐系统所起的作用，Netflix 在宣传资料中宣称，有 60%的用户是通过其推荐系统找到自己感兴趣的电影和视频。

另外，YouTube 作为美国最大的视频网站，拥有大量用户上传的视频内容。由于视频数据库非常大，用户在 YouTube 中面临着严重的信息过载问题。为此，YouTube 在个性化推荐领域也进行了深入研究，尝试了很多算法。在 YouTube 研究人员最新的论文中表示，YouTube 现在使用的也是基于产品的推荐算法。为了证明个性化推荐的有效性，YouTube 曾经做过一个实验，比较了个性化推荐的点击率和热门视频列表的点击率，实验结果表明，个性化推荐的点击率是热门视频点击率的两倍。

- **音乐网络电台中个性化推荐的应用**

个性化推荐的成功应用需要两个条件：一是存在信息过载，如果用户可以很容易地从所有物品中找到喜欢的物品，就不需要个性化推荐了；二是用户大部分时候没有特别明确的需求，如果用户有明确的需求，则可以直接通过搜索引擎找到感兴趣的物品。

在上述两个条件下，网络电台无疑是最适用于个性化推荐的。首先，音乐很多，用户不可能听完所有的音乐再决定自己喜欢听什么，而且新的歌曲在以很快的速度增加，因此用户无疑面临着信息过载的问题。其次，人们享受音乐时，一般是把音乐作为一种背景声音，很少有人必须听某首特定的歌。对于普通用户来说，听什么歌都可以，只要符合他们当时的心情就可以了。因此，音乐网络电台是非常适合采用个性化推荐技术的。

目前有很多知名的个性化音乐网络电台，国际上著名的有 Pandora 和 Last. fm，国内的代表则是豆瓣电台。这些个性化网络电台背后的技术并不相同。从界面上看，这些个性化网络电台相似，它们都不允许用户点歌，而是给用户几种反馈方式——喜欢、不喜欢和跳过。经过用户一定时间的反馈，电台就可以从用户的历史行为中获得用户的兴趣模型，从而提供给用户的播放列表就会越来越符合他们的收听兴趣。

Pandora 背后的音乐推荐算法主要来自一个叫作音乐基因工程的项目。这个项目起始于 2000 年 1 月 6 日，它的成员包括音乐家和对音乐有兴趣的研究人员。Pandora 的音乐推荐算法主要基于内容，其音乐家和研究人员听了上万首来自不同歌手的歌，然后对歌曲的特性（比如旋律、节奏、编曲和歌词等）进行标注，这些标注被称为音乐的基因。然后，根据专家标注的音乐的基因计算音乐的相似度，并向用户推荐同他之前喜欢的音乐在基因上相似的其他音乐。

Last. fm 于 2002 年在英国成立。Last. fm 记录了所有用户的听歌记录以及用户对于歌曲的反馈，在这一基础上计算出不同用户在歌曲喜好上的相似程度，从而向用户推荐同他有相似爱好的其他用户喜欢的歌曲。同时，Last. fm 还建立了一个社交网络，让用户能够与其他用户建立联系，同时用户也可以向好友推荐自己喜欢的歌曲。与 Pandora 相比，Last. fm 没有使用专家标注，而是利用了用户行为和评价计算歌曲的相似度。

音乐推荐是推荐系统中非常特殊的领域。2011 年的 Recdys 大会专门邀请 Pandora 的研究人员对音乐推荐进行了演讲。演讲人总结了音乐推荐的如下特点：

(1)物品数很多，物品空间很大。(这主要是相对于书和电影而言。)

(2)消费每首歌的代价很小。对于在线音乐来说，某些音乐甚至是免费的，不需要付费。

(3)物品种类丰富。音乐种类丰富，有很多的流派。

(4)听一首歌耗时很少。听一首音乐的时间成本很低，不需要用户花费较长时间，而且用户大多把音乐作为背景声音，可以同时进行其他工作。

(5)物品重用率很高。每首歌会被听很多遍，这与其他物品不同，比如用户不会反复看同一部电影、不会反复买同一本书。

(6)用户充满激情。一个用户会听很多首歌。

(7)上下文相关。用户的口味容易受当时“上下文”的影响，这里的“上下文”主要包括用户当时的心情和所处情境等。

(8)顺序很重要。用户听音乐一般是按照一定的顺序一首一首地听。

(9)播放列表资源较多。很多用户都会创建多个个人播放列表。

(10)不需要用户全神贯注。音乐不需要用户全神贯注地倾听，很多用户将音乐作为背景声音。

(11)高度社会化。用户听音乐的行为具有很强的社会化特性，比如我们会向好友分享自己喜欢的音乐。

以上这些特点决定了音乐是一种非常适合用来推荐的物品。因此，尽管现在推荐系统大多是作为一种应用存在于网站中，比如 Amazon 网站的商品推荐和 Netflix 的电影推荐，然而音乐推荐可以独立支持个性化音乐推荐网站，比如 Pandora、Last. fm 和豆瓣网络电台等。

● **社交网络**

最近几年，互联网最激动人心的产品莫过于以微信、微博、抖音、今日头条、Facebook 和 Twitter 等为代表的社交网络应用。在社交网络中，好友们可以互相分享、传播信息。社交网络中的个性化推荐技术主要应用在以下三个方面：

(1)利用用户的社交网络信息对用户进行个性化的物品推荐;

(2)信息流的会话推荐(好友的各种分享,对分享进行评论);

(3)给用户推荐好友。

Facebook 最宝贵的数据有两个:一个是用户之间的社交网络关系,另一个是用户的偏好信息。因此,Facebook 推出了一个推荐 API,称为 Instant Personalization。该工具根据用户好友喜欢的信息,给用户推荐他们的好友最喜欢的物品。很多网站使用了 Facebook 的 API 来实现网站的个性化。

除了利用用户在社交网站的社交网络信息给用户推荐本站的各种物品之外,社交网站本身也会利用社交网络给用户推荐其他用户在社交网站的会话。此外,每个用户可以在 Facebook 网站上建立个性化主页,这样可以看到好友的各种分享,并且能对这些分享进行评论。每个分享和它的所有评论被称为一个会话,如何给这些会话排序是社交网站研究中的一个重要话题。为此,Facebook 开发了 EdgeRank 算法对这些会话进行排序,使用户能够尽量看到熟悉好友的最新会话。

- **阅读中个性化推荐的应用**

阅读文章是很多互联网用户每天都会做的事情。互联网上的阅读同样存在前面提出的需要个性化推荐的两个因素:首先,互联网上的文章非常多,用户面临信息过载的问题;其次,用户很多时候并没有必须看某篇具体文章的需求,他们只是想通过阅读特定领域的文章来了解这些领域的动态。

目前,互联网上的个性化阅读工具有很多,国际知名的有 Google Reader,国内有鲜果网等。随着移动设备的流行,移动设备上针对个性化阅读的应用就更多了,其中具有代表性的是 Zite 和 Flipboard。

Google Reader 是一款流行的社会化阅读工具。它允许用户关注自己感兴趣的人,然后看到所关注用户分享的文章。与 Google Reader 不同,个性化阅读工具 Zite 则是手机用户对于文章的偏好信息。在每篇文章的右侧,Zite 都允许用户给出喜欢或不喜欢的反馈,然后通过分析用户的反馈数据不停地更新用户的个性化文章列表。Zite 推出后获得了巨大的成功,后来被 CNN 收购。

另一个著名的新闻阅读网站 Digg 也在首页尝试了推荐系统。Digg 首先根据用户在 Digg 上浏览新闻的历史数据计算出用户之间的兴趣相似度,然后向用户推荐与他兴趣相似的用户喜欢的文章。根据 Digg 自己的统计,在使用推荐系统后,用户在 Digg 上的行为明显更加活跃,总人数提高了 40%,用户的好友数平均增加了 24%,评论数增加了 11%。

- **基于位置的服务中个性化推荐的应用**

随着无线电通信技术、互联网技术和全球定位技术的发展,将互联网与移动通信融合而成的移动互联网使得用户可以在任何地点、任何时间都能够通过移动终端来获取各种信息服务，这就是基于位置的信息服务产生的背景。

早期的基于位置的服务(location-based services，LBS)系统主要用于在紧急情况下快速定位求助者的位置，以实施救援，如美国的E911系统和欧洲的E112系统。目前，LBS系统已经广泛应用于军事、交通、物流、医疗、生活等领域。例如，用户逛街时可以利用手机查找附近有哪些感兴趣的商店；司机可以利用内置GPS功能的智能手机查找最近的加油站，也可以制订行车线路；在大型博物馆内，游客可以借助一个能感知位置的语音导游器来欣赏对各个藏品的讲解。

美国Sprint PCS和Verizon分别在2001年10月和2001年12月推出了基于GPSONE定位技术的业务，并且通过该技术来满足美国联邦通信委员会(Federal Communications Commission，FCC)对E911系统第二阶段的要求。GPSONE定位技术是美国高通公司为基于位置业务开发的定位技术，采用客户机/服务器方式。它将无线辅助AGPS和高级前向链路AFLT三角定位法两种定位技术有机结合，实现高精度、高可用性和较高速度的定位。在这两种定位技术均无法使用的环境中，GPSONE会自动切换到Cell ID扇区定位方式，确保定位成功率。2001年12月，日本的电信服务商KDDI公司推出了第一个商业化位置服务。在KDDI的服务推出之前，日本知名的保安公司SECOM于2001年4月成功推出了第一个具备GPSONE技术能够实现追踪功能的设备，该设备也运行在KDDI公司的网络中。这一高精度安全的保卫服务能在任何情况下准确定位呼叫个人、物体或车辆的位置。在韩国，KTF电信公司于2002年2月利用GPSONE技术成为韩国首家在全国范围内通过移动通信网络向用户提供商用移动定位业务的公司。在我国，中国移动于2002年11月首次开通位置服务，如“移动梦网”品牌下面的业务“我在哪里”“你在哪里”“找朋友”等；2003年，中国联通在其CDMA网上推出“定位之星”业务，用户可以用较快的速度下载地图和导航类的复杂服务。

基于位置的服务包含很多关键技术，包括定位、信息传输、位置索引等。位置服务逐渐成为移动运营商业务的新增长点，它是目前蓬勃发展的一种无线增值服务，是地理信息系统具体应用的典型和重要发展方向，有着良好的市场前景和发展空间。它通过定位和查询索引技术，得到用户的位置信息，并将此信息提供给用户本人、通信系统或者其他请求得到该用户位置的机构或个人，以实现个性化服务。

基于位置的服务从用途上可分为基于位置的公众安全服务、基于位置的调度监控服务、基于位置的计费服务和基于位置的信息推荐服务四类。科学家和工程师们在基于位置的服务的技术以及应用方面已经做了大量的工作，也获得了许多成果，但目前仍然存在部分亟须解决的问题，如隐私保护、开发新应用以及技术上的挑战等。随着无线通信技术和智能移动终端的快速发展，基于位置的服务在公众安全服务、交通、娱乐等诸多领域得到了广泛应用，它能够根据移动对象的位置信息提供个性化服务。基于位置的服务为移动用户展现了一个广阔的市场，其中蕴涵着巨大的商机。我们相信，随着移动用户的日益增多，这一市场也将逐步发展壮大，而其中围绕与位置相关的移动服务的定位、信息传输、位置索引等技术也必将得到更深层次的研究。随着空间数据和信息可实时获取、通信技术突飞猛进、定位技术愈趋精确，相信基于位置的服务的应用也会越来越多。

- **邮件系统中个性化推荐的应用**

我们每天都会收到大量的邮件，有些邮件对我们很重要（比如工作任务分配的邮件），有些比较次要（比如邀约周末打球的邮件），还有些是垃圾邮件。垃圾邮件可以通过垃圾邮件过滤器去除，这是一个专门的技术领域，这里就不再讨论了。在正常的邮件中，如果能够找到对用户最重要的邮件让用户优先浏览，无疑会大大提高用户的工作效率。

目前在文献中能够查到的第一个推荐系统 Tapestry 就是一个个性化邮件推荐系统，它通过分析用户阅读邮件的历史行为和习惯对新邮件重新排序，从而提高用户的工作效率。

谷歌的研究人员在个性化推荐方面也进行了深入研究，并于 2010 年推出了优先级收件箱功能。该产品通过分析用户对邮件的历史行为，找到用户感兴趣的邮件，展示在一个专门的收件箱里。用户每天可以先浏览这个邮箱里的邮件，再浏览其他邮件。

谷歌的优先级收件箱的使用结果表明，该产品可以帮助用户节约 6%的时间。在如今这个时间就是金钱的年代，6%的节约无疑是非常可观的。

- **广告推送中个性化推荐的应用**

互联网公司的营利模式大多是基于广告的，而广告的每次点击成本（cost per click，CPC）、千人成本（cost per mille，CPM）直接决定了很多互联网公司的收入。网上广告收费最科学的办法是按照有多少人看到你的广告来收费。按访问人次收费已经成为网络广告的惯例。CPM 指的是广告投放过程中，听到或者看到某广告的每一人平均分担到多少广告成本。传统媒介大多采用这种计价方式。在网上广告，CPM 取决于“印象”尺度，通常理解为一个人的眼睛在一段固定的时间内注视一个广告的次数。例如，一个广告横幅的单价是 1 元/CPM，意味着每 1 000 个人次看到这个广告横幅的话就收 1 元。至于每 CPM 的收费究竟是多少，要根据以主页的热门程度（即浏览人数）划分价格等级，采取固定费率。国际惯例是每 CPM 收费从 5 美元至 200 美元不等。

目前，很多广告都是随机投放的，即每次用户来了，随机选择一个广告投放给他。这种投放的效率显然很低，比如给男性投放珠宝、化妆品广告多半是一种浪费。因此，很多公司都致力于广告定向投放（Ad targeting）的研究，即如何将广告投放给它的潜在客户群。广告定向投放目前已经成为一门独立的学科——计算广告学，该学科和推荐系统在很多基础理论与方法上是相通的，比如他们的目的都是联系用户和物品，而在个性化广告中广告就是物品。

个性化广告投放和狭义的个性化推荐的区别是，狭义的个性化推荐着重于帮助用户找到可能令他们感兴趣的物品，而广告推荐则着重于帮助广告找到可能对它们感兴趣的用户，即狭义的个性化推荐是以用户为核心，而个性化广告投放是以广告为核心。目前的个性化广告投放技术主要分为以下三种：

（1）上下文广告。通过分析用户正在浏览的网页内容，投放与网页内容相关的广告。代表系统是谷歌的 Adsense。

（2）搜索广告。通过分析用户在当前会话中的搜索记录，判断用户的搜索目的，投放与用户目的相关的广告。

（3）个性化展示广告。我们经常在很多网站看到展示广告（就是那些大的横幅图片），他们是分析用户的兴趣，对不同用户投放不同的展示广告。雅虎是这方面研究的代表。

广告的个性化定向投放是很多互联网公司的核心技术，很多公司都秘而不宣。不过，雅虎公司是一个例外，它发表了大量个性化广告方面的论文。

在个性化广告方面最容易获得成功的无疑是 Facebook，因为它拥有大量的用户个人资料，通过分析可以很容易地获取用户的兴趣，让广告商选择自己希望对其投放广告的用户。

除了以上的介绍之外，还有 eBay，它目前是世界上最大的网上交易平台；以及 MovieLens，它是 Minnesota 大学开发的研究型自动协同过滤推荐系统，主要用于电影推荐；等等。我们可以看到，随着推荐系统理论和技术的成熟，推荐系统的应用领域已经涉及图书、CD、电影、新闻、电子产品、旅游、金融服务等。随着个性化推荐系统重要价值的体现，很多不同研究领域的科研工作者在积极提出各种高性能的个性化推荐算法，同时有越来越多的电子商务以及互联网公司开始使用能为企业带来可观经济效益的推荐系统。

## 6.2　协同过滤推荐算法

协同过滤
推荐算法

协同过滤系统采用的是协同过滤算法。该算法在对一个用户推荐某项目时，基于一组兴趣相同的用户或项目来进行推荐，它根据邻居用户(与目标用户兴趣相似的用户)的偏好信息产生对目标用户的推荐列表。协同过滤算法主要分为基于用户的协同过滤算法和基于产品的协同过滤算法。

### 6.2.1　基于用户的协同过滤算法

基于用户的协同过滤算法是根据邻居用户的偏好信息产生对目标用户的推荐。它基于这样一个假设：朋友用户的喜好(或打分)接近。协同过滤推荐系统采用统计方式搜索目标用户的相似用户，并根据相似用户对项目的打分来预测目标用户对指定项目的评分，最后选择相似度较高的前若干个相似用户的评分作为推荐结果，并反馈给用户。这种算法不仅计算简单，而且精确度较高，被现有的协同过滤推荐系统广泛采用。基于用户的协同过滤推荐算法的核心是通过相似性度量方法计算出最近邻居集合，并将最近邻的评分结果作为推荐预测结果返回给用户。例如，在表6—2所示的用户—产品评分矩阵中，行代表用户，列代表产品(电影)，表中的数值代表用户对某个项目的评价值。现在需要预测用户D对电影《人在囧途》的评分(用户C对电影《十二生肖》的评分是缺失的数据)。

**表6—2　　用户与电影的得分**

| | 《王的盛宴》 | 《一九四二》 | 《十二生肖》 | 《人在囧途》 |
|---|---|---|---|---|
| A | 4 | 4 | 5 | 4 |
| B | 3 | 4 | 4 | 2 |
| C | 2 | 3 | | 3 |
| D | 3 | 5 | 4 | |

由表6—2不难发现，B和D对电影的评分非常接近，B对《王的盛宴》《一九四二》《十二生肖》的评分分别为3、4、4，而D的评分分别为3、5、4，他们之间的相似度最高，因此B是D的最近邻居，B对《人在囧途》的评分结果对预测值的影响最大。相比之下，用户A和C不是D的最近邻居，因为他们对电影的评分存在很大差距，所以A和C对《人在囧途》的评分对预测值的影响相对小一些。在真实的预测中，推荐系统只对前若干个邻居进行搜索，并根据这些邻居的评分为目标用户预测指定项目的评分。由

上面的例子可知，基于用户的协同过滤推荐算法的主要工作内容是用户相似性度量、最近邻居查询和预测评分。

目前，主要有三种度量用户间相似性的方法：余弦相似性、相关相似性以及修正的余弦相似性。不同的推荐系统采用不同的相似度计算。在这些方法中，用户之间相似度的计算是基于两个用户对已选择项目的打分。基于相关性的相似度计算、基于余弦的相似度计算以及修正的余弦相似性是三种最常用的方法。记 $S_{xy}$ 为用户 $x$ 与用户 $y$ 都已打分的项目集合，$S_{xy}=\{s\in S \mid r_{x,s}\neq\emptyset \& r_{y,s}\neq\emptyset\}$。在基于相关性的相似度计算中，皮尔逊(Person)相关系数的计算可以用来计算用户之间的相似度。

$$\mathrm{sim}(x,y)=\frac{\sum_{s\in S_{xy}}(r_{x,s}-r_x)(r_{y,s}-r_y)}{\sqrt{\sum_{s\in S_{xy}}(r_{x,s}-r_x)^2(r_{y,s}-r_y)^2}}$$

其中，$r_{x,s}$ 与 $r_{y,s}$ 分别表示用户 $x$ 和用户 $y$ 对项目 $s$ 的打分，$r_x$ 和 $r_y$ 分别表示用户 $x$ 和用户 $y$ 对自己所选择项目的平均打分。在基于余弦的相似度计算中，用户 $x$ 和用户 $y$ 被视作两个 $m$ 维的空间向量，$m=|S_{xy}|$，两个用户之间的相似性可以用两个向量之间的夹角余弦来表示：

$$\mathrm{sim}(x,y)=\cos(\vec{x}\times\vec{y})=\frac{\vec{x}\times\vec{y}}{|\vec{x}|_2\times|\vec{y}|_2}=\frac{\sum_{s\in S_{xy}}r_{x,s}\times r_{y,s}}{\sqrt{\sum_{s\in S_{xy}}r_{x,s}^2}\sqrt{\sum_{s\in S_{xy}}r_{y,s}^2}} \tag{6-1}$$

其中，$\vec{x}\cdot\vec{y}$ 表示向量 $\vec{x}$ 与向量 $\vec{y}$ 之间的点积。对推荐系统而言，通常的策略是预先计算所有用户之间的相似度 $\mathrm{sim}(x,y)$(包括计算 $S_{xy}$)，然后间隔一段时间后再次计算(这是因为推荐系统在短期内的变化不会太剧烈)。当其中的某个用户需要推荐时，可以使用先前计算的相似度根据用户的需求进行打分。

余弦相似度未考虑到用户评分的尺度问题，例如，在评分区间为 1～5 分的情况下，对用户甲来说，评分 3 以上就是自己喜欢的，而对于用户乙来说，只有评分 4 以上才是自己喜欢的。通过减去用户的平均评分，修正的余弦相似性度量方法改善了以上问题。用 $R_{i,c}$ 和 $R_{j,c}$ 表示用户 $i$ 和用户 $j$ 共同评过分的项目的集合，$I_i$ 和 $I_j$ 分别表示用户 $i$ 和用户 $j$ 评过分的项目的集合，则用户 $i$ 和用户 $j$ 之间的相似性为：

$$\mathrm{sim}(i,j)=\frac{\sum_{c\in I_{i,j}}(R_{i,c}-R_i)(R_{j,c}-R_j)}{\sqrt{\sum_{c\in I_i}(R_{i,c}-R_i)^2}\sqrt{\sum_{c\in I_j}(R_{j,c}-R_j)^2}} \tag{6-2}$$

### 6.2.2 基于产品的协同过滤算法

基于产品的协同过滤算法是根据用户对相似产品的评分数据预测目标项目的评

分，它是建立在如下假设基础上的：如果大部分用户对某些项目的打分比较相近，则当前用户对这些项目的打分也会比较接近。基于产品的协同过滤算法主要对目标用户所评价的一组项目进行研究，并计算这些项目与目标项目之间的相似性，然后从中选择前 $K$ 个最相似、度最大的项目输出，这是区别于基于用户的协同过滤算法的。仍以上面的用户—产品评分矩阵作为例子，继续预测用户 D 对电影《人在囧途》的评分（用户 C 对电影《十二生肖》的评分是缺失的数据）。

通过数据分析发现，电影《王的盛宴》的评分与《人在囧途》的评分相似，前三个用户对《王的盛宴》的评分分别为 4、3、2，前三个用户对《人在囧途》的评分分别为 4、3、3，这两部电影的相似度最高，因此电影《王的盛宴》是电影《人在囧途》的最佳邻居，因此《王的盛宴》对《人在囧途》的评分对《人在囧途》预测值的影响占据最大比例。而《一九四二》和《十二生肖》不是《人在囧途》的好邻居，因为用户群体对它们的评分存在很大差距，所以电影《一九四二》和《十二生肖》对《人在囧途》的评分对预测值的影响相对小一些。在现实中进行预测时，推荐系统只对前若干个邻居进行搜索，并根据这些邻居的评分为目标用户预测指定项目的评分。

由上面的例子可知，基于产品的协同过滤推荐算法的主要工作内容是查询最近邻居和产生推荐。因此，基于产品的协同过滤推荐算法可以分为最近邻查询和产生推荐两个阶段。最近邻查询阶段是计算项目与项目之间的相似性，搜索目标项目的最近邻居；产生推荐阶段是根据用户对目标项目的最近邻居的评分信息预测目标项目的评分，最后产生前 $N$ 个推荐信息。

基于产品的协同过滤算法的关键步骤仍然是计算项目之间的相似性并选出最相似的项目，这一点与基于用户的协同过滤类似。计算两个项目之间相似性的基本思想是，首先将对两个项目共同评分的用户提取出来，并将每个项目获得的评分看作 $n$ 维用户空间的向量（即两个用户对某一个项目的评分构成的向量）；然后通过相似性度量公式计算两者之间的相似性。

协同过滤算法的相似性计算方法各不相同，但其处理步骤大同小异，首先采用打分记录集合学习一个模型，然后根据模型进行打分。比如，基于概率的协同过滤方法对未知项目的打分为：

$$r_{c,s}=E(r_{(c,s)})=\sum_{i=0}^{n} i \times Pr(r_{c,s}=i \mid r_{c,s}, s \in S_c) \tag{6—3}$$

上式假定用户的打分值为整数，且介于 0～1，它表示根据用户先前对不同的项目打分来预测用户对项目打分的一个期望值。通常可以采用聚类模型或者贝叶斯网络来估计上式中的概率。在原生的贝叶斯网络模型中，具有类似想法的用户被归为一组。考虑到同一类中，各个成员的打分相互独立，分类的数目以及模型中的参数通过数据集学习而来。在贝叶斯网络模型中，一个领域中的项目代表网络中的一个节点，每一个项目的状态代表了可能的打分值。网络的概率以及条件概率都是从已有的数据中通过学习得来的。由于在不同的推荐系统中一个项目可能归于不同的领域，所以这种方法的效果就可能变差。

尽管协同过滤系统得到了广泛的应用，新用户以及新产品的添加仍是该算法中很难处理的部分，只能通过别的方法来解决这个问题。这种类型推荐系统更适用于相对稳定的系统，相似度只计算一次便可以存储下来供后面使用，能够更快地响应用户，增强用户体验。

总结来说，在广泛应用的实际系统中，协同过滤系统具有以下优点：

(1)具有推荐新信息的能力，可以发现用户潜在的但自己尚未觉察的兴趣偏好。正因为如此，协同过滤在商业应用上也取得了不错的成绩，比如亚马逊、CDNow、MovieFinder 都采用了协同过滤的技术来提高服务质量。

(2)能够推荐艺术品、音乐、电影等难以进行内容分析的产品。

虽然协同过滤推荐系统得到了广泛的应用，但是也面临很多问题。

(1)用户对商品的评价非常稀疏，这样基于用户的评价所得到的用户间的相似性可能不准确(即稀疏性问题)；

(2)随着用户和商品的增多，系统的性能会越来越低(即可扩展性问题)。因此，有的推荐系统采用基于产品相似性的协同过滤算法，在产品数量相对稳定的系统中，这种方法是很有效的，比如亚马逊的书籍推荐系统。但是，对于产品数量不断增加的系统，比如 Delicious 系统，这种方法是不适用的。在 Web 应用中，响应速度是影响用户体验最重要的因素之一，这极大地限制了基于用户的协同过滤技术在实际系统中的使用。亚马逊更多地使用了基于产品的协同过滤技术，而且随着亚马逊的成功，基于产品的协同过滤算法也流行起来。

(3)如果从来没有用户对某一商品加以评价，则这个商品就不可能被推荐(即最初评价问题)。因此，现在的电子商务推荐系统都采用了综合几种推荐技术的方式来解决这个问题。

## 6.3 基于二部分网络的个性化推荐算法

### 6.3.1 二部分网络

二部分网络又叫二部分图，是一种具有特殊构成特征的网络。若顶点集为 $V$、边集为 $E$，则称一个无向简单网络 $G(V,E)$ 为二部分网络，至少应该存在一对节点集合

$X$ 和 $Y$,满足:

(1)$X \cap Y = \emptyset$;

(2)$X \cup Y = V$;

(3)$E$ 中任意边一定恰有一个顶点在集合 $X$ 中,另一个顶点在 $Y$ 中。

很多常见的网络是二部分网络。例如,所有的树都是二部分网络,四方晶格也是二部分网络。事实上,可以进一步证明,对于一切可平面图,如果每一个面都是偶边形,那么它就是二部分网络。

很多真实的网络也是天然的二部分图。例如,异性的性关系网络是以男性和女性为两个分离集的二部分网络,合作网络是以参与者和事件为两个分离集的二部分网络,互联网电话网络是以电脑和电话号码为两个分离集的二部分网络,电子商务网络是以用户和商品为两个分离集的二部分网络,人类疾病网络是以身心机能失调表现和致病基因为两个分离集的二部分网络,等等。

二部分网络具有很多性质。例如,二部分网络都不包含长度为奇数的圈,反之,一个不包括长度为奇数的圈的网络肯定是一个二部分网络;二部分网络都是可以二着色的;二部分网络的谱具有对称性;等等。利用这些性质,针对一个节点规模为 $N$ 的无向简单网络,可以用线性时间复杂性 $O(N)$ 来判断该网络是不是一个二部分网络。

那么,在我们探讨的推荐系统中,最常见也是最常使用的就是用户—产品二部分网络。任何一个推荐系统都可分为用户和产品两个集合,用户会对自己了解的产品进行某种操作行为,比如打分、评价或者收藏、分享等,这些行为在一定程度上反映了特定用户对特定产品的态度——喜欢或者不喜欢,基于这个前提的推荐算法才能产生和发挥作用。

推荐系统由用户集、节点集以及这两个节点集之间的连边组成,整个系统可以通过一个二部分网络 $G(U,O,E)$ 来表示。我们定义产品集合为 $O=\{o_1,o_2,\cdots,o_m\}$,用户集合为 $U=\{u_1,u_2,\cdots,u_n\}$,且连边集合为 $E=\{e_1,e_2,\cdots,e_q\}$,那么推荐系统可以表示为矩阵 $A=a_{ij}\in R^{m,n}$,其中 $a_{ij}=1$ 表示用户 $u_i$ 选择了产品 $o_j$,否则 $a_{ij}=0$。我们来看一个二部分网络的示意图。如图 6－2 所示,假设这是一个电子商务网络,左边的集合是用户,右边的集合是商品,中间的连边代表选择或者购买关系。例如,用户 U 购买了商品 $o_1$、$o_2$ 和 $o_3$。如果这个二部分网络是不含权的,那么对于一个用户来说,度就是他购买商品的种类和数目;而对于一件商品来说,度就是它卖给了多少个不同的用户。

在讨论二部分网络度分布的时候,集合 $X$ 中节点的度分布和集合 $Y$ 中节点的度分布往往是分别分析的。一般而言,这两个度分布的形式不尽相同。以用户—产品二部分网络为例,Lambiotte 和 Ausloos 分析了音乐网站 audioscrobbler. com 上用户的

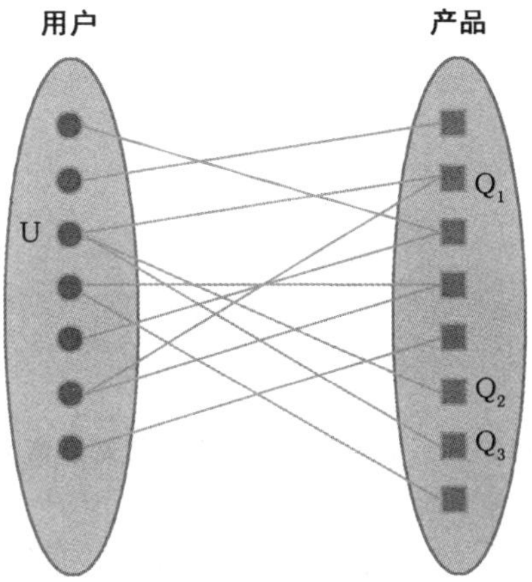


图 6—2　一个用户—产品二部分网络示意图

音乐数据库，发现商品的度分布是幂律分布的，而用户的度分布是指数的。

研究二部分图的时候，我们经常将它投影成两个单部图来考虑，按照投影方式可分为无加权投影和加权投影。

(1)无加权二部分图投影

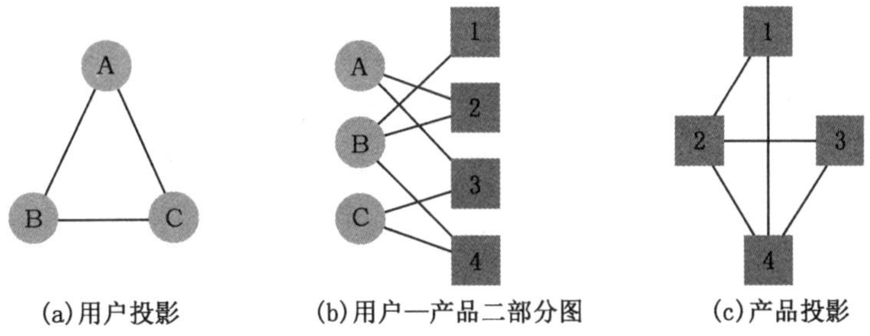


图 6—3　二部分图网络无加权投影示意图

二部分图的无加权投影规则为：如果同一类节点有公共邻居，则它们相连。如图 6—3(b)中，用户节点 A 和 B 共同连接了产品 2，因此用户 A 与 B 是相连的。该种投影模式很简单，但是也有很大的缺陷，因为给出的信息极其有限。例如，在演员与电影合作网中，连边只能表示这两个演员合作过，但是无法给出他们合作的具体信息，如合作次数等。

(2)加权二部分图投影

加权二部分图的投影主要包括简单加权投影和基于资源分配方式的加权投影。

简单加权方式的二部分图投影经常采用的一种方法，它的投影过程为：把两个节点的公共邻居数目作为权值。如图 6—4 所示，用户 B 和 C 有两个公共邻居分别为 2

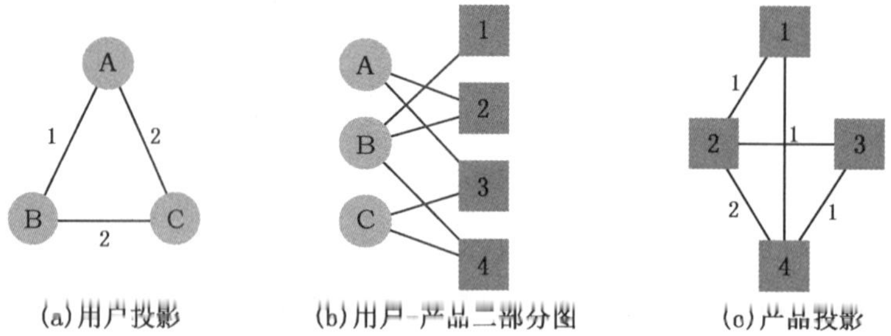


**图 6—4 简单加权二部分图投影示意图**

和 4,则 B 和 C 连边的权值为 2。这种方式比无加权二部分图投影方式包含了更多的信息,同样在演员与电影合作网中,不仅显示两个演员是否合作过,而且能得知他们的合作次数,具有一定的现实意义。这样的权值是对称的,而且只有一个参与者的项目的信息会丢失。

资源分配算法认为边的权重一般不是对称的。例如,在科学家合作网中,因为几个合作者对于他们之间的合作的亲密程度的贡献的估计是不一样的,如果一个科学家与很多其他科学家都有过合作,那么他对该合作的亲密程度的贡献较小,故对他赋予的权值也较小。因此,提出了基于资源分配的观点来进行投影。在本例中,设 $x$ 代表项目,具有初始资源,$y$ 为参与者。该资源分配过程分为两个步骤:首先是将 $x$ 中资源分配到节点 $y$ 中,分配的原则是将该项目节点所具有的资源均匀地分配到与该节点直接相连的参与者节点,作为它们的资源;其次是将 $y$ 中资源分配到节点 $x$ 中,分配的原则是均匀地分配到与参与者直接相连的项目,作为项目最终的资源,如图 6—5 所示。

### 6.3.2 基于二部分网络的推荐算法

考虑一个由 $m$ 个用户和 $n$ 个产品(如书、电影、网页)构成的推荐系统,其中如果用户 $i$ 选择过产品 $j$,就在 $i$ 和 $j$ 之间连接一条边 $a_{ji}=1$,否则 $a_{ji}=0$。由此,这个系统可以用一个具有 $m+n$ 个节点的二部分网络表示。对于任意目标用户 $i$,推荐算法的目的是把所有 $i$ 没有选择过的产品按照 $i$ 喜欢的程度进行排序,并且把排名靠前的那些产品推荐给用户 $i$。假设用户 $i$ 选择过的所有产品都具有某种向 $i$ 推荐其他产品的能力。这个抽象的能力可以看作位于相关产品上的某种可分的资源——拥有资源的产品会把更多的资源交给自己更青睐的产品。对于有 $m$ 个用户和 $n$ 个产品的一般的推荐系统,如果用 $w_{ij}$ 表示产品 $j$ 愿意分配给产品 $i$ 的资源配额,可以得到 $w_{ij}$ 的一般表达式为:

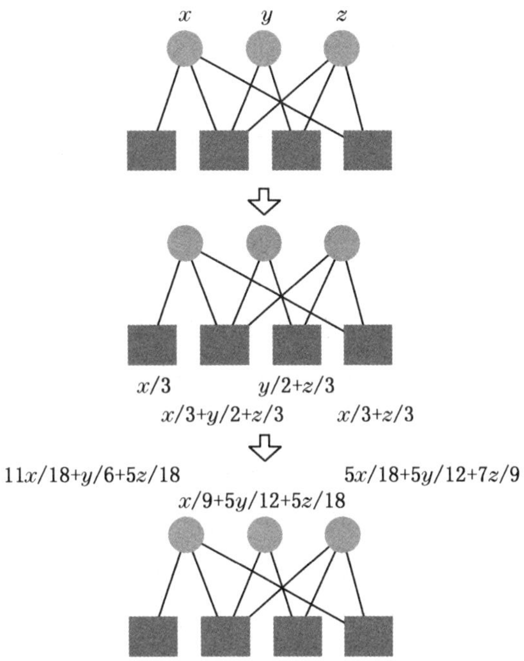


**图 6—5　二部分图网络资源分配示意图**

$$w_{ij}=\frac{1}{k_j}\sum_{l=1}^{m}\frac{a_{il}a_{jl}}{k_l} \tag{6-4}$$

其中，$k_j$ 表示产品 $j$ 的度(被多少用户选择过)，$k_l$ 表示用户 $l$ 的度(该用户选择过多少产品)。

对于给定的一个目标用户，将他选择过的产品上的初始资源设为 1，其他设为 0，这样就得到一个 $n$ 维的 0/1 矢量，代表针对该个体的初始资源分配构型。显然，这个初始构型表达了个性化信息，对于不同用户是不一样的。记这个矢量为 $f$，通过上述过程得到的最终的资源分配矢量可以表示为：

$$\boldsymbol{f}'=\boldsymbol{W}\boldsymbol{f} \tag{6-5}$$

把目标用户没有看过的所有产品，按照矢量 $\boldsymbol{f}'$ 中对应元素的大小进行排序——值越大就说明该用户越喜欢(这些产品在那些已经被选择过的产品心目中总的分量最重)。排序靠前的产品，可以推荐给目标用户。

为了量化算法的精确性，把真实数据随机划分为两个部分：一部分看作训练集，另外一部分是隐藏起来用于检测算法准确程度的测试集。构造二部分图和计算 $\boldsymbol{W}$ 矩阵时，只有训练集可以使用。在没有其他已经条件的前提下，只能假设用户已经选择过的产品是他喜欢的，因此，一个好的算法应该要把训练集中已知的用户喜欢的产品排在比较靠前的位置。对于任意一个用户 $i$，假设他有 $L_i$ 个产品是没有选择过的，那么算法会给出这 $L_i$ 个产品一个按照喜好程度的排序(最终资源数量相同的产品被赋予一个随机的序号)。如果在测试集中 $i$ 选择了产品 $j$(这同时意味着 $j$ 不会出现在训练集中，因此是算法中 $L_i$ 个没有选择的产品之一)，而 $j$ 被算法排在第 $R_{ij}$ 位，那么认为 $(i,j)$ 的相对位置是：

$$r_{ij}=\frac{R_{ij}}{L_i} \tag{6—6}$$

MovieLens 作为标准数据库被用于测试算法的准确程度，该数据库包含了 943 个用户和 1 682 部电影，由 GroupLens 研究小组收集(http://www. grouplens. org)。用户给自己看过的电影打 1～5 分，其中 1 分表示最不喜欢，5 分表示最喜欢。假设分数大于等于 3 表示用户喜欢这部电影，并依此建立二部分网络，该网络共包含 85 250 条边。这些边被随机划分为两部分，其中 90%归为训练集、10%归为测试集。运行推荐算法后，测试集中每一组用户—电影对 $(i,j)$ 都会对应一个相对位置值 $r_{ij}$。将所有用户—电影对 $(i,j)$ 的相对位置求平均值 $\langle r\rangle$，这个值可以量化评价算法的精确度——$\langle r\rangle$ 越小越精确。通过计算得到，全局排序算法的 $\langle r\rangle=0.136$，基于 Pearson 系数的协同过滤算法的 $\langle r\rangle=0.120$，基于用户—产品二部分网络结构算法的 $\langle r\rangle=0.106$。基于网络结构算法的 $\langle r\rangle$ 在三种算法中最小，说明准确程度最高。

## 6.4 基于内容相似性的算法

历史上，最初的基于内容的推荐(content-based recommendation)是协同过滤技术的延续与发展，它不需要依据用户对项目的评价意见，而是依据用户已经选择的产品内容信息计算用户之间的相似性，进而进行相应的推荐。随着机器学习等技术的完善，当前的基于内容的推荐系统可以分别对用户和产品建立配置文件，通过分析已经购买(或浏览)过的内容，建立或更新用户的配置文件。系统可以比较用户与产品配置文件的相似度，并直接向用户推荐与其配置文件最为相似的产品。例如，在电影推荐中，基于内容的系统首先分析用户已经看过的打分比较高的电影的共性(如演员、导演、风格等)，再推荐与这些用户感兴趣的电影内容相似度高的其他电影。基于内容的推荐算法的根本在于信息获取和信息过滤。因为在文本信息获取和过滤方面的研究较为成熟，所以现有很多基于内容的推荐系统都是通过分析产品的文本信息来进行推荐的。

在信息获取中，表征文本最常用的是 TF-IDF 方法。该方法的定义如下：设有 $N$

个文本文件，关键词 $k$ 在 $n_i$ 个文件中出现，设 $f_{ij}$ 为关键词 $k_i$ 在文件 $d_j$ 中出现的次数，那么 $k_i$ 在 $d_j$ 中的词频 $TF_{ij}$ 定义为：

$$TF_{ij}=\frac{f_{ij}}{\max_z f_{zj}} \tag{6—7}$$

其中，分母的最大值可以通过计算 $d_j$ 中所有关键词 $k_z$ 的频率得到。在许多文件中，同时出现的关键词对于表示文件的特性、区分文件的关联性是没有贡献的。因此，TF 与这个关键词在文件中出现数的逆（IDF）一起使用，IDF 的定义为：

$$IDF_i=\log\frac{N}{n_i} \tag{6—8}$$

那么，一个文件 $d_j$ 可以表示为向量 $d_j=(w_{1j},w_{2j},\cdots,w_{kj})$，其中

$$w_{ij}=\frac{f_{ij}}{\max\limits_z f_{zj}}\log\frac{N}{n_i} \tag{6—9}$$

设 Content(s)为产品 s 的配置文件，也就是一些描述产品 s 特性的词组集合。通常 Content(s)可以从产品的特征描述中提取计算得到。在大多数的基于内容的推荐系统中，产品的内容常常被描述成关键词——Fab 系统就是一个典型的例子。Fab 是一个网页推荐系统，系统中用一个网页中最重要的 100 个关键词来表征这个网页。Syskill 和 Webert 系统用 128 个信息量最多的词表示一个文件。基于内容的系统推荐与用户过去喜欢的产品最为相似的产品，即不同候选产品与用户已经选择的产品进行对比，推荐匹配度最好的产品；或者直接向用户推荐与用户配置文件最为相似的产品。设 UserProfile（c）为用户 c 的配置文件，UserProfile（c）可以用向量（$w_{c1},w_{c2},\cdots,w_{ck}$）表示，其中每个分量 $w_{c1}$ 表示关键词 $k_i$ 对用户 c 的重要性。用户和产品都可以利用 TF-IDF 公式表示为 $w_c$ 和 $w_s$，在基于内容的系统中，用户 c 对产品 s 的打分 $r_{c,s}$ 常被定义为：

$$r_{c,s}=\cos(w_c,w_s)=\frac{w_c\cdot w_s}{\|w_c\|\times\|w_c\|} \tag{6—10}$$

除了传统的基于信息获取的推荐方法之外，一些实际系统中还采用了其他技术，例如 Bayes 分类、聚类分析、决策树、人工神经网络等。这些算法不同于基于信息获取方法的地方在于，算法不是基于一个函数公式来进行推荐，而是利用统计学习和机器学习技术从已有的数据中通过分析得到模型，基于模型进行推荐。例如，利用 Bayes 分类器对网页进行分类。这种分类器可以用来估计一个网页 $P_j$ 属于某个类 $C_i$ 的概率。给出这个网页中的关键词 $k_{1j},k_{2j},\cdots,k_{nj}$，得到这些关键词属于 $C_i$ 类的概率。虽然关键词彼此相互独立的假设条件不切实际，但是这种分类方法在实际系统中仍然有很高的分类准确率。

基于内容的推荐系统中，用户的配置文件构建与更新是其中最为核心的部分之

一，也是目前研究人员关注的焦点。可以利用用户的喜好信息构建配置文件，把用户的兴趣点归纳为几个主题文件，进而在连续的 Web 文件流中依次对比 Web 的文本内容与主题文件的相似度，选择性地把相似度较高的 Web 展示给用户并更新用户的配置文件。进一步地，也可以在用户的配置文件中建立一些问题集，利用已有数据与用户配置文件相似度的概率分布确定一个最佳阈值，使得系统可以最大限度地区分与用户的配置文件相关或不相关的文件。只有与用户配置文件的相似度大于最佳阈值的文件，才能影响用户配置文件的更新。这种方法不仅可以进一步提高算法的精确性，而且可以大大提高系统的运行效率。

通常用户的配置文件都是由一些关键词表示，如果利用索引方法则可以节约存储空间。然而，当用户的兴趣爱好发生改变的时候，配置文件更新的代价是很大的。通过区分长期感兴趣与短期感兴趣的关键词，赋予短期感兴趣的关键词更高的权重，在此基础上建立新的关键词更新树，从而大大减少了更新配置文件的代价。也可以利用 WordNet 构建基于语义学（semasiology）的用户配置文件，配置文件通过机器学习和文本分类算法得到，里面包含了用户喜好的语义信息，而不仅仅是一个个关键词。在基于内容的协同过滤系统上的实验结果表明，这种方法建立的配置文件可以大大提高推荐的准确性。AdROSA 广告推荐系统利用用户注册信息构建配置文件，并且加入用户的 IP 地址、浏览习惯等信息。该配置文件与 Web 的内容信息进行匹配分析，相似性最高的 Web 被推荐给用户。

自动获取或更新用户配置文件的方法需要在配置文件的准确性和易更新性方面找到平衡。准确地捕捉用户喜好信息需要大量的计算资源，更新速度相应也要慢得多；反之，如果更新速度快，就要牺牲其准确性。人机交互的方法是解决这个问题的方法之一。例如，在线旅行推荐系统通过简单的交互式问题来获取用户的喜好信息，进而给用户推荐相应的旅游线路或旅行产品。用户在开始的时候可能对自己的喜好也不是很清楚，因此利用交互式提问的方式是获取用户喜好信息的便捷方法之一。

不同语言构成的配置文件无法兼容也是基于内容的推荐系统面临的又一个大问题。可以用多种语言的词语表示用户的配置文件，从而可以在多语种环境中进行推荐。总的来说，基于内容推荐的优点有：

（1）可以处理新用户和新产品问题（冷启动）。由于新用户没有选择信息、新产品没有被选信息，因此协同过滤推荐系统无法处理这类问题。但是，基于内容的推荐系统可以根据用户和产品的配置文件进行相应的推荐。

（2）实际系统中，用户对产品的打分信息非常少，协同过滤系统由于打分稀疏性的问题而受到很大的限制。基于内容的推荐系统可以不受打分稀疏性问题的约束。

（3）能推荐新出现的产品和非流行的产品，能够发现隐藏的“暗信息”。

(4)通过列出推荐项目的内容特征,可以解释为什么推荐这些产品,使用户在使用系统的时候具有很好的用户体验。

基于内容的推荐系统不可避免地受到信息获取技术的约束,例如,自动提取多媒体数据(如图形、视频流、声音流等)的内容特征具有技术上的困难,这方面的相关应用受到了很大的限制。下一节我们将介绍基于用户—产品二部分图网络结构的推荐算法,这种算法不仅可以不受信息挖掘技术的制约,而且可以解决协同过滤推荐系统中打分稀疏性和算法可扩展性等问题。不过,此类算法仍然难以从根本上解决冷启动的问题。

## 6.5　评价指标

有效地对推荐系统进行评价是一个非常具有挑战性的课题,并且随着 Web2.0 技术和互联网技术的迅猛发展,个性化推荐系统被广泛应用。推荐系统的评价也越来越重要,对推荐系统的科学评价不仅能够从理论上比较推荐系统的价值和意义,而且能够为用户等群体提供一个正确看待推荐系统作用的角度。在实际应用的巨大需求的推动下,为推荐系统设计评价指标也成为一个相关的研究热点。

截至目前,经过科研工作人员的不断努力,已经有很多的评价指标,但是从纷繁复杂的指标群中找到一个合适的指标对系统或算法进行评价还是十分困难的,尤其是在需要对比不同系统优劣的时候,更是难以找到可以综合评价系统表现的指标。一方面是由于设计的评价指标自身固有的局限性,另一方面还在于应用推荐系统的目的也是各不相同,有的仅仅追求准确,有的则希望提供个性化新颖的产品推荐。所以迄今,如何客观、有效地评价推荐系统仍然是一个没有定论的问题。在众多的评价指标中,如何进行选择实际上是非常困难的,由于推荐系统在某些指标上表现好、在某些指标上表现差,所以很难综合判断这个系统的好坏。

虽然目前已经有数量众多的评价指标,但是所有这些评价指标都需要解决一些通用的问题。这些问题的解决对于推荐系统评价和推荐系统本身的研究具有非常重要的意义。同时,尽管想做到完全客观全面地评价推荐系统是非常困难的,但是有一点是肯定的,那就是一个好的推荐系统一定是以用户体验为中心的。因为用户的体验和反馈是评价推荐系统最真实、最客观、最重要的指标。总的来说,评价推荐系统的工作应当在以用户体验为中心这个基本理念下,除了提高推荐的准确度、多样性、流行性以及覆盖率等指标以外,还应该从以下四个方面继续进行深入研究:

(1)推荐效率。结合前文阐述个性化推荐发展面临的问题以及增量和大数据问题，如何在信息爆炸增长的今天，提升推荐算法的时间效率和空间效率显得越来越重要。只有提高推荐算法效率、加强增量算法研究、提出更好的评价指标，才能从容地面对海量数据，做出及时的分析和处理。另外，算法效率的高低还决定着是否能够抓住用户的即时兴趣，真正实现时时的个性化推荐。在这方面，推荐算法的研究和推荐算法的评价都需要正视增量算法的研究。

(2)鲁棒性。提高推荐算法的鲁棒性，减少推荐的干扰因素，净化系统环境。推荐算法的核心就是通过分析用户的历史行为来挖掘用户潜在的兴趣和用户的行为模式，进而为用户进行推荐。这与个性化推荐系统面临的问题相对应。该项要求系统不但能够识别出恶意的用户，而且能够对这些恶意的行为做出有效的反映，阻止恶意用户以及他们制造的垃圾信息对于推荐系统的长期侵害，这对于个性化推荐系统的健康发展至关重要。

(3)友好性。当前社会已经进入了用户体验为王的时代。推荐系统用户界面的友好程度和良好的用户体验，对于用户选择并继续使用有着重要的影响与意义。相关研究表明，推荐系统界面设计是用户对推荐系统的第一印象，一个明亮、整洁、轻松的界面一般能让用户心情愉悦。这项重要的指标一方面难以度量和量化，另一方面还因个人喜好的不同而存在区别，所以目前尚未考虑此因素的评价指标。

(4)互动性。增强用户与系统之间的交互，可以更加深入细致地挖掘和了解用户的兴趣，一般来说，推荐算法的设计都会有一个自由参量，算法在不同的数据集上运行，最优的参数值也不尽相同。也就是说，对于某个数据集或者某个用户的最优参数值，对于其他的用户也许不是最优的。然而，系统针对每个用户学习最优参数几乎是不可能的，一种更可行的方式就是加强用户与系统的互动，让用户通过自身的体验寻找适合自己的参数。推荐系统应该在交互性上设置评价指标，动态地调整推荐系统，以便推荐系统能够根据不同的时间、不同的人真正做到个性化的推荐。

### 6.5.1　推荐的准确度

推荐的准确度是评价推荐算法最基本的指标。它衡量的是推荐算法在多大程度上能够准确预测用户对推荐商品的喜欢程度。目前，大部分关于推荐系统评价指标的研究是针对推荐准确度的。准确度指标有很多种，有些衡量的是用户对商品的预测评分与真实评分的接近度，有些衡量的是用户对商品预测评分与真实评分的相关性，有些考虑的是具体的评分，还有些仅仅考虑推荐的排名。

一个推荐系统的主要目标就是识别用户的兴趣，进而向不同的用户推荐其喜欢的产品。也就是说，推荐系统需要帮助用户按照用户的喜好生成一个推荐列表，此处我们用平均排序打分来度量算法的准确度。对于任意一个随机的目标用户 $u_i$，如果用户—产品对 $u_i-o_j$ 在测试集中(相应地，在训练集中用户 $u_i$ 没有选择产品 $o_j$)，我们度量产品 $o_j$ 在列表中的位置。例如，如果训练集中用户未选择的产品有 10 个，测试集中用户喜欢的某个产品在推荐列表中排名第二，那么这个产品的排序分就是 $r_i=2/10=0.2r_i=\frac{10}{100}=0.1r_i=\frac{10}{100}=0.1$。因此，我们平均所有的排序打分就可以很好地度量算法的效果：

$$\langle r\rangle=\frac{1}{n}\sum_{i=1}^{n}\left(\frac{\sum_{(u_i,o_j)\in E^p}r_{ij}}{C-k_{u_i}}\right) \tag{6-11}$$

其中，$E^p$ 是测试集中存在的边，$C$ 为测试集中产品的个数，$n$ 是用户数目，$k_{u_i}$ 表示用户 $u_i$ 选择的产品数目。因为测试集中的用户—产品对是用户实际连接的，所以，一个好的算法应该能够将这些产品放在更高的位置，得到更小的平均排序打分$\langle r\rangle$。

### 6.5.2　被推荐产品的流行性

实际应用中，已经发现即便是准确率比较高的推荐系统也不能保证用户对其推荐结果满意。一个好的推荐系统应该向用户推荐准确率高并且又有用的商品。例如，系统推荐了非常流行的商品给用户，虽然可能使得推荐准确度非常高，但是对于这些信息或者商品用户很可能早已从其他渠道得到，因此用户不会认为这样的推荐是有价值的。为了弥补基于预测准确度的评价指标的不足，最近相关学者提出了衡量推荐多样性和新颖性的指标。在产品—用户二部分网络中，一个用户的 $C_4$ 值可以度量其兴趣的变化模式，也可以用信息熵来衡量用户群体兴趣的多样性。

一个好的推荐算法应该可以帮助用户发现新颖的和不流行的产品，因为用户自身很难发现这些产品。评价指标流行性就是为了度量算法生成的推荐列表具有的新颖性的一个量，它可以被定义为被推荐产品的平均度数：

$$\langle k\rangle=\frac{1}{n}\sum_i\left(\frac{1}{L}\sum_{o_\alpha\in O_i^L}k_{o_\alpha}\right) \tag{6-12}$$

其中，$O_i^L$ 是用户 $u_i$ 的长度为 $L$ 的推荐列表。$\langle k\rangle$越小，表明推荐列表中的产品越不流行和新颖，使得用户有更好的体验。

### 6.5.3　推荐产品的多样性

另外，我们利用平均 Hamming 距离度量推荐列表的多样性。用户 $i$ 和 $j$ 推荐列表的 Hamming 距离被定义为：

$$H_{ij}=1-\frac{\langle Q_{ij}(L)\rangle}{L} \tag{6-13}$$

其中，$L$ 为推荐列表的长度，$Q_{ij}(L)$为系统推荐给用户 $i$ 和 $j$ 的两个推荐列表中相同产品的个数。推荐列表的多样性定义为 $H_{ij}$ 的平均值 $S=\langle H_{ij}\rangle$。推荐列表多样性的最大值为 1，即所有用户的推荐列表完全不同；最小值为 0，意味着所有用户的推荐列表完全相同。

### 6.5.4 分类准确度、准确率与召回率

分类准确度指标衡量的是推荐系统能够正确预测用户喜欢或者不喜欢某个商品的能力。它特别适用于那些有明确二分喜好的用户系统，即要么喜欢要么不喜欢。对于有些非二分喜好系统，在使用分类准确度指标进行评价的时候，往往需要设定评分阈值来区分用户的喜好，比如在 5 分制系统中，通常将评分大于 3 的商品认为是用户喜欢的，反之则认为是用户不喜欢的。例如，在 MovieLens 的电影推荐系统中，1 颗星表示再也不会看，2 颗星表示平庸之作，3 颗星表示比较好看，4 颗星表示很好看，5 颗星表示非常好看。与预测评分准确度不同的是，分类准确度指标并不是直接衡量算法预测具体评分值的能力，只要是没有影响商品分类的评分偏差都是被允许的。

一般来说，因为用户只考虑推荐列表中排名靠前的产品，所以一种更好的办法就是仅仅考虑推荐列表的前 $L$ 个位置的产品。我们采用准确率来度量这种准确度。对于一个目标用户，准确率被定义为测试集中的产品出现在推荐列表中的个数与推荐列表长度 $L$ 的比值。计算所有用户的准确率的平均值 $P(L)$：

$$P(L)=\frac{1}{n}\sum_i \frac{d_i(L)}{L} \tag{6—14}$$

其中，$d_i(L)$表示用户 $u_i$ 在测试集中连接的同时也位于推荐列表前 $L$ 个位置的产品个数。准确率越大，表示算法的推荐效果越好。

召回率是出现在测试集中连接的同时也位于推荐列表前 $L$ 个位置的产品个数与测试集中所有连接产品个数 $C_i$ 的比值。平均所有用户的召回率，得到数据集上所有用户的平均召回率，即：

$$R(L)=\frac{1}{n}\sum_i \frac{d_i(L)}{C_i} \tag{6—15}$$

平均召回率越大，表示算法的推荐效果越好。

### 6.6.5 F 指标

$$F_c=\frac{2\times P_c\times R_c}{P_c+R_c} \tag{6—16}$$

F值即为正确率和召回率的调和平均值，是综合这二者指标的评估指标，用于综合反映整体的指标。准确度只是衡量算法指标的一个方面，实际中根据操作需要的不同，提出了很多其他的指标。

### 6.5.6 新颖性

我们知道，一个最佳的推荐系统是可以向用户推荐他们从未选择或者购买过但是会非常喜欢的产品。因此，在这里我们引入两个新的衡量推荐系统的指标：新鲜性和意外性。新鲜性的定义如下：

$$N(L)=\frac{1}{ML}\sum_{i=1}^{M}\sum_{\alpha\in O_R^i}k_\alpha \tag{6—17}$$

其中，$O_R^i$ 代表 $u_i$ 的推荐产品的列表，$M$ 是用户的数目，$k_\alpha$ 是产品的度。较低的流行性意味着更高的推荐新鲜性。

除了上面介绍的几种推荐算法衡量指标以外，不同的学科有不同的衡量方式。无论是提高推荐算法效率、鲁棒性或可解释性，加强用户界面的友好程度，还是加强用户与系统的互动，其最终目的都是为了提高用户体验感和满意度。为什么有时候人们更愿意去一些环境优雅的小书屋阅读或购买书籍，而不是选择品种更加齐全的大书城，原因就在于特色的书屋相比千篇一律的书城，无论在购物环境还是服务上都能够使顾客更满意。真正的利润不是来自商品本身，而是来自用户的购买或点击行为。用户良好的体验感正是促成这种行为的原动力。如何设计以用户体验为中心的推荐系统将成为下一代信息过滤技术的一个核心问题，而相应的系统评价指标的设计也是任重而道远。

## 6.6 小结

虽然个性化推荐系统发展较快，很多不同领域的科研工作者纷纷从自己的角度出发提出各种各样的推荐系统，但是个性化推荐在发展中面临着不少的挑战。

(1)数据稀疏性问题。随着技术的不断进步，待处理的推荐系统规模越来越大，用户和商品数目动辄百千万计，但是两个用户之间选择的重叠非常少。如果以用户和商品之间已有的选择关系占所有可能存在的选择关系的比例来衡量系统的稀疏性，那么我们平时研究的数据非常稀疏，绝大部分基于关联分析的算法(如协同过滤)效果都不好。数据稀疏度问题本质上是无法完全克服的，但是有很多办法，可以在相当程度上缓解这个问题。例如，可以通过扩散的算法，从原来的一阶关联(两个用户有多少相似打分或者共同购买的商品）到二阶甚至更高阶的关联，甚至通过迭代寻优的方法，考虑全局信息导致的关联。这些方法共同的缺点是建立在相似性本身可以传播的假设上，并且计算量普遍较大。

（2）冷启动问题。新用户因为没有可以利用的行为信息，或者新商品被选择次数很少，所以难以精确地进行推荐，这叫作冷启动问题；因为个性化推荐系统是依据用户的历史交易记录来开展的，在这种情况下不存在或者存在很少的信息，所以导致推荐系统可以利用的信息少，推荐生成的结果准确度就会很差；因为标签既可以看作商品内容的萃取，同时也反映了用户的个性化喜好，但事实上，利用标签也只是提高有少量行为的用户的推荐准确性，所以对于纯粹的冷启动用户是没有帮助的，原因在于这些人可能根本没有打过任何标签。

（3）大数据处理计算问题。尽管数据稀疏，但随着互联网的快速发展，大部分数据都拥有百万千万的用户和商品，数据量不仅大，而且数据本身还时时动态变化，如何快速高效地处理这些数据就成为迫在眉睫的问题。因为 Web 电子商务系统的快速响应极其重要，当用户使用系统时，响应时间的长短很大程度上决定了用户的印象和用户体验，因此，推荐算法的算法时间和空间的复杂性非常重要。

（4）多样性与精确性的两难困境。一味地盲目追求精确性可能伤害推荐系统，使用户得到一些信息量为 0 的“精准推荐”，这与个性化推荐的核心理念是相悖的。另外，应用个性化推荐技术的商家，也希望推荐中有更多的品类出现，从而激发用户新的购物需求。综合具有良好准确度的基于物质扩散的协同过滤算法和具有良好多样性的热传导推荐算法，在这个问题上做了很好的尝试，实验结果显示，很好地平衡了多样性与精确性两个指标。

（5）推荐系统的脆弱性问题。有些别有用心之人故意增加或者压制某些商品被推荐的可能性，误导推荐系统生成预订的推荐结果。例如，国内知名的电影、书籍推荐社区豆瓣网，经常出现当几部电影同时上映时，网络上出现大量水军，故意抬高或者压低某部电影的评分，起到一种变相营销的目的，使得推荐生成的结果被人为控制，这将导致用户对于推荐系统的不信任感，不利于推荐系统的发展。

（6）用户行为模式的挖掘和利用。挖掘用户的行为模式可以从不同的角度提高推荐的效果或在更复杂的场景下进行推荐。例如，一般而言，新用户倾向于选择热门商品，而老用户则对于小众商品关注更多；新用户所选择的商品相似度更高，老用户所选择的商品多样性更高。此外，随着移动互联网的广泛发展，LBS 业务相关的推荐也随之不断出现并得以利用，通过移动终端确定用户的位置，进而向用户推荐位置附近的服务。在推荐系统上深入挖掘用户的时空行为模式，将使得推荐系统出现新的亮点。

(7)推荐系统效果评估。常见的评估指标可以分为四大类:准确度、多样性、新颖性和覆盖率。每一类下辖很多不同的指标,例如准确度指标又可以分为四大类,即预测评分准确度、预测评分关联、分类准确度和排序准确度。以分类准确度为例,又包括准确率、召回率、准确率提高率、召回率提高率、F1 指标和 AUC 值。目前,推荐系统指标都是基于数据本身的指标。实际上,在真实应用时,更为重要的是商业应用上的关键表现评价和用户真实的体验评价,而目前的研究涉及后者的较少甚至没有,需要在用户商家之间建立更加紧密的联系,为用户也为商家评价推荐系统提供不同的角度,这也就反过来促进推荐系统的发展。

(8)用户界面与用户体验。推荐结果的可解释性对于用户体验至关重要;也就是说,用户希望知道这个推荐是怎么来的,基于用户或者产品只看相似性的推荐(如协同过滤推荐算法)在这个问题上具有明显的优势。例如,亚马逊基于商品的协同过滤的推荐在发送推荐的电子邮件时,会告诉用户之所以向其推荐某书是因为用户以前购买过同类型的书,可解释性将会使得用户获得更好的用户体验。

(9)多维数据的交叉利用。多维数据挖掘,是指利用用户在其他电商平台的浏览购买历史来提高在目标电商推荐的精确度,这一方法有望真正解决系统内部冷启动问题。例如,某个用户可能关注了很多企业界成功人士的微博,并且分享了很多企业经营管理等方面的心得和问题,那么当你第一次在其他电子商务平台网购图书的时候,如果系统向你推荐经济管理类的经典和最新专著并附有折扣,一般会取得良好的效果。交叠社会关系中的数据挖掘又称多维数据挖掘,是真正有望解决推荐系统冷启动问题,如果仅从个性化商品推荐来讲,就是指利用用户在其他电商平台的浏览购买历史来提高在目标电商推荐的精确度。

(10)社会推荐。研究人员发现,用户更喜欢来自朋友的推荐而不是被系统"算出来的推荐",推荐系统充分考虑和融入社会推荐的因素,会使得推荐的结果更容易被用户接受,进而提高推荐效果。对于社会推荐的应用,当前最主要的问题就是如何能将社会信任关系引入其中,让用户知道系统推荐的结果是根据我的真实朋友来生成的。这些关于个性化推荐系统问题的出现,一方面说明个性化推荐系统的研究还有很长的路要走,另一方面也间接说明个性化推荐的研究已经进入了如火如荼的可喜局面。

推荐系统核心是推荐算法的设计。本章重点介绍了几种常用的个性化推荐算法、常用实验数据集以及度量算法的几类评价指标,并且阐述概括了目前个性化推荐系统面临的主要挑战和待解决的问题。

## 思考题

1. 个性化推荐系统包括哪些模块？这些模块分别起到什么作用？

2. 协同过滤算法的核心思想是什么？如何解决协同过滤算法中的冷启动问题？如何准确度量用户兴趣相似度？

3. 如何通过基于内容的推荐算法构建用户画像？

4. 基于用户—产品二部分网络的算法与协同过滤算法的关系是什么？

5. 如何评价个性化推荐算法的效果？

6. 如何从商业模式和技术角度解决隐私保护与个性化服务之间的矛盾？

# 第 7 章　传播动力学

在线社交网络的蓬勃发展，为开展传播动力学研究提供了丰富的数据基础，使得研究人员有机会在海量的真实数据的基础上，研究社会网络的传播机制，认识信息传播规律，并取得了阶段性成果。经典传播学教材《麦奎尔大众传播理论》提出了四种传播模式，即传递模式、仪式模式、"宣传"模式和接收模式。

社会网络的信息传播研究把上述四种传播模式进行抽象和提炼，忽略了传播内容、环境等要素的约束，也忽略了每个节点的年龄、性别、兴趣偏好等个人属性。在假设每个节点和每对关系具有同质化属性的基础上，重点研究网络的结构对于传播动力学的影响。本章主要介绍三类模型：(1)以网络结构为基础的研究成果主要包括独立级联模型、线性阈值模型和扩展模型；(2)以群体状态为基础的研究成果主要包括传染病传播模型和影响力传播模型；(3)以信息特性为基础的研究成果主要包括多源信息传播模型和信息竞争传播模型。

## 7.1　独立级联模型

学术界已经对影响传播模型有了深入的研究，其中独立级联模型(independent cascade model)和线性阈值模型(linear threshold model)是目前研究较广泛的两种影响传播模型。

独立级联模型作为信息传播模型中的一种，最初由 Jacob Goldenberg 等人在研究市场营销时提出。该模型的基本假设是节点 $u$ 试图激活其邻接节点 $v$ 的行为能否成功是一个概率为 $p(u,v)$ 的事件。且一个处于非活跃状态的节点被刚进入活跃状态的邻居节点激活的概率独立于之前曾尝试过激活该节点的邻居的活动。

此外，该模型还做出了这样的假设：网络中任意节点 $u$ 只有一次机会尝试激活其邻居节点 $v$，无论能否成功，在以后的时刻中，$u$ 本身虽然仍保持活跃状态，但它已经不再具备影响力，这一类节点称为无影响力的活跃节点。具体的算法如下：

(1)对于社会网络 $G(N,E)$，假设初始的活跃节点集合 $A$。

(2)在 $t$ 时刻,新近被激活的节点 $u$ 对它的邻接节点 $v$ 产生影响,成功的概率为 $p(u,v)$。若 $v$ 有多个邻居节点都是新近被激活的节点,那么这些节点将以任意顺序尝试激活节点 $v$。

(3)如果节点 $v$ 被激活成功,那么在 $t+1$ 时刻,节点 $v$ 转为活跃状态,将对其邻接非活跃节点产生影响;否则,节点 $v$ 在 $t+1$ 时刻状态不发生变化。

(4)该过程不断地进行重复,直到网络中不存在有影响力的活跃节点时,传播过程结束。以图 7—1 为例说明独立级联模型的计算过程。

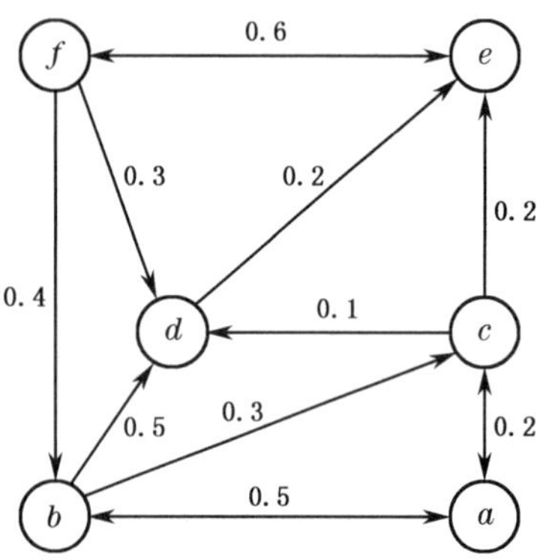


**图 7—1　具有 6 个节点的独立级联模型示意图,其中有向边权表示节点之间的影响力**

其中,边的方向代表"被关注",边权重代表节点激活的概率,例如 $b \to c$ 的权重为 0.3,说明 $b$ 节点有 0.3 的概率激活 $c$ 节点。

图 7—1 的独立级联模型传播过程如下:

(1)节点被激活。

(2)$a$ 节点以 0.5 的概率尝试激活 $b$,以 0.2 的概率尝试激活 $c$。假设 $b$ 节点在这一时间步内成功被激活。

(3)$b$ 节点以 0.3 的概率尝试激活 $c$,并以 0.5 的概率尝试激活 $d$。假设 $c$ 节点和 $d$ 节点在这一时间步内成功被激活。

(4)$c$ 节点以 0.2 的概率尝试激活 $e$,$d$ 节点以 0.2 的概率尝试激活 $e$。假设这一时间步内的尝试都失败了,没有新的节点被激活,传播停止。

## 7.2　线性阈值模型

与独立级联模型不同,线性阈值模型从受众的角度认为每个人被别人影响的程度受自身阈值影响。因此,针对某一具体传播的实体(谣言、绯闻、产品等),线性阈值模型将网络中的每个点描述为两种可能状态：不活跃(inactive)和活跃(active)。不活跃状态表示该个体还没有接受对应实体，而活跃状态表示该个体已经接受对应的实体。节点从不活跃状态变为活跃状态表示该节点接受了对应实体，也称为被激活。

在线性阈值模型中，每条边 $e=(u,v)$ 上都存在一个权重 $w(u,v)$，表示节点 $u$ 在节点 $v$ 的所有邻居中的影响力占比，权重越大说明节点 $u$ 对节点 $v$ 影响越大。需要注意的是，节点 $v$ 的所有入边上的权重之和要小于等于 1。除此之外，节点 $v$ 还有一个影响力阈值 $\theta_v$，阈值取值在[0,1]之间均匀随机选取，一旦确定就不再改变。节点 $v$ 的阈值越高，表明节点 $v$ 越不容易被影响；反之，阈值越低越容易被影响。

线性阈值模型的激活过程如下：初始时同样只有种子节点被激活，随后每个时间步所有未被激活的节点都根据其已被激活的入邻居到它的线性加权和是否达到阈值来决定是否激活该节点。与独立级联不同的是，每个被激活的节点都有多次机会去激活自己尚未被激活的邻居节点。

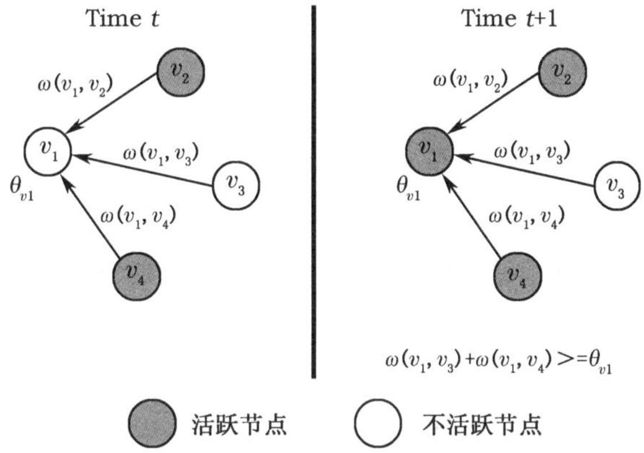


**图 7—2　线性阈值模型传播示意图**

图 7—2 给出了线性阈值模型算法步骤，可以分解为：

(1)初始化种子节点，然后激活种子节点作为初始激活集合。

(2)寻找尚未被激活且有激活节点作为邻居节点的节点，放入备选节点集合。

(3)依次对备选节点集合中的节点计算激活概率，然后尝试激活，被激活的节点将被放进激活集合。

(4)重复(2)(3)步骤，直至没有可激活的节点。

图 7—3 给出了存在 5 个用户 7 个关系的社会网络。从图中可以发现，如果只说服了 $v_1$ 用户，由于 $v_1$ 对 $v_3$ 用户的影响力是 0.4，而 $v_3$ 受 $v_1$ 影响的阈值是 0.7，因此不能被其影响。同理，$v_1$ 也无法说服 $v_3$。

尽管独立级联模型和线性阈值模型可以对社会网络的传播行为进行精确刻画，但

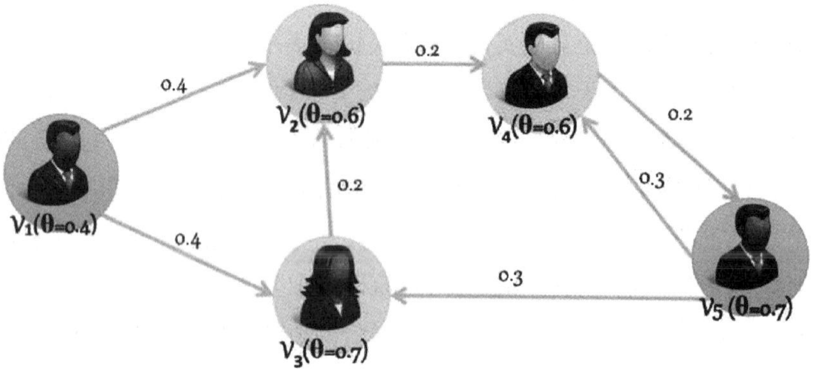


**图 7—3　线性阈值模型**

是两个模型都需要对边权的影响力以及每个人被别人说服的阈值进行估计；而且，不同用户之间的影响力和阈值受到环境、个人认知、舆论环境等因素的影响。因此，模型需要进一步完善以更好地与实证数据进行对应。

## 7.3　传染病模型

群体传播动力学模型中，传染病模型是其中的基础模型之一，该模型将个体所处的状态分为以下三类：

（1）易感染状态（susceptible）：尚未被感染，$S$ 型个体有可能被邻居感染。

（2）感染状态（infected）：已经被感染的状态，$I$ 型个体已经患病，就会以一定的概率把疾病传染给那些处于易感染状态的 $S$ 型邻居。

（3）康复状态（recovered）：也称免疫状态，$R$ 型个体经历了完整的传染期，并且之后不再被感染，因此可以不再考虑 $R$ 型个体。

在特定时刻我们对人群中三种状态的比例进行统计，即可掌握传染病的传播情况。

随着时间的推移，个体在不同状态之间转化。在初始时刻，通常假设只有极少数的个体处于感染状态，其余个体均处于易感染状态。在传染病爆发初期，大部分个体被感染的几率非常小，人群中 $I$ 型个体增长缓慢；在传染病爆发中期，一旦接触 $I$ 型个体，$S$ 型个体就可能转换为 $I$ 型个体，此时 $I$ 型个体数量迅速增长；在传染病爆发后期，被感染的个体将会康复并获得免疫力，不会被再次感染。

以上过程对现实情况进行了简化，传染病模型的一个基本假设是完全混合：每个 $S$ 型个体将以相同的概率接触 $I$ 型个体。这种假设使得我们不必知道疾病在人群中确切的接触网络，而是认为任何人之间的接触、传染过程均是随机的。除此之外，传染病模型不考虑在传染过程中个体的出生和死亡，以及处于潜伏期的个体（已被感染但是没有表现出症状）。

下面将介绍三种经典的传染病模型：SI 模型、SIS 模型和 SIR 模型。

### 7.3.1 易感染—感染模型(SI 模型)

SI 模型中个体只有易感染 $S$ 和感染 $I$ 两种状态，$S$ 型个体一旦被感染就永远处于 $I$ 型状态。因此，SI 模型常常被用于信息（或谣言）的传播过程，其中 $S$ 状态为不知道、$I$ 为知道。

假设在传染病传播过程中的总人口为 $N$，令 $S(t)$和 $I(t)$分别表示时刻 $t$ 的 $S$ 型个体数和 $I$ 型个体数，显然 $S(t)+I(t)=N$。不难想象，在 $t=0$ 时刻出现第一个 $I$ 型个体[$I(0)=1$]后，$I$ 型个体数量越来越多，在时间趋于无穷后所有人都将被感染，即 $I(\infty)=N$。根据 $SI$ 模型，我们可以计算人群中 $I$ 型个体数量随着时间的变化，任意时刻 $t$ 将会有多少人被感染。

已知在 $t$ 时刻有 $I(t)$个人处于感染状态，剩下 $S(t)$个人处于易感染状态。我们只需要知道从 $t$ 到 $t+\mathrm{d}t$ 的时间段内，有多少 $S$ 型个体转换成了 $I$ 型节点，就可以通过 $I$ 型个体的变化率计算出 $I(t)$在任一时刻的数值。

假设一个 $S$ 型个体在单位时间内有$\langle k\rangle$个接触对象，由于 $I$ 型节点在人群中是均匀分布的，因此一个 $S$ 型个体在单位时间内平均接触$\langle k\rangle I(t)/N$ 个 $I$ 型个体。我们再假设与一个 $I$ 型个体接触后被感染的概率为$\beta$，因此从 $t$ 到$t+\mathrm{d}t$ 的时间段内，一个 $S$ 型个体转换为 $I$ 型个体的概率为$\beta\langle k\rangle I(t)/N$。由于一共有 $S(t)$个 $S$ 型个体，因此从 $t$ 到$t+\mathrm{d}t$ 时刻过程内平均新增的感染个体数 $\mathrm{d}I(t)$为：

$$\beta\langle k\rangle\frac{S(t)I(t)}{N} \tag{7-1}$$

也就是说，$I(t)$的变化率满足：

$$\frac{\mathrm{d}I(t)}{\mathrm{d}t}=\beta\langle k\rangle\frac{S(t)I(t)}{N} \tag{7-2}$$

一般情况下，模型关注 $S$ 型和 $I$ 型个体在群体中所占比例，而不关注其具体数量。因此，在接下来的章节中都将使用变量

$$s=S(t)/N \tag{7-3}$$

$$i=I(t)/N \tag{7-4}$$

表示 $t$ 时刻$S$ 型个体和$I$ 型个体占比。因此，SI 过程可以表示为：

$$\frac{\mathrm{d}i}{\mathrm{d}t}=\beta\langle k\rangle si=\beta\langle k\rangle i(1-i) \tag{7-5}$$

上式也称为 Logistic 增长方程(Logistic growth equation),对应的 $S$ 型增长曲线如图 7—4 所示,其中 $\beta\langle k\rangle$ 又称为传播率(transmission rate)。对上式两侧进行积分得到:

$$i(t)=\frac{i_0 e^{\beta\langle k\rangle t}}{1-i_0+i_0 e^{\beta\langle k\rangle t}},i_0=i(0) \tag{7—6}$$

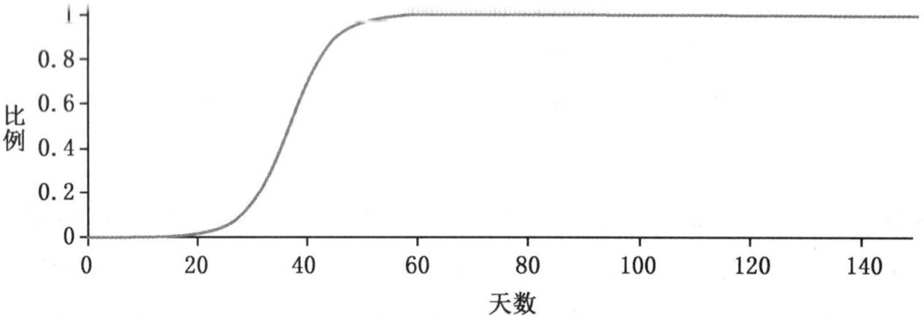


**图 7—4　SI 模型中 $S$ 状态的节点占所有节点比例的动态演化图**

在初始阶段,$I$ 型个体接触到的绝大部分是 $S$ 型个体,感染数量呈指数增长;随着 $S$ 型个体数量的减少,$I$ 型个体数量的增长逐渐饱和,直至所有个体均被感染。SI 模型虽然简单,但是我们从中可以得到许多启示,比如疫情防控的最佳机会就是爆发初期,减少接触人数 $\langle k\rangle$ 可以有效降低被感染的概率。在现实世界中,大多数传染病最终都将被人体免疫系统或者药物消灭,$I$ 型个体重新回到 $S$ 型状态。

### 7.3.2　易感染—感染—易感染模型(SIS 模型)

SIS 模型仍然考虑个体只有易感染 $S$ 和感染 $I$ 两种状态,不同之处在于,$I$ 型节点在单位时间内以概率 $\mu$ 康复回到 $S$ 型状态。因此,SIS 模型常被用于模拟流感、谣言等信息的传播过程。

在 SIS 模型中,从 $t$ 到 $t+\mathrm{d}t$ 时刻过程内,感染个体数 $\mathrm{d}I(t)$ 的变化包括两部分:一部分 $S$ 型个体以概率 $\beta$ 被感染成 $I$ 型个体,另一部分 $I$ 型个体以概率 $\mu$ 康复回到 $S$ 型个体。

$$\frac{\mathrm{d}i}{\mathrm{d}t}=\beta\langle k\rangle i(1-i)-\mu i \tag{7—7}$$

其中,$\mu$ 为 $I$ 型个体的康复率,$\mu i$ 是单位时间内康复人口数量。SIS 模型的动力学方程为:

$$i(t)=\left(1-\frac{\mu}{\beta\langle k\rangle}\right)\frac{Ce^{(\beta\langle k\rangle-\mu)t}}{1+Ce^{(\beta\langle k\rangle-\mu)t}} \tag{7—8}$$

图 7—5 显示的是传播率 $\beta\langle k\rangle=0.25$、康复率 $\mu=0.05$ 情形下 $I$ 型个体的增长曲

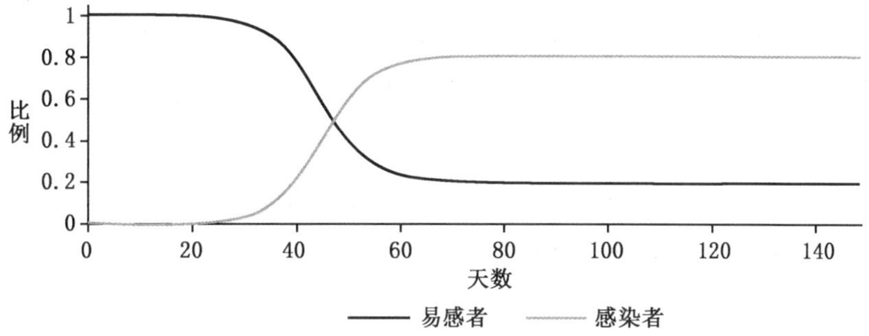


**图 7—5　SIS 模型中感染者 *I* 和易感者 *S* 的演化图**

线，此时康复率低于传播率。*I* 型个体数量变化依然服从 Logistic 曲线，不同的是，最终并不是所有人都会被感染，而是收敛至一个常数值。比如，当时间足够长时，人群中 79.9%的处于感染状态，而 20.1%处于易感染状态。当系统处于这样一个平衡点后，意味着单位时间内新增感染个体数量等于新增康复个体数量。增长和康复的速率分别为：

$$\beta\langle k\rangle i(1-i)=\mu i \tag{7—9}$$

当康复率 $\mu$ 大于传播率 $\beta\langle k\rangle$ 时，单位时间内康复的人数大于感染的人数，意味着 $i$ 将会随着时间指数下降，直至 *I* 型个体消失。图 7—6 显示的是传播率 $\beta\langle k\rangle=0.05$、康复率 $\mu=0.25$、$i(0)=0.3$ 情形下 *I* 型个体的变化曲线。这是因为单位时间内新增康复个体数量多于新增感染个体数量，因此这种类型的传染病无法大范围传播，一段时间后就会从人群中消失。

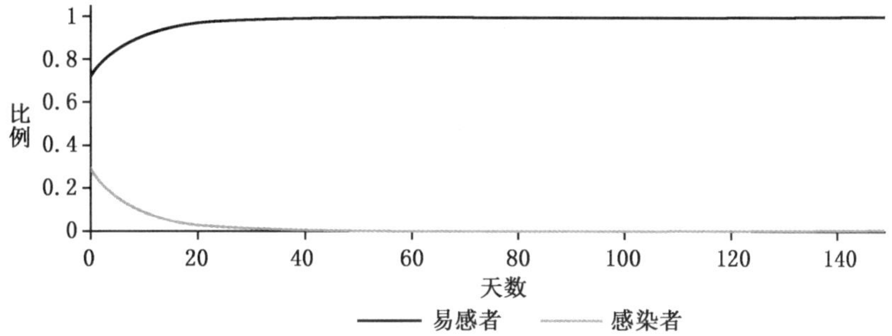


**图 7—6　当 $\beta\langle k\rangle=0.05$、$\mu=0.25$、$i(0)=0.3$ 情形下 SIS 模型中 *I* 型个体的变化曲线**

SIS 模型表明，某些传染病将会在人群中爆发，而另外一些传染病将会很快消亡，这取决于 SIS 模型中康复率和传播率的比值大小：

$$R_0=\frac{\beta\langle k\rangle}{\mu} \tag{7—10}$$

其中，$R_0$ 被称为基本再生数(basic reproductive number)，在疾病研究中它表示一个 $I$ 型个体在康复之前平均能够感染的 $S$ 型个体的数量。换句话说，$R_0$ 是理想环境下一个感染个体所引发的新增感染人数。基本再生数 $R_0$ 具有在疾病防控工作中具有重要参考价值：

如果 $R_0>1$，则每个感染个体在康复前平均会感染超过一个健康个体，因此传染病可以迅速传播，并在人群中长期稳定存在。$R_0$ 越高，传播速率越快。

如果 $R_0\leqslant 1$，则每个感染个体在康复前只能感染少于一个健康个体，因此传染病呈指数衰减，无法在人群中长期存在。

因此，基本再生数 $R_0$ 是流行病学家面对新型传染病的首要研究目标，它能够被用来估计传染病的严重程度。

### 7.3.3　易感染—感染—康复模型(SIR 模型)

SIR 模型考虑了易感染 $S$、感染 $I$ 和康复 $R$ 三种状态。康复状态 $R$ 意味着人们感染并康复之后会获得免疫能力，这些康复者不会被再次感染，也不会继续感染别人。因此，SIR 模型常被用于模拟天花等疾病的传播，也被用于对疫苗效果进行评估和预测。

在动力学方程中表现为 $I$ 型节点在单位时间内以概率 $\gamma$ 康复变化至 $R$ 型状态。因此从 $t$ 到 $t+\mathrm{d}t$ 时刻过程内，感染个体数 $\mathrm{d}I(t)$ 的变化包括两部分：一部分 $S$ 型个体以概率 $\beta$ 被感染成 $I$ 型个体，以及一部分 $I$ 型个体以概率 $\gamma$ 康复至 $R$ 型个体。

$$\frac{\mathrm{d}i}{\mathrm{d}t}=\beta\langle k\rangle i(1-i)-\gamma i \tag{7—11}$$

SIR 模型中三种状态的动力学方程描述如下：

$$\begin{aligned}\frac{\mathrm{d}s}{\mathrm{d}t}&=-\beta\langle k\rangle si\\ \frac{\mathrm{d}i}{\mathrm{d}t}&=\beta\langle k\rangle si-\gamma i\\ \frac{\mathrm{d}r}{\mathrm{d}t}&=\gamma i\end{aligned} \tag{7—12}$$

虽然 SIR 模型并不存在显式解，但是通过计算机仿真可以揭示 SIR 模型中三种状态的变化模式，如图 7—7 所示。可以看到 $I$ 型个体的数量在前期仍然呈指数增长，到达峰值后缓慢下降，到最后所有人都会感染，并全部处于康复状态。

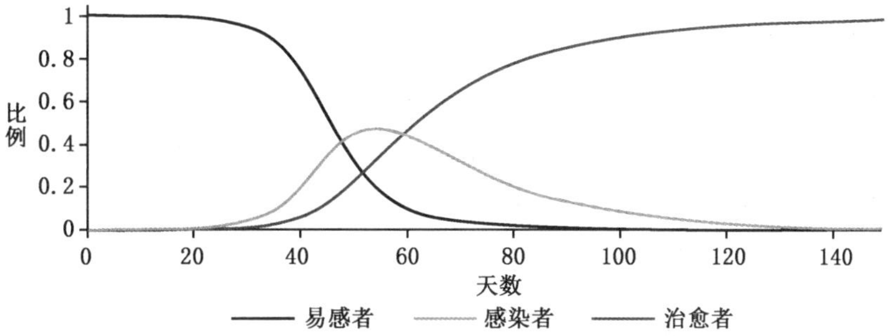


**图 7－7　SIR 模型的传播演化图**

## 7.4　社会网络上的传播模型

黑死病——人类历史上最具破坏性的大流行病之一，是一场由鼠疫杆菌引起的鼠疫大爆发。这场流行病始于中亚，1345 年冬天，蒙古人攻打热那亚领地法卡，将黑死病传入欧洲。之后，病毒又通过跨海贸易蔓延至地中海和欧洲。从 14 世纪中叶到 18 世纪初，黑死病在欧洲间歇性多次爆发，估计夺走了 30%～60%的欧洲人口。黑死病缓慢且持久的传播速度也反映了那个时代的交通运输速度。

如今便利的航空、陆地交通工具不可同日而语，每天都有数百万人在各大洲之间穿行。同时，这也加剧了传染病在全世界范围内的传播，中世纪的黑死病需要数年才蔓延至整个欧洲大陆，而在今天，新的传染病可以在短短一个月内就遍布世界的大部分角落。可以预见，传染病首先会攻击交通发达的大都市，随后再渗透到各个中小型城市，因此城市与城市之间的交通网络会影响传染病的传播。

在前文的传染病模型中，我们没有考虑网络结构对传播过程的影响。上一节假设每个个体能够接触$\langle k\rangle$个人，并且任意两个个体之间的接触都是相同概率的。但事实上，这两个假设都是不妥当的：现实中的社会接触网络通常是无标度的，意味着每个人能够接触到的人数并不相同，并且存在一些 Hub 节点具有超级大的接触范围；与此同时，传染病只能通过有限的途径进行传播，一个感染个体只能传染其邻居节点，而不是网络中所有的节点。

### 7.4.1　感染密度与有效传播率

感染密度也被称为感染水平或波及范围，是指传播过程中感染节点总数占总节点数的比例，记为 $\rho(t)$，即传播到稳态时感染密度的值，称为稳态感染密度。

有效传播率记作 $\lambda(=\beta/\gamma)$，其中 $\lambda$ 非常小（$\beta$ 很小，$\gamma$很大），传播达稳态时，所有节点都会变成健康节点，这种情况下就认为疾病没有在网络上传播开来，并记该疾病的稳态感染密度 $\rho=0$。反之，当 $\lambda$ 足够大时，疾病将一直在网络中存在而不会完全消失，只是染病节点的数目时多时少，这时稳态感染水平（波及范围）$\rho$ 不等于 0。把稳态感染密度从零向正实数变化的那个点所对应的有效传播率称为传播阈值（临界值）$\lambda_c$。它是衡量网络上的传播行为最重要的参量之一。

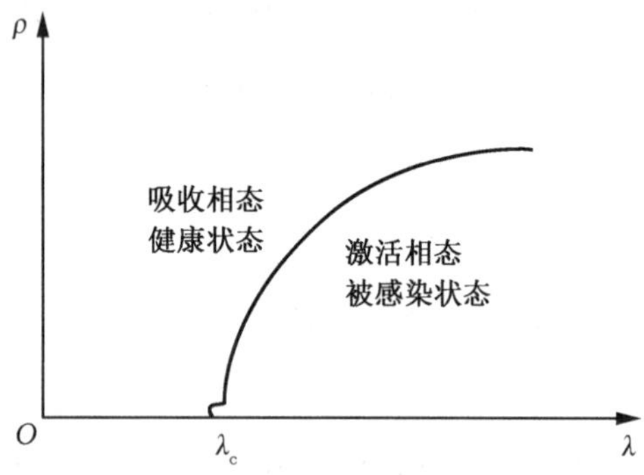


**图 7—8　有效传播率与感染密度**

### 7.4.2　社会网络上的 SI 模型

在前文的 SI 模型中，我们认为任何一个 $S$ 型个体在单位时间内有 $\langle k\rangle$ 个接触对象，于是推导出了 SI 的动力学方程公式。然而，在现实的社会网络中，每个人通过彼此的互动关系嵌入到一个庞大的社会网络中。传染病的传播方式受到接触关系网络结构的限制，比如，一个 $S$ 型个体，其度越大越容易接触到 $I$ 型个体。因此，模型中必须把节点的度作为动力学方程的变量。由于我们仅仅考虑了度信息，因此两个同类型个体之间只存在度信息上的差异，比如，两个度相同的 $S$ 型节点在统计意义下完全相同。

首先，我们的研究目标依然是任意 $t$ 时刻人群中 $I$ 型节点的占比 $i(t)$，简写为 $i$，则 $i=IN$ 可以写为：

$$i=\frac{I}{N}=\frac{I_1+I_2+\cdots+I_k+\cdots}{N_1+N_2+\cdots N_k+\cdots} \tag{7—13}$$

其中，$I_k$ 意味着网络中度信息为 $k$ 的 $I$ 型节点个数，$N_k$ 意味着网络中度信息为 $k$ 的节点个数。为了求得 $i$ 在单位时间内的变化率，我们的思路是通过单位时间内有多少度为 $k$ 的 $S$ 型节点转化成了 $I$ 型节点，从而统计得到 $I$ 的数值。于是我们将上式转换为：

$$i=\frac{\sum I_k}{N}=\sum_k \frac{N_k}{N}\frac{I_k}{N_k}=\sum_k p_k i_k \tag{7-14}$$

其中，$i_k$ 表示网络中所有 $N_k$ 个度为 $k$ 的节点中 $I$ 型节点的占比。上式将人群中 $I$ 型节点的占比 $I$ 与 $i_k$ 联系在一起，意味着网络中 $I$ 型节点的占比 $i$ 等于不同度的节点占比 $i_k$ 的加权和。我们重复该计算过程，对于度为 $k$ 的 $S$ 型节点，它在单位时间内有 $k$ 个接触对象（假设所有对象中有$\Theta_k$ 的比例已经被感染），则这个 $S$ 型节点在单位时间内平均接触 $k\ \Theta_k$ 个 $I$ 型节点，因此这个 $S$ 型节点转换为 $I$ 型节点的概率为 $\beta k\ \Theta_k$。由于网络中一共有 $s$ 比例的 $S$ 型个体，因此 $t$ 时刻感染比例 $i$ 的变化率为：

$$\frac{\mathrm{d}i}{\mathrm{d}t}=\beta k\Theta_k s=\beta k\Theta_k(1-i) \tag{7-15}$$

这个公式结构与 SI 模型的结构相同：人群中的感染速率正比于 $\beta$ 和 $S$ 型节点比例 $s$。除此之外，这个公式的特别之处在于：认为每个节点的接触数量是不同的，把平均度 $\langle k\rangle$ 替换为每个节点的真实度信息。

密度$\Theta_k$ 表示一个 $S$ 型节点的 $k$ 个邻居中被感染的比例。上节的传染病模型认为 $I$ 型节点是均匀分布的，因此对应的$\Theta_k=i$。然而，在真实的社会接触网络中，一个节点邻居中被感染比例取决于该节点本身（比如节点的度信息 $k$ 和时间 $t$）。

我们无法直接求解 $i$ 的动力学方程，而是首先研究度为 $k$ 的 $I$ 型节点占比 $i_k$ 的动力学方程，然后得到 $i$。

### 7.4.3　随机网络上的 SIS 模型

通过随机网络生成机制生成的社会网络度分布如图 7－9 所示。随机网络上的 SIS 模型可以得到解析结果。具体分析过程如下。首先，给出三个基本假设：

（1）均匀混合假设。感染强度和感染个体密度成比例，即 $\lambda(=\beta/\gamma)\beta$ 和$\gamma$为常数（均匀混合）。不失一般性，可假设$\gamma=1$，因为这只影响网络上传播过程的时间尺度。

（2）均匀性假设。均匀网络中，每个节点的度都满足平均度为$\langle k\rangle$的对称分布。

（3）规模不变假设。不考虑个体的出生和自然死亡。

运用平均场的方法可得：被感染个体密度 $\rho(t)$的变化率满足如下动力学方程：

$$\frac{\partial\rho(t)}{\partial t}=-\rho(t)+\lambda\langle k\rangle\rho(t)[1-\rho(t)] \tag{7-16}$$

等号右边的第一项表示被感染节点以单位速率恢复健康，第二项表示单个感染节点产生的新感染节点的平均速度，它与有效传播率$\lambda$、节点的平均度$\langle k\rangle$、健康节点相连概率 $1-\rho(t)$成比例（忽略其他的高阶校正项）。当传播达到稳态时，变化率为 0，所以令上式右边为 0。

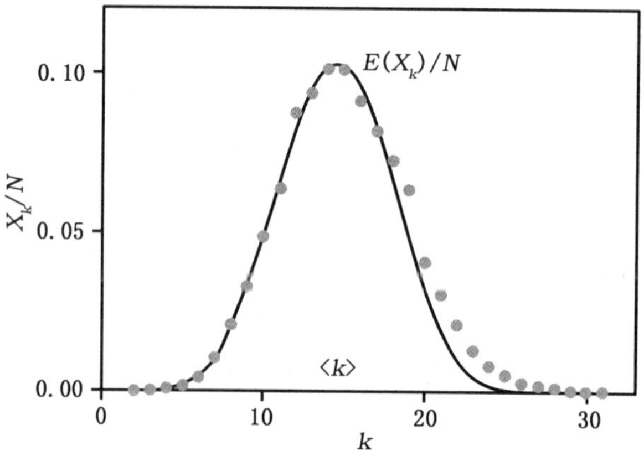


**图 7—9　均匀网络的度分布**

$$\frac{\partial\rho(t)}{\partial t}=-\rho(t)+\lambda\langle k\rangle\rho(t)[1-\rho(t)]=0 \tag{7—17}$$

最终计算得到临界传播值，记 $\lambda_c=\frac{1}{\langle k\rangle}$。

因此，在随机网络中存在一个有限的正的传播临界值 $\lambda_c$。如果有效传播率 $\lambda>\lambda_c$，则传播过程可以在网络中传播开来，并最终稳定于 $1-\frac{1}{\lambda\langle k\rangle}$，此时称网络处于激活相态；如果有效传播率 $\lambda<\lambda_c$，传播过程的影响个体数呈指数衰减，无法大范围传播，最终将不能传播。

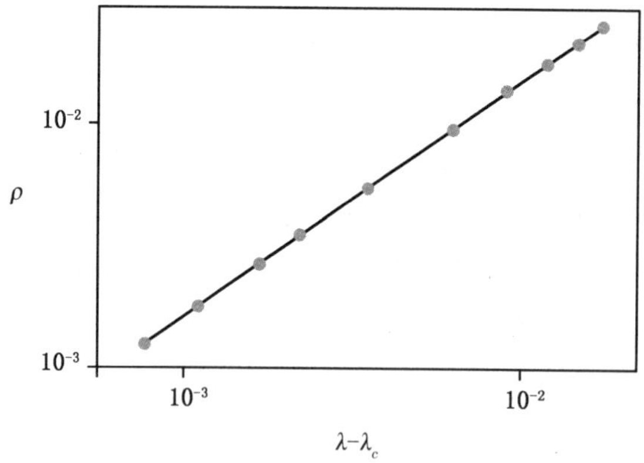


**图 7—10　随机网络上 SIS 模型的感染密度与传播阈值的关系**

### 7.4.4　无标度网络中的传播过程

实证数据发现，很多社会网络都具有无标度度分布，同时具有正的同配性，即“门当户对”的特征。具有幂律度分布的网络中，中节点的度信息没有明显的特征，即平均度无法代表网络中绝大多数点的特征。图7－11给出了无标度度分布和对称分布的网络结构与度分布特征。

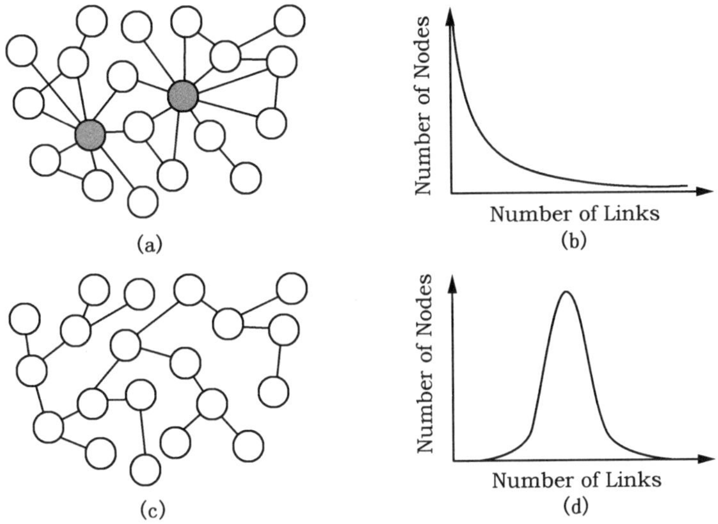


**图7—11　无标度网络和随机网络的网络结构与度分布**

## ● 传播过程的解析

无标度网络的度分布是呈幂律分布 $P(k)\sim k^{-\gamma}$，因而度具有很大的波动性，定义一个相对感染密度 $\rho_k(t)$：度数为 $k$ 的感染节点数占总节点数的比例。当 $t$ 趋于无穷大时，相对稳态感染密度记为 $\rho_k$。则网络的平均感染密度为 $\rho(t)=\sum_k P(k)\rho_k(t)$，稳态平均感染密度为 $\rho=\sum_k P(k)\rho_k$。

采用平均场(mean-field)理论来求相对感染密度 $\rho_k(t)$ 的变化率，度为 $k$ 的节点相对感染密度的变化方程为：

$$\frac{\partial\rho_k(t)}{\partial t}=-\rho_k(t)+\lambda k\left[1-\rho_k(t)\right]\Theta(\rho(t)) \tag{7—18}$$

其中，$\Theta(\rho(t))$ 为任意一条给定的边与一个被感染节点相连的概率。任意一条给定边指向度为 $k$ 的节点的概率（与度为 $k$ 节点关联的边数与总边数的比值）为 $\frac{kP(k)}{\sum_s sP(s)}$，则任意一条给定边指向度为 $k$ 的感染节点的概率为：

$$\frac{kP(k)\rho_k}{\sum_s sP(s)} \tag{7—19}$$

从而可以得到：

$$\Theta(\lambda)=\sum_k \frac{kP(k)\rho_k}{\sum_s sP(s)}=\sum_k \frac{kP(k)\rho_k}{\langle k\rangle} \tag{7—20}$$

根据稳态条件$\frac{\partial \rho_k(t)}{\partial t}=0$,可得：

$$-\rho_k+\lambda k[1-\rho_k]\Theta(\lambda)=0 \tag{7—21}$$

即

$$\rho_k=\frac{\lambda k\Theta(\lambda)}{1+\lambda k\Theta(\lambda)} \tag{7—22}$$

将上式带入 $\Theta(\rho(t))$,可得：

$$\Theta=\mathrm{f}(\Theta)=\frac{1}{\langle k\rangle}\sum_k kP(k)\frac{\lambda k\Theta}{1+\lambda k\Theta} \tag{7—23}$$

显然,$\Theta=0$ 为该方程的一个平凡解。如果该方程要存在一个非零稳定解 $\Theta\neq 0$,需要满足如下条件：

$$\frac{d}{d\Theta}\left(\frac{1}{\langle k\rangle}\sum_k kP(k)\frac{\lambda k\Theta}{1+\lambda k\Theta}\right)\bigg|_{\Theta=0}\geqslant 1 \tag{7—24}$$

即有

$$\sum_s \frac{sP(s)\lambda s}{\langle k\rangle}=\frac{\langle k^2\rangle}{\langle k\rangle}\lambda\geqslant 1$$

因此,可以得到非均匀网络的传播临界值为：

$$\lambda_c=\frac{\langle k\rangle}{\langle k^2\rangle} \tag{7—25}$$

社会网络具有无标度度分布,因此,当网络规模 $N$ 增大的时候,网络的二阶矩 $\langle k^2\rangle$趋于无穷大,从而导致社会网络的传播临界值趋近于 0,即 $\lambda_c\to 0$。

总的来说,社会网络在 SIS 模型下的传播阈值趋近于 0。即只要有效传播率 $\lambda>0$,病毒就能在全网传播开来,并将达到一个稳定感染水平 $\rho$,这反映了社会网络对疾病、信息和谣言等内容进行传播时的特征。

## 7.5　信息竞争传播模型

在社会网络中,信息通过用户之间的交互进行传播,用户即为社交网络中的节点,交互关系为节点之间的边。在信息竞争模型中,假设信息由正面和负面两种信息组成,并且每一方的传播者均希望自己的观点可以迅速广泛地扩散。假设同时存在对立信息——信息 A 和信息 B,在竞争性传播过程中,可将网络中的节点划分为两类状态：

(1)S节点:潜在的信息传播者,即任意信息的未知节点,在网络中可以被双方观点争取的群体,包括SA节点与SB节点。

(2)T节点:接收并强烈支持任一方信息的信任者,即对已接受信息进行扩散并能够将观点传播给未知的邻居节点的意见群体,包括TA节点与TB节点。

在信息竞争模型的扩散过程中,节点的转化规则如下:

(1)假设所有个体一旦做出选择,都是固执的,即一种信息的传播者不会被其邻居直接说服去支持另一种信息;网络中存在两方观点的传播者TA与TB,在两种信息的扩散中,具有独特偏好的传播者通常只相信并传播一类信息,而不传播其他信息,每一方观点的可争取群体均为既不传播信息A也不传播信息B的未知群体S。此处存在一种未知群体S同时接触到信息A和信息B两种竞争信息的特殊情况,通过引入竞争系数$\sigma_A$与$\sigma_B$来刻画两种信息竞争力的相对强弱。

(2)假设均匀网络中的平均度为$\langle k\rangle$,并存在未知者SA(SB)为观点传播者TA(TB)的邻居,当传播者TA(TB)散布信息后,未知节点通过与传播节点的联系接收和读取相应信息,SA以$\alpha_A$的概率转变为信息A的传播者TA;SB则以$\alpha_B$的概率转变为信息B的传播者TB。

(3)随着记忆的衰退,相应的传播者TA与TB由于自我意识或外部社会影响,忘记或混淆他们曾获得并传播的信息,从而以$\beta_A$与$\beta_B$的概率转变成未知者$S$。

基于上述节点转化规则,舆情竞争传播模型的结构如图7—12所示。

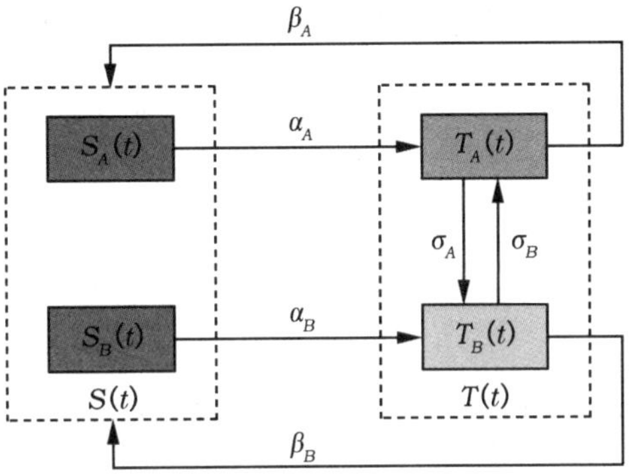


**图7—12 信息竞争传播模型结构图**

假设社交网络是均匀的,平均度为$\langle k\rangle$,且网络有$N$个节点。均匀网络中每个节点的度近似等于网络的平均度,即$k\approx\langle k\rangle$。网络中的信息源有两种:传播负面信息A的节点和传播正面信息B的节点。其中,$S(t)$、$T_A(t)$、$T_B(t)$分别表示未知者、负面信息A的信任者、正面信息B的信任者在$t$时刻的密度,并满足:

$$S(t)+T_A(t)+T_B(t)=1 \tag{7-26}$$

利用系统动力学建模思想和定义的节点转化规则，推导出该模型各类节点密度的平均场方程为：

$$\begin{cases}\dfrac{dS(t)}{dt}=-\alpha_A\langle k\rangle S_A(t)T_A(t)-\alpha_B\langle k\rangle S_B(t)T_B(t)+\beta_A T_A(t)+\beta_B T_B(t)\\ \dfrac{dT_A(t)}{dt}=\alpha_A\langle k\rangle S_A(t)T_A(t)-\beta_A T_A(t)\\ \dfrac{dT_B(t)}{dt}=\alpha_B\langle k\rangle S_B(t)T_B(t)-\beta_B T_B(t)\end{cases}$$

其中，竞争系数 $\sigma_A$ 表示正面信息 B 对负面信息 A 的影响；竞争系数 $\sigma_B$ 表示负面信息 A 对正面信息 B 的影响。当 $\sigma_A<0$ 时，$T_B(t)$对 $T_A(t)$有正向影响，从而促进 $T_A(t)$的增长；当 $\sigma_A>0$ 时，$T_B(t)$对 $T_A(t)$有负向影响，从而阻碍 $T_A(t)$的增长。因此，负面信息 A 的可争取群体 $S_A(t)$表示为：

$$S_A(t)=1-T_A(t)-\sigma_A T_B(t) \tag{7—27}$$

同理，正面信息 B 的可争取群体 $S_B(t)$表示为：

$$S_B(t)=1-T_B(t)-\sigma_B T_A(t) \tag{7—28}$$

同时，假设网络系统是均匀混合的，有效传播率 $\lambda$ 与网络系统中处于感染状态的个体的密度 $T(t)$成正比，即 $\alpha$ 与 $\beta$ 均为常数。假设网络中舆情的传播时间尺度远远小于个体的生命周期，令 $\lambda_A=\alpha_A/\beta_A$ 和 $\lambda_B=\alpha_B/\beta_B$ 分别表示负面信息 A 与正面信息 B 的有效传播率，并且令 $\beta_A=\beta_B=1$。

将 $S_A(t)$与 $S_B(t)$代入动力学方程组，则该模型各类节点密度的平均场方程为：

$$\begin{cases}\dfrac{dS(t)}{dt}=-\lambda_A\langle k\rangle T_A(t)\left[1-T_A(t)-\sigma_A T_B(t)\right]-\lambda_B\langle k\rangle T_B(t)\left[1-T_B(t)-\sigma_B T_A(t)\right]\\ \qquad\qquad+T_A(t)+T_B(t)\\ \dfrac{dT_A(t)}{dt}=-T_A(t)+\lambda_A\langle k\rangle T_A(t)\left[1-T_A(t)-\sigma_A T_B(t)\right]\\ \dfrac{dT_B(t)}{dt}=-T_B(t)+\lambda_B\langle k\rangle T_B(t)\left[1-T_B(t)-\sigma_B T_A(t)\right]\end{cases}$$

对竞争传播模型进行理论分析，求解平衡解及其稳定性条件。根据信息传播的生命周期特性和“成熟—衰减—平息”阶段，在第一阶段，事件发生后，一些节点在事件演化初期蓄意散布负面信息，吸引用户关注，引爆危机；在第二阶段，虚假消息等负面信息扩散引发危机后，权威主流媒体等官方媒体积极发声传播正面信息，对负面信息进行说明，以期平息危机，此时正面信息与负面信息形成了一种典型的竞争关系。这里对舆情话题的“成熟—衰减—平息”阶段进行理论分析。

在事件传播发展的“成熟—衰减—平息”阶段中，当负面信息 A 的有效传播率 $\lambda_A$

大于相应的传播阈值时，网络中爆发危机且负面信息A不会自行消亡，此时出现正面信息B对虚假信息、不实传闻等负面信息进行说明，平息由负面信息A引起的危机。在该阶段，正面信息B的传播者与负面信息A的传播者形成竞争模式。均匀网络中负面信息信任者密度 $T_A$ 与正面信息信任者密度 $T_B$ 随着时间的演化满足如下方程：

$$\begin{cases}\dfrac{\mathrm{d}T_A(t)}{\mathrm{d}t}=-T_A(t)+\lambda_A\langle k\rangle T_A(t)\left[1-T_A(t)-\sigma_A T_B(t)\right]\\ \dfrac{\mathrm{d}T_B(t)}{\mathrm{d}t}=-T_B(t)+\lambda_B\langle k\rangle T_B(t)\left[1-T_B(t)-\sigma_B T_A(t)\right]\end{cases}$$

其中，$T_A(t)$ 和 $T_B(t)$ 分别是负面信息A和正面信息B在信息交互过程中争取到的信任者。为了分析信息A与信息B之间相互竞争传播的结果，研究上述模型的平衡点及其稳定性，令：

$$\begin{cases}\dfrac{\mathrm{d}T_A}{\mathrm{d}t}=-T_A+\lambda_A\langle k\rangle T_A(1-T_A-\sigma_A T_B)=0\\ \dfrac{\mathrm{d}T_B}{\mathrm{d}t}=-T_B+\lambda_B\langle k\rangle T_B(1-T_B-\sigma_B T_A)=0\end{cases}$$

通过对上式进行求解，可得到竞争传播模型的四个平衡点：$P_1(1-\dfrac{1}{\lambda_1\langle k\rangle},0)$，$P_2(0,1-\dfrac{1}{\lambda_2\langle k\rangle})$，$P_3\left(\dfrac{\lambda_1\sigma_1-\lambda_2+\lambda_1\lambda_2\langle k\rangle(1-\sigma_1)}{\lambda_1\lambda_2\langle k\rangle(1-\sigma_1\sigma_2)},\dfrac{\lambda_2\sigma_2-\lambda_1+\lambda_1\lambda_2\langle k\rangle(1-\sigma_2)}{\lambda_1\lambda_2\langle k\rangle(1-\sigma_1\sigma_2)}\right)$，$P_4(0,0)$。传播平衡点 $P_4$ 表示两种信息的信任者数量均为0。由于负面信息A与正面信息B的初始发布者均为其相应的信任者，因此该平衡点不稳定；而非零传播平衡点 $P_1$、$P_2$ 和 $P_3$ 表示两种信息争取的信任者数量不全为0，表达了竞争传播演化过程中的结果状态。根据常系数线性微分方程组平衡点稳定性的判别方法，求得上式的Jacobian矩阵为：

$$J=\begin{bmatrix}-1+\lambda_A\langle k\rangle(1-2T_A-\sigma_A T_B) & -\lambda_A\langle k\rangle\sigma_A T_A\\ -1+\lambda_B\langle k\rangle(1-2T_B-\sigma_B T_A) & -\lambda_B\langle k\rangle\sigma_B T_B\end{bmatrix} \tag{7—29}$$

进一步地，通过计算特征方程 $\det|J-\lambda I|=0$ 可得：

$$\begin{cases}\lambda^2+p\lambda+q=0\\ p=-\left[-1+\lambda_A\langle k\rangle(1-2T_A-\sigma_A T_B)+-\lambda_B\langle k\rangle\sigma_B T_B\right]|_{P_i},i=1,2,3,4\\ q=\det A|_{P_i},i=1,2,3,4\end{cases}$$

从而可得特征根为 $\lambda_1=\dfrac{(-p+\sqrt{p^2-4q})}{2}$，$\lambda_2=\dfrac{(-p-\sqrt{p^2-4q})}{2}$，当且仅当特征方程系数 $p>0$、$q>0$ 时，平衡点是模型的稳定点。由此可得信息竞争传播模型的平衡点 $P_i(i=1,2,3,4)$ 稳定性状况及其稳定条件，即网络中负面信息A与正面信息

B的竞争传播可能出现四种竞争结果：(1)负面信息 A 方胜；(2)正面信息 B 方胜；(3)两方稳定共存；(4)两方不稳定共存。对应的平衡点及稳定条件如表 7—1 所示：

**表 7—1　　竞争传播模型的平衡点与稳定性**

| 竞争结果 | 平衡点 | 稳定条件 |
|---|---|---|
| 负面信息 A 方胜 | $P_1(1-\frac{1}{\lambda_1\langle k\rangle},0)$ | $\sigma_A<1,\sigma_B>1$ |
| 正面信息 B 方胜 | $P_2(0,1-\frac{1}{\lambda_2\langle k\rangle})$ | $\sigma_A>1,\sigma_B<1$ |
| 两方稳定共存 | $P_3(\frac{\lambda_1\sigma_1-\lambda_2+\lambda_1\lambda_2\langle k\rangle(1-\sigma_1)}{\lambda_1\lambda_2\langle k\rangle(1-\sigma_1\sigma_2)},\frac{\lambda_2\sigma_2-\lambda_1+\lambda_1\lambda_2\langle k\rangle(1-\sigma_2)}{\lambda_1\lambda_2\langle k\rangle(1-\sigma_1\sigma_2)})$ | $\sigma_A<1,\sigma_B<1$ |
| 两方不稳定共存 | $P_4(0,0)$ | 不稳定 |

其中，在竞争结果(3)两方稳定共存的情况下，由于 $T_A>0$、$T_B>0$，故平衡状态的稳定密度满足如下方程：

$$\begin{cases}\dfrac{\lambda_1\sigma_1-\lambda_2+\lambda_1\lambda_2\langle k\rangle(1-\sigma_1)}{\lambda_1\lambda_2\langle k\rangle(1-\sigma_1\sigma_2)}>0\\[2ex]\dfrac{\lambda_2\sigma_2-\lambda_1+\lambda_1\lambda_2\langle k\rangle(1-\sigma_2)}{\lambda_1\lambda_2\langle k\rangle(1-\sigma_1\sigma_2)}>0\end{cases}\tag{7—30}$$

进而 $\lambda_1$ 和 $\lambda_2$ 满足以下关系式：

当 $\lambda_1<\frac{1}{\langle k\rangle(1-\sigma_1)}$ 时，$\frac{\lambda_1}{\sigma_2+\lambda_1(1-\sigma_2)}<\lambda_2<\frac{\lambda_1\sigma_1}{1-\lambda_1\langle k\rangle(1-\sigma_1)}$；

当 $\lambda_1>\frac{1}{\langle k\rangle(1-\sigma_1)}$ 时，$\lambda_2>\frac{\lambda_1\sigma_1}{1-\lambda_1\langle k\rangle(1-\sigma_1)}$。

网络信息传播事件发展的实质是正负面信息竞争的过程，而事件最终走向即为正负面信息竞争的结果，在竞争过程中，通过实证数据估计上述模型的参数取值对于预测信息竞争传播的结果具有重要意义。

## 7.6　集群行为与传播机制

集群行为(collective behavior)指的是在某种刺激条件下发生的非常态社会聚集现象，多以群集、恐慌、流言、骚动的形态出现，往往会对正常的社会秩序造成干扰和破坏。而且它还受到一些特殊传播机制的制约，更具有非理性的特点。主要包括以下四种机制：

(1)群体暗示

暗示指的是一种传播方式，即不是通过直接的说服或强制，而是通过间接的示意使人接受某种观点或从事某种行为。集群行为通常是大量人群聚集于狭小的物理空间，人们保持着高密度的接触，参加者通常处于亢奋、激动的精神状态，这样一些情境状态容易使他对周围的信息失去理智的判断和分析能力，表现为一味地盲信和盲从。

(2)群体感染

在集群行为中，群体感染指的是某种观念、情绪或行为在暗示机制的作用下，以异常的速度在人群中蔓延开来的过程。其传播速度快的原因在于，在现场亢奋的氛围中，成员失去理性的自控能力，而对来自外部的刺激则表现出一种本能的反应，使得一种情绪、一种观点会迅速支配整个人群，进而引发激烈行动。

(3)群体模仿

塔尔德认为，社会上的一切事物不是发明就是模仿，而"模仿是最基本的社会现象"。集群行为中的模仿更多地表现为无意识的、条件反射性的模仿。这种模仿与人的安全(或防卫)本能有着密切的关系，例如，在具有高度不确定性的突发事件中，每个人都希望与在场的多数人保持一致，把它作为最有效的安全选择。

(4)"匿名性"

在互联网时代，网络暴力、人肉搜索频频发生，这主要就是由于"前台匿名"机制。施暴者之所以做出了越轨行为，是因为集群行为使他淹没在人群中，没有人能够知道他的姓名和身份，他处于一种没有社会约束力的"匿名"状态中，这种状态使他失去社会责任感和自我控制能力，在一种"法不责众"心理的支配下，做出种种宣泄原始本能冲动的行为。

综上所述，四种特殊的传播机制使得集群行为中的信息传播与正常的社会传播有很大的不同，更具有非理性的特征。

## 思考题

1. 简述大众传播的四种传播模式。
2. 简述独立级联模型和线性阈值模型的设计机制，以及两个模型之间的关系。
3. 简述 SI、SIS 和 SIR 模型的含义及其使用场景。
4. 简述均匀网络的 SIS 网络的传播阈值。
5. 给出非均匀网络的 SIS 传播阈值，并进行解析证明。
6. 简述信息竞争模型的模型机制，并给出模型逻辑图。
7. 信息传播具有记忆性、社会强化等特征，如何将信息传播模型融入 SI、SIS 和 SIR 模型中？
8. 如何在信息竞争传播模型中加入中介效应？

# 第8章　用户画像与行为分析

随着互联网，尤其是移动互联网的迅速增长，社会网络中的用户数以及用户产生数据（UGC）呈现爆发式增长。以微博、微信为代表的社交媒体平台，成为信息发布、用户间互动、事件发现扩散的公众媒介。为了充分利用这一数据源，许多学者开始关注用户画像以及用户行为分析等研究。“交互设计之父”艾伦·库伯（Alan Cooper）最早提出了用户画像的概念。用户画像是指用虚拟化的代表来标识真实存在的用户，是从一系列实际产生的数据中建立的用户模型，也可以称为用户信息标签化。用户画像通常以通俗易懂的生活用语描述用户的基本属性、社会特征、消费习惯和生活偏好等标签。

本章主要介绍用户画像的基本概念、应用领域以及在大数据时代下的机遇和挑战，并介绍在实际商业场景中的具体案例。

## 8.1　用户画像

### 8.1.1　用户画像概述

用户画像又称为用户标签、用户建模，一般是指对用户简短而有用的描述。早在大数据分析和深度学习概念出现之前，用户画像已经成为商业智能、信息系统领域的重要研究方向。简单而言，挖掘出用户的兴趣、偏好、人口统计学属性（如性别、年龄等），才能为个性化推荐、精准营销、商业决策分析做出基本的数据支撑。

20世纪90年代以来，通过客户关系管理CRM系统、互联网等自动化技术，隐式地获取用户的反馈数据，以此进行用户画像的推断，成为主流方法途径。早期用户画像的研究工作集中在利用数据库、Web2.0技术记录的用户相关数字化踪迹，诸如用户行为日志、页面点击历史、商品交易记录、用户反馈数据等，发现、学习、表示用户的个人兴趣档案（interest profile）和偏好行为习惯档案（behavioral profile）。

近年来，基于计算机辅助方式做用户画像，在覆盖面、准确性、效果方面都要比线下调研好得多，同时节约了大量人力成本，一定程度上体现了数据挖掘、人工智能技术的价值所在。一般而言，按照用户属性的大致分类，用户画像的目标属性（targeted attribute）可以分为静态事实性属性（factual user attributes）和动态行为性属性（behavioral user attributes）。

传统的用户兴趣、意图、个性、行为习惯等画像信息的理解在搜索引擎、推荐系统、点击率预测等传统信息检索、数据挖掘任务中已经存在很久。经过多年的发展研究，表示用户画像信息的数据结构包括加权的词汇向量、带有层级结构的类别树，带有从属信息的实体网络、用户消费项目自身内容等。

伴随着移动互联网、4G通信技术的日益渗透，人类社会跨入了社交媒体时代。特别地，社交媒体平台（social media platforms），诸如微信、QQ、微博等，作为人们社交关系的线上映射，吸引了众多用户参与其中。社交媒体平台在覆盖几乎所有互联网用户之后，创造了一个人与人之间积极互联、信息高度过载的新媒体世界。以大数据技术普及为契机，人与人之间复杂信息的通信、交换、处理能力都获得大幅提升：数以10亿计的用户在时间线或者朋友圈中发表状态更新、转发新闻事件，同时在好友间互动访问、传播信息、分享知识。大量的用户产生数据沉淀在社交媒体上，形成了人人互联、规模庞大、开放共享的社交大数据。

因为社交大数据的出现，所以用户画像技术的研究重新赢得广泛关注。用户画像的基本目标虽然不变，用以作为模型输入的用户相关数据却转变成社交数据（或者自媒体数据）。一般而言，社交数据（social data）包括四类可用数据：

（1）用户自身的人口统计学信息（self-reported demographics）；

（2）用户产生内容（user-generated content）；

（3）社交互动/行为（social interactions/behaviors）；

（4）社交网络结构（social network structure）。

伴随着社交大数据，特别是具有开放特性的微博、Twitter类型社交数据的蓬勃发展，用户画像技术各个子领域得到广泛的关注。用户画像技术从简单的人口统计学属性、行为习惯、购买偏好的推断，扩展到了地点、兴趣、个性等多个维度。社交网络理论和社交数据挖掘方法也成为用户属性推测的另外一种大的驱动方法。

按照用户画像方法类型和目标用户属性，基于社交数据的用户画像大致可以分成两大类：一是按照目标用户属性标签分类，相关研究工作可以分为：

（1）年龄；

（2）性别；

（3）位置；

（4）多标签，即社交用户自身标签；

（5）通用属性，即同时针对多个属性。

二是按照用户画像工作所依赖的方法,现有社交数据下的用户画像研究可以分为:

(1)基于排序方法的启发式函数作为优化目标的用户属性推断方法;

(2)基于棍率主题模型的用户文本建模的用户属性推断方法;

(3)基于分类器结合特征工程训练分类模型的用户属性预测方法;

(4)基于用户社交信息降维表示的用户属性标签预测方法。

用户画像的应用非常广泛,很多领域和行业都有用户画像这个概念。其中一个主要原因是,用户画像是一种能将定性与定量方法很好地结合在一起的载体,定性化的方法通过对用户的生活情境、使用场景、用户心智进行分析来对用户的性质和特征做出抽象与概括;定量化可以对特征做精细的统计分析与计算,获得对于用户较为精准的认识,便于在数值排序的基础上实现核心用户的发掘与突出。

### 8.1.2 基于 LDA 语义分析的用户画像

用户行为是分析社会网络用户的重要途径,它可以基于用户行为以及建立模型实现预测,在了解用户个体的同时也能够提高社交平台的信息服务质量。近年来,通过用户各种行为推断用户特征、实现应用的相关研究逐渐增多。而点赞行为相较其他用户行为更简单直接,它能直接体现用户对某事件是否持赞同态度,并且同样能够实现用户特征的预测。剑桥分析公司通过 Facebook 在线用户的点赞标签进行 SVD 分解和 Logistic 回归,预测用户特征和属性。SVD 的优点在于可以忽略用户的主题偏好,直接利用点赞行为进行特征预测。但由于无法保证 SVD 的鲁棒性,所以预测新数据时需要重新构建矩阵进行计算。然而,实际问题中通常面临百万级别以上的数据,此时再通过 SVD 计算的代价很大,因此难以实现新数据的预测。该场景下考虑用户点赞的主题特征更有效。

除了点赞行为,对用户点赞的对象进行语义分析可以更好地挖掘用户的兴趣偏好。本节介绍的方法将主题模型与用户点赞行为相结合,利用主题模型挖掘用户点赞信息的隐含主题。该方法不仅能够更好地表达用户的真实偏好,当新数据加入时,新数据中用户点赞信息的主题分布还能够由训练好的主题模型判断得到,进而实现新用户的特征预测,避免 SVD 对于新数据需要重新计算且计算量巨大的问题,可以大幅度降低计算成本。语义分析模型是挖掘文本主题的重要工具。

主题模型常用于自然语言处理和机器学习方面,通过发现文档中核心主题,可以有效避免忽略文档的词背后隐藏的语义信息。由于社交网络的短文本特性,为了降低在主题提取过程中微博信息的稀疏性和多维性造成的影响,可以选择基于语义分析的模型挖掘微博主题,常见语义分析文本挖掘模型有 LSA(latent semantic analysis)、

PLSA(probabilistic latent semantic analysis)和 LDA,其中 LSA 需要大量文档以及词汇提升结果,PLAS 存在过拟合问题,而 LDA 主题模型虽然属于无监督模型,但模型可以根据已有语料库训练进而划分新文本主题,并且能够克服标签局限性以及语义模糊性、缓解数据多维性和稀疏性等问题,因此在主题提取中,LDA 主题模型被广泛应用。

本节介绍的算法基于用户点赞行为和点赞对象的文本信息,建立主题模型,预测用户的特征。首先,利用预处理后的用户点赞数据训练 LDA 主题模型、确定合适主题数并划分主题;其次,基于“用户—主题”的关联规则建立对应稀疏矩阵,并训练预测模型;最后,加入新数据集,得到预测结果。本书提出的基于 LDA 的用户特征预测模型具体流程如图 8—1 所示。

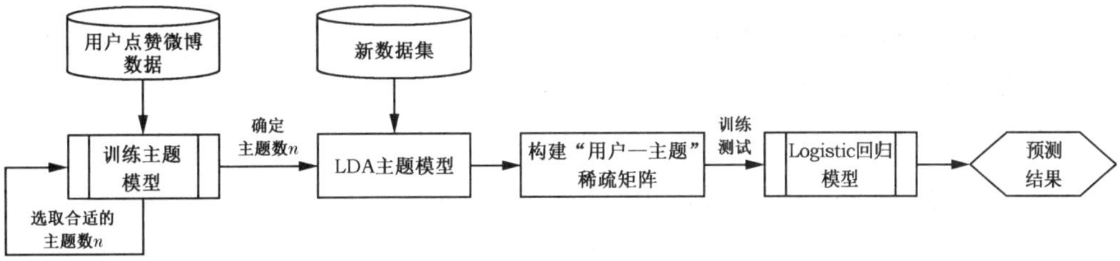


**图 8—1　基于 LDA 主题提取的用户特征预测模型流程图**

**● LDA 主题模型**

通过 LDA 主题模型可以对用户相应的点赞文本进行主题划分。LDA 模型是一个基于“文档—主题—词”的三层贝叶斯文档主题生成模型,即认为一篇文档中每个词都是通过“某个概率确定主题,并从该主题中概率确定某个词语”过程得到的,文档到主题以及主题到词均服从多项式分布。当利用 LDA 主题模型获取用户点赞对象的语义主题。LDA 主题模型的文档对应为点赞对象文本集合,词对应为用户点赞文本内容,LDA 根据文档中的词,不断训练得出文档的主题以及主题分布,便能得到点赞文本—主题概率多项分布。假设 $D=\{d_1,d_2,\cdots,d_M\}$ 为文本集合,$M$ 为训练的微博文本数量,每个文本有 $N$ 个词,$n$ 代表主题数,$\theta_i$ 为微博 $d_i$ 的主题分布,$\varphi_{t_{i,j}}$ 为主题 $t_{i,j}$ 的词分布。其中,Dirichlet($\alpha$)是参数为 $\alpha$ 的先验分布,是 LDA 通过训练生成文本对应的主题分布;Dirichlet($\beta$)是参数为 $\beta$ 的先验分布,模型中训练生成主题对应的词分布,则模型中各种变量关系可以表示为:

$$p(w_i,t_i,\theta_i,\varphi \mid \alpha,\beta)=\prod_{i=1}^{N} p(w_{i,j} \mid \varphi_{t_{i,j}})p(t_{i,j} \mid \theta_i)\cdot p(\theta_i \mid \alpha)p(\varphi \mid \beta) \tag{8—1}$$

式(8－1)中隐含变量的条件分布可以通过联合概率分布计算。

● **确定主题个数**

在构建主题模型前,需要基于“用户—点赞内容”的二元关系,使用Python语言提供的机器学习包Gensim对用户的点赞文本进行LDA主题划分,而合适的主题数量 $n$ 是重要参数。主题数 $n$ 是由LDA模型根据文本集合划分的主题个数,每一个主题均由词的概率分布组成,主题数过大或者过小均会影响预测模型的结果。Gensim提供了一个数值定量评估方法“主题相干性”(topic coherence)来判定主题模型质量的好坏,它表明人们对主题模型的理解更倾向于属于同一主题的单词在语料库中共同出现的频率,该方法得到的数值称为“一致性系数”,可用于评估LDA在不同主题数下的分类效果,取值范围为－1～1,通常数值越高,该主题数下的主题模型效果就越好。常见的一致性系数有 $C_v$、$C_P$、$C_{UMass}$ 等,其中,$C_v$ 组合了间接余弦度量、标准化点互信息和布尔滑动窗口,综合性能更强。通过对LDA主题的一致性系数计算,可以为用户点赞信息集合提供适当的主题数量,并将每条点赞微博分配到相应主题中。

确定最佳主题数 $n$ 后便得到“点赞文本—主题”的概率分布,即点赞文本 $d_i$ 在每个主题 $t_n$ 下的主题分布概率 $p_{in}$,其中,主题集合 $Topic=\{t_1,t_2,\cdots,t_n\}$,文本 $d_i$ 的主题分布 $\theta_i=(t_1,p_{i1}),(t_1,p_{i2}),\cdots,(t_1,p_{in})$,LDA主题模型完成训练。

● **用户—主题稀疏矩阵**

选取点赞文本 $d_i$ 中最高概率值所对应的主题 $t$ 作为该微博所属主题。假设 $User=user_1,user_2,\cdots,user_m$ 为用户集合,以主题集合和用户集合分别做行标签与列标签,建立“用户—主题”稀疏矩阵,该稀疏矩阵建立规则为:若用户点赞过主题 $t_j$ 下的文本,记为1;若用户未点赞过主题 $t_j$ 下的文本,则记为0。因此,构建“用户—主题”稀疏矩阵 $C_{mn}$,将该稀疏矩阵以及用户对应的特征作为输入,训练预测模型。

● **用户特征预测**

用户点赞信息的主题分布可由训练好的主题模型推断得到,进而实现新用户的特征预测。清洗数据后,首先将新数据集中用户点赞文本集合输入到已训练的LDA主题模型中,实现主题划分;其次,仍构建相应的“用户—主题”稀疏矩阵;最后,使用已训练Logistic回归模型,预测新数据中用户特征,完成预测。

### 8.1.3 用户画像应用领域

● **搜索引擎**

随着计算机技术和网络技术的飞速发展,互联网已在人们的日常生活中发挥着越来越重要的作用。面对互联网用户数量的激增和信息的爆炸性增长,如何更好地利用用户画像技术为用户提供高度个性化的服务是一个值得研究的问题。

通过采集用户注册信息、访问日志及查询信息，我们可以构建用户画像。搜索系统根据用户输入的关键字，并结合已构建的用户画像，将匹配度最高的信息显示在最前面，提高了用户的搜索体验。例如，谷歌的 Kaltix 算法，其基本思路就将具有类似兴趣爱好的人归为一组，为属于不同组的用户给出不同排序的结果，同时还利用 IP、位置等信息进行基于规则的过滤。

● **推荐系统**

用户画像的主要应用领域之一是推荐系统。谷歌作为推荐引擎的鼻祖，已经将推荐的思想渗透在系统的方方面面。谷歌记录用户行为，包括浏览物品、购买物品、将物品加入收藏夹等，同时谷歌还提供了用户评分等反馈方式，这些共同构成谷歌用户画像系统的数据来源。谷歌基于用户画像的推荐系统包括：

（1）当日推荐。根据用户近期的浏览记录或者购买记录，结合时下流行的物品给出一个综合的推荐。

（2）新品推荐。基于内容的推荐机制，将一些新到物品推荐给用户。由于新物品只有较少的历史用户信息，所以基于内容的推荐能够很好地解决新物品“冷启动”的问题。

（3）关联推荐。采用数据挖掘技术对用户的购买行为进行分析，找到经常被一起或被同一个人购买的物品集，从而进行关联推荐。这是一种典型的基于物品的协同过滤推荐机制。

（4）他人购买/浏览商品。这也是一个典型的基于物品的协同过滤推荐应用，通过社会化机制，用户能更快、更方便地找到自己感兴趣的物品。

● **其他个性化服务**

用户画像也常常应用于个性化业务定制领域。商业平台根据用户的历史行为记录，为不同用户“定制”推荐内容，最大限度地满足用户的个性化需求。这种机制还允许用户通过实际行为来反馈调整，从而根据用户兴趣变化动态更新内容。

此外，用户画像提供了丰富的用户标签体系，比如用户的年龄、文化程度、职业、家庭状况、购物习惯、购买能力等。以上数据为信用评级提供了详细的数据参考，对用户信用进行全面的了解和评估，从而应用于信贷评分，并进行相应程度的金融信贷支持。京东白条也是基于用户在京东的信用体系评级而匹配额度的，在其他金融信贷业务中也将作为重要参考。

### 8.1.4　用户画像的机遇与挑战

在很多应用领域，数据正以史无前例的规模生产和积累。在大数据时代，人们根据数据本身进行决策，大数据分析推动着社会生活的方方面面，包括移动服务、零售业、制造业、金融服务等。

在个性化推荐领域，用户群及其行为数据也在迅速增加，丰富的数据来源为构建高度精准的用户画像提供了可能。相比以往基于较小样本的推荐（只能获取用户小部分的信息及行为），大数据时代可以获得用户方方面面的行为数据，可以更为精准地勾勒用户，推荐结果也更加精确，大大提升了用户的体验。

然而，大数据也给用户画像带来了前所未有的挑战。首先，大数据存在异构性和不准确性。即使经过数据清洗和纠错，大数据仍有可能存在缺失和错误。其次，如何处理大规模且迅速增长的数据也成为一个极具挑战性的问题。用户画像较高的时效性，要求我们持续思考如何设计、建造和运行数据处理模块，从而使其高效运转。

用户画像系统不可避免地收集用户的个人信息。因此，数据隐私是用户画像系统另一个引人关注的重大问题，在大数据环境下，该问题尤为突出。有效地管理隐私既是一个技术问题，又是一个社会问题。这就要求在“告知与同意”隐私保护框架下，探索更加有效的隐私保护措施。一方面，强调用户对隐私数据的控制权，同时通过法律法规来规范数据使用方在授权范围内对用户隐私数据的使用、超时销毁等的行为；另一方面，在技术上保证用户隐私数据的安全，防范可能出现的风险，如数据丢失，数据非法获取、使用、损坏或修改，数据的不适当公开等。

## 8.2　用户行为模式分析

从心理学的角度来说，兴趣是指个人对客观事物的选择性态度，表现为一个人认识、探索、接近或获得某种客观事物的倾向，它是个性最明显的表现。一个人的兴趣可以通过他的行为表现出来，因此通过用户的浏览行为，就能够初步判断出用户当前的兴趣所在。用户的兴趣在一定程度上决定了他的行为，这是因为用户的选择或打分行为通常都是根据个人的兴趣而定。因此，对用户兴趣的深入研究有助于我们更好地理解用户的行为模式，进而提升用户的体验。用户行为繁多复杂，往往呈现无规律性，那么如何从海量的数据中精确地度量出用户的兴趣所在，是一个亟须解决的问题。用户行为的收集和分类为我们度量用户兴趣提供了很好的数据，利用这些数据，我们设计了一些度量用户兴趣的方法。

已有研究表明，用户的行为遵循某些可预测的规律，而不是随机发生的。目前，从网络结构的角度来看，用户的许多在线行为模式已经显现出来。例如，Bianconi 等人研究了用户的选择行为模式对于网络演化的影响。另外，Onnela 等人将 Facebook 中的应用程序的下载次数随时间序列的变化做了深入分析，对社会影响的效果进行波动尺度分析(fluctuation scaling methods)后,发现系统中产生了两种不同的情况:一旦应用程序的流行度超过一个特定的阈值,社会影响会与用户的行为高度相关,如果低于这个阈值,社会影响所产生的集体效应就会消失,此时人的选择行为是相对独立的,这就是所谓的共同兴趣和特定兴趣。

### 8.2.1　基于集聚系数的用户兴趣多样性度量方法

集聚系数是用来度量网络集团性的统计量,用社会网络的语言来说,就是衡量某人的两个朋友也是朋友的概率。

在单部分网络中,传统集聚因子 $C_3(i)$ 是实际存在的三角形个数与可能存在的三角形个数之比。对于一个节点 $i$,实际存在的三角形个数为目标节点的邻居节点之间的连边条数(表示为 $E_i$);而可能存在的三角形个数是当目标节点的所有邻居节点两两连接时的三角形个数,即为 $k_i(k_i-1)/2$(因为 $k_i$ 就是目标节点的邻居节点个数)。这样一来,$C_3$ 反映的是目标节点的邻居节点之间连接的紧密程度,反映在全局网络中,也就是整个网络的连接紧密程度。其表达公式为:

$$C_3(i)=\frac{2E_i}{k_i(k_i-1)} \tag{8—2}$$

其中,$k_i$ 是节点 $i$ 的度。平均集聚系数 $C$ 定义为 $C=\sum_i C_3(i)/N$。

集聚系数 $C_4(i)$ 是指二部分图中存在的四方形与全部可能的四方形的个数比值。二部分网络的集聚因子与传统集聚因子类似,为实际存在的四边形个数与可能存在的四边形个数之比。对于一个给定节点,其实际存在的四边形个数等于目标节点所有一阶邻居节点之间存在共同的二阶邻居点个数;而可能存在的四边形个数,是假设目标节点的所有一阶邻居点与所有二阶邻居点都有连接时所存在的四边形个数,并且当一阶邻居节点有相互连接时,应在此基础上减去1。

$$C_4(i)=\frac{\sum_{x=1}^{k_i}\sum_{y=x+1}^{k_i}q_i(x,y)}{\sum_{x=1}^{k_i}\sum_{y=x+1}^{k_i}[a_i(x,y)+q_i(x,y)]} \tag{8—3}$$

其中,$x$ 和 $y$ 表示的是节点 $i$ 的两个邻居节点,$q_i(x,y)$ 表示节点 $x$ 和节点 $y$(不含节点 $i$)的共同邻居数,$a_i(x,y)=[k_x-\eta_i(x,y)][k_y-\eta_i(x,y)]$,其中 $\eta_i(x,y)=1-q_i(x,y)+\theta_{xy}$,如果节点 $i$ 的两个邻居 $x$ 和 $y$ 互相连接,则 $\theta_{xy}=1$;否则为0。这里的 $q_i$ 表示用户—产品二部分网络中的四边形个数。

图8—2(a)表示以点 $i$ 为目标节点的集聚系数 $C_3$ 计算过程,节点1、2、3为节点 $i$ 的邻居,图中存在的三角形个数 $E_i=1$,所以 $C_3(i)=1/3$。在图8—2(b)中,节点1、2、4是节点 $i$ 的邻居,$k_1=2$,$k_2=2$,$k_3=2$,从图中可以清晰地看到 $q_i(1,2)=1$,

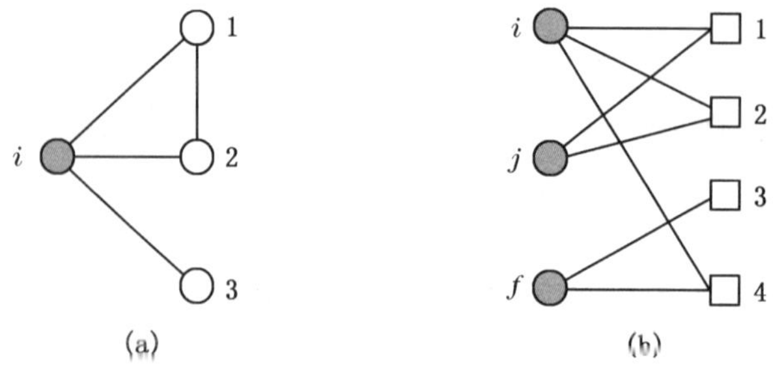


**图 8—2 图(a)为$C_3$ 计算示意图,图(b)为二部分图的$C_4$ 计算示意图**

$q_i(1,4)=0$,$q_i(2,4)=0$。另外,相同性质的点之间不能存在连接;所以得出 $\theta_{12}=\theta_{14}=\theta_{24}=0$. $\eta_i(1,2)=2$,$\eta_i(1,4)=1$,$\eta_i(2,4)=1$;$a_i(1,2)=0$,$a_i(1,4)=1$,$a_i(2,4)=1$,$C_4(i)=13$。

在用户—产品二部分网中,一个用户的 $C_4$ 值可以度量其兴趣的变化模式。对于二部分网中给定的一个指定点 $i$,因为相同点集中的点之间不能存在连接,所以网络中存在的四边形个数就等于点 $i$ 的邻居节点之间相同邻居节点的个数。正如图 8—1(b)中所示,点 1、2、4 是目标点 $i$ 的所有 3 个邻居节点,而只有点 1 和点 2 有相同的邻居节点 $j$,所以存在的四边形个数为 1。在用户—产品二部分网中,也是如此,一个指定用户的 $C_4$ 可以表示他所选择的产品又被其他用户同时选择的概率。如此一来,一个数值较高的 $C_4$ 表示该用户所选择的产品往往会被其他用户同时选择,而不是分别选择,所以,我们可以合理地推论,这些产品之间有很高的相似度。

"同时选择"和"分别选择"的区别如下:例如,某人选择了 1 号和 2 号产品,如果他(她)的 $C_4$ 高,则其他用户选择 1 号产品的同时也会选择 2 号产品,这就是 1、2 号产品更多地被同时选择;而如果他(她)的 $C_4$ 很低,说明别人选了 1 号就不会选 2 号,也就是 1、2 号产品更倾向于被分别选择。

简言之,一个用户的 $C_4$ 的值可以度量其兴趣的多样性程度。$C_4$ 的值越高,用户兴趣越单一,反之则越丰富。根据这个结论,我们可以借助 $C_4$ 来研究用户—产品二部分网中用户兴趣的变化模式以及与其他统计特性的关系。

### 8.2.2 核心用户的关系演化

通过 $K$-核分解方法可以识别社会网络的核心用户集合。因此,可以通过该方法对一个时间片段内的核心用户结构演化特征进行分析。收集 Facebook 新奥尔良市的数据。首先,利用 Facebook 网络中的 like 信息网络,表示两个人之间的关注关系。其次,利用在别人 Wall 上的留言信息构建网络,表示两个人之间的互动关系。然后,把数据分割成 28 个月，每个月一个片段。每个片段中利用 $K$-核方法识别网络的核心节点。图 8—3 给出了实验结果，从中可以发现，Facebook 的用户规模 $N(t)$ 在这 28 个月中按照指数级别不断增加；核心圈子的规模 $n(t)$ 在 28 个月中一直为 200～600 个人，按照增长率计算，则核心圈子成员的增长率接近 0。

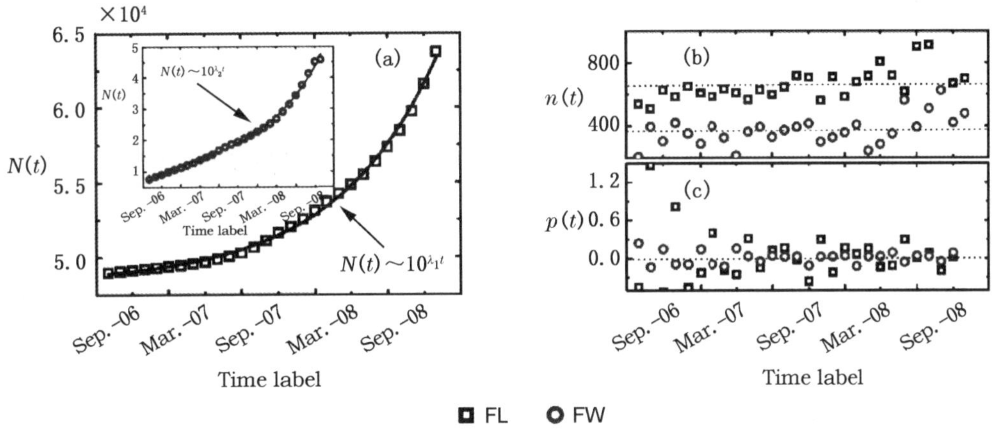


图 8—3　Facebook 新奥尔良市用户增长态势和核心圈子规模演化图

通过对核心圈子的集聚系数 $C(t)$、平均距离 $I(t)$ 以及同配性 $r(t)$ 进行分析，可以发现核心圈子成员之间的三角形逐渐增加，即核心圈子中的用户在不断地介绍彼此的朋友相互认识，形成更紧密的圈子。

从 Facebook 的实证数据分析可以发现，尽管在 Facebook 用户关系网络中没有考虑每个用户账号的社会职位等社会属性。仅仅考虑彼此关注和交互的网络关系构建的网络中，核心圈子的规模并没有随着网络用户数量的增加而显著增加。更重要的是，核心圈子成员之间的联系越来越紧密。我们可以假设这种更紧密的联系是为了维护更紧密的友谊关系。

### 8.2.3　电商网站的用户集群行为分析

单独把每个人的点评、浏览、转发、购买等行为进行分析，只能够看到不同人的微观行为，很难把行为背后的心理动机、行为特征和经济后果进行关联分析。当我们对用户的数据积累到一定量之后，就可以对不同年龄、不同地域的人的行为进行耦合分析。对比分析不同平台用户的集群行为，有助于对不同平台的商业模式及其效果进行对比分析。例如，有的电商平台经常宣称平台投入的个性化推荐模块在一年里给平台带来了 30%以上的额外销售收入。由于没有 A/B 对比实验，因此很难理解其中 30%的数据在多大程度上经得起考验。如果是将今年和去年的销售收入进行比较，今年的

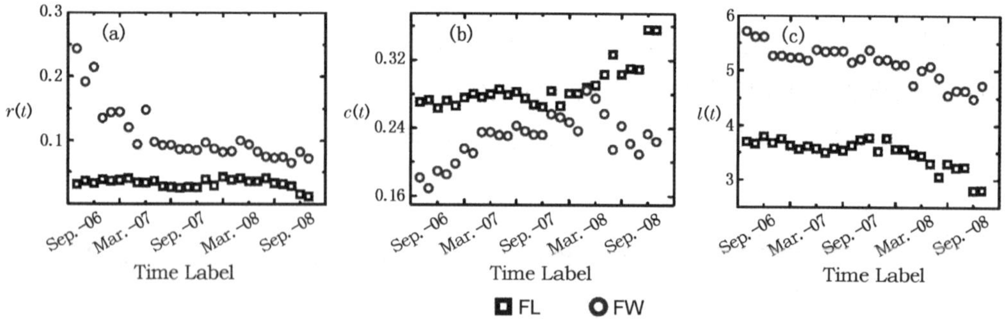


**图 8—4 位于核心圈子的节点组成的网络的同配性、平均集聚系数和平均距离**

平台一定做过很多大规模的改版，商业环境、国家相关政策、客户的行为习惯和认知每年都在发生巨大变化，公司给销售团队的经费额度、销售团队的努力和营销策略也都不尽相同。因此，在如此复杂的环境下，很难把销售收入增长的原因归结为个性化推荐模块。

那么，个性化推荐模块是否真的对用户的行为产生了重要影响呢？带着这样的问题，收集了亚马逊、MovieLens、Netflix、Bookcrossing 等不同网站的所有用户数据，如表 8—1 所示。对比不同网站的不同环境的共性和差异，可以发现如下特征：

(1)MovieLens 是一个电影点评网站，用户在打分的时候看不到电影的流行度，即看不到有多少人对电影进行了打分，只能看到电影的平均打分。

(2)Netflix 是一个商业化运营的在线电影租赁网站，用户不仅可以看到平均打分，而且可以看到电影被多少人看过、点评过。类似于淘宝、京东网站用户可以看到卖家的销售量。

(3)亚马逊的用户不仅可以看到平均打分，被多少人看过、点评过，而且可以看到推荐模块给用户推荐的提示：其他用户还购买和浏览过以下产品。

(4)Bookcrossing 是一个全球书籍共享网站，用户可以对喜欢和看过的书进行点评，也可以根据所喜欢的书和书评等信息互加自己喜欢的好友。

**表 8—1 不同网站用户可以看到的信息**

| 数据集 | 产品流行性 | 社交网络 | 推荐模块 |
|---|---|---|---|
| MovieLens | 无(只有平均打分) | 无 | 无 |
| Netflix | 无(只有平均打分) | 无 | 有 |
| Bookcrossing | 有(还有评论内容) | 有 | 无 |
| Amazon | 有 | 无 | 有 |

选择对比的 4 个网站中，既有商业网站，也有公益书籍网站。产品种类包含了书

籍、电影等商品。用户的决策环境也不尽相同，有的有社交网络，有的有推荐模块，有的有产品流行度等信息。如果不同的用户群体在不同的决策环境下具有相似的行为特征，意味着不同平台的用户集群行为一定有其内在的驱动因素，而不会因为网站有个性化推荐、社交网络等具体功能而产生巨大差异。

通过定义不同活跃度用户对不同流行度产品的偏好信息进行统计。通过不同平台的这一指标，与标准模型生成的网络进行对比，发现：

不同网站的新用户都对网站中的流行产品产生了浓厚的兴趣，喜欢看流行的电影，喜欢看流行的书籍，喜欢对流行的商品进行评价。或许是因为网站上都会把卖得最好的书籍、电影等信息摆放在最显著的位置；或许是因为这些流行电影和书籍的信息已经被媒体广泛报道，所以用户在进入网站之前已经从不同渠道了解到了相关的信息。

不同网站中的资深用户（经验最丰富的用户）的关注点都不约而同地指向了当前系统中部分最不流行的产品，或是新上映的电影，或是新上架的图书，或是其他商品。尽管网站没有提供资深用户来自何方、年龄、性别、职业等信息，但这些不同网站的资深用户表现出相似的行为特征。

随着用户活跃度的增加，用户的兴趣点慢慢从最流行的电影和书籍向不太流行的电影和书籍转变，直到用户变成最资深的用户，兴趣点也转到了最新的产品。

通过对比不同网站的用户集群行为可以发现，任何一个领域里的“新人”关注的是该系统内最流行、关注度最高的头部产品，比如最流行的电影、影响力最大的公众人物、流量明星等。随着用户生命周期的增加，用户的关注度会从最流行的产品逐渐转移到最不流行的产品，即最资深的用户的关注点是尚未引起大众关注但是非常有上升潜力的产品。

### 8.2.4　基于信息熵度量用户兴趣的多样性

用户的行为分为个体行为和群体行为。基于用户—产品二部分网中用户集聚系数度量的是单个用户的兴趣爱好；用户的群体行为是指某一类具有某种共同特性的用户，在行为模式上出现的一般规律。随着在线社会网络数据量的日渐庞大，对用户的群体行为进行度量显得尤为重要，我们可以用信息熵来衡量用户群体兴趣的多样性。

香农所提出的信息熵可以用来度量一则消息中所蕴含的信息的价值。事实上，它是一种度量信息量的方法，也可以用来衡量一个系统的不确定性；换句话说，一个变量的不确定性越大，它的熵值就越大，因而所包含的信息量也越大。

一个随机变量 $P$ 有 $n$ 个可能的结果，概率分别是 $\{p_1, p_2, \cdots, p_n\}$，则熵值 $H$ 的计算公式为：

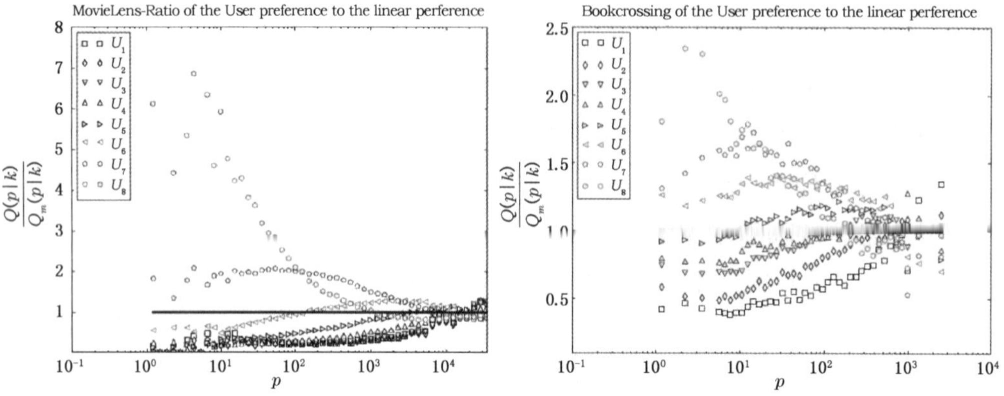


**图 8—5 MovieLens 和 Bookcrossing 用户兴趣偏好统计图**

$$H = H(p_1, p_2, \cdots, p_n) = \sum_{i=1}^{n} p_i \log \frac{1}{p_i} \tag{8—4}$$

其中，$p_1, p_2, \cdots, p_n$ 是有限概率分布，即 $p_i \geqslant 0 (i=1,2,\cdots,n)$，并且 $\sum_{k=1}^{n} p_i = 1$。

信息熵具有两个最大化特征：

$$H(p_1, p_2, \cdots, p_n) \leqslant H\left(\frac{1}{n}, \frac{1}{n}, \cdots, \frac{1}{n}\right) = \log_2 n \tag{8—5}$$

这一特征表明，如果所有结果都可能发生，那么此时的熵值是最大的；也就是说，当所有事件都是等概率事件的时候，系统的不确定性是最大的：

$$H\left(\frac{1}{n-1}, \frac{1}{n-1}, \cdots, \frac{1}{n-1}\right) < H\left(\frac{1}{n}, \frac{1}{n}, \cdots, \frac{1}{n}\right) \tag{8—6}$$

这个特性表示对于等概率事件，熵值会随着可能结果数量的增大而增大；或者说，随着 $n$ 增大，事件的不确定性也会越大。

按照用户的度将用户分类，每一类中，任何一个用户所选择的产品信息都被统计，具体定义为：

$$H(k) = \sum_{i=1}^{n(k)} p_i \log_2 \frac{1}{p_i} \tag{8—7}$$

其中，$k$ 表示用户的度；$H(k)$ 表示度为 $k$ 的用户所选产品的信息熵值；概率 $p_i$ 是指度为 $k$ 的用户所选择的所有产品中，产品度为某一个值的产品概率；$n(k)$ 表示的是所有度为 $k$ 的用户所选择的产品中，产品度互不相同的个数。

按用户的度 $k$ 对数据进行分类，即度相同的用户被认为是同一类用户，因而同类用户所有的选择信息都被收集在一起。然后，可以计算每一类用户所选择产品的信息熵值 $H(k)$。对于度为 $k$ 的用户，概率 $p_i$ 就是在所有选择次数中，某一类产品被选择的概率，然后 $H(k)$ 就能被计算出来。

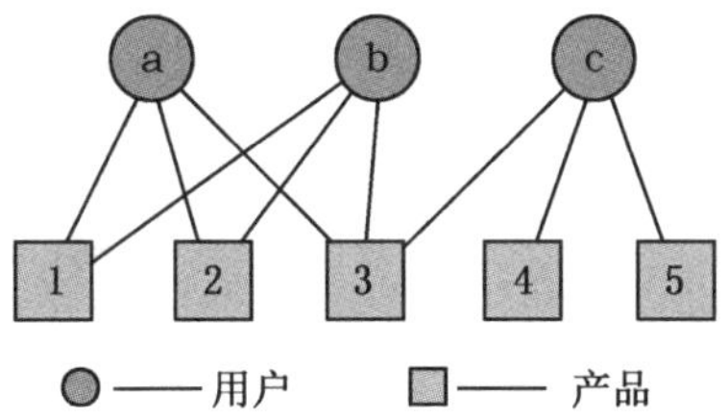


**图 8－6　信息熵的计算过程示例**

下面我们来举一个简单的例子，看看信息熵是如何度量用户群体兴趣的。图 8－6 是具体的信息熵 $H(k)$ 的计算过程示例。在一个用户—产品二部分网络中共有 3 个度为 3 的用户 a、b、c，而产品 1、2、3、4、5 的度分别为 2、2、3、1、1。从图 8－6 中可以看出，度为 1 的产品被选择了 2 次，度为 2 的产品被选择了 4 次，度为 3 的产品被选择了 3 次，所以总次数为 2＋4＋3＝9。因此，概率分布为 $P=(29,49,13)$，故度为 3 的用户所选择产品的熵值为 $H(3)=2/9\log_2 9/2+4/9\log_2 9/4+1/3\log_2 3=1.5305$。基于信息熵的原始定义，熵值越大表示用户选择行为的不确定性越大。在用户—产品二部分网络中，如果用户兴趣更多样，那么他们选择产品的不确定性就越大；也就是说，熵值可以表示用户的兴趣多样性。

从图 8－7 中可以发现，随着 MovieLens 和 Netflix 中的用户活跃度的增加，用户点评过的产品平均都在逐渐下降，即新用户关注最流行的电影，随着用户点评电影数量的增加，用户的兴趣逐渐转向非流行产品。与此同时，可以发现用户的兴趣多样性先提高，之后迅速下降。

### 8.2.5　社交结构与亲密关系

在线社交网络（OSN）得到了越来越多的研究者关注。数以亿计的用户在过去的几年中互相进行通信和互动，拓宽了关于人类关系模式的认知。虽然用户通过社交网络与更多朋友建立连接是方便的，但由于认知能力和脑容量的限制，在线社交网络中的交互模式也受到了人们处理信息能力的限制，这一点与线下面对面的人际交流类似。Dunbar 认为，人的认知能力是有限的，平均来说，每个人只能维持 150 个朋友，只有 5 个最亲密的朋友，这个结论已经通过面对面交流网络、移动通信网络和在线社交网络得到验证。

然而，这些工作并没有告诉我们在线社交网络的用户是如何对亲密关系进行维护的。对于我们每个人而言，亲密关系是一个重要的个人隐私信息，用户不会轻易地对所有公众进行公开介绍。因此，如何通过社交网络的结构特征对亲密关系进行预测也

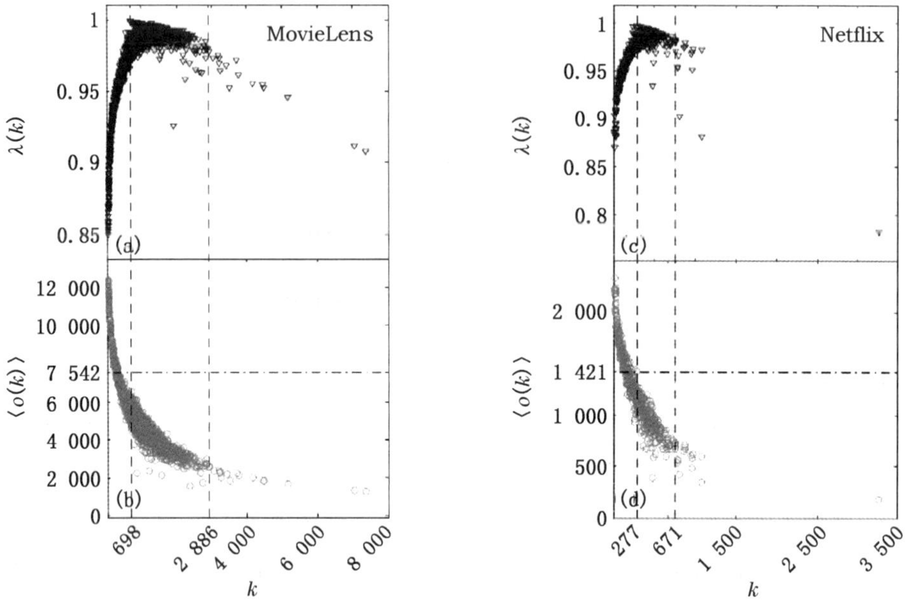


**图 8—7　MovieLens 和 Netflix 数据集上不同活跃度用户的兴趣多样性和选择产品的平均度**

成为社交网络结构分析的重要课题之一。通过研究在线用户的集群行为，可以挖掘在线社交网络用户的交互模式。其中，交互模式也包含了与亲密朋友的互动模式。在线社交网络的研究中，朋友关系的亲密程度可以用关系强度（tie strength）来进行度量；根据亲密关系的强弱来判断亲疏远近。此外，嵌入性（embeddedness）可以用于分析好友之间共享的亲密朋友的数量。将亲密度与嵌入式特征进行融合，就可以通过社交网络的结构信息预测关系的亲密程度。下面的内容中介绍了笔者与郭强老师、李仁德老师、岳强同学一起合作的研究。

在线用户的交互行为特征，可以用自我中心网络来刻画。而随着时间的演化，用户的社交特征是如何变化的，我们以图 8—8 为例。假设有两个连续的时间区间 interval 1 和 interval 2，其中用户（ego）的朋友分别命名为 A-F 和 K-R。同时，在区间 2 中，有两个朋友 C、D 与区间 interval 1 是相同的。只取用户的前 10 名经常联系的朋友构建自我中心网络（ego network），联系的强度为交互的次数。图 8—8(a)和 8—8(b)显示了用户网络的关系强度，是目标（用户）和朋友（朋友）在两个连续时间间隔内交互的数量，而两个区间中共同朋友（朋友 C 和 D）占全部朋友的比率，为朋友的变更率，以 Jaccard 相似性为定义指标，在本例中为 2/18=0.111 1。图 8—8(c)显示了每一个时间区间内用户与朋友交互的社交特征，社交特征定义为与朋友交互的频率分布，它近似服从于指数分布形式。而两个社交特征的一致性，可以通过两个概率分布之间的相似性来评价。

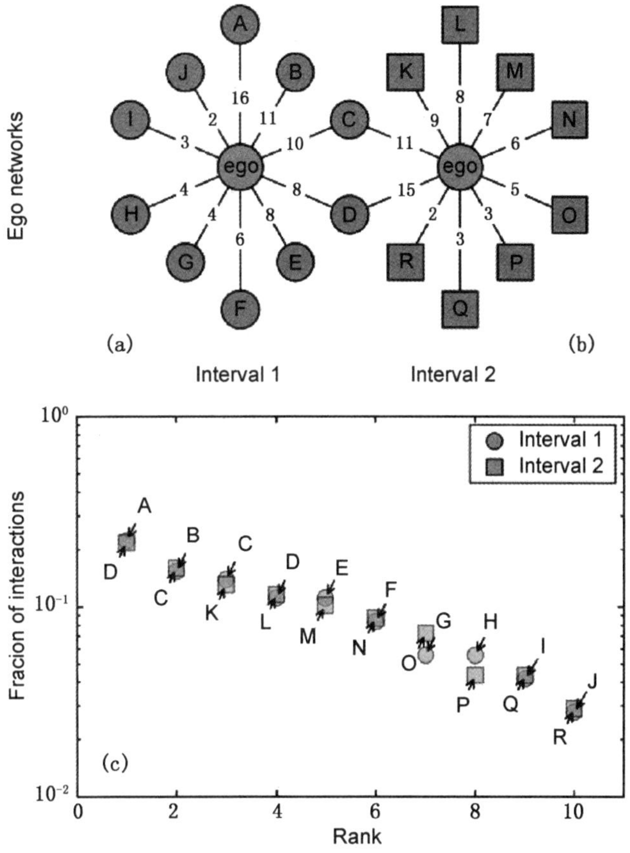


**图 8—8 一个典型用户的社交特征演化**

为了保证结论的普适性和在教育领域的适用性，我们采用两个在线社交网络(FacebookWall，WikiTalk)和两个教育数据(CollegeMsg，SuperUser)。两个数据集的基本统计属性见表 8—2。

**表 8—2** **实证数据集的基本统计**

| 区间 | FacebookWall | | | | |
|---|---|---|---|---|---|
| | Time span | N | E | nL | nS |
| $i=1$ | 2006-09-05 至 2007-01-24 | 8 544 | 58 549 | 56 | 385 |
| $i=2$ | 2007-01-24 至 2007-06-14 | 11 768 | 106 160 | 56 | 814 |
| $i=3$ | 2007-06-14 至 2007-11-02 | 15 653 | 136 806 | 56 | 1 174 |
| $i=4$ | 2007-11-02 至 2008-03-22 | 17 663 | 119 296 | 56 | 907 |
| $i=5$ | 2008-03-22 至 2008-08-10 | 22 991 | 140 348 | 56 | 1 201 |
| $i=6$ | 2008-08-10 至 2008-12-29 | 36 344 | 230 847 | 56 | 2 313 |

续表

| 区间 | WikiTalk | | | | |
|---|---|---|---|---|---|
| | Time span | N | E | nL | nS |
| $i=1$ | 2005-09-09 至 2006-01-28 | 81 860 | 470 296 | 618 | 2 056 |
| $i=2$ | 2006-01-28 至 2006-06-18 | 192 916 | 957 599 | 618 | 3 736 |
| $i=3$ | 2006-06-18 至 2006-11-06 | 207 167 | 1 094 482 | 618 | 1 500 |
| $i=4$ | 2006-11-06 至 2007-03-27 | 293 397 | 1 449 596 | 618 | 5 449 |
| $i=5$ | 2007-03-27 至 2007-08-15 | 338 571 | 1 623 190 | 618 | 5 523 |
| $i=6$ | 2007-08-15 至 2008-01-03 | 320 861 | 1 540 296 | 618 | 4 902 |
| 区间 | CollegeMsg | | | | |
| | Time span | N | E | nL | nS |
| $i=1$ | 2004-04-17 至 2004-06-20 | 1 709 | 49 711 | 14 | 477 |
| $i=2$ | 2004-06-20 至 2004-08-23 | 712 | 6 234 | 14 | 630 |
| $i=3$ | 2004-08-23 至 2004-10-26 | 551 | 3 854 | 14 | 320 |
| 区间 | SuperUser | | | | |
| | Time span | N | E | nL | nS |
| $i=1$ | 2008-08-02 至 2011-02-12 | 25 944 | 261 434 | 329 | 2 870 |
| $i=2$ | 2011-02-12 至 2013-08-24 | 87 196 | 563 178 | 329 | 4 418 |
| $i=3$ | 2013-08-24 至 2016-03-05 | 129 100 | 617 908 | 329 | 3 955 |

FacebookWall 数据集的时间范围从 2004 年 9 月 14 日到 2009 年 1 月 22 日。值得注意的是，用户可以在他(她)朋友的 Wall 上发表评论，这些评论可以被访问者看到。WikiTalk 数据集从 2001 年 8 月 30 日到 2008 年 1 月 6 日。其中的互动表示一个用户编辑了另一个用户的词条页。我们提取了从 2005 年 9 月 9 日到 2008 年 1 月 3 日的数据，这样就与 FacebookWall 数据时间跨度相同，每个划分的时间区间包括 141 天。在这里，我们把互动看作不直接的联系，因为在计算社交特征的时候我们只需要知道用户和朋友的联系。每个互动的信息包括三个部分：Wall 对话页所有者(用户)、发布/编辑的用户(朋友)和相应的发布/编辑时间。数据集被均匀地分隔成 $I$ 个时间间隔，这里 $I=6$，并且每个时间间隔包含 141 天。

CollegeMsg 数据集是加利福尼亚大学欧文分校(UC Irvine)在线学生社区中学生之间的消息发送记录网络。网络的连边由学生与学生之间私信记录构成。时间范围为 2004 年 4 月 17 日到 2004 年 10 月 26 日。由于数据集时间跨度较短，我们将该数据集按时间均分为 $I=3$ 个时间间隔，每个时间间隔包含 64 天。SuperUser 是几个计算机学习者的问答网站，与 FacebookWall 类型相同，均为论坛，其网络的连边由用户之间的评论关系构成。数据的时间为 2008 年 8 月 2 日到 2016 年 3 月 5 日。为了保证切片的一致性，同样地，将该数据集按时间均分为 $I=3$ 个时间间隔，每个间隔包含 924 天。

在每一个时间间隔内，构造自我中心网络。我们只考虑交互的朋友超过 10 人的用户，这些用户可以分为长期用户 L 和短期用户 S。具体地，我们将长期用户 L 定义为那些在 6 个区间内都出现过的用户，这些用户具有随时间变化的演化特征，在系统中长期存在；而短期用户 S 是那些只在一个区间内出现过的用户，这些短期用户仅仅在一个时间区间内，拥有的交互朋友超过 10 人。短期用户由于只在某一个时间区间内出现，因此没有演化特性，我们取出短期用户的目的，是在分析用户的社交特征时，通过对比长期和短期用户两者之间的社交特征区别来识别具有共性的特点。长期用户在不同的时间片段中的数量一致，FacebookWall、WikiTalk、CollegeMsg、SuperUser 四个数据集中的数量分别是 56、618、14、329 人，而短期用户的数量在每个时间间隔内都是不同的。

用户和朋友是通过在线社会关系彼此交互在一起的。交互的强度是每一个时间间隔中每一个用户与朋友交互的数量，并且把朋友按交互强度进行降序排列。然后，计算出区间内用户的社交特征(social signature)，代表用户对各个朋友的交互频率分布。这里在计算社交特征时，至少有 10 个朋友的用户才会被纳入衡量范围。为了量化用户的社交特征在不同时间区间内的一致性，我们使用 $JS$ 散度来测量两个用户之间的社交特征的距离。$JS$ 散度越小，两个社交特征就越相似，意味着用户的交互频率具有稳定性。此外，我们使用变更率 $J$ 来量化两个连续时间区间之间的朋友变更率。$J=0$ 表示没有共同朋友，即用户的朋友随时间变化而完全不同；$J=1$ 表示连续时间间隔内的朋友完全相同。如图 8－8 所示，公共朋友的数量等于 $20\times J/(1+J)$，在这种情况下，$J=0.1111$，表明在两个连续的时间间隔中有 2 个公共的朋友。以下介绍具体计算方法。

长期用户在不同的时间间隔区间内的社交特征是否具有一致性？为了消除个体用户的差异性，我们将每个时间间隔区间内的所有长期用户的社交特征平均化，然后比较不同区间内的平均社交特征是否具有差异。而社交特征本身不考虑交互的对象，因此用长期用户交互的朋友变更率作为辅助信息，观察随着交互对象的变化，社交特征是否具有稳定性和一致性。

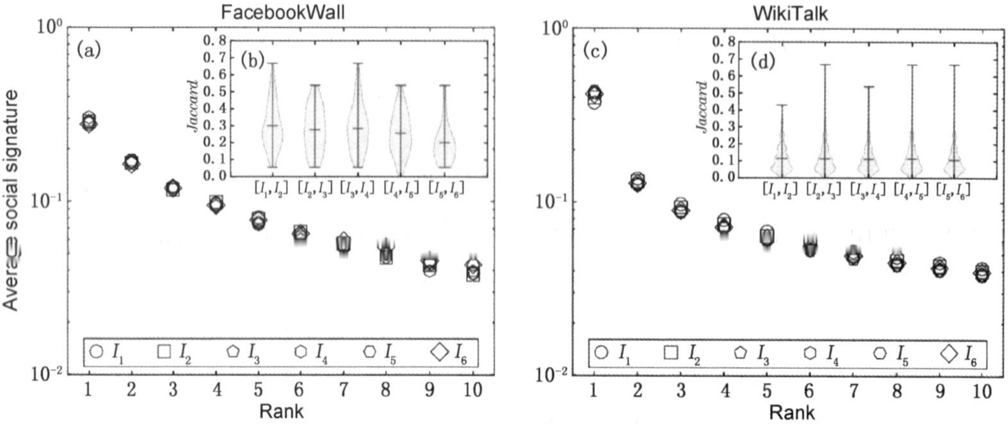


**图 8—9 长期用户的社交特征演化(FacebookWall 与 WikiTalk 数据集)和**

**(CollegeMsg 与 SuperUser 数据集)**

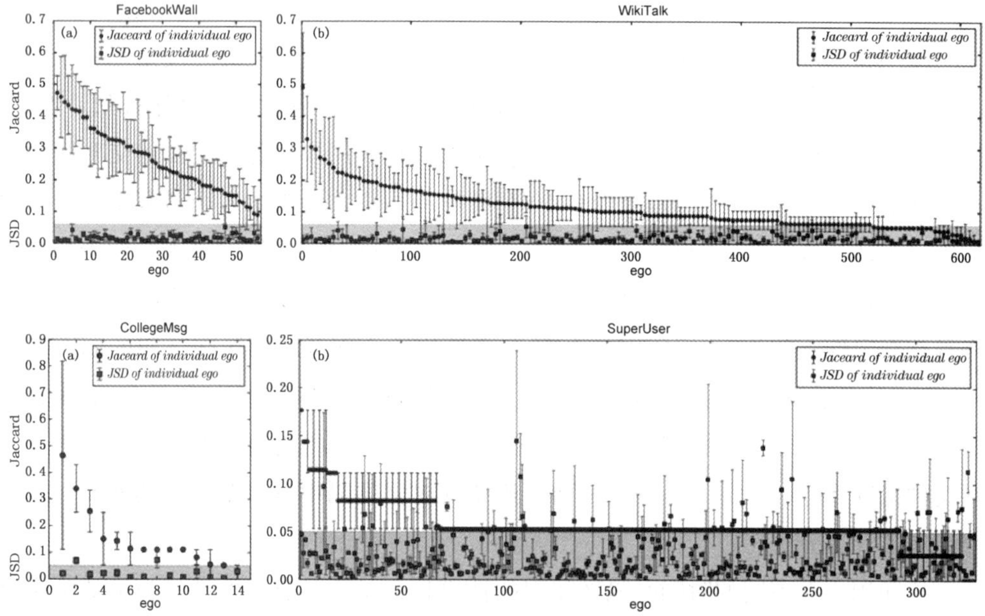


**图 8—10 FacebookWall 和 CollegeMsg 数据集上 ego 用户行为模式的分布及其相似性**

以长期用户的集群特性作为考察对象。首先,在每个时间间隔内,对于所有的长期用户计算平均社交特征,将时间间隔区间 $i$ 内所有长期用户 $L$ 的社交特征做平均。图 8—9 子图(a)和(c)中每个时间间隔内长期用户的平均社交特征呈现指数分布。并且,在两个连续时间间隔区间内,两个平均社交特征的相似性均小于 0.000 5。该结果表明长期用户的平均社交特征并不随着时间的变化而发生太大的变化,用户与朋友在两个连续时间间隔区间内的交互频率保持稳定。其次，为了测量朋友变更率随着时间变化，计算两个连续时间间隔区间内长期用户的 Jaccard 值。图 8－9 子图(b)和(d)的小提琴图展示了所有长期用户的 Jaccard 值在每一段时间间隔区间中的分布，各区间中长期用户的 Jaccard 平均值即为平均变更率。随着时间的推移，对于 FacebookWall 用户来说，平均变更率在不同区段内介于 0.2～0.3，意味着用户平均拥有 3～5 个稳定的朋友；对于 WikiTalk 的用户来说，平均变更率稳定在 0.11 左右，意味着用户平均拥有 2 个稳定的朋友；对于 CollegeMsg 用户来说，平均变更率分别为 0.1 和 0.21，意味着用户平均拥有 2～3 个稳定的朋友；对于 CollegeMsg 用户来说，平均变更率稳定在 0.06 左右，意味着用户平均拥有 1 个稳定的朋友。

综合上述结果可以发现，随着时间的推移，尽管朋友变化有多有少，但用户和朋友交互的频率具有稳定性。社交特征虽然在不同的数据集中有所不同，但是对于用户来说，具有相同的形态和长期的一致性。

从群体角度，用户的交互特征具有一定程度的一致性，但是对于个体而言，这种社交特征是否一致？个体之间是否具有较大的差异？我们通过对每一个长期用户的个体行为来进行分析。仍然从社交特征和变更率两个角度入手，对每个个体在不同时间间隔区间内的行为特征平均。

首先，个体的平均社交特征，我们通过对单个用户的 $JSD$ 值在各区间的平均来计算，记为 $\langle JSD_j \rangle$，并且随着 $S$ 时间的推移每个个体的平均变更率记为 $\langle J_j \rangle$。然后，我们根据个体的平均变更率 $\langle J_j \rangle$ 的值对用户进行排序。图 8－10 显示，FacebookWall 和 WikiTalk 数据集的个体变更率 $\langle J_j \rangle$ 值的为 0.1～0.5，个体用户在变更率上具有很大差异。以 FacebookWall 的个体为例，变更率的最大平均值是 0.47，这表明用户的朋友是很稳定的；也就是说，随着时间推移，有 6 个朋友频繁地与用户交互。而变更率的最小平均值是 0.09，这表明该用户的朋友频繁变化。WikiTalk 的用户也表现出随时间变化个体变更率之间很大的不同。图 8－10(a)中，CollegeMsg 的用户变更率与 FacebookWall 相似。最为不同的是 SuperUser 用户，个体变更率 $\langle J_j \rangle$ 值均较低，见图 8－10(b)，表明该学习论坛的用户关系变更频繁。尽管个体的变更率各有不同，但随着时间的推移，几乎大多数的用户 $\langle JSD_j \rangle$ 值仍然保持稳定在(0,0.06)范围内，表明单个用户的社交特征随着时间的推移是稳定的。

综合上述结果，总体社交特征的一致性在个体层面也得到了验证，而个体的差异体现在不同人在单位时间内更换不同比例的朋友。

● **亲密关系预测**

用户之间的亲密关系可以定义为交互频率、交互时长和总时长等定量指标。实际场景中，我们只知道好友关系，而无法对亲密程度进行判断，例如微信、QQ 等在线交流工具，只能看到是否为好友，而无法判断其亲密程度。能否通过网络结构来预测用户之间的亲密度？在已知用户社交网络结构的情况下，可以通过网络的结构属性来定义用户之间的亲密关系。以图8－11示意图为例，如果已知一个加权社交网络(a)，可以根据社交特征的分析方法，划分出子图(b)的自我中心网络。然而，在不知道边权(交互频次)的情况下，子图(a)就退化成了无权的社交网络，以下就针对子图(c)这种无权的网络结构进行分析。

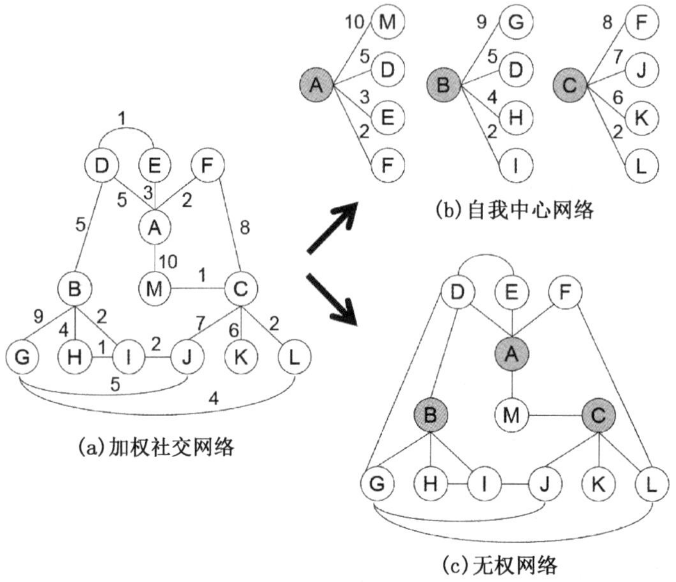


**图8－11　社会网络中用户只了解自己的亲密关系，而无法获得朋友的亲密关系**

嵌入性(embeddedness)定义为用户 $u$ 和 $v$ 之间的共同好友个数，分散度(disperson)定义为用户 $u$ 和 $v$ 共同好友之间最短距离的累加和，如

$$disp(u,v)=\sum_{s,t\in C(u,v)} d(s,t)$$

其中，$C(u,v)$ 为 $u$ 和 $v$ 的共同好友集合。图8－12给出了嵌入性和分散度的示意图。

通过嵌入性和分散度对亲密关系进行准确预测。在结构分析中，嵌入性指标用来度量两个节点之间的密切关系，捕捉的是两个朋友的社交圈的重叠程度，具体的定义为两个用户的公共邻居与两人朋友比例的函数。

传统的社交特征，其异质性的特征源于朋友之间的亲疏远近，可以通过问卷等手段测量获得，但是社交网络的规模较大、隐私较强，这种亲密关系的解释只能通过网络结构的紧密程度来诠释。实证统计结果表明，用户从结构信息中识别出的朋友仍然具有社交特征的特点，与实证自我中心网络相对保持一致；也就是说，社交特征体本质上内嵌在网络的结构特征中。

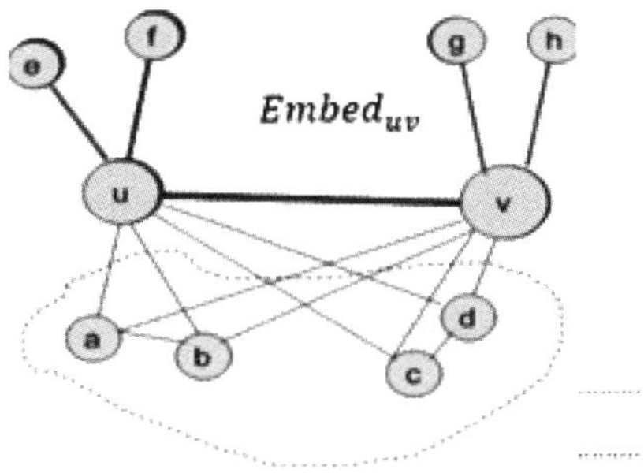


**图 8—12 嵌入性和分散度指标示意图**

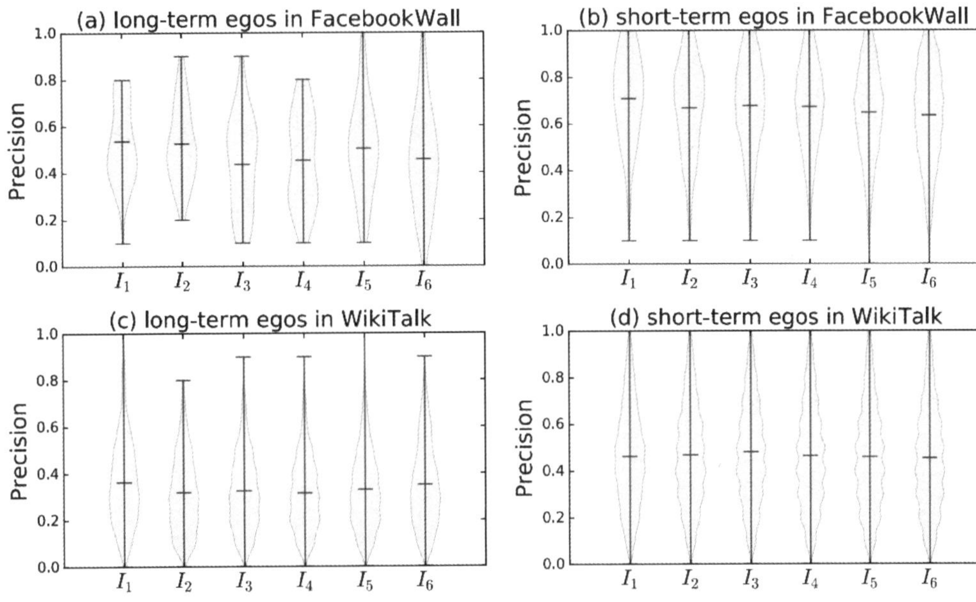


**图 8—13 亲密关系识别的准确率(FacebookWall 和 WikiTalk 数据集)**

其次,对比结构社交特征中识别出的用户对象(朋友)占实证数据的准确率。图 8—13 给出了 FacebookWall 和 WikiTalk 数据集上基于嵌入性预测亲密关系的预测准确度,从中可以发现嵌入性结构具有很强的测量用户亲密度的预测能力,其中短期用户比长期用户的准确度更高。长期用户准确度较低的原因,可能是不同的时间间隔区间内长期用户的朋友在不断变化,并且其网络结构也在发生变化,从而导致预测的困难。虽然短期用户只出现在一个时间区间内,但它具有稳定的网络关系和朋友关系。如果存在社交特征的话,那么预测短期用户的朋友会比长期用户更容易。

## 思考题

1. 如何基于点赞数据构建用户画像？如何基于点赞对象的语义信息构建用户画像？
2. 请给出嵌入性和分散度的定义及其数学形式。
3. 什么是社交特征？如何独立两个用户的社交特征的相似性？
4. 如何独立用户兴趣的多样性？
5. 如何基于社会网络结构信息预测亲密关系？

# 第 9 章　情感分析

互联网的发展赋予所有人畅所欲言的权利，网络成为人们表达自己意见的渠道。大数据时代的到来，更是让这些铺天盖地的评论和观点拥有了前所未有的重大意义。它们不再仅仅是某人茶余饭后的情绪表达，而是以整体的形式成为学者们研究的重要依据，融合了社会大众对于某一事物的态度和情绪。本章主要介绍情感分析领域的基本概念以及如何将文本信息转化为情感知识，并介绍一些实际案例。

## 9.1　文本情感分析

文本情感分析(text sentiment analysis)也称为观点挖掘(opinion mining)，是用来分析人们通过文本表达的对某个实体的观点、情感、评价、态度和情绪。这里的实体可以是产品、服务、组织机构、个人、事件和各种话题。随着计算机和网络技术的发展，人们开始研究如何让计算机能理解和运用人类社会的自然语言，这一研究取得了丰硕的成果，这些成果为文本情感分析奠定了基础。文本情感分析是自然语言理解领域的重要研究分支，涉及统计学、语言学、心理学、人工智能等领域的理论与方法。

文本情感分析首先需要对文本来源进行处理，对网络文本进行主客观分类。网络文本信息可以广义地分成两种类型：客观性文本和主观性文本。客观性文本就是我们对于实体、事件以及它们属性的客观性陈述；主观性文本通常是我们对于实体、事件以及它们属性的主观性评价，包含着丰富的主观性的意见、情感、观点和态度等。主客观分类从主客观混合的文本中将描述事实的客观性文本与表达意见的主观性文本区分开来，将主观语言的文本抽取出来，过滤掉不带情感色彩的文本。这一阶段研究的主要目的是为文本情感极性分析提供主观性文本。

文本情感分析的下一步是对主观性文本的分析，主要包括文本情感极性分析和文本情感极性强度分析。情感极性分析的任务就是识别主观文本的情感极性。情感极性分为两极，即正面(positive)的赞赏和肯定以及负面(negative)的批评与否定，也有一些学者在正面和负面之间加入了中性(neutral)。情感极性强度分析就是判定主观文本情感极性强度，比如强烈贬抑、一般贬抑、客观、一般褒扬、强烈褒扬五个类别。

人们的情感还可能蕴含着更加复杂的情感成分。对于情感细粒度类别的确定，暂时还没有公认的统一标准，现在有 6 类、7 类、12 类、18 类、24 类等多种分类方法。目前应用比较广泛的是大连理工大学信息检索研究室所提出的 7 大类 20 小类的情感分类体系，其中 7 大类情感分别为快乐（happiness）、喜欢（like）、生气（anger）、伤心（sadness）、恐惧（fear）、厌恶（disgust）和吃惊（surprise）。

根据不同的文本粒度，可将情感分析研究划分为词语级、短语级、句子级和篇章级等研究层次。

（1）词语级。词汇的情感极性是文本情感极性判断的基础。通常用[－1，1]之间的某个数值作为情感词极性的强度。情感值大于 0 的作为正极性的词，情感值小于 0 的作为负极性的词，情感值等于 0 的作为中性词。基于语料库和基于情感词典是判断词汇情感极性的两种主要方式。

基于语料库的方法主要是使用机器学习的有效算法对词汇的情感极性进行判别。该方法对语料库的规模和质量要求很高，计算也比较复杂，总体来说效率不高。基于词典的方法主要依靠语义词典所提供的语义相似度或层次结构来判别词语的情感极性。该方法依赖于构建成熟的词典，如英文中的 WordNet 词典和中文中的 HowNet 词典、同义词词林等，有较高的准确率和较好的扩展性，但词典规模和情感基准词的选择显得尤其重要。

（2）短语级。单独的情感词汇在文本中可能会存在一定的歧义性，此外在客观句中往往也存在情感词汇。因此，仅依靠情感词汇来作为情感分析的依据是不够的。有些研究者发现，包含特定情感词汇的组合评价单元，在情感分析中具有更准确的判别效果。有学者将这种具有主观情感的词汇组合或短语称为主观表达式（subjective clues）。通过统计和人工标注大量语料，或采取句法分析抽取主观表达式的句法规则，为短语级情感分析提供判别的依据。

（3）句子级。由于在一篇文档中可能包括多个主体，如果直接将所有词汇或短语级的情感倾向汇总，作为整体的倾向，往往会产生错误的结果。因此，需要通过句子级的情感分析对这些主体的情感倾向进行判断。

早期研究者采用模式匹配的方法对句子进行情感判别，有学者通过构建不同极性的粗糙语料集和句子与语料的相似度来判别句子的情感极性；也有通过语义词典等方法对句子的情感进行判别，比如利用知网信息和 SVM 分类器，基于语义理解实现对文本的极性判别。此外，上下文关系也对句子级情感分析提供了有价值的信息，比如考虑上下文之间的情感影响，使用 CRF 模型来处理句子级的情感分类任务。

（4）篇章级。篇章级的情感分析包括两种思路：直接汇总篇章中所有情感特征的情感值,或者分析各句情感值。早期研究多采用情感词极性相加作为整个文本情感极性的方法。Whitelaw 等选择篇章中的组合信息作为特征,提升了分类效果。Ma 等将句法分析与其他特征相组合来分析文章的情感。在分析各句情感的研究方面,如 Pang 和 Lee 认为篇章的情感倾向只与其中包含情感信息的主观句有关,因此通过最小割方法区分文章的主观部分和客观部分,然后选择主观部分的句子来判断文章的情感。Yi 和 Nasukawa 等将文本与所构建的情感极性语义模式库进行匹配,根据累加符合匹配模式的总值来判断整个文本的倾向性。

## 9.2　情感分类

情感分类又称情感倾向性分析,是指对给定的文本,识别其中主观性文本的倾向是肯定还是否定的、是正面还是负面的,是情感分析领域研究最多的。

通常网络文本存在大量的主观性文本和客观性文本。客观性文本是对事物的客观性描述,不带有感情色彩和情感倾向;主观性文本则是作者对各种事物的看法或想法,带有作者的喜好厌恶等情感倾向。情感分类的对象是带有情感倾向的主观性文本,因此情感分类首先要进行文本的主客观分类。文本的主客观分类主要以情感词识别为主,利用不同的文本特征表示方法和分类器进行识别分类,对网络文本事先进行主客观分类,能够提高情感分类的速度和准确度。

纵观目前主观性文本情感倾向性分析的研究工作,主要研究思路分为基于语义的情感词典方法和基于机器学习的情感分类方法。

### 9.2.1　基于语义的情感词典方法

语料库和情感词典是文本情感分析所需的重要资源,学者们对此给予了极大的关注。

语料库可以通过人工标注方法构成,但是这种方法存在语料库规模有限、情感词在语料库中分布不均匀、工作量大和容易产生人为差错的缺点。也有学者提出自动标注的方法,比如借助表情符号标注情感、借助股票走势和其他金融指标判断文本极性,还有学者提出借助其他标注语料的方法,比如借助烂番茄(著名的影评网站,提供电影信息与影评检索 API)的影评及其影评单句汇总来收集语料。这类方法的普遍缺点是精确度不高。

1. 比较有代表性的语料库

(1)康奈尔影评数据集(Cornell movie-review datasets),由 IMDB 的电影评论构

成，包含篇章级的 1 000 篇褒义评论和 1 000 篇贬义评论，句子级的 5 331 个褒义句子和 5 331 个贬义句子。但由于未进行更细粒度的标注，所以它不适合细粒度的情感分析的要求。

（2）多视角问答（multiple-perspective question answering，MPQA）语料库对 535 篇广泛来源的新闻进行了语句级人工标注，而且对语句的低层次进行了标注，标出了情感文本的持有者、对象、极性、强度等要素。除了情感，还标注了情绪、推断、信念等。

（3）Blog06 是格拉斯哥大学的 TREC 测试集，主要由一系列话题的主流博客组成。其特点是数据量大，达到 25GB。

（4）NTCIR 多语言语料库（NTCIR multilingual corpus）由英文、中文和日文新闻组成，训练集标注了意见持有者、意见持有者的所有意见、情感极性、根据系列主题预设的相关信息等。

（5）美国伊利诺伊大学的 Hu 等的电子产品评论数据集对亚马逊和 cNet 上的评论进行了人工标注，该数据集标注了评价对象、倾向性以及强度，被广泛应用于细粒度的情感分析中。

2. 比较有代表性的情感词典

（1）General Inquirer lexicon。Stone 等收集了 1 915 个褒义词和 2 293 个贬义词，并按照极性、强度、词性等打上不同的标签，对于词汇还列出了不同的义项，可以区别不同义项和词性下的褒贬极性，也相当于对每个单词都构建了一组语义消歧规则。

（2）Sentiment lexicon。由 Hu 等提供，现已包括 6 800 个情感词，特别需要指出的是，词典中的一些拼写错误的词汇是因为其出现频率高而存在的。

（3）MPQA subjectivity lexicon。由 Wilson 等提供，包括超过 8 000 项情感词和组合短语。

（4）SentiWordNet。由 Esuli 等提供，为 WordNet 的每个同义词集提供褒义、贬义、主观性的评分，评分的取值范围为[0，1.0]。某一同义词集的三类评分可能都不为 0，但是评分总和为 1，以此表示其在三种情感属性中的倾向。

（5）Emotion lexicon。Mohammad 等通过亚马逊的土耳其机器人（Mechanical Turk）低成本、中规模、高质量地标注词性、极性和属性。

中文情感词表的构建大多基于 HowNet 中文本体知识库，以及现有的中文同义词林、现代汉语词典等资源来扩展种子词。Ku 和 Chen 指出，为了检测中文文档中的情感词，一个中文情感词典是必不可少的。然而，一个小的词典又会遇到覆盖范围的问题，作者在研究中开发了一种从多种资源获取情感词汇和词汇强度的方法。种子词汇集来源于 General Inquirer（GI）和中文网络情感词典（Chinese Network Sentiment Dictionary，CNSD），其中将 GI 翻译为中文，将种子集命名为台湾大学情感词典，在使用的过程中作者利用其他两个中文词典对种子词进行了扩展，以保证词典的覆盖范围。

Yan 等从 HowNet 中文词汇本体中提取了中文情绪词汇本体。Li 和 Ren(2009)构建了一个情绪分类词表，基础词来源于 HowNet 和同义词词林，情绪分类词表将所有情绪词分为喜、爱、怒、忧、惧、憎和惊 7 个一级类目和 48 个二级类目，并通过一种基于概念的词语语义相似度计算算法将情绪词进行归类。史伟、王洪伟等对 HowNet 2007 版情感分析词语集提供的 3 730 个正面评价词和 3 116 个负面评价词进行了词性和极性强度等信息的标注，将 HowNet 提供的 836 个正面情感词和 1 254 个负面情感词进行了八类情绪类型的划分和归属度的计算，在进行归属度的计算时采用了刘群提出的基于 HowNet 的语义相似度计算方法。他们还利用已构建的 2 090 个情感词条对新浪微博中“动车事故”的微博进行了情感分析，描述了各种情绪类型随时间变化情况。

### 9.2.2　基于机器学习的情感分类方法

根据研究涉及的一些机器学习方法，在此分别介绍支持向量机、贝叶斯、K 近邻等分类方法的基本原理。

(1)支持向量机分类器。支持向量机(support vector machine，SVM)是一种通过样本训练，对测试样本进行分类的机器学习方法，在近年来的研究中经常使用。它通过一个非线性映射，把样本空间映射到一个高维乃至无穷维的特征空间中，使原本非线性可分的问题变为在高维特征空间中线性可分的问题。

(2)贝叶斯分类器。贝叶斯(Bayes)分类算法是利用统计学中的贝叶斯定理来预测样本属于某种分类概率的分类算法，它依据概率统计知识进行判断，无需额外的知识体系，因此具有分类准确、速度快捷、可处理大规模数据等特点。

(3)K 近邻分类器。K 近邻分类方法(K-nearest neighbor，KNN)是一种简单但有效的归纳推理方法。它通过从一个文档开始，不断扩大领域，直到包含所有文档，通过周边训练样本中类别的概率来判断文档的概率。

K 近邻算法主要根据待测样本与训练样本集中所有样本计算距离后，找到最邻近的 $K$ 个训练样本，再统计 $K$ 个训练样本的分类，根据统计结果采取一定的策略对分类进行评分，从而确定待测样本的分类。K 近邻算法的思想包括两个步骤：

①计算新样本与训练样本集中所有训练样本间的距离，找出与新样本距离最小的 $K$ 个训练样本。

②统计选出的 $K$ 个训练样本的类别，如果都属于同一个类别 $C_i$，那么该新样本也属于这个类别；否则，对统计出的各候选类别进行一定策略的评分，根据评分完成新

样本类别的判定。

## 9.3　基于用户情感分析的 P2P 借贷平台分析

网络往往承载着表达者甚至社会大众的思想以及对某件事的态度，这些重要内涵都隐藏在互联网的文字背后，透过丰富多彩的情感投射出来。通过对评论的情感极性进行贴标，计算不同词的情感贡献度，进而分析用户对不同平台的情感倾向。

先将文本拆分为以词为单位的语义单元，对这些语义单元筛选后得到种子词集，词集中的每一个词为一个独立的情感单元，按照一定的原则赋予每一个独立情感单元情感倾向值，完成情感词典的构建。在给不同的评论打分时，汇总语句中拆分出的所有独立情感单元的情感值，对情感词的得分取均值后得到这条评论的情感得分。情感分析的主要步骤如图 9－1 所示。

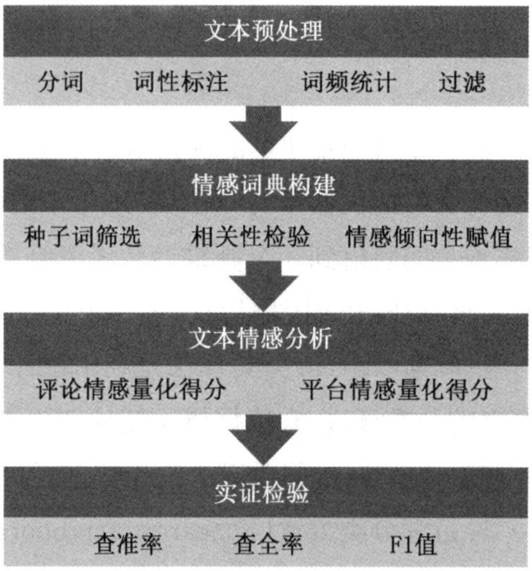


**图 9－1　情感分析基本思路**

依序对 P2P 网络借贷平台评论的情感分析全过程进行详细介绍。情感分析的对象为用户在网贷之家上对不同 P2P 网络借贷平台发起的主观评论，属于自然语言的范畴，其复杂性远高于结构化数据，所以在对该类数据进行分析时，文本预处理成为网络舆情分析的首要步骤。文本预处理主要包含以下几个关键步骤：分词、词性标注、词频统计、去停用词、构建自定义词典。

不同于英文文本的语句构造，以单词为最小构成及语义单位，使用空格符号直接将不同单词分隔开来，中文文本以字为最小构成单位，但实际的语义并不一定用单个文字表达。一般而言，最小的语义单元为词，由两个或多个文字组成，具有极高的复杂性。为了让计算机能够更好地处理文本信息，必须首先对文本进行分词，将文本转化为一个个离散的词集。借助 Python 中的结巴分词包完成了整个分词工作和词性标注，同时通过 Python 语言编写代码完成词频统计工作，为后续情感词典的建立打好基础。由于待研究问题的专业性，单纯使用基础分词词典的效果不够理想，因此加入了如“靠谱”“站岗”“给力”等词汇，组建用户自定义分词词典，以提高整个分析的准确性。此外，为了提高后续处理效率，在预处理中还过滤掉一些无意义以及对研究无实际影响的词汇，即建立了停用词表，其中包含“的”“和”等词。

每一条文本都包含着表达者的主观情绪，这些情绪正是透过文本中的最小语义单元——词以及这些词彼此间的组合传递出来的。作为情绪的载体，每一个独立的词都表征着特定褒贬性，将一段文本中所有词的情绪汇总起来，就构成了这段文本的情绪。因此，为了分析文本情绪，首先要做的就是找到这些包含了表达者情绪的词汇，将这些词语汇总到一个集合中，形成情感词典。它是情感分析的基础，高质量的情感词典是达到较好分析效果的必要保证。

不同于一般的情感分析，我们希望实现对文本情感的量化分析，而不只是简单地判断情感的正负极性，所以情感词典的构建主要分为以下几个步骤：种子词筛选、情感标注、情感相关性检验、情感倾向性赋值、实证检验。

情感分析对于文本挖掘有着重要的意义，通过对舆论情感的判断，可以更好地了解用户的倾向和行为模式。随着信息技术的发展，情感分析的技术也有了突破，目前最常用的技术主要有机器学习和语义分析两种。机器学习是指将人的学习能力赋予机器，让机器能够像人一样根据外界环境的变化来改变自身的性能和决策。机器学习的一个特点是，随着机器学习解决的问题越多，机器自身解决问题的性能也会不断增强。语义分析主要是指通过情感词典的构建，将待分析文本降维后，使用一定的计算模型来理解和分析自然语言。我们主要采用的方法为语义分析，分析过程的第一步为种子词筛选。

在挑选种子词时，为了使后续检验更加准确，首先过滤掉了词频小于 3 的词。对于种子词集的构建，我们尝试了多种方法，并对不同的方法都完成了后续分析过程，以验证不同方法的效果，如图 9－2 所示：

通过分析效果对比图可以看到，单纯使用知网情感词典即 HowNet 词典虽然简单易操作，但效果不够理想，正面样本和负面样本的最大 F1 值仅为 69.5％和 66.9％；仅使用文本中出现的形容词等特定词性的词作为种子词也只是略优于上一种方法，同样也没有达到理想的状态，正面样本和负面样本的最大 F1 值分别是 69.6％和

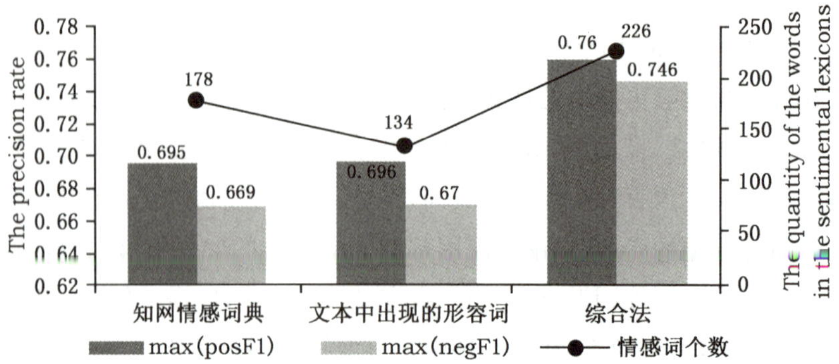


**图 9—2　不同方法实现的文本情感分类效果对比图**

67.0%。可见，单一使用一种方法很难构建出一个满意的词集，将二者结合，先找到文本中特定词性的词集作为备选集合 $S$，再找到文本中所有出现的词与中国知网情感词典中相交的部分作为备选集合 $I$，取 $W=S\cup I$ 作为种子词集，经验证，正面样本和负面样本的最大 F1 值分别是 78.4%和 81.3%，效果明显优于前面两种构建方法，故选择集合 $W$ 为种子词集。

筛选出种子词后，首先需要判断是否所有的种子词都与文本情感相关，与去停用词的目的一样，排除无关词汇有助于提高后续分析效率。

在检验情感相关性之前，需要人工标注评论情绪，作为下一步判断的基础。为了使标注结果更加客观可靠，采用了人工复合标注法，由三人在完全了解标注规则后独立完成对文本情感正负性的标注，对于负面、中性、正面的文本分别赋值 1、2、3。在确保不同标注者均为独立判断后，合并汇总三位参与标注人员对文本的情感判断。以如下原则作为最终文本情感的确定标准：三人中至少两人对同一文本得出正负极性的同一判断方可确定该条文本的情感极性。如对语句 $Y$，若三人同时判定该语句表达的是正面情绪，则认为它是正面样本；若三人中只有一人认为它是正面情绪而另外两人认为它是负面情绪，则标注它为负面样本；若三人对同一文本标注的情绪都不相同，为了提高准确性，则从样本中删除这一文本。通过上述方法，可以得出整个待分析文本的正面样本集合 $Ps$ 和负面样本集合 $Ns$。

对于前文中构建的种子词库 $W$ 中的每一个词进行卡方检验，得出种子词库里的每一个词的卡方统计值 $\chi^2$，进而检验个体词汇是否与情感表达有关。事实上，只需计算某个词汇与正面或负面其中一种情绪的卡方值即可，因不涉及中性样本，所以两种情况下计算结果一样。查看卡方分布表后，选择 1.642 作为阈值，过滤掉部分卡方检验值较小的种子词，认为它们与情绪表达无关，而余下词至少有 80%的概率与文本情感直接相关。保留在情感词典中的部分词如表 9—1 所示。

表 9—1 **部分情感词卡方检验值**

| 词 | 卡方检验值 | 词频 | 词 | 卡方检验值 | 词频 |
|---|---|---|---|---|---|
| 稳健 | 27.35 | 86 | 垃圾 | 358.15 | 118 |
| 透明 | 17.76 | 240 | 坑爹 | 223.78 | 72 |
| 准时 | 7 | 30 | 差 | 157.51 | 66 |
| 强 | 6.13 | 53 | 低 | 147.38 | 321 |
| 可靠 | 2.64 | 39 | 强制 | 38.33 | 12 |
| 完美 | 2.51 | 8 | 最差 | 31.93 | 10 |
| 齐全 | 1.88 | 13 | 无缘无故 | 19.15 | 6 |

我们不仅仅关注情感极性的划分，更要将定性分析定量化，得到不同样本的情感倾向值，并在此基础上完成进一步的研究。实现这一目的的基本思想是拆分和合并，第一步是将待分析文本拆分为独立的情感单元，前文已完成该项工作，现在要将每个情感单元赋予一定的情感倾向值，为后续的合并工作做铺垫，具体实现如下文所述。

完成卡方检验后，认为保留下来的词与情感都有很强的相关性，则每一个词都应该有一个情感倾向值来表征该词的情感极性和强弱。对于某一特定的情感词，定义所有出现该词的已标注样本中正面样本的概率为该词的情感倾向值。预处理阶段已经过滤掉了词频过少的词，目的是排除样本量过少导致的主观性和独特性。部分情感词的情感倾向值如表 9—2 所示。

表 9—2 **部分情感词情感倾向值**

| 词 | 情感值 | 卡方检验值 | 词频 | 词 | 情感值 | 卡方检验值 | 词频 |
|---|---|---|---|---|---|---|---|
| 完美 | 1 | 2.51 | 8 | 最差 | 0 | 31.93 | 10 |
| 稳健 | 1 | 27.35 | 86 | 垃圾 | 0.03 | 358.15 | 118 |
| 透明 | 0.88 | 17.76 | 240 | 坑爹 | 0.01 | 223.78 | 72 |
| 准时 | 0.97 | 7 | 30 | 差 | 0.11 | 157.51 | 66 |
| 可靠 | 0.87 | 2.64 | 39 | 强制 | 0 | 38.33 | 12 |
| 强 | 0.91 | 6.13 | 53 | 低 | 0.48 | 147.38 | 321 |
| 齐全 | 0.92 | 1.88 | 13 | 无缘无故 | 0 | 19.15 | 6 |

以“透明”为例，情感倾向值为 0.88 表明，在所有出现了“透明”一词的样本中，88%的样本为正面样本，而对于“强制”一词，所有出现了该词的样本均为负面样本。至此，已从大量语料中筛选出了核心情感词汇，并对这些情感词赋予了情感倾向值，完成了情感词典的构建。

通过预处理和情感词典的构建，已完成文本情感分析的基础性工作。如前文所述，我们所采用的情感分析思想为拆分和合并：拆分即将文本分解成为粒度较小的情感词，每个情感词均有特定的情感倾向值；合并即在完成每个情感词的赋分后，将拆分后的情感词再次组合起来，得到整个样本的情感得分。值得一提的是，为了提高准确性，改进基于情感词典的算法中忽略语境分析的问题，在拆分后，算法会自动检验某一个情感词出现的前三个词中是否有否定词的存在，如果有，则自动将该词的情感值设定为(1－原情感值)，修正该词的情感极性。

在通过情感词组合得到样本情感得分的过程中，为了规避由于样本长度不同所导致的情感词数量不均匀问题，在对文本中包含的所有情感词得分求和后，除以情感词个数，以此作为样本的最终情感得分。例如，“平台不错，稳健，收益高。提现快！赞一个！”这一条文本，拆分后的结果为“平台/不错/稳健/收益/高/提现/快”，其中包含“不错”“稳健”“高”“快”4 个情感词，情感值分别为 0.99、1、0.81、0.93，则整条评论的情感值为(0.99＋1＋0.81＋0.93)/4＝0.932 5。

目前为止所实现的量化，还不能进行有效的检验，故需要确定一个分类阈值来将文本情感依据得分划分到不同的情感极性中，进而把量化得分回归到对情感极性的定性判断，与已标注文本对比后检验方法的有效性。

由于所有文本中正负样本数量并不均衡，所以检验中为了排除干扰，独立检验 10 次，每次随机抽选 300 条正面评论和 300 条负面评论，按照前述方法对每次检验的 600 条文本进行情感打分，分别算出 10 次结果的查全率和查准率随阈值变化的分布情况，最后取 10 次检验的平均查全率和平均查准率作为最终的检验结果。选取的不同阈值对应的不同概率值，这里的概率包括查全率、查准率、F1 值等。以正面样本为例，记所有待分类样本中的正面样本全集为 $U$，通过文本处理得到的正面标记样本集为 $P$。权衡之下，选择阈值为 0.62，即大于 0.62 为正面情绪、小于 0.62 表示负面情绪、0.62 表示中性文本的情感得分，这种情况下情感分析的查全率、查准率以及 F1 值均达到了 78%，效果较好。

综上，设定阈值为 0.62，可以得到所有评论的情感得分，按照平台汇总，并对各平台评论得分取均值后，可得到所有 P2P 网络借贷平台的舆情得分。为了保证结果的客观性，若平台评论数少于各平台平均评论数 30 条，则不计入最终情感打分结果，最终得到的情感评分前 10 位和后 10 位如表 9－3 和表 9－4 所示。

表 9—3　　**P2P 网络借贷平台评论情感得分排名前 10 位**

| 平台名 | 情感得分 | 评论数 |
| --- | --- | --- |
| 聚众金融 | 0.842 476 | 43 |
| 优聚投 | 0.841 310 | 47 |
| 爱财狼 | 0.839 525 | 37 |
| 富金利 | 0.829 770 | 89 |
| 58money | 0.824 171 | 61 |
| 惠金贷 | 0.822 788 | 38 |
| 格林易贷 | 0.816 025 | 92 |
| 爱钱进 | 0.806 787 | 162 |
| 微金所 | 0.805 069 | 103 |
| 沃时贷 | 0.802 806 | 50 |

表 9—4　　**P2P 网络借贷平台评论情感得分排名后 10 位**

| 平台名 | 情感得分 | 评论数 |
| --- | --- | --- |
| 得利宝 | 0.548 707 | 33 |
| 众金在线 | 0.553 119 | 102 |
| 鑫合汇 | 0.590 398 | 84 |
| 宜人贷 | 0.608 598 | 195 |
| 拍拍贷 | 0.622 320 | 243 |
| 翼龙贷 | 0.623 574 | 207 |
| 陆金所 | 0.637 592 | 352 |
| 钱途无忧 | 0.637 767 | 53 |
| 有利网 | 0.640 886 | 224 |
| 91 旺财 | 0.641 685 | 42 |

值得一提的是，在我们随机选取的 360 个平台样本中，不考虑评论数的影响，排名后 10 位的平台中已有 5 个平台被证实为问题平台，发生了跑路、提现难等问题，故可以认为通过评论情感分析实现的排名有一定的准确性和预测性。

通过改进基础的情感分析方法，首先分词过滤得出种子词集，然后通过卡方检验确定有效的情感词，并根据这些情感词在样本中的表现赋予情感倾向性得分，最终完成文本情感分析，实现对每一条评论以及对不同平台的舆情评分。该方法不仅实现了对待分析文本的情感分类，而且同时完成了情感强弱的判断，将一般的定性分析定量化，有利于 P2P 网络借贷平台间关系的进一步明确，也为下一步探究评论情感和网络结构的度信息之间的关联关系奠定了基础。用户评论与评论对象的度信息的 Pearson 系数如表 9—5 所示。

**表 9—5　Pearson 相关系数的值与变量相关性强弱对照表**

| Pearson 相关系数绝对值 | 相关性强度 |
|---|---|
| 0.8～1.0 | 极强相关 |
| 0.6～0.8 | 强相关 |
| 0.4～0.6 | 中等程度相关 |
| 0.2～0.4 | 弱相关 |
| 0～0.2 | 极弱相关或无相关 |

对于任意一个平台，我们都能得到该平台的舆情得分和该平台在网络中的度。平台的度表示该平台在关系网络中，由于被同一用户的评论而与其他平台间建立起的联系的密切程度，它的存在本质上是来自不同用户的交互行为和集体智慧；平台的舆情得分是用户群体在结合了整个市场和其他平台基本情况的基础上，对平台做出的主观判断量化后的结果，也是来源于群体智慧，故猜想二者间存在一定的相关关系，拟通过 Pearson 相关系数的计算来进行判断。

为了防止独立点对结果造成影响，将孤立点排除后以余下 242 个节点作为分析对象，分析结果如表 9—6 所示。

**表 9—6　平台舆情得分和度的相关性分析结果**

| | | Score | Degree |
|---|---|---|---|
| Score | Pearson 相关性 | 1 | −0.346** |
| | 显著性（双侧） | | 0.000 |
| | *N* | 242 | 242 |
| Degree | Pearson 相关性 | −0.346** | 1 |
| | 显著性（双侧） | 0.000 | |
| | *N* | 242 | 242 |

从表 9—6 可以看到，平台的情感得分与自身的度之间，在显著性水平 0.01 水平（双侧）上显著相关，该关系在平台舆情得分和度之间的拓扑关系图中也有所反映。图 9—3 中，虽然点的分布较为分散，但所有的点基本对称分布在回归线周围，负相关的趋势清晰可见。

通过相关性分析，得出 P2P 网络借贷平台的情感得分与该平台在关系网络中所拥有的度值成负相关关系。平台的情感得分表征的是用户群体对这一平台的看法和

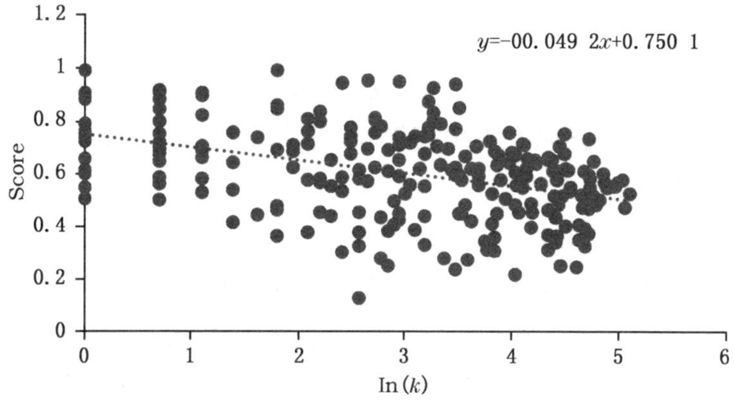


**图 9—3　平台舆情得分和度的拓扑关系图**

喜好程度，而度值大小表示的是该平台与其他平台之间关联关系的密切程度。根据用户评论进行情感打分，分别得到了排名前 10 位和后 10 位的平台，在网络结构中寻找这些“好”“坏”平台之间的联系，如图 9—4 所示，发现高分平台与低分平台之间的联系十分紧密。

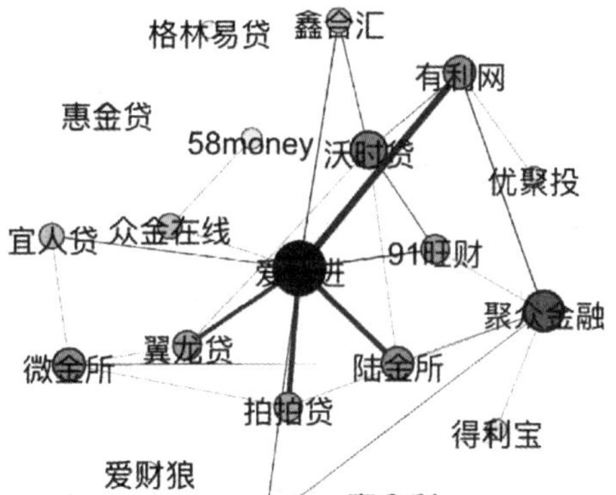


**图 9—4　排名前 10 位平台与排名后 10 位平台之间的网络关系结构**

放到网络结构中观察，后 10 位平台大多为高度数平台，而前 10 位平台相比之下度数较低；换言之，这些高分平台在某种程度上代表了低度数平台，而低分平台代表高度数平台，图中的关联关系不仅仅是“好”“坏”平台之间的关系，也是高度数与低度数平台之间的关系。

以互联网上用户对 360 家 P2P 网络借贷平台的评论为研究对象，构建了这些平台间的关系网络，并对整个网络的结构以及网络中节点的宏观统计特征值进行了分析。此外，还完成了对评论的情感分析，不仅能标注出文本情感的正负极性，更是把这种定性的分析量化成了情感得分，实现了对平台的舆情评分和排名。在这两项工作的基础上，进行P2P网络借贷平台的舆情得分与其自身在关系网络中的位置或统计特征值之间的相关性研究，并对结果展开了进一步的分析和猜想。主要结论如下：

第一，基于用户评论构建的P2P网络借贷平台关系呈星型网络状，中心节点集聚度高，支撑起整个网络结构。

首先通过用户评论构建了360家P2P网络借贷平台之间的关系网络，由于这些平台为随机选取，故认为其具有一定的代表性，它们所构成的网络可以反映现有P2P网络借贷平台之间的关系。通过网络宏观统计特征值和网络结构的解读，发现该网络呈星型网络结构，度分布服从胖尾分布，中心集聚度高，从中心向外部扩散，核心节点支撑起网络结构。在实际应用中该特点表现为：若在P2P网络借贷平台的自身发展或政策调整中，边缘平台发生变化，对用户整体的投资决策而言不会发生太大的改变；若核心平台发生了问题，则会从根本上改变现有结构和关系，平台将实现重新洗牌，对投资者而言，需要改变现有关注或投资关系，重新制订新的理财计划应对变化。

第二，用户倾向于将普通P2P网络借贷平台与热门平台进行对比，进而择优投资或组合投资，平衡收益率和安全性。

通过对网络结构的分析发现，无论处于网络中的哪一层，节点都倾向与核心层建立直接联系，这既体现了该关系网络优先连接的特点，又发掘出处于核心层平台的标杆作用。分析可得，在用户进行投资时，大多会以热门平台为标杆，将普通平台与热门平台进行对比后评估和判断，在二者之间组合投资，或是权衡风险和收益后择优投资。非核心层彼此之间的直接关联并不多，表明用户群体不太可能仅在非热门平台之间对比筛选或投资。

第三，P2P网络借贷平台的舆情得分与平台在网络中的度成负相关关系。

对不同P2P网络借贷平台的舆情评分和其在网络中的度做Pearson相关分析后可得，二者之间存在负相关关系。对于这一关系可能产生的原因和影响，有以下猜想：(1)在互联网金融行业，坏消息比好消息更容易引起风波，受到更多的关注并不一定表示认可，也有可能是反面教材；(2)从整体上看，目前的互联网金融投资用户多为风险偏好型，在投资时愿意用更大的风险换取更多的收益；(3)资金在新老平台之间发生了流动，有从老平台流向新平台的趋势。

跨平台的评论信息为分析不同平台之间的合作和竞争关系提供了重要纽带，网络科学为从全局的宏观角度理解不同平台在行业中的地位提供了新的视角。此外，从用户的评论中建立网络结构、识别和挖掘意见领袖等方法也适用于其他电商、短视频直播和直播带货平台。

## 思考题

1. 什么是情感分析？如何进行情感分析？
2. 如何构建情感词库？
3. 如何独立不同词的情感强度？
4. 在情感分析过程中，如何生成高质量标签？

# 第 10 章　微博网络分析

微博，即微博客的简称（micro blog），是一个可以使用户与他们的朋友、家人和同事，甚至是陌生人保持联系的一种通信平台。用户可以在微博上通过 Web、Wap 以及各种客户端组建个人社区，以文字、图片和视频等形式更新信息，并实现即时共享。与博客相比，微博用户的关注更为主动。只要用户关注了某用户，即表示他愿意接收这位用户及时更新的信息。这种关注可单向，也可双向。关注行为把每个微博用户连接形成一个用户网络。

由于微博信息更新的及时、高效和便捷性，人们几乎随时都能将周围的时事和所见所闻发布出来。微博特有的广播式的信息传递，使得信息传播广泛而迅速。当前，微博已经在传染病传播、检测新闻事件、事件定位、寻找新兴话题、检测流行趋势等方面得到了极大的关注和广泛的应用。微博作为一种新兴的、基于在线社会网络的信息传播媒介，有着不同于经典媒介的独特传播优势。正确了解系统中用户之间的网络结构和用户的行为模式对于认识和理解微博系统具有重要的理论意义和现实价值。目前，对于微博的结构、动力学的认识都非常有限，因此有必要从全局角度总结目前的研究进展，并对未来可能的研究课题进行探讨。

本章简要回顾了当前微博研究工作中用户的网络结构研究进展。首先，分别从微观和宏观层面介绍了各种网络结构的统计分析指标。其次，在中观层面主要介绍了微博系统中的社团结构发现算法。针对这些指标和算法，指出了各自的应用环境及缺陷。最后，指出了目前研究中存在的问题，并对未来可能的研究方向进行了展望。

## 10.1　网络结构的微观统计指标

微博系统中的用户通过“关注”与“被关注”的方式建立关系。用户可以主动“关注”他人，成为他人的“粉丝”，接收对方更新的信息，而不必得到对方的同意。同样地，其他用户也可“关注”自己，成为自己的“粉丝”，此过程是双向可逆的。

用户通过手机、即时通信工具、E-mail 和 Web 等方式向个人微博更新信息，信息中可选择是否使用@功能(用户名前加@可提醒该用户),粉丝接收后可做出评论、转发等行为。这样信息就可以很快得到传播。通常,用户将接收的信息加上自己的评论后进行转发。

如果将用户看作节点,用户之间的关注与被关注的关系看作节点间的关系,则微博用户及他们之间的关系可以用网络进行描述。

从微观层面,节点的入度和出度、集聚系数、介数、亲近度和收听率等指标描述了网络中单个用户的不同属性,下面分别进行介绍。

(1)入度(in-degree)和出度(out-degree)

在微博网络中,入度代表该用户的粉丝的数量,出度则代表关注对象的数量。

(2)集聚系数(clustering coefficient)

在无向网络中,集聚系数 $C_i$ 描述了节点的邻居节点之间连接的可能性,即为网络中与同一节点相连的两个节点之间相连接的概率,也就是一个节点的两个朋友之间也是朋友的概率。$C_i$ 越趋近于1,表示这个节点附近的点越有成团的趋势。一个大的集聚系数表明该用户处于一个联系紧密的网络中,可以比集聚系数低的用户更快地知道网络中发生的事情。

(3)介数(betweenness)

在无向网络中,介数包括节点的介数和边的介数(介数的计算需要知道整个网络的信息,但因为刻画的是节点或边的性质,因此把该指标放在微观结构里面进行介绍)。节点的介数表示网络中所有节点对的最短路径中经过节点 $i$ 的路径数目占所有最短路径数目的比例,反映了节点 $i$ 的影响力。

类似地,边 $l$ 的介数表示网络中所有最短路径中经过边 $l$ 的路径数目占所有最短路径数目的比例,反映了边 $l$ 的影响力。

在微博网络中,介数越大表明该节点或边在网络中起到的作用越大。

(4)亲密度(closeness)

在无向网络中,亲密度定义为一个节点与其他所有与该节点有路径可达的节点间的所有最短路径的平均值。它可以反映该节点融于这个网络的程度。一个节点的亲密度值越低,表明它越接近网络的中心,它的影响力越大。

(5)关注率(following ratio)

关注率为节点的入度与出度的比值,即一用户的粉丝数与该用户关注的对象数的比值。一般来说,在微博网络中,关注率越高,表明该用户越有影响力。

(6)入度和出度的弱相关性(low correlation of in-degree and out-degree)

弱相关又称低度相关,即一个变量变化时与之对应的另一个变量增大或减小的可能性较小,即两个变量间有一定的联系,但联系的紧密程度较低。新浪微博网络入度与出度呈弱相关性，相关性仅为0.033。

(7)明星节点与明星效应

微博网络中存在这样一些用户，尽管他们发布的信息不算多，但他们仍然有大量的粉丝，这些用户通常为现实中的影视明星、新闻媒体、政客等，称这些节点为明星节点(star nodes)。明星指数(star index)定义为明星节点粉丝的数量与他们发布的信息数的自然对数的比值。为了避免因分母太小而导致比值失真，在该定义的分母中把发布的信息数加上所有节点发布信息数的平均值。因此，明星指数 $Fam_i$ 表示为：

$$Fam_i = \frac{\mathrm{Follower}_i}{\lg(\mathrm{Message}_i + \frac{1}{N}\sum_j \mathrm{Message}_j)} \tag{10-1}$$

其中，$\mathrm{Follower}_i$ 为节点 $i$ 的粉丝的数量；$\mathrm{Message}_i$ 为节点 $i$ 发布的信息数；$\mathrm{Message}_j$ 为节点 $j$ 发布的信息数。实证分析发现，明星指数大的用户所关注的用户通常明星指数也很大，即名人所关注的一般也是名人。与此相反，网络中还存在着这样一类用户，他们发布了大量信息，但是粉丝数很少，这样的节点被称为广告节点(advertisement node)。相应的广告指数(advertisement index)定义为广告节点发布的信息数与他们粉丝数的自然对数的比值。同样地，为了避免因分母太小而导致比值失真，在分母中把粉丝数加上所有节点的平均粉丝数，则广告系数 $Adv_i$ 表示为：

$$Adv_i = \frac{\mathrm{Message}_i}{\lg(\mathrm{Follower}_i + \frac{1}{N}\sum_j \mathrm{Follower}_j)} \tag{10-2}$$

其中，$\mathrm{Follower}_j$ 为节点 $j$ 的粉丝数。

与明星节点相对应的另一个重要概念为明星效应(star effect)。明星效应可以度量明星节点对其他节点产生的影响，具体定义为一个节点的明星指数与该节点的一条出度边所指向的另一节点(即该节点关注的另一用户)的明星指数的自然对数的乘积：

$$\ln F_{ij} = Fam_i \times \lg(Fam_j) \tag{10-3}$$

明星节点、广告节点和明星效应等定义不仅有助于发现系统中的明星用户，而且对于区分广告群体、识别广告目标用户具有重要作用。

(8)同质性(homophily)

同质性是指具有某些相似特性(如性别、民族、爱好等不同属性)的人彼此之间接触的概率要比相异的人概率高。社交网络用户可以分为少数精英用户(elite users)和大多数普通用户。精英用户又分为四类：媒体、名人、博主和组织机构。通过对他们之间的关注关系研究发现，他们之间存在着很强的同质性：名人更多地关注其他名人，媒体关注其他媒体；稍有不同的是，组织更多地关注博主而不是其他组织，而博主更容易转发其他类别的信息。

$KL$ 散度也称相对熵，是度量同质性的重要指标之一，其具体定义如下：假设用户 $i$ 的属性 $a$ 的分布为 $P(a)$，用户 $j$ 的相同属性分布为 $Q(a)$，$KL$ 散度是对两个概率分布 $P$ 和 $Q$ 之间的差别的非对称性的度量。分布 $P$ 和 $Q$ 的 $KL$ 散度按下式定义为：

$$D_{RL}(P \mid Q)=\sum_{a} P(a) \ln \frac{P(a)}{Q(a)} \tag{10-4}$$

即按概率 $Q$ 求得的 $P$ 和 $Q$ 的对数差的平均值。如果两个用户间的 $KL$ 散度非常低，则认为这两个用户是同质的。

(9)中心率(ego ratio)

根据网络中用户对信息的传播行为，将用户分为三种信息角色：生产者、中介和接收者。相应地，微博网络中每个节点有粉丝(入边)和关注对象(出边)两类连边。可以利用用户的粉丝和关注对象数所得的中心率把用户分为以上三类，具体定义如下：

$$R(i,t)=\frac{\text{新增粉丝数}}{\text{新增关注对象数}} \tag{10-5}$$

上式表示在时间段 $t$ 内用户 $i$ 新增的粉丝数与新增关注对象数之比。当中心率明显小于1时，代表关注对象数远多于粉丝数，则此用户为生产者；反之，当中心率远大于1时，为接收者；当中心率近似于1时，为中介。

由于网络的动态演化，越来越多的人对网络中尚未建立联系的节点间产生联系的可能性的预测产生兴趣。对 Twitter 进行的对新的连边建立的研究中，发现两种结构特性——传递性和相互性——可以很好地预测用户间建立新边的概率。

(10)传递性(transitivity)

在不同的网络中，有向连边可能代表不同的含义，如可以代表信息或知识的流动方向、网站链接图中的网页指向等。在微博网络中，有向边代表关注流，如 $i \rightarrow j$ 代表用户 $i$ 关注用户 $j$。假设网络中有3个用户 $i$、$j$ 和 $x$，当 $i \rightarrow x$ 且 $x \rightarrow j$ 时，若存在 $i \rightarrow j$，说明关注流是可传递的；反之，则为不可传递。

(11)相互性(mutuality)

相互性即以别人对你的相同的方式对待别人。若 $i$ 关注了 $j$，且 $j$ 关注了 $i$，说明关注是相互的。相互性可以增强社会凝聚力，两个用户在相互关注的时候可以同时获得益处。然而，网络中粉丝数和关注对象数往往是不同的，这说明用户之间不相互关注的情况也广泛存在，如网络中的“名人”用户。通过对微博网络中用户建立连边的情况分析可以发现，相互性可用来度量用户间的关联强度。

(12)连接强度(connection strength)

标准的社会网络定义为与一个人有社会关系的所有人的关系体系。实际上，与单纯的关注对象数相比，真正会互动和联系的人很少。所以，静态的网络并不能反映人们真正的社会活动。如果把一个用户至少两次直接@的“关注对象”作为真正的关注对象，并把对他们之间的研究和对所有的粉丝与他们的关注对象之间的联系的研究进行比较，就会发现，对真正的“关注对象”关系进行分析比单纯分析静态网络结构更准确。

微博系统允许用户单向关注其他人，是有向的网络。因此，集聚系数、介数、亲近度等无向网络统计指标无法完全描述微博用户网络的特征；而且，介数和亲近度都是基于整个网络结构信息的，而要获取整个网络信息是困难的，所以，这些指标在实际使用的时候需要根据特定目的进行改进。

在微观层面对网络的节点属性进行分析，对于寻找明星节点、广告投放、网络营销等网络功能至关重要。然而，网络中信息传播、广告投放的效果不仅与节点的性质有关，而且与网络的宏观结构特性具有密不可分的联系。因此，全面认识微博系统同样需要从宏观角度对系统的特性进行刻画和描述。

## 10.2 网络结构的宏观统计指标

宏观层面的网络结构分析，即对整个网络的统计特性进行分析。具体的评价指标包括强连通分量、网络密度、平均集聚系数、平均路径长度、度分布、幂律分布和异配性等。

(1)强连通分量(strongly connected components)

在有向图中，若任意两个顶点之间都至少有一条路径可达，则此有向图是强连通的。而强连通分量是在一个有向图中的最大强连通子图。在度量微博用户的网络结构时，强连通分量在区分不同组间的连通性上有很大的帮助。如果在一段时间内，一个子图中强连通分量的数目有所下降，则表明转发的微博信息可以被更多用户看到。

(2)网络密度(network density)

网络密度是网络中边的实际数量与它们之间可能存在的最大的边的数目的比值。如果密度接近1，表明该网络很密集；反之，则为稀疏。

(3)平均集聚系数(average clustering coefficient)

1998年首次引入平均集聚系数的概念，定义为网络中所有节点的局部集聚系数的算术平均数。集聚系数是考察网络的集团化程度的重要参数。

(4)平均路径长度(average shortest path)

在无向无权网络中，路径长度是指两节点$(i,j)$从一个节点$i$出发，经过与它相连的点，逐步“走”到另一个节点$j$所经过的路程的边的数量。而平均最短路径长度又可称为平均路径长度或特征路径长度，指的是网络中两节点之间的最短路径的平均值。

(5)度分布(degree distribution)

令 $N$ 表示网络中所有节点的数目，$N_k$ 表示度为 $k$ 的节点数，$p_k$ 为任意一个节点的度为 $k$ 的概率，则度分布为：

$$p_k=\frac{N_k}{N} \tag{10-6}$$

度分布还可用累积分布函数(cumulative distribution function，CDF)$P(k)$表示：

$$P(k)=\frac{n(k)}{N} \tag{10-7}$$

其中，$n(k)$为度不大于 $k$ 的节点数量。

通过对“嘀咕微博”在 2009 年 8 月的数据分析，得到网络节点度分布呈幂律分布，并对“明星节点”和“广告节点”进行分析，发现“明星指数”“广告指数”和“明星效应”也都呈幂律分布。

(6)幂律分布(power law distribution)

对网页间的链接关系进行统计分析可以发现，网络的度分布服从幂律分布。网络中节点分布服从幂律分布，即节点 $i$ 的度为 $k$ 的概率为：

$$p_k \sim \alpha k^{-\lambda} \tag{10-8}$$

其中，$\alpha$、$\lambda$ 均为大于零的常数，即度为 $k$ 的概率正比于 $k$ 的某个次幂。因此，$k$ 越大，度为 $k$ 的概率就越低。幂律分布的共性是绝大多数事件的规模很小，只有少数事件的规模很大。对上式两边同时取对数，可得：

$$\ln p_k \sim \ln\alpha-\lambda\ln k \tag{10-9}$$

即在双对数坐标下，幂律分布表现为一条斜率为负的幂指数的直线，这一线性关系是判定给定的随机变量是否满足幂律分布的根据。新浪微博网络具有明显的小世界效应、无标度特性和正匹配性。

(7)匹配模式(mixing pattern)

个体间建立友谊通常被很多因素影响，如语言、民族、区域、爱好等，如果人们更倾向与自己相似的人联系则为正匹配；反之，则为负匹配。

在微博网络中，度大的节点趋向于其他度大的节点，表明混合模式呈一致性。

根据滚雪球算法使用爬虫爬取新浪微博 2010 年 4—7 月的用户节点和联系边，得到网络拓扑信息。经过分析，微博网络的拓扑性质包括：有较短的最短平均路径、较大的集聚系数，具有无标度特性；度大的节点更倾向与度大的节点产生联系。

本章介绍的这些宏观指标能够很好地描述系统的宏观统计特性。然而，真实的系统都是在动态演化的，因此，如何在局部信息的条件下准确分析宏观统计特性仍是十分具有挑战性的课题之一。而如果有条件地或随机地选择部分数据进行分析，可能会导致得到不同甚至相反的结果。

除了微观的节点特性和宏观的统计特性之外，中观层次的集团结构分析及其对应的网络动力学分析也是深入认识微博系统的重要研究方向之一。

## 10.3 中观层次的社团结构的识别与分析

近年来，中观（又称介观）层次的社团结构的分析及其对动力学影响的研究越来越受到科学家的重视。在线社会网络中的朋友圈子，或是由于职业、爱好、性别、年龄、家庭背景等的不同，人们趋向于形成一个个功能相同、性质相近或关系密切，具有共同规范、价值导向的社团。社团内部成员联系密切，而社团间的成员联系较为稀疏。对社团结构进行识别和分析对于准确投放广告、区分核心用户和边缘用户、促进知识交流以及发现潜藏的规律、信息等十分重要。

在集团结构识别算法方面，按照所采用的基本求解策略，可以将其归为两类：基于优化的方法(optimization based method)和启发式方法(heuristic method)。前者将网络聚类问题转化为优化问题，通过最优化预定义的目标函数来识别网络的社团结构；后者将网络聚类问题转化为预定义启发式规则的设计问题。类似地，本书也将微博网络中的社团发现方法分为基于优化的方法和启发式方法两类。另外，除了这两类外，还包括其他的聚类方法。

### 10.3.1 基于优化的方法

基于模块化思想提出了一种凝聚算法。其基本思想为：初始化社团，建立一个对称矩阵，沿着使模块度 $Q$ 增大最多或者减小最少的方向合并社团，直到将整个网络合并成一个社团。算法完成后得到一个树状图，不同的断开方式对应不同的社团结构划分。所有的断开方式中，模块度 $Q$ 值最大的社团结构即为对网络最好的划分。其中，社团模块度指标 $Q$ 是用于刻画社团特性强弱的参数，是应用最为广泛的评判社团特性强弱的指标，定义为：

$$Q=\frac{1}{2L}\sum_{ij}\left(A_{ij}-\frac{k_ik_j}{2L}\right)\delta(C_i,C_j) \qquad (10-10)$$

其中，$k_i$ 和 $k_j$ 分别为节点 $i$ 和节点 $j$ 的度；$C_i$ 和 $C_j$ 分别为节点 $i$ 和节点 $j$ 所在的社团。当 $C_i=C_j$ 时，$\delta(C_i,C_j)=1$，否则为 0。$Q\in[0,1]$，一般令 $Q=0.3$ 作为一个明显的社团结构的下界。

利用快速贪婪算法(CNM)细致分析了 Twitter 网络中的社团结构。CNM 算法与 Newman 快速算法不同的是，不再构造邻接矩阵，并计算 $\Delta Q_{ij}$，而是构造 $\Delta Q_{ij}$ 值的矩阵，并不断更新 $\Delta Q_{ij}$ 矩阵，直到最后仅有一个社团。

除了用户的关系网络外，用户所发布的信息类型对于识别集团结构提供了极大的便利。可以对信息的标签建立模型，构造基于关注连边和标签交互构建社团的方法。首先，根据网络的社会连线和标签特征构造一个新的 Discussion 图；其次，对新生成的网络图运用基于模块化方法进行社团划分。对于新生成的网络图，定义节点 $i$ 的入度和出度分别为 $d_i^{\text{in}}=\sum_j g_{ji}$ 和 $d_i^{\text{out}}=\sum_j g_{ij}$，则分割的模块性定义为：

$$Q=\frac{1}{L}\sum_{ij}\left(g_{ij}-\frac{d_j^{\text{in}}\cdot d_i^{\text{out}}}{L}\right)\delta(C_i,C_j) \tag{10—11}$$

基于谱方法，通过使 $Q$ 最大化将网络图分割成多个社团。

尽管有很多不同类型的社团结构发现算法，但这些方法没有区分核心用户和一般用户，而是把不同类型的用户间的连边视为相同的。在实际生活中，有影响力的用户对社区结构具有非常大的影响，可以定义为社团核心（community kernel）和辅助社团（auxiliary community）的概念，并且用贪婪算法（Greedy）和 Weight-balanced algorithm（WEBA）两种算法来进行核心社团发现，并找到它们各自的辅助社团。

对于图 $G=(V,E)$，一个社团核心内的成员间连线数比与核心外的节点连边数要多，一个辅助社区的每个成员与相应的社团核心的连边比与其他核心连边要多，并且一个社团核心的每个成员的关注者更多地分布在辅助社团里。

根据社团核心的定义，可以用 Greedy 和 WEBA 算法识别核心社团。下面对这两种算法进行简单的介绍。

Greedy 算法是给定一个社团规模 $m$，随机选择一个节点 $i\in V$，得到一个初始化子集 $S\subseteq V$。然后通过添加与 $S$ 有最大连边数的节点扩充 $S$，反复执行 $O(Nm)$ 次，可以得到一个近似最优解，但是它不能保证误差范围，而且忽略了核心成员与辅助成员间的连边信息。

WEBA 算法是将权向量 $w(i)=(w_1(i),w_2(i),\cdots,w_N(i))$ 赋予每个节点 $i$，代表每个社团核心的相对重要性。这样，通过最优化 $L(w)=\sum_{(i,j)\in E}w(i)w(j)$ 可以将节点权重分类，确定社团核心。

得到社团核心后，将不在核心内的节点与同这一节点有最多连边的社团核心连接起来，重复这一步骤，直到没有节点可以与任何一个核心相连。这样，就得到了每个社团核心相应的辅助社团。

WEBA 算法是有效的，而且保证收敛，并允许有密集的外部连接。在微博网络中利用 WEBA 算法可以明显地发现社区核心，在社区发现方面的性能比其他算法都要好，并有很好的可扩展性。

在许多社团聚类方法中，一个节点只能属于一个社团，而在实际网络中，社团通常是重叠的，一个人可能在不同社团扮演不同的角色，这些用户在网络的信息传播中起着重要作用。可以运用 OSLOM(order statistics local optimization method)方法识别微博网络中这样的用户。

OSLOM 方法的思想是：首先，随机选择一节点 $i$ 作为初始子集 $C$；其次，将 $C$ 外的邻居节点中满足既定条件的节点添加到子集中，直到再没有符合条件的节点；再次，按一定条件将节点移除，直到最后没有节点可以移除为止，这样就得到一个社团。将以上过程在多个不同的初始节点重复进行，就能得到重叠社团。

大多数社团发现算法只考虑单一特性，如聚类、重叠、有向或无向以及是否含权等。OSLOM 是对聚类的统计特性进行局部最优化的问题，不仅适用于无向网络，而且对有向网络、加权网络也同样适用；除了可以进行社团和重叠结构的发现外，还可以对社团的层次性和动力学特性以及不属于任一社团的游离节点进行分析。

### 10.3.2 启发式方法

启发式算法的共同特点是：基于某些直观的假设来设计启发式算法，对于大部分网络，它们能够快速地找到最优解或者近似最优解，但无法从理论上严格保证它们对任何输入网络都能找到令人满意的解。

可以用 DBSCAN(density based spatial clustering of applications with noise)方法对社交网络中的社团结构进行了识别。DBSCAN 算法是基于密度的聚类算法，要求聚类空间中所包含的节点数目不小于给定的阈值，即领域的密度不小于某个阈值。基本思想是通过不断地搜索临近节点来使中心节点周围的密度逐渐增加，找到一个区域内密度大的地方，可以有效找到空间聚类和噪声(聚类之外的节点)。

另一类重要的启发式算法基于一个新的重要概念$(\alpha,\beta)$-Community，其具体的定义如下：在图 $G=(V,E)$ 中，对于一个子集 $C\subseteq V$，若 $C$ 中的任一节点至少与 $C$ 中其他 $\beta$ 个节点相连(包括自环)，且任一 $C$ 之外的节点至多与 $C$ 中 $\alpha$ 个节点相连($\alpha<\beta$)，则称 $C$ 为$(\alpha,\beta)$-Community。

$(\alpha,\beta)$-Community 方法考虑了社团的重叠结构。还有一些考虑了社团的重叠结构的社团发现算法，如可以使用派系过滤算法(clique percolation method，CPM)对社交网络中的重叠结构进行分析，在社团层面分析了用户意图，表明具有相似意图的用户相互联系。CPM 的基本思想是：一个网络集群由多个相邻的 $k$-cliques 构成，每两个相邻 $k$-cliques 至少有 $k-1$ 个共同节点，每个 $k$-clique 仅能属于一个网络集群，但是属于不同网络集群的 $k$-cliques 可以有共同节点。根据以上启发式信息，CPM 识别社团的重叠结构构成如下：

根据给定的参数 $k$，找到所有的 $k$-cliques（$k \leqslant K$），建立 clique-clique 重叠矩阵。根据以上矩阵，计算重叠网络集群结构。只考虑用户间相互视为朋友的双向连线，将用户分为不同社团，使社团内用户之间的联系比与社团外的用户的联系更紧密。研究发现，同一个社团内的用户有某一相同的爱好，用户间会讨论关于这一爱好的信息，也会相互分享他们的个人感受和日常事务，就会出现一些热点词汇。一个用户可能会同时存在于多个社团中，可能为了日常聊天、对话、信息共享或信息报道等目的分别扮演着信息源、朋友或信息搜索者等不同的角色。

### 10.3.3　其他方法

以上提到的算法中，大多数只考虑了用户间的连边结构信息，也可以采用既考虑用户连边结构信息，又考虑用户属性（如共同的朋友、标签和话题）的联合社团发现方法。通过将有向网络中的连边结构和属性相似性的相对权重之和作为网络的权重，将新浪微博中的有向网络转化成无向加权网络。这样，那些用于无向网络的社团发现方法就可以使用了。

现有的网络聚类方法都能在某些特定的情况下对网络进行社团划分，但都具有一定的局限性，不能同时满足计算速度快、聚类精度高和无监督（即不依赖先验知识、对参数不敏感）等基本要求。网络结构研究中，进行社团发现，并分析社团的涌现规律、社团成因、不同社团间的信息扩散、不同社团所蕴含的不同内容及功能、网络结构特征及其演化规律、网络结构与用户的交互关系等结构性研究是微博研究的基石。所以，寻找适用于微博研究的网络结构研究方法对微博研究是否有效、准确至关重要。然而，虽然现在已经有不少划分微博用户社团结构的方法，但是其中还存在着诸多问题。首先，社团结构到目前为止还没有一个明确的定义，研究者们并未对此达成共识；其次，缺少一种度量方法来确定结构划分是否正确合理；再次，虽然微博的用户网络结构研究可以与网络科学、复杂网络、社会网络等研究承接，但由于有向网络结构的统计方法仍然是未解决的难点，所以这个研究方向仍存在一定的开放性与挑战。如何设计出快速、高精度和无监督的网络聚类方法仍是当前最期待解决的问题之一。

## 10.4　总结与展望

由于微博网络的规模十分庞大，并随着时间快速演化，要准确地描述微博网络结构是很困难的。总结起来，本书分别给出了从节点的微观层次、系统的宏观层次、中观

（介观）的集团结构层次出发的度量指标和相应的研究进展。尽管已经有非常多的工作从不同层次、不同角度对微博系统进行了深入研究，然而，如何将不同学科的研究成果进行整合，如何利用微博系统研究社会网络的演化机制、信息在动态网络中的传播规律、突发事件的预警识别、海量信息的个性化推荐等问题，还需要进一步的解决。这些工作都为微博系统的进一步研究提供了广阔的空间。从网络结构的分析与刻画的角度，我们认为微博网络的研究工作可以在以下的方向进行可能的改进：

（1）对节点属性的正确描述。不同的统计指标可能对同一节点特性的描述不尽相同。在特定环境下，哪个指标最合理？描述的准确度受哪些因素影响？各指标间是否存在必然的联系？如果以上问题得以回答，那么可以对网络中的节点特性进行预测。

（2）社团结构的划分分析。尽管现在有很多社团发现方法，但在处理一个实际网络时应选择何种算法，以及如何在没有任何先验信息的情况下识别出真实的网络社团仍是一个未解决的难题。此外，对网络社团结构的划分结果分析也应给予高度关注，需要建立度量指标来确定社团结构划分的合理性。

（3）网络结构度量指标的稳定性和可扩展性。网络规模急剧膨胀，网络结构及其成员迅速演化。结构度量指标如何修改以适应网络的动态性和实时演化、保持算法的准确性和稳定性，也是之后研究的重要工作之一。

（4）本章介绍的度量方法和统计指标大多数是用来处理无向无权网络的。这是最简单的情况，但是实际网络要复杂得多，所以对有向加权网络的研究需要给予更多的关注。

（5）几乎所有的社会网络分析都会面临的一个问题是，整个网络数据太过庞大，要分析整个网络很有难度，而无论样本是随机抽样所得还是有特定目的地筛选而得，所得的结论都不能肯定地推广到整个网络中。在微博网络结构中，虽然目前的方法都能根据需要在某种层面上对结构进行研究，但是还存在很多共性的问题。在目前的研究中，一个巨大的挑战是，要找到一个研究微博网络结构的准确有效的方法，并随着网络规模的扩大，工作量和复杂程度所耗费的时间和空间复杂性都在可接受的范围内，使结构分析方法保持良好的稳定性和可扩展性。要解决这个问题，除了现有的方法外，还需要新技术的支持。

（6）不同地域的微博用户的网络结构呈现很大程度的相似性。但由于家庭、教育背景以及国家政策等的不同，国内与国外用户的行为会有所不同。所以，选择具有代表性的微博系统也是今后应该注意的问题。

# 第 11 章　基于 Python 的社交网络分析入门

本章将简要介绍如何使用 Python 语言和 NetworkX 库来分析社交网络数据。Python 是一种广泛使用的高级编程语言，具有可读性强、便携容易、类库丰富等特点。自从 1991 年推出以来，越来越多的程序员开始使用 Python 并贡献了各种功能强大的类库。近些年，国内许多高校开始围绕 Python 来培养学生的编程技能。NetworkX 是一个用 Python 编写的开源软件包，用于创建、研究和建模复杂网络。它可以生成、绘制多种类型的网络，并对其进行各种类型的分析，包括度分布、路径分析、中心性分析等，它还提供了一系列网络绘制功能。

本章将复现前面各章节中出现的一些案例，一个案例由三部分组成：Python 代码、注释以及输出结果，如图 11－1 所示。本章代码已上传至 GitHub 网站[①]，有兴趣的读者可以在自己的电脑上运行本章代码。

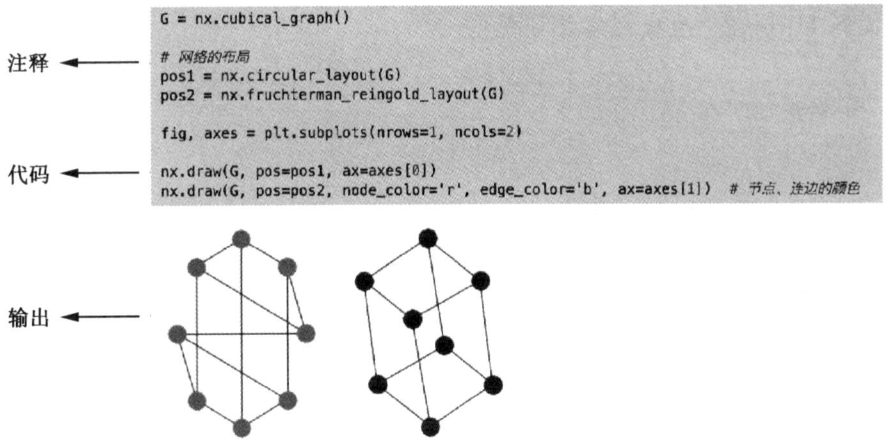


**图 11－1　一个案例的组成部分：代码、注释和输出**

① https://github.com/andrewpan1027/social_network_course.

## 11.1　NetworkX 基础

### 案例 11.1—1　准备 Python 运行环境

```
# 如果未安装 python 环境和相关库，请先运行
# 如果已经成功安装，不需要运行
! pip install networkx
! pip install numpy
! pip install pandas
! pip install matplotlib

# 自动屏蔽不必要的报错信息
import warnings
warnings.filterwarnings("ignore")

# 导入相关库
import numpy as np
import pandas as pd
import matplotlib.pyplot as plt
import networkx as nx
```

### 案例 11.1—2　生成网络并可视化

```
# 生成网络，命名为 G
G = nx.Graph()

# 加入节点 1 和 2 ，并产生连边
G.add_edge(1, 2)

# 节点标签
nx.draw(G, with_labels=True)
```

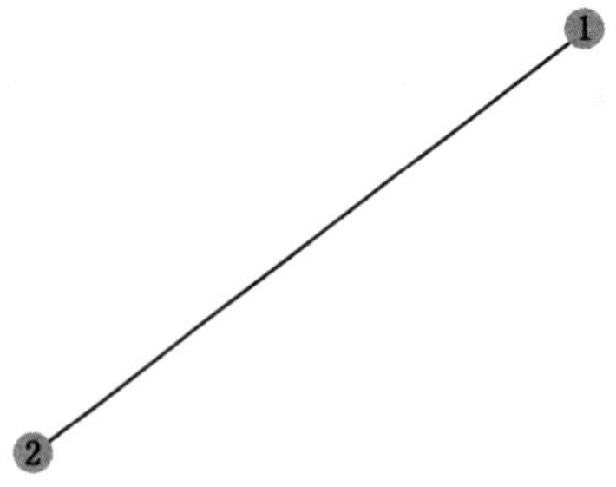

### 案例 11.1—3　在网络中加入多条连边

```
# 加入一群节点的连边
elist = [(2, 3), (1, 3), (1, 4)]
G.add_edges_from(elist)

nx.draw(G, with_labels=True)
```

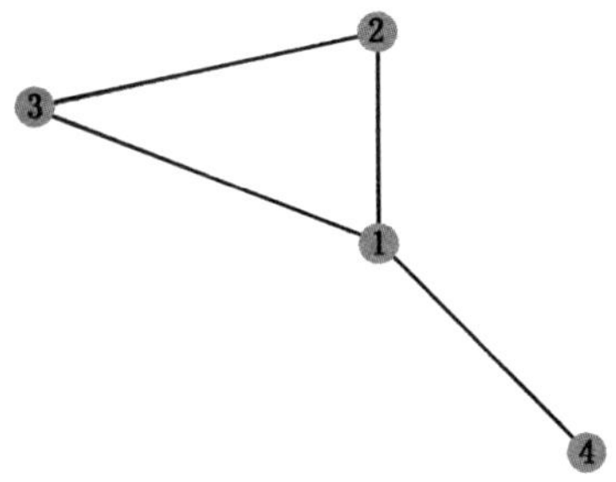


### 案例 11.1—4　生成有向网络并可视化

```
# 有向网络
DG = nx.DiGraph()

DG.add_edge(1, 2)
DG.add_edges_from([(2, 3), (1, 3), (1, 4)])

nx.draw(DG, with_labels=True)
```

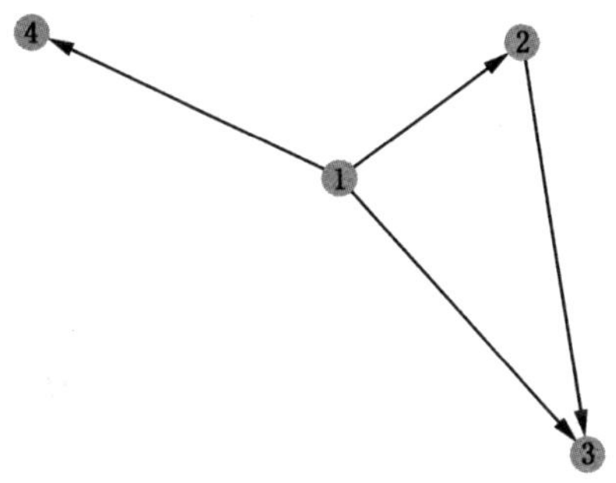

### 案例 11.1—5 连边的属性

```
G.add_edge('a', 'b', relationship='friend')
G.add_edge('a', 'c', relationship='enemy')

print(G.edges[('a', 'b')]['relationship'])
print(G.edges[('a', 'c')]['relationship'])
```

```
friend
enemy
```

### 案例 11.1—6 网络的属性

```
# 网络所有节点
print(G.nodes())
```

```
[1, 2, 3, 4, 'a', 'b', 'c']
```

```
# 网络所有连边
print(G.edges)
```

```
[(1, 2), (1, 3), (1, 4), (2, 3), ('a', 'b'), ('a', 'c')]
```

```
print(nx.info(G))
```

```
Graph with 7 nodes and 6 edges
```

### 案例 11.1—7 画图

```
G = nx.cubical_graph()

# 网络的布局
pos1 = nx.circular_layout(G)
pos2 = nx.fruchterman_reingold_layout(G)

fig, axes = plt.subplots(nrows=1, ncols=2)

nx.draw(G, pos=pos1, ax=axes[0])
nx.draw(G, pos=pos2, node_color='r', edge_color='b', ax=axes[1])  # 节点、
连边的颜色
```

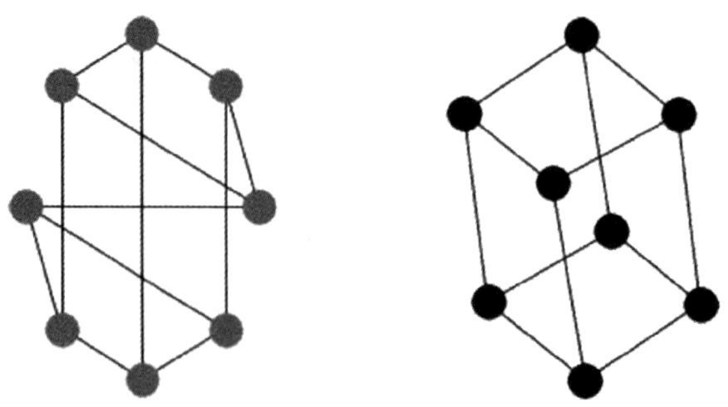

## 11.2　网络描述性指标

### 案例 11.2—1　准备 Python 运行环境

```
# 如果未安装 python 环境和相关库，请先运行
# 如果已经成功安装，不需要运行
! pip install networkx
! pip install numpy
! pip install pandas
! pip install matplotlib
! pip install seaborn

# 自动屏蔽不必要的报错信息
import warnings
warnings.filterwarnings("ignore")

# 导入相关库
from collections import Counter
import numpy as np
import pandas as pd
import matplotlib.pyplot as plt
import seaborn as sns
import networkx as nx
```

### 案例 11.2—2　Zachary 空手道俱乐部

```
G_karate = nx.karate_club_graph()
print(nx.info(G_karate))
```

```
Graph named "Zachary's Karate Club" with 34 nodes and 78 edges
```

```
plt.figure(figsize=(9, 6))

pos = nx.fruchterman_reingold_layout(G_karate, k=0.5, seed=1028)
d = dict(G_karate.degree)
nx.draw(G_karate, pos=pos, node_size=[v * 80 for v in d.values()],
with_labels=False)
for node, (x, y) in pos.items():
    plt.text(x, y, node, fontsize=5+d[node], ha='center', va='center')

plt.show()
```

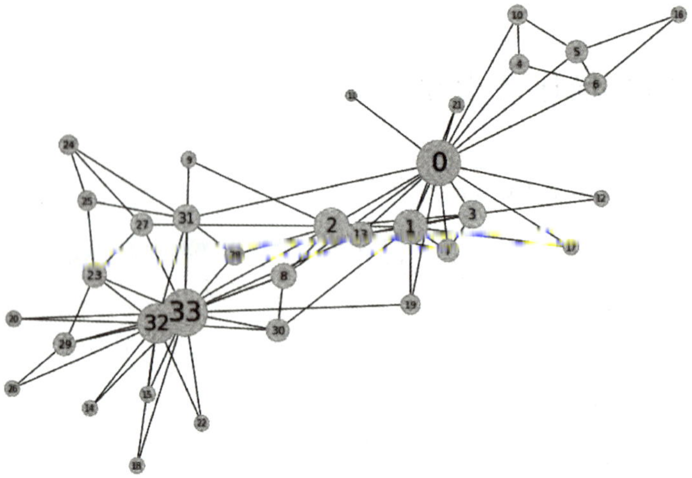

案例 11.2—3 布局

```
fig, axes = plt.subplots(figsize=(18, 6), nrows=1, ncols=3)

pos = nx.circular_layout(G_karate)
nx.draw(G_karate, pos=pos, with_labels=True, ax=axes[0])
axes[0].set_title('circular_layout')

pos = nx.fruchterman_reingold_layout(G_karate, k=0.5, seed=1028)
nx.draw(G_karate, pos=pos, with_labels=True, ax=axes[1])
axes[1].set_title('fruchterman_reingold_layout')

pos = nx.random_layout(G_karate, seed=1028)
nx.draw(G_karate, pos=pos, with_labels=True, ax=axes[2])
axes[2].set_title('random_layout')

plt.show()
```

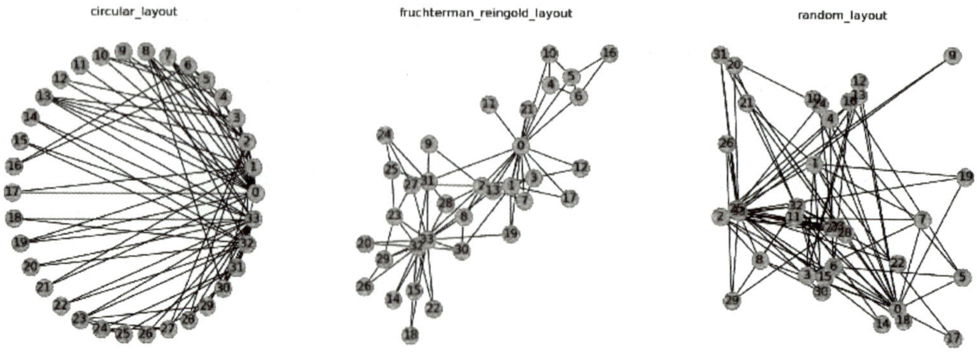

## 案例 11.2—4　度和度分布

```
degree_sequence = sorted([d for n, d in G_karate.degree])
degree_counts = Counter(degree_sequence)
degree, frequence = zip(*degree_counts.items())

fig, axes = plt.subplots(figsize=(12, 4), nrows=1, ncols=2)

axes[0].plot(degree, frequence, 'o-')
axes[0].set(xlabel='Degree', ylabel='Frequency')

axes[1].bar(degree, frequence)
axes[1].set(xlabel='Degree', ylabel='Frequency')

plt.suptitle('degree distribution of Zachary')
plt.show()
```

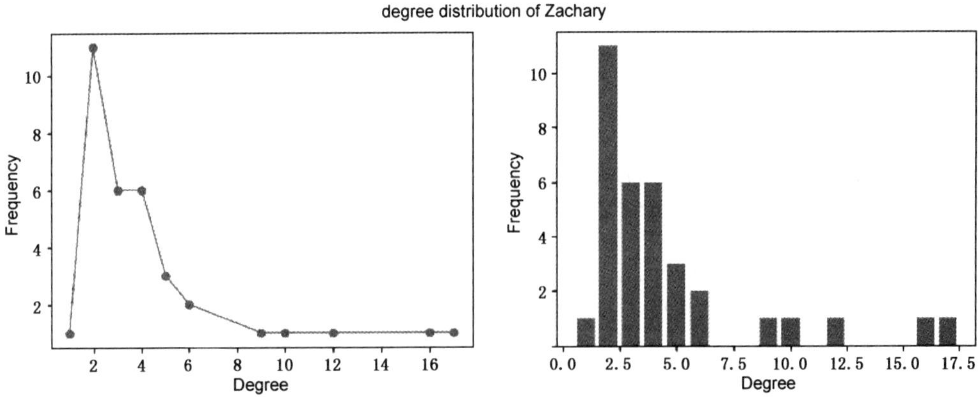


## 案例 11.2—5　集聚系数

```
# 你的朋友之间互相认识的概率，比如，你朋友圈里两个好朋友的互相评论。
cc = nx.clustering(G_karate)

plt.hist(list(cc.values()))
plt.xlabel("clustering coefficient")
plt.ylabel("counts")
plt.show()
```

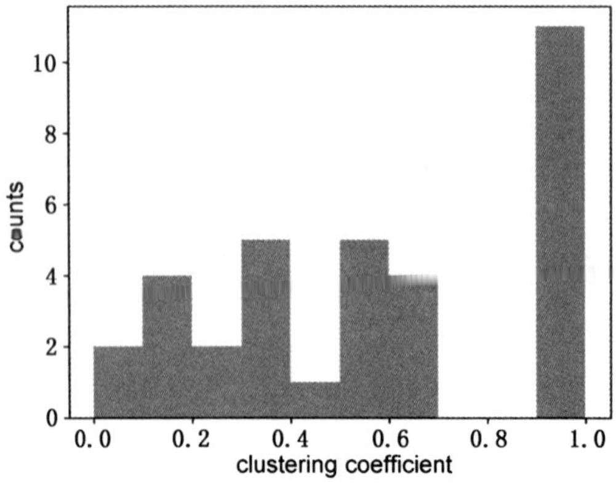


## 案例 11.2—6 距离和平均距离

```
nx.average_shortest_path_length(G_karate)
2.408199643493761
```

```
distances = []

for n, ds in nx.shortest_path_length(G_karate):
    distances.extend(ds.values())

dis_counts = Counter(distances)
dis, frequence = zip(*dis_counts.items())

plt.plot(dis, frequence, 'o-')
plt.xlabel("distance")
plt.ylabel("counts")
plt.show()
```

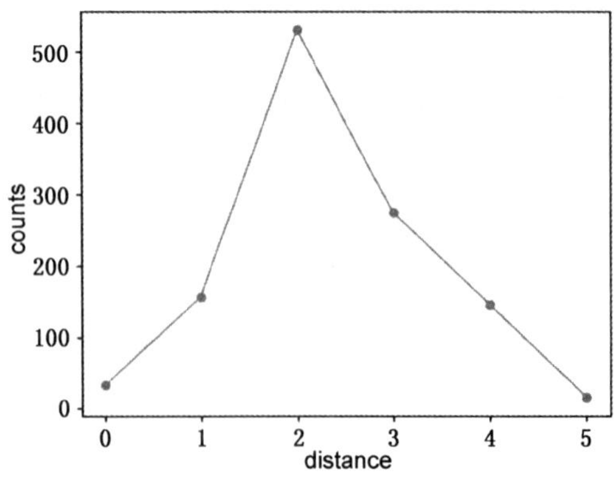

## 案例 11.2—7　连通性

```
# 网络是否连通?
print(nx.is_connected(G_karate))
True
```

## 案例 11.2—8　寻找度大节点

```
highest_degree_node = max(G_karate.nodes, key=G_karate.degree)
print(f"node    \'{highest_degree_node}\'    has    largest    degree    with
{G_karate.degree(highest_degree_node)}.")
node '33' has largest degree with 17.
```

## 案例 11.2—9　簇度相关性

```
clustering_coefs = list(nx.clustering(G_karate).values())
degrees = [n for _, n in G_karate.degree()]

data = pd.DataFrame({'clustering_coefs': clustering_coefs,
                     'degrees': degrees})

g = sns.lmplot(x='degrees', y='clustering_coefs', data=data)

plt.title('degree-clutering')
plt.show()
```

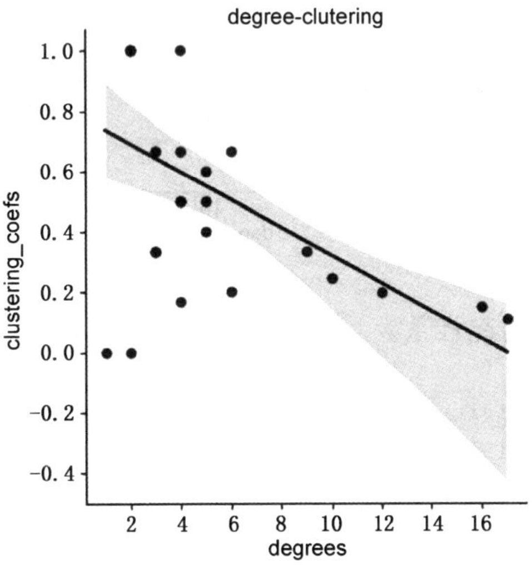

案例 11.2—10　同配性

```
# 度度相关性
degree1 = []
degree2 = []

for v in G_karate:
    for neighbor in G_karate.neighbors(v):
        degree1.append(G_karate.degree(v))
        degree2.append(G_karate.degree(neighbor))

data = pd.DataFrame({'degree1': degree1,
                     'degree2': degree2})

g = sns.lmplot(x='degree1', y='degree2', data=data)

plt.title('degree-degree')
plt.show()
```

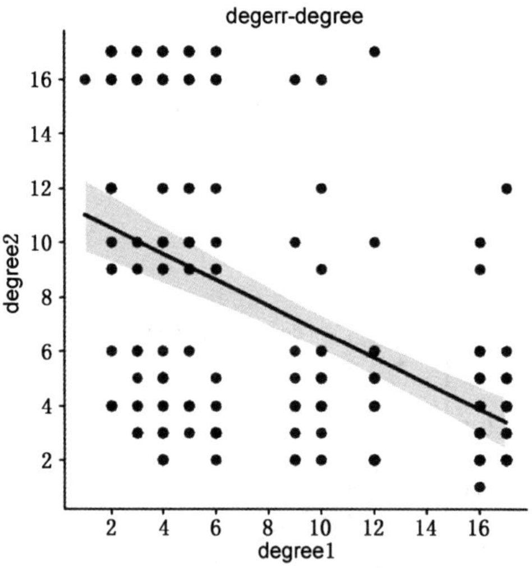


案例 11.2—11　同配性系数

```
nx.degree_assortativity_coefficient(G_karate)
```

```
-0.47561309768461413
```

## 案例 11.2—12　如何寻找 Hub 节点①

```
G = nx.Graph()

G.add_edge('A', 'B')
G.add_edge('A', 'D')
G.add_edge('A', 'E')
G.add_edge('A', 'F')
G.add_edge('B', 'C')
G.add_edge('B', 'F')
G.add_edge('D', 'E')
G.add_edge('F', 'G')
```

```
nx.draw(G, with_labels=True, node_color=['red' if n=='A' else 'grey' for n
in G.nodes])
```

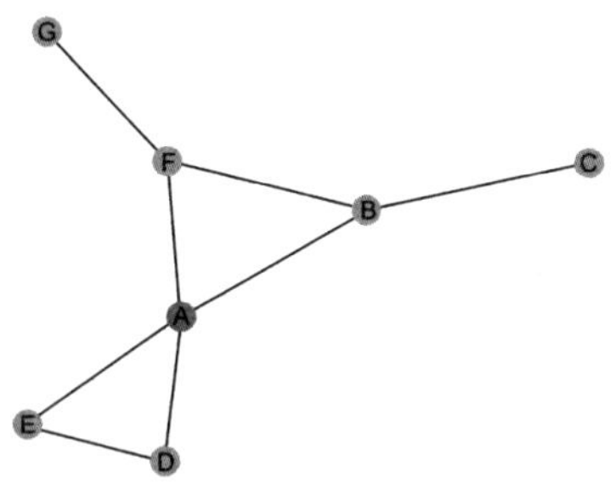


```
fig, axes = plt.subplots(1, 3, figsize=(18, 6), sharey=True)

neighbors_0 = []
for n in G.nodes:
    neighbors_0.append(n)
sns.histplot(sorted(neighbors_0), stat='probability', ax=axes[0])
axes[0].set_title('choose a node randomly')

neighbors_1 = []
for n in G.nodes:
    neighbors_1.extend(list(G.neighbors(n)))
sns.histplot(sorted(neighbors_1), stat='probability', ax=axes[1])
axes[1].set_title('choose a 1-step neighbor of a node randomly')

neighbors_2 = []
for i in G.nodes:
    for j in G.neighbors(i):
        for k in G.neighbors(j):
            if k == i:
                continue
            neighbors_2.append(k)
sns.histplot(sorted(neighbors_2), stat='probability', ax=axes[2])
axes[2].set_title('choose a 2-step neighbor of a node randomly')
plt.show()
```

① 详见 5.2.3 同配系数。

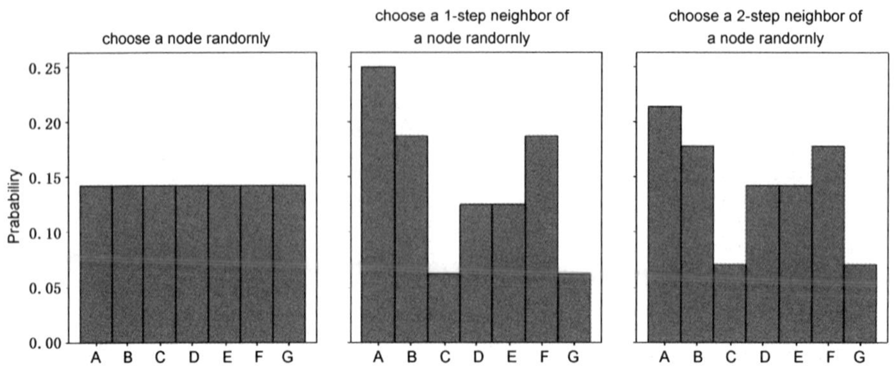


## 11.3 大规模实证网络分析

### 案例 11.3—1 准备 Python 运行环境

```
# 如果未安装 python 环境和相关库，请先运行
# 如果已经成功安装，不需要运行
! pip install networkx
! pip install numpy
! pip install pandas
! pip install matplotlib
! pip install seaborn

# 自动屏蔽不必要的报错信息
import warnings
warnings.filterwarnings("ignore")

# 导入相关库
from collections import Counter
import numpy as np
import pandas as pd
import matplotlib.pyplot as plt
import seaborn as sns
import networkx as nx
```

### 案例 11.3－2　Facebook 大规模实证网络①

```
G_facebook = nx.read_edgelist("Facebook_edges.csv", delimiter=',')
print(nx.info(G_facebook))
```

```
Graph with 22472 nodes and 171003 edges
```

### 案例 11.3－3　度分布

```
degree_sequence = sorted([d for n, d in G_facebook.degree])
degree_counts = Counter(degree_sequence)
degree, frequence = zip(*degree_counts.items())

df_degree = pd.DataFrame({'degree': degree, 'freq': frequence})
df_degree = df_degree[df_degree['freq']>0]

fig, axes = plt.subplots()

plt.plot(degree, frequence, 'o-')
plt.xlabel('Degree')
plt.ylabel('Frequency')

plt.title('degree distribution of Facebook network')
plt.show()
```

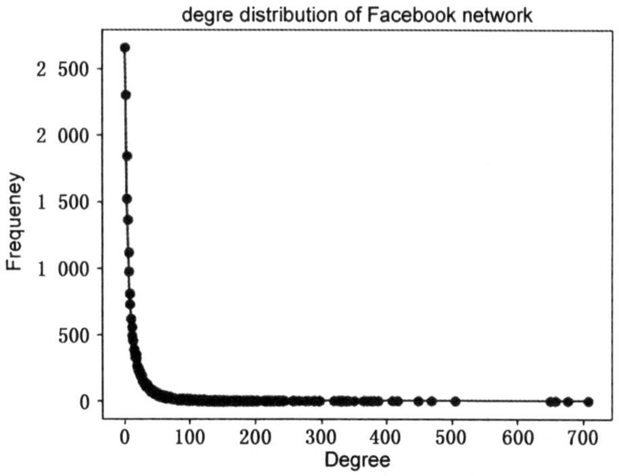


① 前往 SNAP 网站下载网络数据 Facebook Large Page-Page Network，将其中的 csv 文件命名为 Facebook_edges. csv。

```
fig, ax = plt.subplots()
ax.set(xscale="log", yscale="log")
g = sns.scatterplot(x='degree', y='freq', data=df_degree)
plt.show()
```

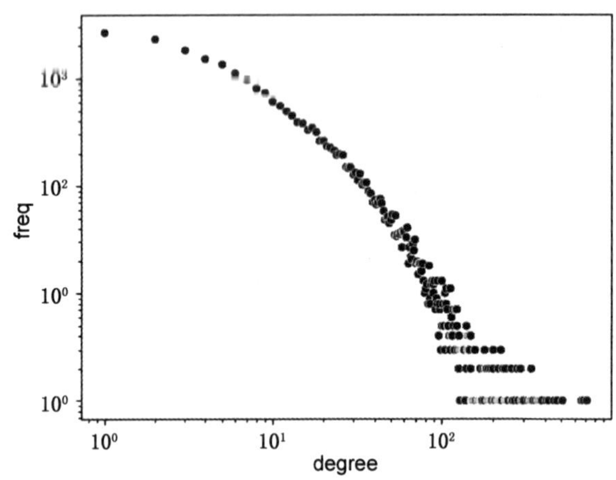


案例 11.3—4　集聚系数

```
fig, ax = plt.subplots()
sns.histplot(nx.clustering(G_facebook))
plt.show()
```

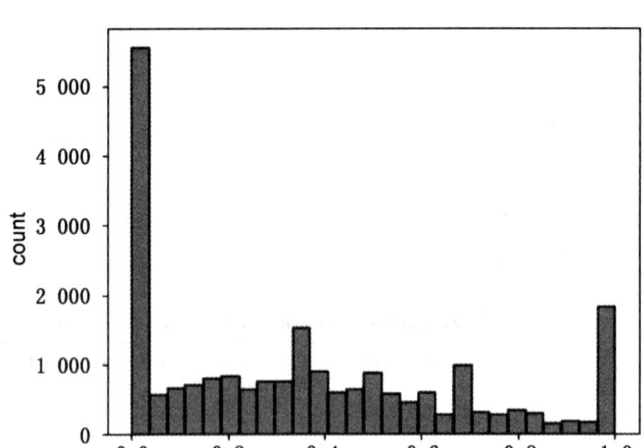

## 案例 11.3—5　连通性

```
print(nx.is_connected(G_facebook))
False
```

## 案例 11.3—6　最大连通集团

```
largest_cc = max(nx.connected_components(G_facebook), key=len)
Gcc_facebook = G_facebook.subgraph(largest_cc)
```

## 案例 11.3—7　寻找度大节点

```
  highest_degree_node = max(Gcc_facebook.nodes, key=Gcc_facebook.degree)
  print('node \'%s\' has largest degree with %d' % (highest_degree_node,
Gcc_facebook.degree(highest_degree_node)))
  node '16895' has largest degree with 709
```

## 案例 11.3—8　同配性 Assortative

```
degree1 = []
degree2 = []

for v in Gcc_facebook:
    for neighbor in Gcc_facebook.neighbors(v):
        degree1.append(Gcc_facebook.degree(v))
        degree2.append(Gcc_facebook.degree(neighbor))

data = pd.DataFrame({'degree1': degree1,
                     'degree2': degree2})

g = sns.lmplot(x='degree1', y='degree2', data=data)

plt.title('degree-degree')
plt.show()
```

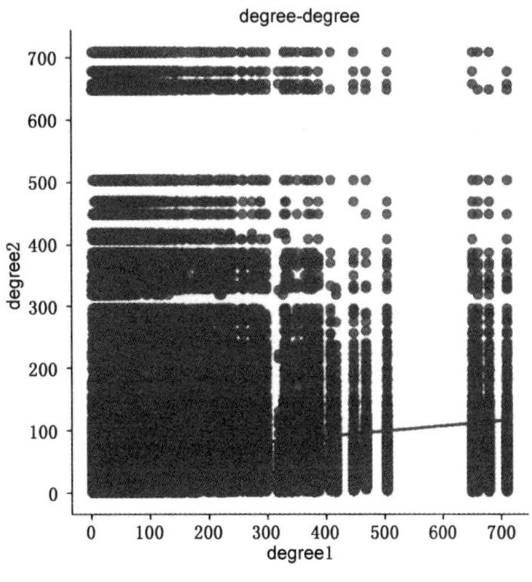

### 案例 11.3—9 同配性系数 Assortative

```
nx.degree_assortativity_coefficient(Gcc_facebook)
```

```
0.08505802105736311
```

## 11.4 随机网络

### 案例 11.4—1 准备 Python 运行环境

```
# 如果未安装 python 环境和相关库，请先运行
# 如果已经成功安装，不需要运行
! pip install networkx
! pip install numpy
! pip install pandas
! pip install matplotlib
! pip install seaborn

# 自动屏蔽不必要的报错信息
import warnings
warnings.filterwarnings("ignore")

# 导入相关库
from collections import Counter
import numpy as np
import pandas as pd
import matplotlib.pyplot as plt
import seaborn as sns
from tqdm import tqdm
import networkx as nx
```

### 案例 11.4—2 班级好友网络[①]

```
input_data = pd.read_csv('friends210914.csv', index_col=0)
DG_friends_21 = nx.DiGraph(input_data.T.values)  # directed graph
G_friends_21 = nx.Graph(input_data.values)  # undirected graph
print(nx.info(DG_friends_21))
```

```
DiGraph with 43 nodes and 218 edges
```

```
plt.figure(figsize=(9, 6), dpi=150)

pos = nx.fruchterman_reingold_layout(DG_friends_21, k=0.5, seed=1029)
d = dict(DG_friends_21.degree)
nx.draw(DG_friends_21, pos=pos, node_size=[10 + v * 40 for v in d.values()],
with_labels=False)
for node, (x, y) in pos.items():
    plt.text(x, y, node, fontsize=5+d[node]*0.5, ha='center', va='center')

plt.show()
```

① 班级好友网络来自 2021 年硕士生课程所有学生之间的好友关系。

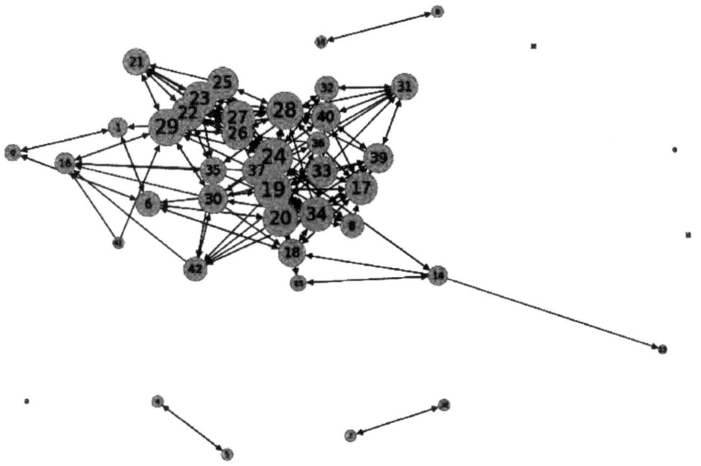

## 案例 11.4—3　生成随机网络

```
# 真实好友网络的信息
ave_deg = 2 * len(G_friends.edges) / len(G_friends.nodes)

print(nx.info(G_friends))
print(f'Average degree is {ave_deg:.3f}')
```

```
Graph with 43 nodes and 130 edges
Average degree is 6.047
```

```
# 生成随机网络 gnm()
n = 43
m = 130

G_random = nx.gnm_random_graph(n, m)
ave_deg = 2 * len(G_random.edges) / len(G_random.nodes)

print(nx.info(G_random))
print(f'Average degree is {ave_deg:.3f}')
```

```
Graph with 43 nodes and 130 edges
Average degree is 6.047
```

```
# 生成随机网络 gnp()
n = 43
p = 0.14    # 请填写参数 p，在 0 到 1 之间

G_random = nx.gnp_random_graph(n, p)
ave_deg = 2 * len(G_random.edges) / len(G_random.nodes)

print(nx.info(G_random))
print(f'Average degree is {ave_deg:.3f}')
```

```
Graph with 43 nodes and 127 edges
Average degree is 5.907
```

案例 11.4—4　随机网络可视化

```
fig, axes = plt.subplots(figsize=(16, 8), nrows=1, ncols=2)

pos = nx.circular_layout(G_friends)
nx.draw(G_friends, pos=pos, with_labels=True, ax=axes[0])
axes[0].set_title('Friends network')

pos = nx.circular_layout(G_random)
nx.draw(G_random, pos=pos, with_labels=True, ax=axes[1])
axes[1].set_title('Random network')

plt.show()
```

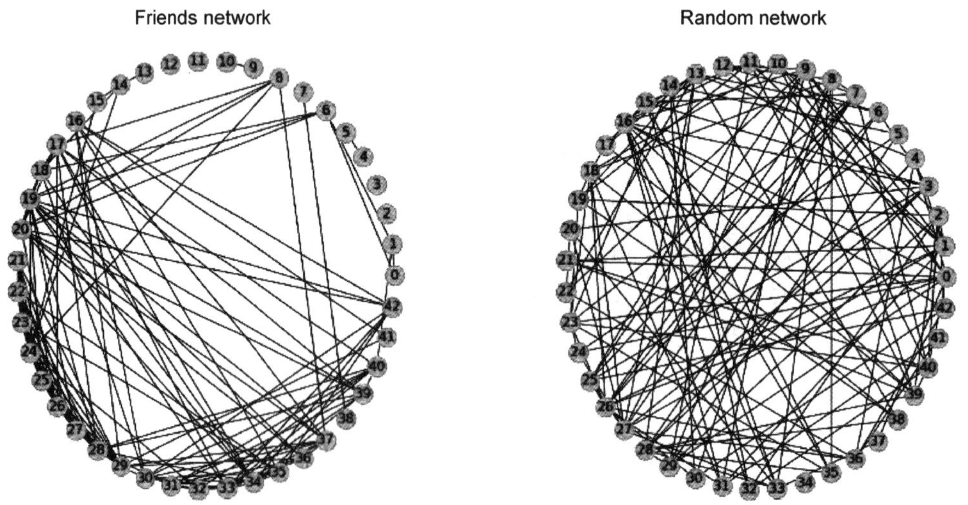

### 案例 11.4—5　度分布

```
G_random = nx.gnp_random_graph(n, p)

def plot_degree_distriburion(G, ax, title):

    degree_freq = nx.degree_histogram(G)
    degrees = range(len(degree_freq))

    ax.bar(degrees, degree_freq)
    ax.set_title(title)
    ax.set(xlabel='Degree', ylabel='Frequency')

    ax.label_outer()

fig, axes = plt.subplots(figsize=(12, 6), nrows=1, ncols=2)

plot_degree_distriburion(G_friends, axes[0], 'Friends network')
plot_degree_distriburion(G_random, axes[1], 'Random network')

plt.show()
```

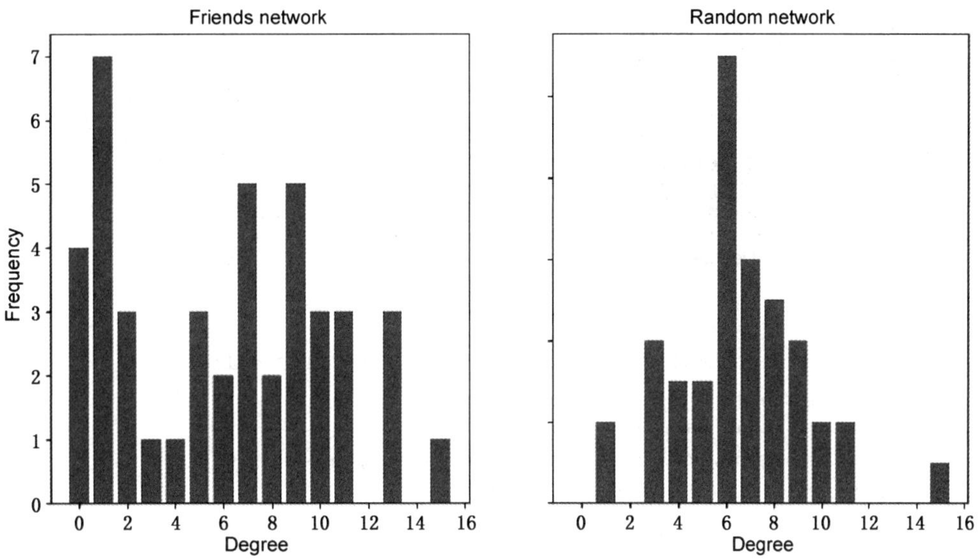

## 案例 11.4—6　配置网络

```
# 与真实网络具有相同的度分布
deg_sequence = [d for v, d in G_friends.degree()]
G_configuration = nx.configuration_model(deg_sequence)

fig, axes = plt.subplots(figsize=(12, 6), nrows=1, ncols=2)

plot_degree_distriburion(G_configuration, axes[1], 'Configuration network')
plot_degree_distriburion(G_friends, axes[0], 'Friends network')

plt.show()
```

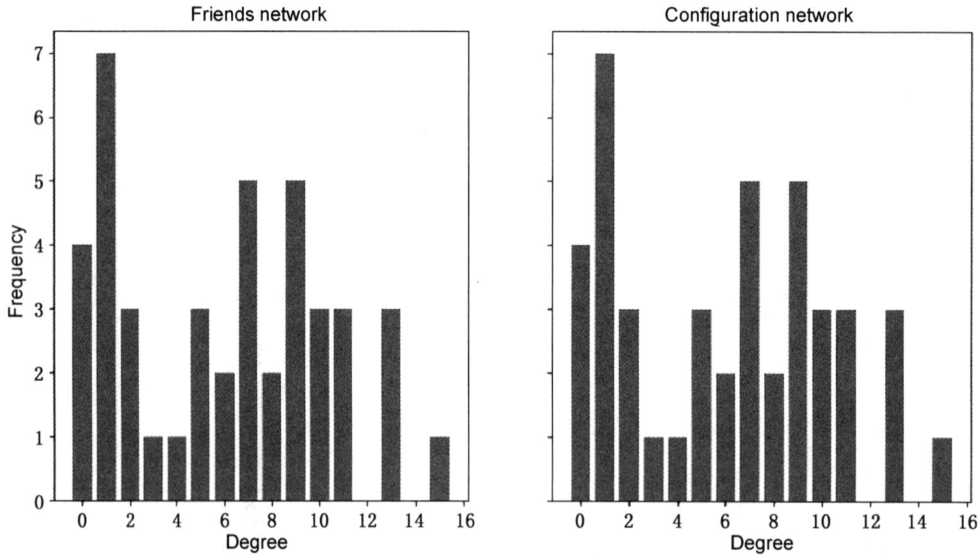


```
fig, axes = plt.subplots(figsize=(16, 8), nrows=1, ncols=2)

pos = nx.circular_layout(G_configuration)
nx.draw(G_friends, pos=pos, with_labels=True, ax=axes[0])
axes[0].set_title('Friends network')

nx.draw(G_configuration, pos=pos, with_labels=True, ax=axes[1])
axes[1].set_title('Configuration network')

plt.show()
```

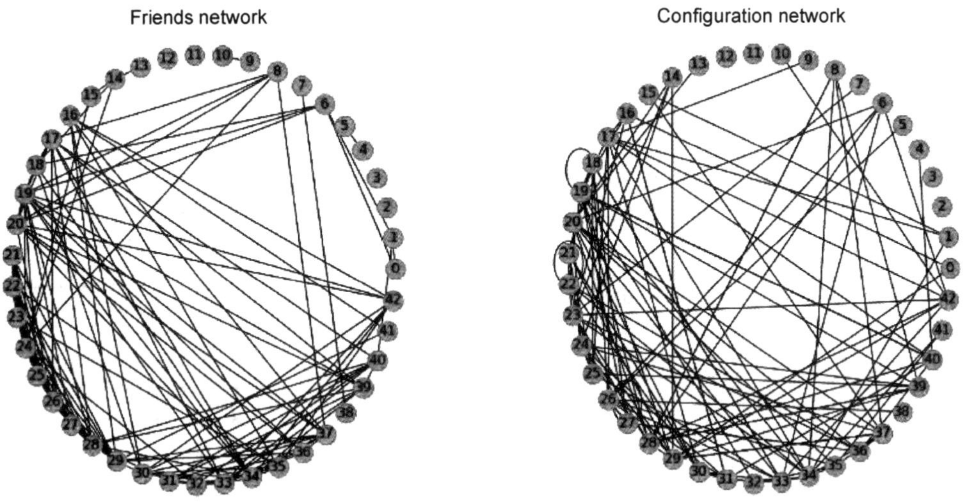


案例 11.4—7　同配性

```
def plot_assortative(G, ax, title):

    degree1 = []
    degree2 = []

    for v in G:
        for neighbor in G.neighbors(v):
            degree1.append(G.degree(v))
            degree2.append(G.degree(neighbor))

    data = pd.DataFrame({'degree1': degree1,
                         'degree2': degree2})

    sns.regplot(x='degree1', y='degree2', data=data, ax=ax)
    ax.set_title(title)

ax.label_outer()

fig, axes = plt.subplots(figsize=(12, 6), nrows=1, ncols=2)

plot_assortative(G_random, axes[1], 'Random network')
plot_assortative(G_friends, axes[0], 'Friends network')

plt.show()
```

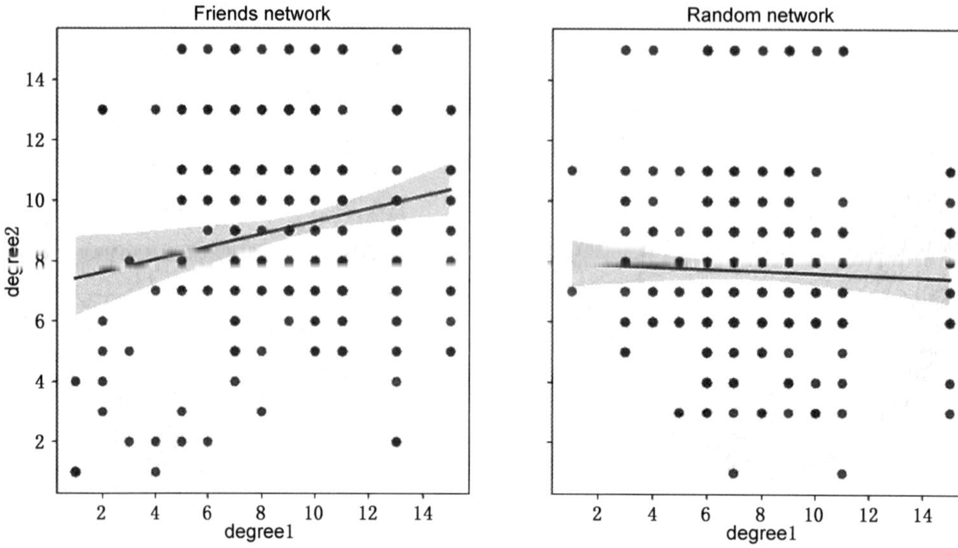


## 案例 11.4—8 平均距离

```
largest_cc = max(nx.connected_components(G_friends), key=len)
Gcc_friends = G_friends.subgraph(largest_cc)
print(f"班级好友网络的平均距离为 {nx.average_shortest_path_length(Gcc_friends):.2f}")
```

班级好友网络的平均距离为 2.06

```
# consider the connected component
largest_cc = max(nx.connected_components(G_random), key=len)
Gcc_random = G_random.subgraph(largest_cc)
print(f"随机网络的平均距离为 {nx.average_shortest_path_length(Gcc_random):.2f}")
```

随机网络的平均距离为 2.18

```
# 当网络规模达到 1000 时
n = 1000
p = 10 / n

G_ls = nx.gnp_random_graph(n, p)
print(f'规模为 {n} 的随机网络的平均距离为 {nx.average_shortest_path_length(G_ls):.2f}')
```

规模为 1000 的随机网络的平均距离为 3.23

## 案例 11.4—9 集聚系数

```
print("班级好友网络的平均集聚系数为 {:.2f}".format(nx.average_clustering(G_friends)))
print("随机网络的平均集聚系数为 {:.2f}".format(nx.average_clustering(G_random)))
```

班级好友网络的平均集聚系数为 0.41
随机网络的平均集聚系数为 0.15

## 案例 11.4—10　随机网络的集聚系数和平均距离

```
def random_network_clustering_distance(n, p):

    G_random = nx.gnp_random_graph(n, p)
    largest_cc = max(nx.connected_components(G_random), key=len)
    Gcc_random = G_random.subgraph(largest_cc)

    cc = nx.average_clustering(Gcc_random)
    distance = nx.average_shortest_path_length(Gcc_random)

    return cc, distance
```

```
n = 200

p_list = []
value_list = []
type_list = []

for p in tqdm(np.arange(0.001, 1, 0.05)):

    cc, distance = random_network_clustering_distance(n, p)

    value_list.append(cc)
    p_list.append(p)
    type_list.append('cc')

    value_list.append(distance)
    p_list.append(p)
    type_list.append('distance')
```

```
df = pd.DataFrame({'p': p_list,
                   'value': value_list,
                   'type': type_list})

d_max = max(df[df['type']=='distance']['value'])
d_min = min(df[df['type']=='distance']['value'])
cc_max = max(df[df['type']=='cc']['value'])
cc_min = min(df[df['type']=='cc']['value'])

df['value'][df['type']=='distance'] = (df['value'][df['type']=='distance']-d_min) /
(d_max-d_min)
df['value'][df['type']=='cc']  =  (df['value'][df['type']=='cc']-cc_min)  /
(cc_max-cc_min)

sns.scatterplot(x='p', y='value', hue='type', data=df)
plt.show()
```

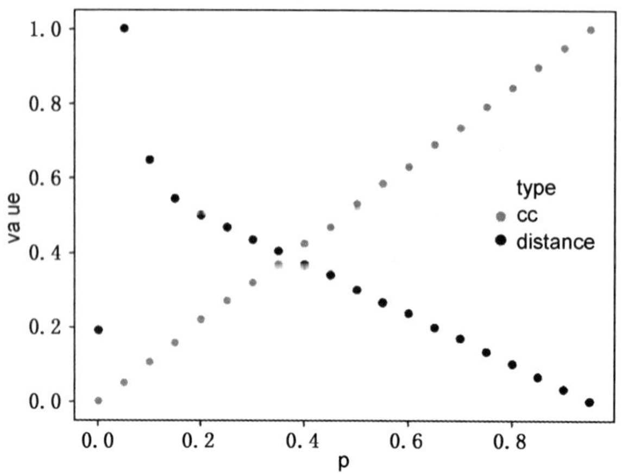


案例 11.4—11 自我网络

```
def plot_ego_network(G, n, ax, title):

    nodes_ego = list(nx.ego_graph(G, n, radius=1))
    G_ego = G.subgraph(nodes_ego)

    cc = nx.clustering(G)[n]

    pos=nx.fruchterman_reingold_layout(G_ego, seed=1028)
    d = dict(G_ego.degree)

    nx.draw(G_ego, pos=pos, node_size=[v * 100 for v in d.values()], with_labels=True,
ax=ax)
ax.set_title('%s, cc=%.3f' % (title, cc))

node = 19

fig, axes = plt.subplots(figsize=(18, 6), nrows=1, ncols=3)
plt.suptitle('Ego network of node %d' % node)

plot_ego_network(G_random, node, axes[1], 'Random network')
plot_ego_network(nx.Graph(G_configuration), node, axes[2], 'Configuration network')
plot_ego_network(G_friends, node, axes[0], 'Friends network')

plt.show()
```

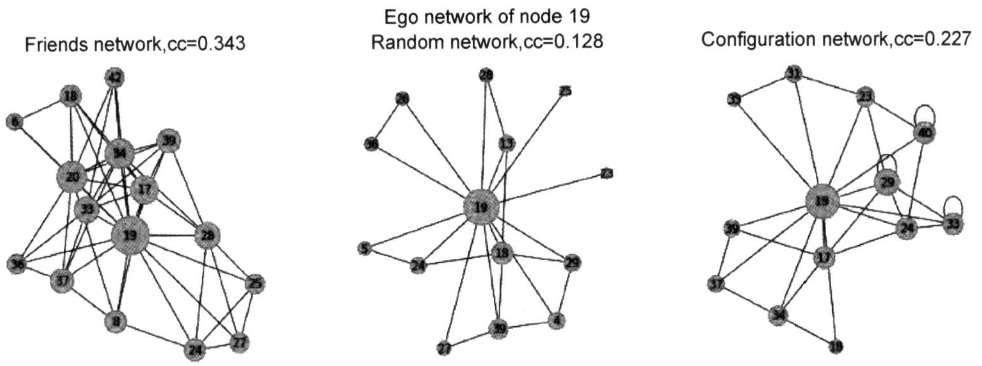


## 11.5　小世界网络

### 案例 11.5—1　准备 Python 运行环境

```
# 如果未安装 python 环境和相关库，请先运行
# 如果已经成功安装，不需要运行
! pip install networkx
! pip install numpy
! pip install pandas
! pip install matplotlib
! pip install seaborn

# 自动屏蔽不必要的报错信息
import warnings
warnings.filterwarnings("ignore")

# 导入相关库
from collections import Counter
import numpy as np
import pandas as pd
import matplotlib.pyplot as plt
import seaborn as sns
from tqdm import tqdm
import networkx as nx
```

## 案例 11.5—2 班级好友网络

```
input_data = pd.read_csv('friends210914.csv', index_col=0)
DG_friends_21 = nx.DiGraph(input_data.T.values)  # directed graph
G_friends_21 = nx.Graph(input_data.values)  # undirected graph
print(nx.info(DG_friends_21))
```

```
DiGraph with 43 nodes and 218 edges
```

```
plt.figure(figsize=(9, 6), dpi=150)

pos = nx.fruchterman_reingold_layout(DG_friends_21, k=0.5, seed=1029)
d = dict(DG_friends_21.degree)
nx.draw(DG_friends_21, pos=pos, node_size=[10 + v * 40 for v in d.values()],
with_labels=False)
for node, (x, y) in pos.items():
    plt.text(x, y, node, fontsize=5+d[node]*0.5, ha='center', va='center')

plt.show()
```

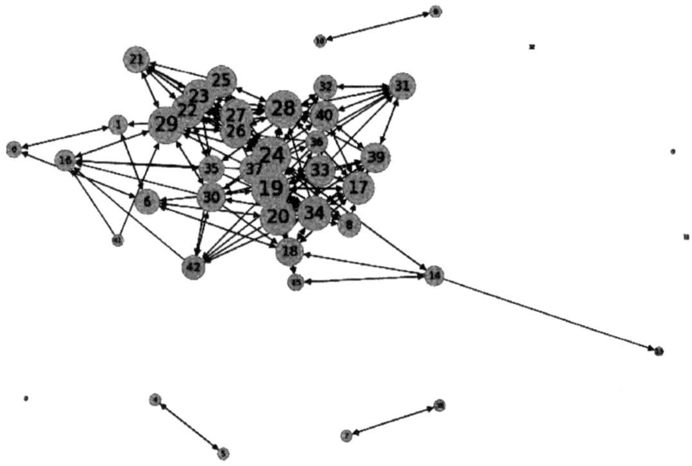

案例 11.5—3　规则网络和随机网络对比

```
fig, axes = plt.subplots(figsize=(18, 6), nrows=1, ncols=3)

G_regular = nx.watts_strogatz_graph(n=16, k=4, p=0.0)
pos = nx.circular_layout(G_regular)
nx.draw(G_regular, pos=pos, with_labels=True, ax=axes[0])
axes[0].set_title('Regular network')

G_sw = nx.watts_strogatz_graph(n=16, k=4, p=0.3)
pos = nx.circular_layout(G_sw)
nx.draw(G_sw, pos=pos, with_labels=True, ax=axes[1])
axes[1].set_title('Small-world network')

G_random = nx.gnp_random_graph(n=16, p=0.26)
pos = nx.circular_layout(G_random)
nx.draw(G_random, pos=pos, with_labels=True, ax=axes[2])
axes[2].set_title('Random network')

print('G_regular ', nx.info(G_regular))
print('G_sw      ', nx.info(G_sw))
print('G_random  ', nx.info(G_random))
print()

plt.show()
```

```
G_regular  Graph with 16 nodes and 32 edges
G_sw       Graph with 16 nodes and 32 edges
G_random   Graph with 16 nodes and 26 edges
```

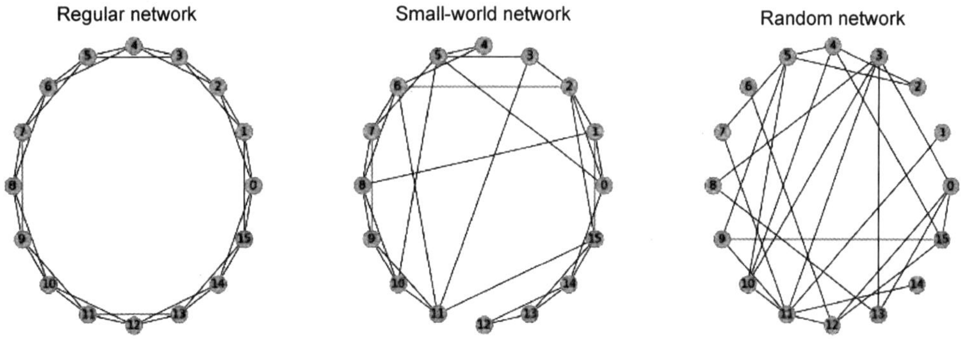

## 案例 11.5—4 网络并可视化

```
n = 43
k = 6

G_sw = nx.watts_strogatz_graph(n, k, p = 0.3)
print(nx.info(G_friends))
print(nx.info(G_sw))
```

```
Graph with 43 nodes and 130 edges
Graph with 43 nodes and 129 edges
```

```
fig, axes = plt.subplots(figsize=(14, 16), nrows=2, ncols=2)

pos = nx.circular_layout(G_friends)
nx.draw(G_friends, pos=pos, with_labels=True, ax=axes[0, 0])
axes[0, 0].set_title('Friends network')

G_regular = nx.watts_strogatz_graph(n=43, k=6, p=0.0)
pos = nx.circular_layout(G_regular)
nx.draw(G_regular, pos=pos, with_labels=True, ax=axes[0, 1])
axes[0, 1].set_title('Regular network')

G_sw = nx.watts_strogatz_graph(n=43, k=6, p=0.3)
pos = nx.circular_layout(G_sw)
nx.draw(G_sw, pos=pos, with_labels=True, ax=axes[1, 0])
axes[1, 0].set_title('Small-world network')

G_random = nx.gnp_random_graph(n=43, p=0.14)
pos = nx.circular_layout(G_random)
nx.draw(G_random, pos=pos, with_labels=True, ax=axes[1, 1])
axes[1, 1].set_title('Random network')

plt.show()
```

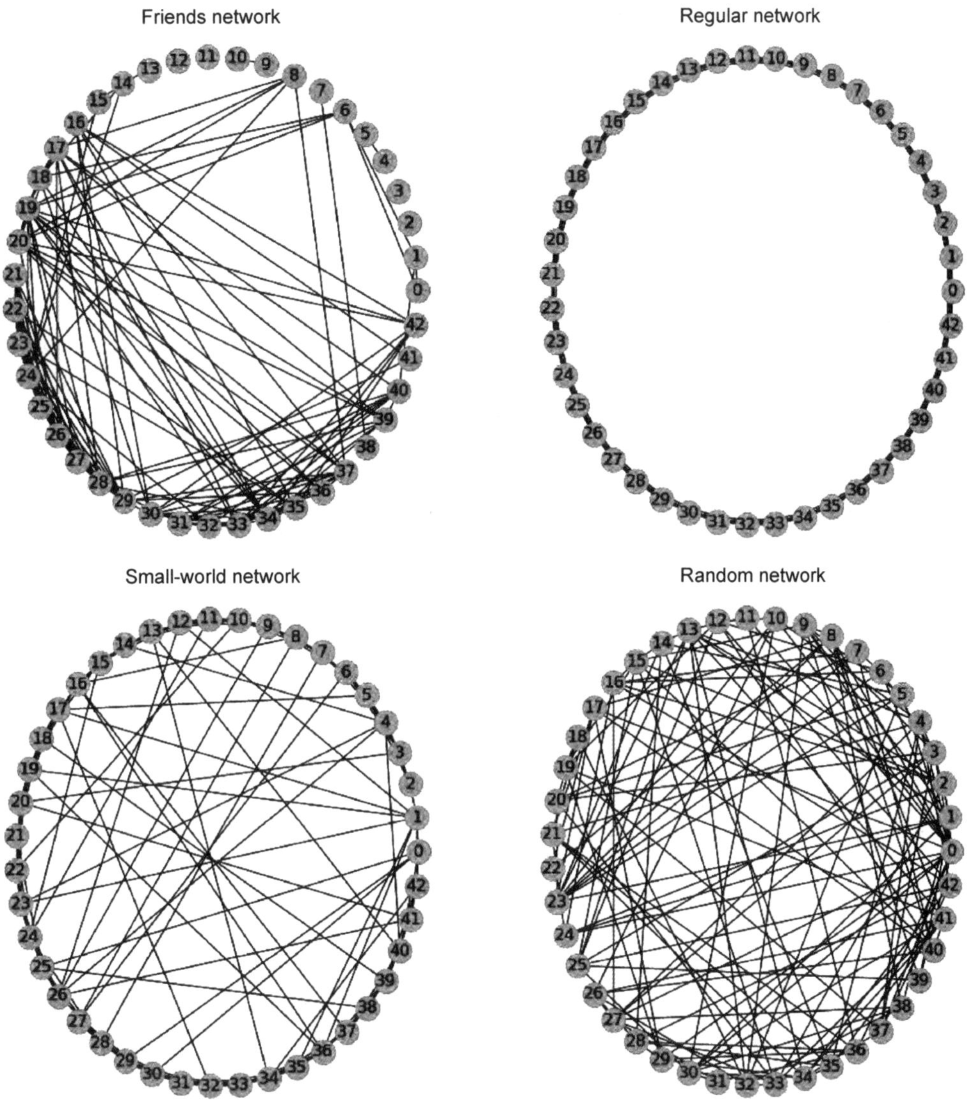
Friends network
Regular network
Small-world network
Random network

案例 11.5—5 度分布

```
print(nx.info(G_regular))
print(nx.info(G_sw))
print(nx.info(G_random))
print(nx.info(G_friends))
```

```
Graph with 43 nodes and 129 edges
Graph with 43 nodes and 129 edges
Graph with 43 nodes and 145 edges
Graph with 43 nodes and 130 edges
```

```
def plot_degree_distriburion(G, ax, title):

    degree_freq = nx.degree_histogram(G)
    degrees = range(len(degree_freq))

    ax.bar(degrees, degree_freq)
    ax.set_title(title)
    ax.set(xlabel='Degree', ylabel='Frequency')

ax.label_outer()

fig, axes = plt.subplots(figsize=(24, 6), nrows=1, ncols=4)

plot_degree_distriburion(G_friends, axes[0], 'Friends network')
plot_degree_distriburion(G_regular, axes[1], 'Regular network')
plot_degree_distriburion(G_sw, axes[2], 'Small-world network')
plot_degree_distriburion(G_random, axes[3], 'Random network')

plt.show()
```

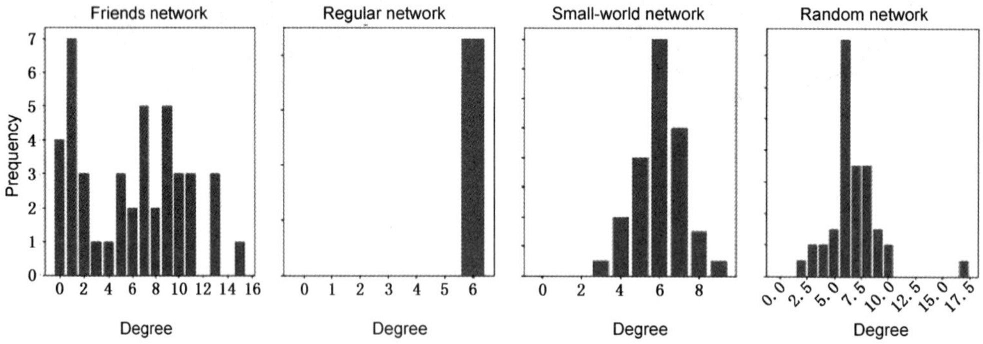

## 案例 11.5—6　连通性

```
n=100
k=3
p=0.3

G_sw_eg = nx.watts_strogatz_graph(n, k, p)
print(nx.info(G_sw_eg))
print(f"p = {p:.2f}")
print(f'Is small-world network connected? : {nx.is_connected(G_sw_eg)}')
```

```
Graph with 100 nodes and 100 edges
p = 0.30
Is small-world network connected? : True
```

## 案例 11.5—7　同配性

```
def plot_assortative(G, ax, title):

    degree1 = []
    degree2 = []

    for v in G:
        for neighbor in G.neighbors(v):
            degree1.append(G.degree(v))
            degree2.append(G.degree(neighbor))

    data = pd.DataFrame({'degree1': degree1,
                         'degree2': degree2})

    sns.regplot(x='degree1', y='degree2', data=data, ax=ax)
    ax.set_title(title)

ax.label_outer()

fig, axes = plt.subplots(figsize=(12, 12), nrows=2, ncols=2)

plot_assortative(G_friends, axes[0, 0], 'Friends network')
plot_assortative(G_regular, axes[0, 1], 'Regular network')
plot_assortative(G_sw, axes[1, 0], 'Small-world network')
plot_assortative(G_random, axes[1, 1], 'Random network')

plt.show()
```

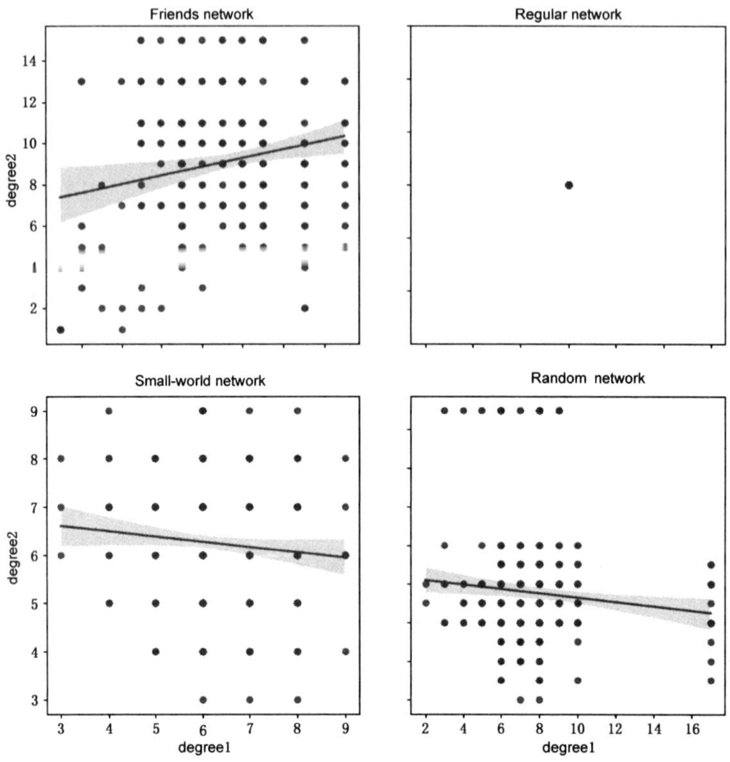


## 案例 11.5—8 平均距离

```
# consider the connected component

largest_cc = max(nx.connected_components(G_friends), key=len)
Gcc_friends = G_friends.subgraph(largest_cc)
print(f"班级好友网络的平均距离为 {nx.average_shortest_path_length(Gcc_friends):.2f}")

largest_cc = max(nx.connected_components(G_regular), key=len)
Gcc_regular = G_regular.subgraph(largest_cc)
print(f"规则网络的平均距离为    {nx.average_shortest_path_length(Gcc_regular):.2f}")

largest_cc = max(nx.connected_components(G_sw), key=len)
Gcc_sw = G_sw.subgraph(largest_cc)
print(f"小世界网络的平均距离为  {nx.average_shortest_path_length(Gcc_sw):.2f}")

largest_cc = max(nx.connected_components(G_random), key=len)
Gcc_random = G_sw.subgraph(largest_cc)
print(f"随机网络的平均距离为    {nx.average_shortest_path_length(Gcc_random):.2f}")
```

```
班级好友网络的平均距离为 2.06
规则网络的平均距离为 4.00
小世界网络的平均距离为 2.34
随机网络的平均距离为 2.34
```

## 案例 11.5—9　集聚系数

```
print(f"班级好友网络的平均集聚系数为 {nx.average_clustering(G_friends):.2f}")
print(f"规则网络的平均集聚系数为    {nx.average_clustering(G_regular):.2f}")
print(f"小世界网络的平均集聚系数为  {nx.average_clustering(G_sw):.2f}")
print(f"随机网络的平均集聚系数为    {nx.average_clustering(G_random):.2f}")
```

```
班级好友网络的平均集聚系数为0.41
规则网络的平均集聚系数为0.60
小世界网络的平均集聚系数为0.25
随机网络的平均集聚系数为0.18
```

## 案例 11.5—10　小世界网络的高集聚 & 低距离

```
def small_world_network_clustering_distance(n, k, p):

    G_sw = nx.watts_strogatz_graph(n, k, p)
    largest_cc = max(nx.connected_components(G_sw), key=len)
    Gcc_sw = G_sw.subgraph(largest_cc)

    cc = nx.average_clustering(Gcc_sw)
    distance = nx.average_shortest_path_length(Gcc_sw)

return cc, distance

n = 200
k = 4

p_list = []
value_list = []
type_list = []

for p in tqdm(np.arange(0.001, 1, 0.005)):

    cc, distance = small_world_network_clustering_distance(n, k, p)

    value_list.append(cc)
    p_list.append(p)
    type_list.append('cc')

    value_list.append(distance)
    p_list.append(p)
type_list.append('distance')

df = pd.DataFrame({'p': p_list,
                   'value': value_list,
                   'type': type_list})

d_max = max(df[df['type']=='distance']['value'])
d_min = min(df[df['type']=='distance']['value'])
cc_max = max(df[df['type']=='cc']['value'])
cc_min = min(df[df['type']=='cc']['value'])

df['value'][df['type']=='distance'] = (df['value'][df['type']=='distance']-d_min) /
(d_max-d_min)
df['value'][df['type']=='cc']  =  (df['value'][df['type']=='cc']-cc_min)  /
(cc_max-cc_min)

sns.scatterplot(x='p', y='value', hue='type', data=df)
plt.show()
```

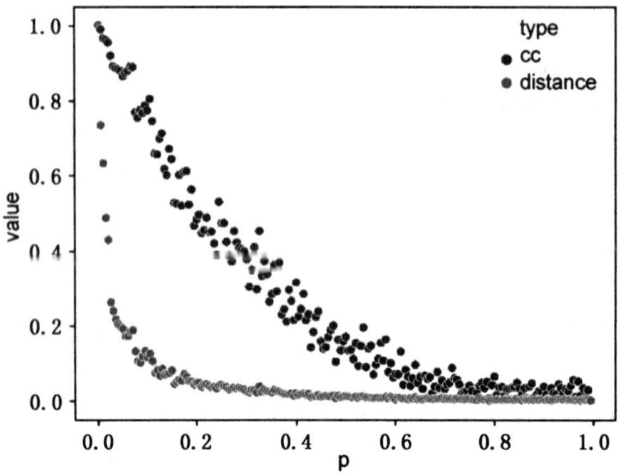


```
# 对数坐标轴
fig, ax = plt.subplots()
ax.set(xscale="log")
sns.scatterplot(x='p', y='value', hue='type', data=df)
plt.show()
```

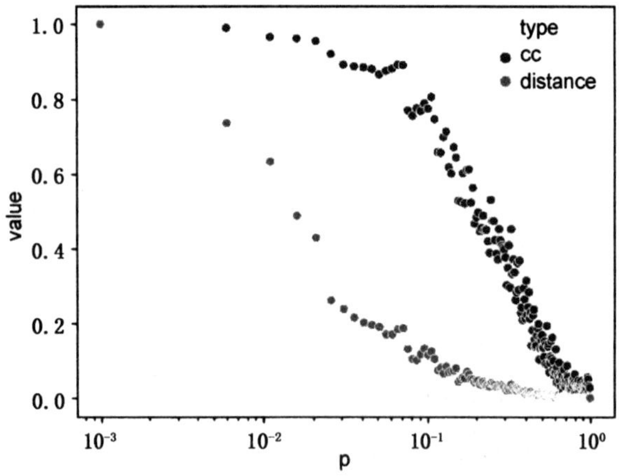

## 案例 11.5—11 自我网络

```
def plot_ego_network(G, n, ax, title):

    nodes_ego = list(nx.ego_graph(G, n, radius=1))
    G_ego = G.subgraph(nodes_ego)

    cc = nx.clustering(G)[n]

    pos=nx.fruchterman_reingold_layout(G_ego, seed=1028)
    d = dict(G_ego.degree)

    nx.draw(G_ego, pos=pos, node_size=[v * 100 for v in d.values()], with_labels=True,
ax=ax)
    ax.set_title('%s, cc=%.3f' % (title, cc))

n = 18

fig, axes = plt.subplots(figsize=(24, 6), nrows=1, ncols=4)
plt.suptitle('Ego network of node %d' % n)

plot_ego_network(G_friends, n, axes[0], 'Friends network')
plot_ego_network(G_regular, n, axes[1], 'Regular network')
plot_ego_network(G_sw, n, axes[2], 'Small-world network')
plot_ego_network(G_random, n, axes[3], 'Random network')

plt.show()
```

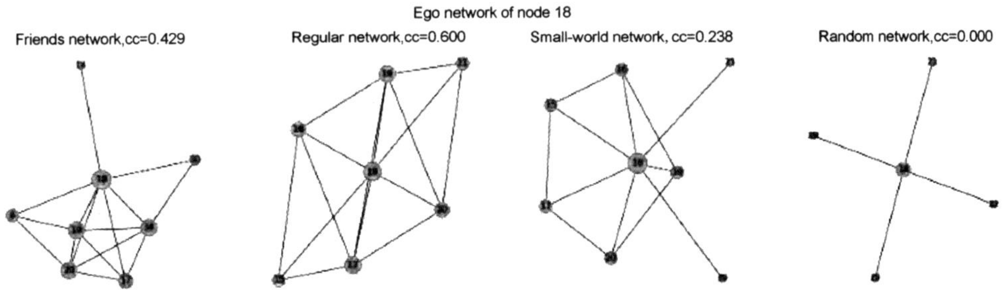

## 11.6 无标度网络

### 案例 11.6—1 准备 Python 运行环境

```
# 如果未安装 python 环境和相关库，请先运行
# 如果已经成功安装，不需要运行
! pip install networkx
! pip install numpy
! pip install pandas
! pip install matplotlib
! pip install seaborn

# 自动屏蔽不必要的报错信息
import warnings
warnings.filterwarnings("ignore")

# 导入相关库
from collections import Counter
import random
import numpy as np
import pandas as pd
import matplotlib.pyplot as plt
import seaborn as sns
from tqdm import tqdm
import networkx as nx
```

### 案例 11.6—2 Facebook 大规模实证网络

```
G_facebook = nx.read_edgelist("Facebook_edges.csv", delimiter=',')
ave_deg = 2 * len(G_facebook.edges) / len(G_facebook.nodes)

print(nx.info(G_facebook))
print(f'Average degree is {ave_deg:.3f}')
```

```
Graph with 22472 nodes and 171003 edges
Average degree is 15.219
```

### 案例 11.6—3 生成网络

```
n = 22472
m = 8

G_sf = nx.barabasi_albert_graph(n, m)
print(nx.info(G_sf))
```

```
Graph with 22472 nodes and 179712 edges
```

## 案例 11.6—4　连通性

```
print(nx.is_connected(G_facebook))
False
```

```
# 最大连通集团 Giant connected components, GCC
largest_cc = max(nx.connected_components(G_facebook), key=len)
Gcc_facebook = G_facebook.subgraph(largest_cc)
```

## 案例 11.6—5　度分布

```
def plot_degree_distriburion(G, ax, title):

    degree_freq = nx.degree_histogram(G)
    degrees = range(len(degree_freq))

    ax.plot(degrees, degree_freq, 'o')
    ax.set_title(title)
    ax.set(xlabel='Degree', ylabel='Frequency')

ax.label_outer()

fig, axes = plt.subplots(figsize=(12, 6), nrows=1, ncols=2)

plot_degree_distriburion(Gcc_facebook, axes[0], 'Facebook network')
plot_degree_distriburion(G_sf, axes[1], 'Scale-free network')

plt.show()
```

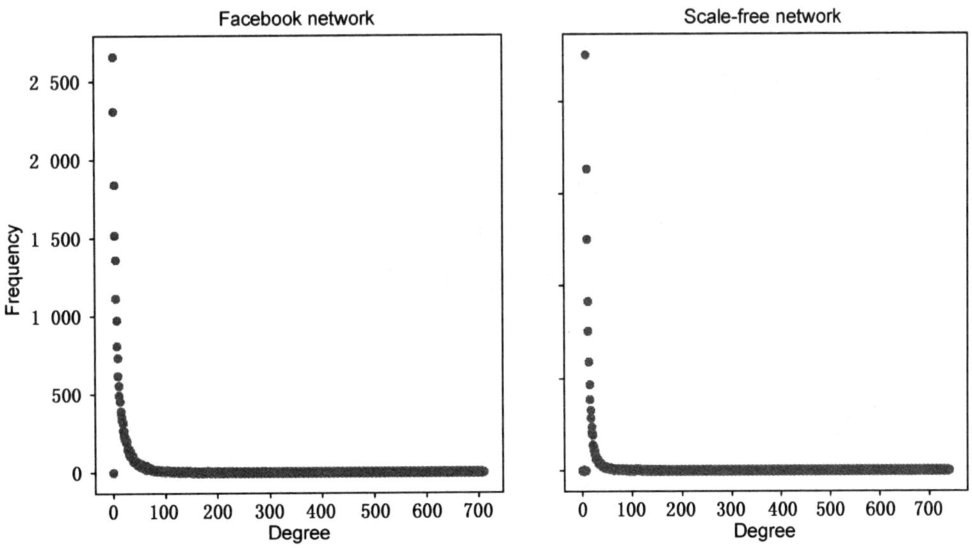

```
fig, axes = plt.subplots(figsize=(12, 6), nrows=1, ncols=2)
axes[0].set(xscale="log", yscale="log")
axes[1].set(xscale="log", yscale="log")

plot_degree_distriburion(Gcc_facebook, axes[0], 'Facebook network')
plot_degree_distriburion(G_sf, axes[1], 'Scale-free network')

plt.show()
```

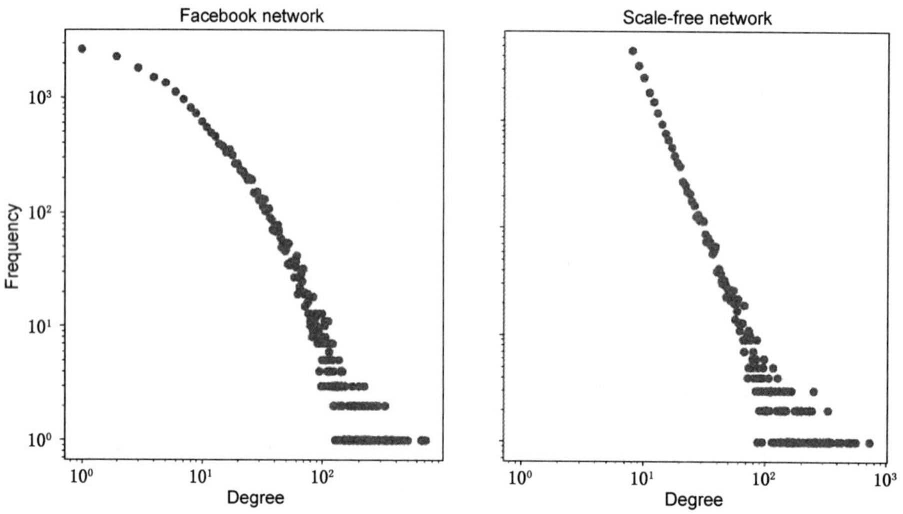


案例 11.6—6 增长择优模型

有许多网络生成机制能够产生无标度现象，其中比较有名的是 Barabasi 和 Albert 在 1999 年提出的增长择优模型。

(1)生成一个初始网络；

(2)新增一个节点；

(3)每一个新节点带有 $m$ 条连边，按照一定规则连接已有节点；

(4)重复步骤 (2)(3)，直到网络规模达到要求。

其中，现有节点的度 $k_i$ 越大，越容易被新节点连接。择优的规则为：

$$P(i)=\frac{k_i}{\sum k_j} \tag{11-1}$$

案例 11.6—6 (a) 第一步：从初始网络开始

```
G0 = nx.Graph()
G0.add_edges_from([(0, 1), (1, 2), (0, 2), (0, 3)])
nx.draw(G0, with_labels=True)
i = 3
```

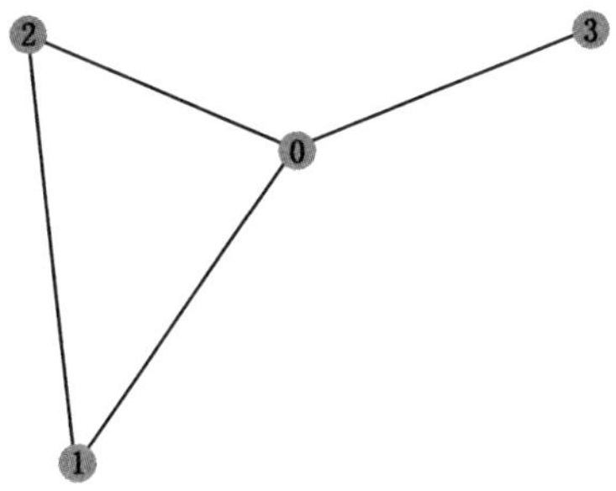


案例 11.6—6(b)　第二步:新增加一个节点(增长)

```
i += 1

color_map = ['tab:blue'] * i
color_map.append('tab:red')

G1 = G0.copy()
G1.add_node(i)
nx.draw(G1, node_color=color_map, with_labels=True)
```

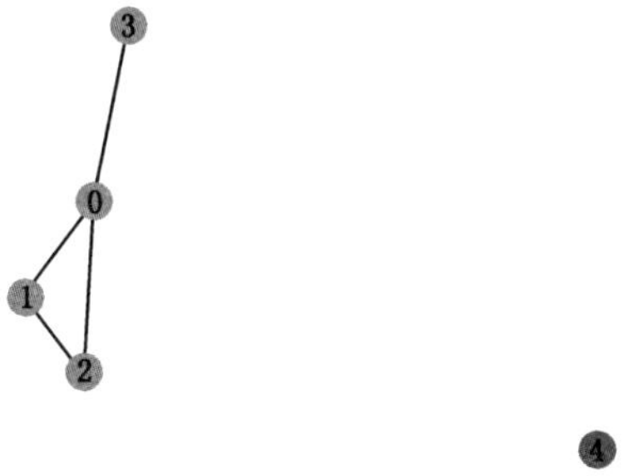


案例 11.6—6(c)　第三步:与已有节点相连(择优)

```
possible_neighbors = list(G0.nodes)
degrees = [G0.degree(n) for n in possible_neighbors]

neighbors_to_choose = [[n] * G0.degree(n) for n in possible_neighbors]
neighbors_to_choose = [i for l in neighbors_to_choose for i in l]
neighbors_to_choose
```

```
[0, 0, 0, 1, 1, 2, 2, 3]
```

```
j = random.choices(neighbors_to_choose)[0]
print('new neighbor is %d' % j)
```

```
new neighbor is 1
```

```
G0.add_edge(i, j)

nx.draw(G0, node_color=color_map, with_labels=True)
```

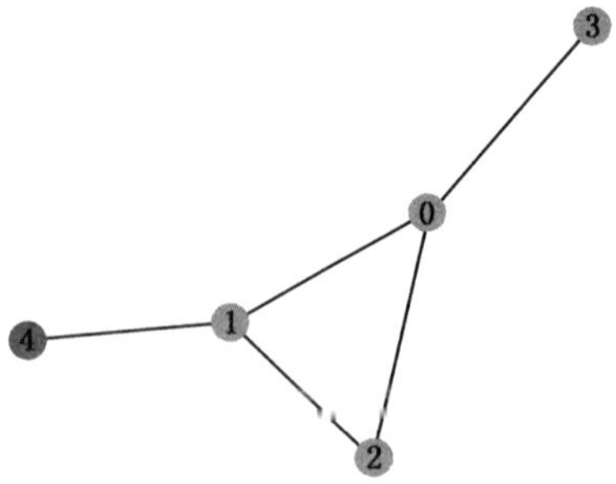


案例 11.6—6(d)　重复 N 遍

```
def get_SF(G):

    i = len(G.nodes())

    possible_neighbors = list(G.nodes)
    degrees = [G.degree(n) for n in possible_neighbors]

    neighbors_to_choose = [[n] * G.degree(n) for n in possible_neighbors]
    neighbors_to_choose = [i for l in neighbors_to_choose for i in l]
    j = random.choices(neighbors_to_choose)[0]
G.add_edge(i, j)

G = G0.copy()
N = 100

for i in range(N):
    get_SF(G)

color_map =  ['tab:red']*5 + ['tab:blue'] * (len(G)-5)
nx.draw(G, node_color=color_map, with_labels=True)
```

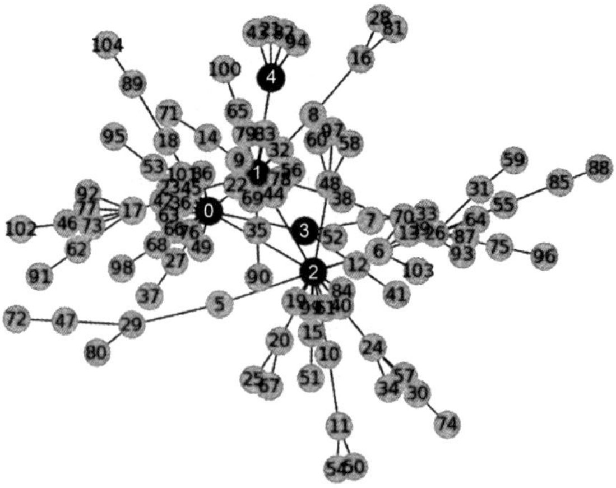

案例 11.6—7　同配性

```
print(f"实证网络的同配性系数:{nx.degree_assortativity_coefficient(Gcc_facebook):.2f}")
print(f"无标度网络的同配性系数: {nx.degree_assortativity_coefficient(G_sf):.2f}")
```

实证网络的同配性系数：0.09
无标度网络的同配性系数：-0.02

案例 11.6—8　平均距离和集聚系数

```
def sample_distance(G):

    nodes = list(G.nodes())
    distance_list = []

    for a in range(10000):
        i, j = random.choices(nodes, k=2)
        distance_list.append(nx.shortest_path_length(G, i, j))

return sum(distance_list) / len(distance_list)

print(f"Facebook 网络的平均距离为 {sample_distance(Gcc_facebook):.2f}")

largest_cc = max(nx.connected_components(G_sf), key=len)
Gcc_sf = G_sf.subgraph(largest_cc)
print(f"无标度网络的平均距离为     {sample_distance(Gcc_sf):.2f}")
```

Facebook 网络的平均距离为 4.97
无标度网络的平均距离为 3.48

```
print(f"Facebook 网络的平均集聚系数为 {nx.average_clustering(Gcc_facebook):.2f}")
print(f"无标度网络的平均集聚系数为     {nx.average_clustering(Gcc_sf):.2f}")
```

Facebook 网络的平均集聚系数为 0.36
无标度网络的平均集聚系数为 0.00

案例 11.6—9　稳健性

网络受到攻击，意味着一些节点以及它们的连边被剥离出网络。如果网络受到攻击后仍然连通，则认为网络是稳健的。

```
G = Gcc_facebook
```

案例 11.6—9(a) 随机攻击

```
number_of_steps = 25
M = G.number_of_nodes() // number_of_steps
num_nodes_removed = range(0, G.number_of_nodes(), M)

N = G.number_of_nodes()
C = G.copy()
random_attack_core_proportions = []
for nodes_removed in num_nodes_removed:
    # Measure the relative size of the network core
    core = max(nx.connected_components(C), key=len)
    core_proportion = len(core) / N
    random_attack_core_proportions.append(core_proportion)

    # If there are more than M nodes, select M nodes at random and remove them
    if C.number_of_nodes() > M:
        nodes_to_remove = random.sample(list(C.nodes), M)
        C.remove_nodes_from(nodes_to_remove)

plt.title('Random attack')
plt.xlabel('Number of nodes removed')
plt.ylabel('Proportion of nodes in core')
plt.plot(num_nodes_removed, random_attack_core_proportions, marker='o')
plt.show()
```

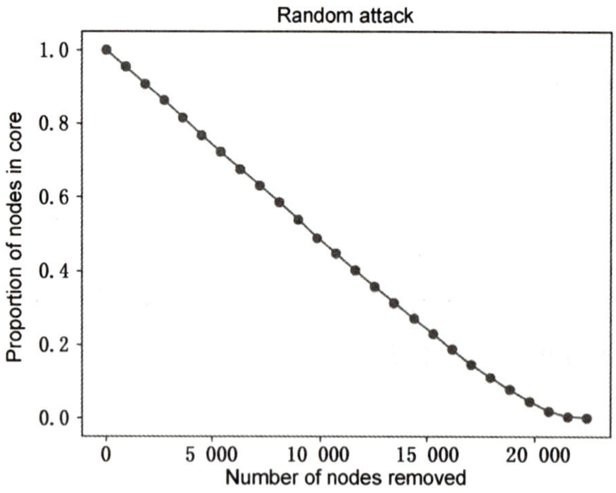

## 案例 11.6—9(b)　蓄意攻击

```
nodes_sorted_by_degree = sorted(G.nodes, key=G.degree, reverse=True)
top_degree_nodes = nodes_sorted_by_degree[:M]

for node in top_degree_nodes[:5]:
print('node %s has degree with %d' % (node, G.degree(node)))
```

```
node 16895 has degree with 709
node 19743 has degree with 678
node 21729 has degree with 659
node 14497 has degree with 650
node 1387 has degree with 504
```

```
N = G.number_of_nodes()
number_of_steps = 25
M = N // number_of_steps

num_nodes_removed = range(0, N, M)
C = G.copy()
targeted_attack_core_proportions = []
for nodes_removed in num_nodes_removed:
    # Measure the relative size of the network core
    core = next(nx.connected_components(C))
    core_proportion = len(core) / N
    targeted_attack_core_proportions.append(core_proportion)

    # If there are more than M nodes, select top M nodes and remove them
    if C.number_of_nodes() > M:
        nodes_sorted_by_degree = sorted(C.nodes, key=C.degree, reverse=True)
        nodes_to_remove = nodes_sorted_by_degree[:M]
        C.remove_nodes_from(nodes_to_remove)

plt.title('Targeted attack')
plt.xlabel('Number of nodes removed')
plt.ylabel('Proportion of nodes in core')
plt.plot(num_nodes_removed, targeted_attack_core_proportions, marker='o')
plt.show()
```

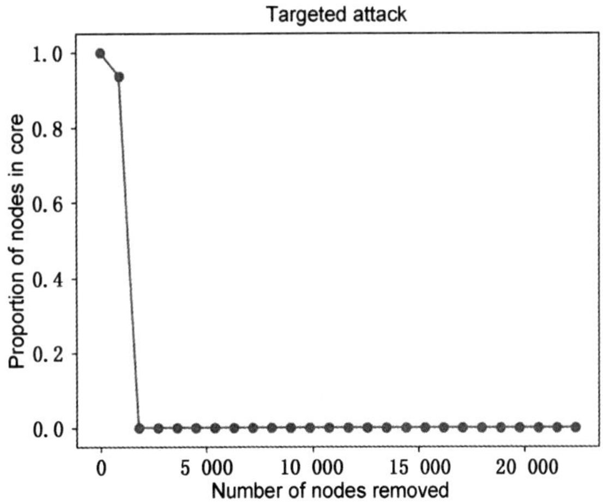

案例 11.6—9(c) 随机攻击和蓄意攻击对比

```
    plt.title('Random attack vs. targeted attack')
    plt.xlabel('Number of nodes removed')
    plt.ylabel('Proportion of nodes in core')
    plt.plot(num_nodes_removed,  random_attack_core_proportions,  marker='o',
label='Random')
    plt.plot(num_nodes_removed, targeted_attack_core_proportions, marker='^',
label='Attacks')
    plt.legend()
    plt.show()
```

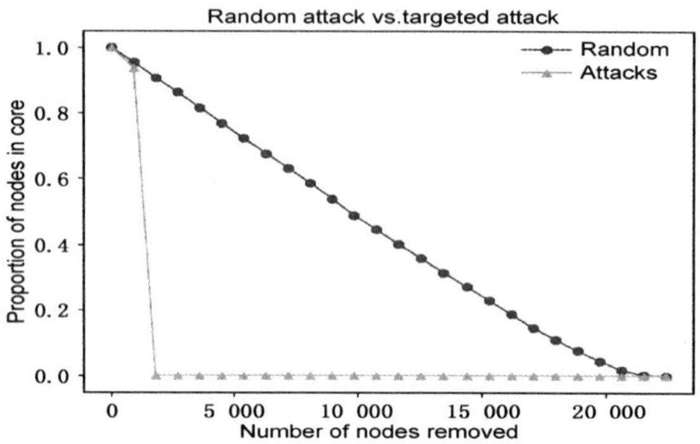


# 11.7 节点中心性

案例 11.7—1 准备 Python 运行环境

```
# 如果未安装 python 环境和相关库，请先运行
# 如果已经成功安装，不需要运行
! pip install networkx
! pip install numpy
! pip install pandas
! pip install matplotlib
! pip install seaborn

# 自动屏蔽不必要的报错信息
import warnings
warnings.filterwarnings("ignore")

# 自动屏蔽不必要的报错信息
import warnings
warnings.filterwarnings("ignore")

# 导入相关库
from collections import Counter
import random
import numpy as np
import pandas as pd
import matplotlib.pyplot as plt
import seaborn as sns
from tqdm import tqdm
import networkx as nx
```

## 案例11.7—2 Zachary空手道俱乐部

```
G_karate = nx.karate_club_graph()
print(nx.info(G_karate))
```

```
Graph named "Zachary's Karate Club" with 34 nodes and 78 edges
```

## 案例11.7—3 节点中心性可视化

```
def scale_centrality(centrality):
    c_max = max(centrality)
    c_min = min(centrality)
    centrality = [(c-c_min)/(c_max-c_min) for c in centrality]
return centrality

def plot_network_centrality(G, centrality, title, scale=True):

    fig, axes = plt.subplots(figsize=(16, 8), nrows=1, ncols=2, gridspec_kw={'width_ratios'
[3, 1.2]})

    pos = nx.fruchterman_reingold_layout(G, seed=8)
    d = dict(G.degree)

    nx.draw(G, pos=pos, node_size=[v * 80 for v in d.values()],
            node_color=centrality, cmap=plt.cm.Blues, with_labels=True, ax=axes[0])
    axes[0].set_title('Centralities on Zachary\'s Karate Club')

    sns.set_theme(style="whitegrid")
    if scale:
        centrality = scale_centrality(centrality)  # scale to 0-1
    data = pd.DataFrame({'name': [str(i) for i in range(len(G))],
                'centrality': centrality})
    sns.barplot(x='centrality', y='name', data=data, color='b', ax=axes[1])
    axes[1].set_title(f'Distribution of Node centrality: {title}')

    plt.show()

# 本节课的重点，构造不同的 centrality 列表
centrality = [1]*6 + [2]*6 + [3]*6 + [4]*6+ [5]*6 + [6]*4
print(centrality)

plot_network_centrality(G=G_karate, centrality=centrality, title='degree')
```

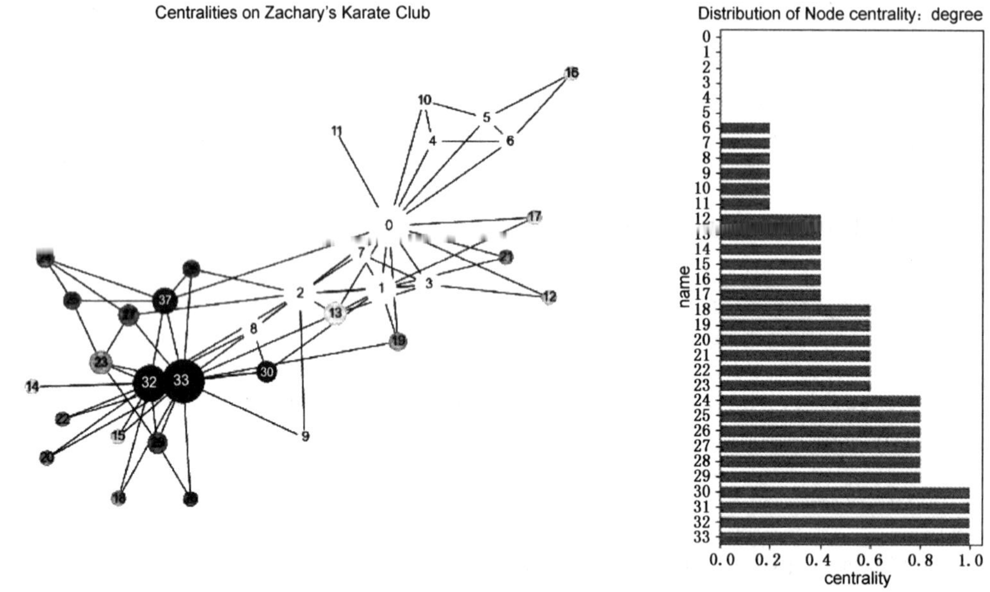


案例 11.7—4　度中心性

```
c_degree = [d for n, d in G_karate.degree()]
plot_network_centrality(G=G_karate, centrality=c_degree, title='Degree')
```

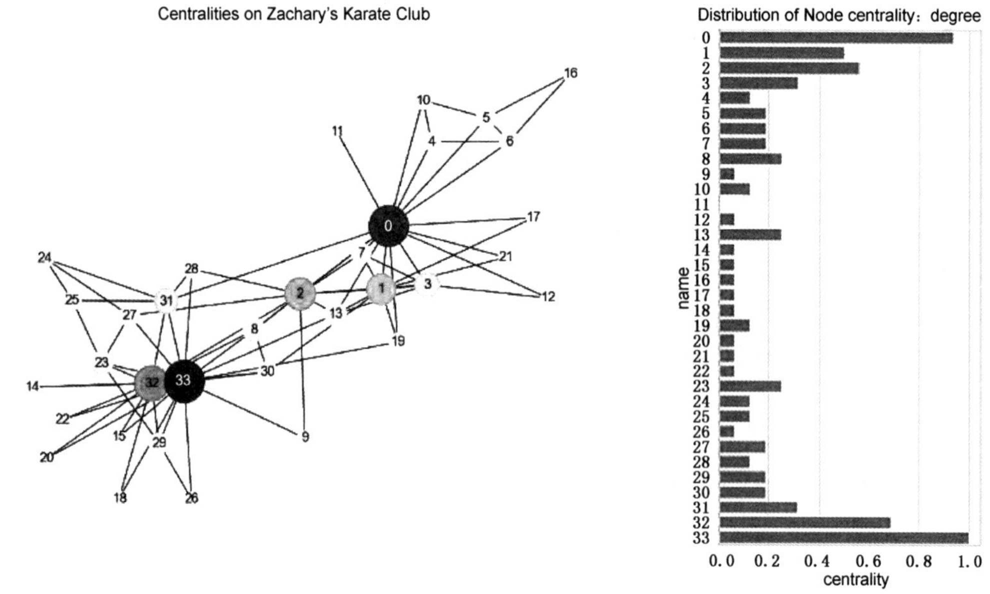

## 案例 11.7—5 半局部中心性

$$LocalRank(i)=\sum_{j\in\Gamma(i)}N(j) \tag{11—2}$$

```
def LocalRank(G):

    LR = []
    N = G.degree  # a dict

    for i in G.nodes():
        lr = 0
        neigh_i = G.neighbors(i)
        for j in neigh_i:
            lr += N[j]
        LR.append(lr)

return LR

c_localrank = LocalRank(G_karate)
plot_network_centrality(G=G_karate, centrality=c_localrank, title='Local
rank')
```

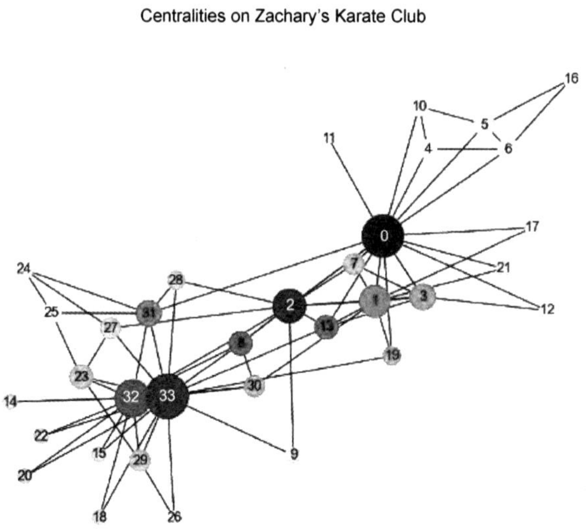


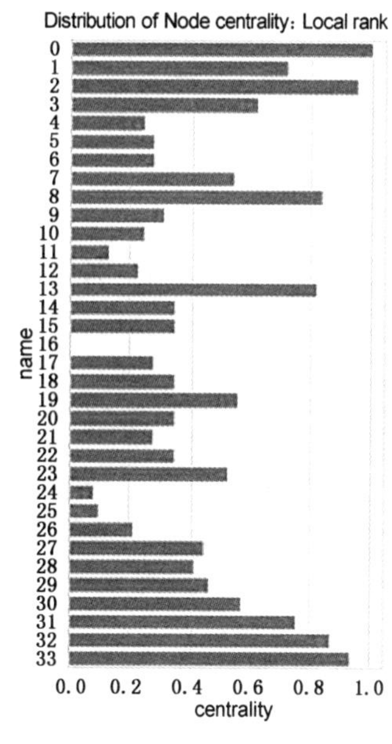

## 案例 11.7—6 集聚系数中心性

```
def Clustering(G):
return list(nx.clustering(G).values())

c_clustering = Clustering(G_karate)
plot_network_centrality(G=G_karate, centrality=c_clustering, title='Clustering')
```

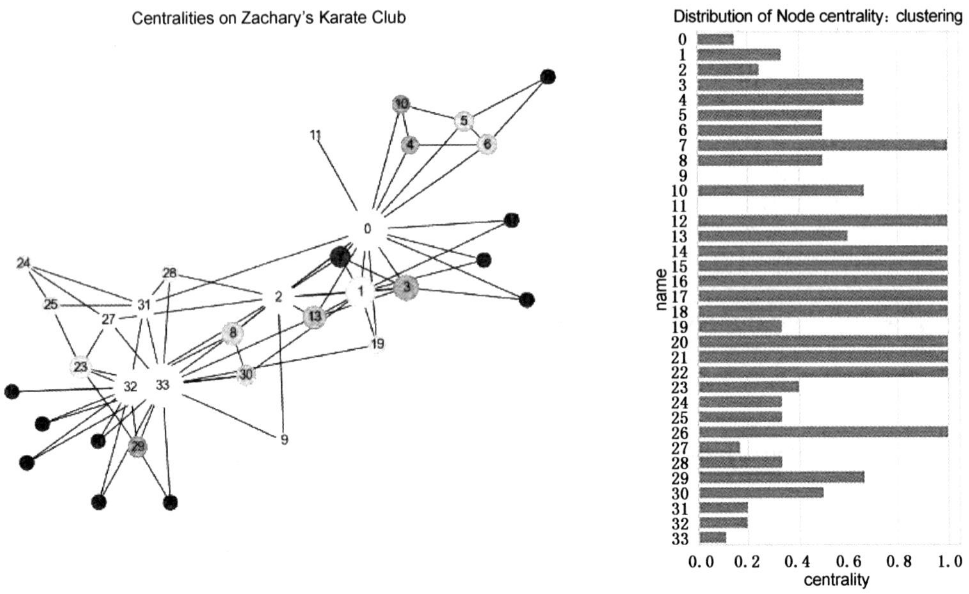


## 案例 11.7—7 K 核中心性

```
def Corness(G):
return list(nx.core_number(G).values())

c_corness = Corness(G_karate)
plot_network_centrality(G=G_karate, centrality=c_corness, title='K-Corness')
```

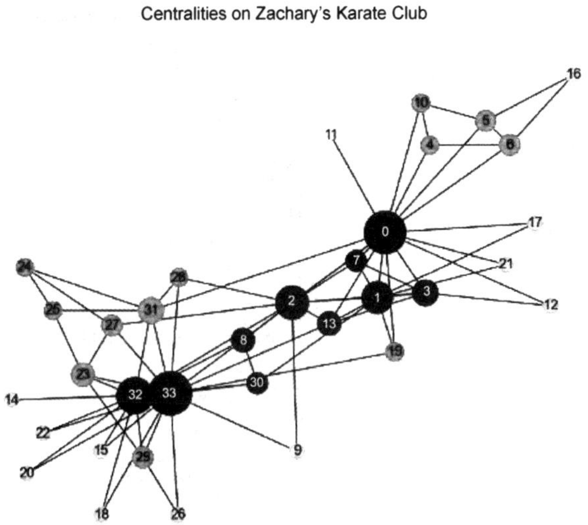


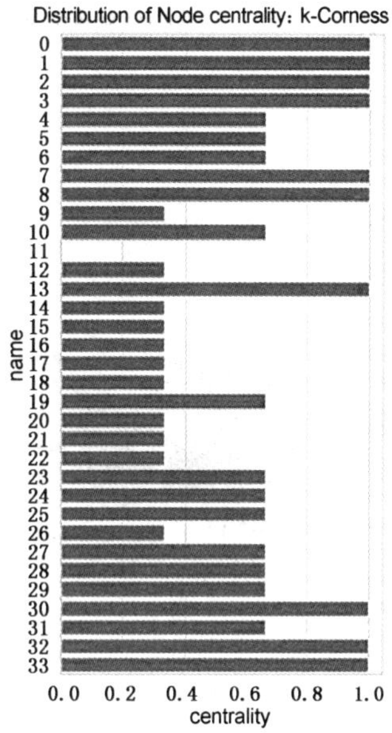


### 案例 11.7—8　接近度中心性

$$C_i = \frac{n}{\sum_j d_{ij}} \tag{11-3}$$

```
def Closeness(G):
    closeness_centrality = []
    n = len(G)
    for i in G.nodes():
        sp = list(nx.single_source_shortest_path_length(G, i).values())
        closeness_centrality.append((n-1) / sum(sp))

return closeness_centrality

c_closeness = Closeness(G_karate)
plot_network_centrality(G=G_karate, centrality=c_closeness, title='Closeness')
```

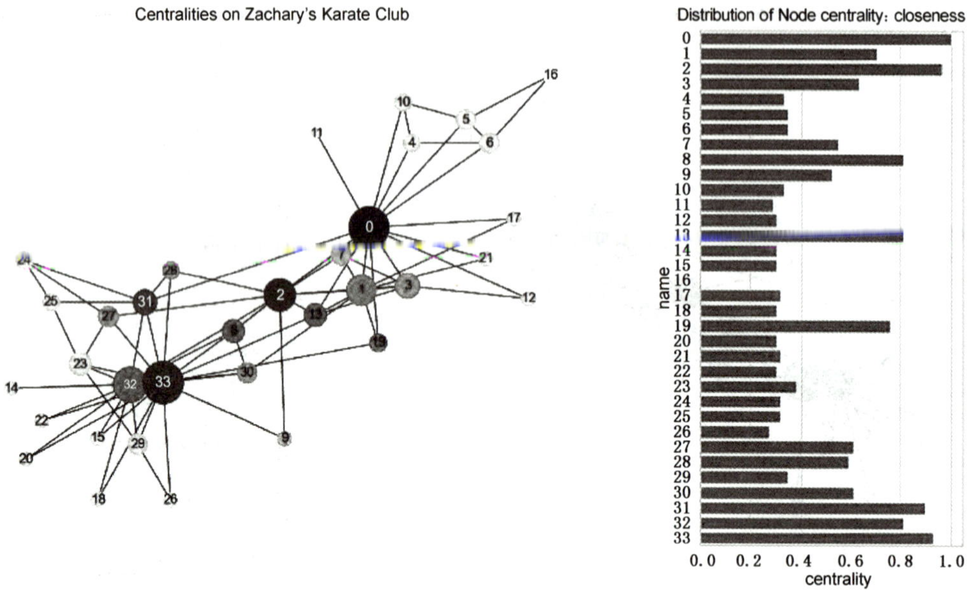


案例 11.7—9 介数中心性

```
def Betweenness(G):
return list(nx.betweenness_centrality(G).values())

c_betweenness = Betweenness(G_karate)
plot_network_centrality(G=G_karate, centrality=c_betweenness, title='Betweenness')
```

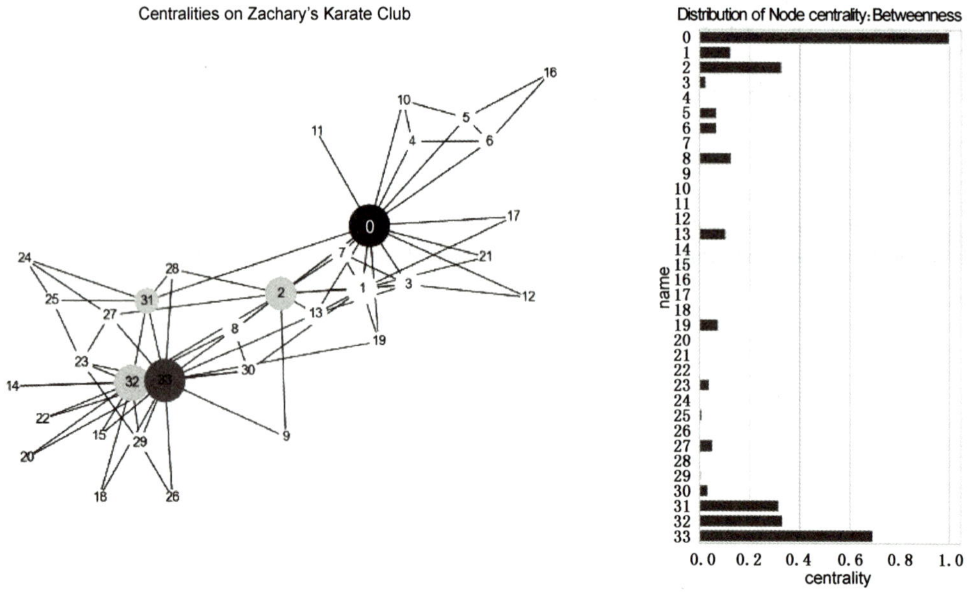

## 案例 11.7—10　特征向量中心性

$$Ax = \lambda x \tag{11-4}$$

```
    def Eigenvector1(G):
        """
        get the largest eigenvector centrality of network G
        """
        m = nx.to_numpy_array(G)
        vals, vecs = np.linalg.eigh(m)
        vec1 = vecs.T[np.argmax(vals)]

    return vec1

    c_eigenvector1 = Eigenvector1(G_karate)
    plot_network_centrality(G=G_karate, centrality=c_eigenvector1, title='Eigenvector1',
scale=False)
```

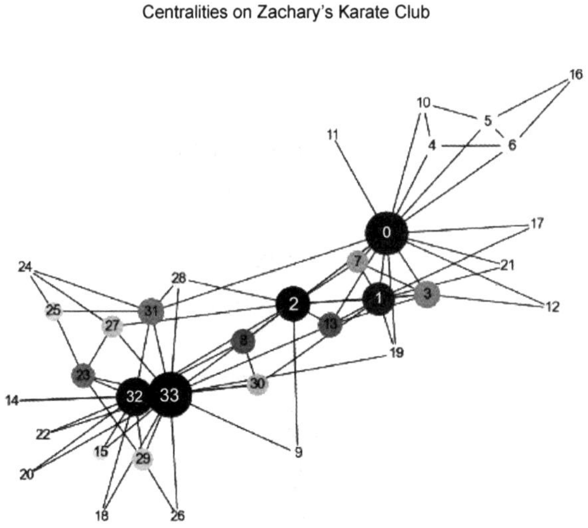


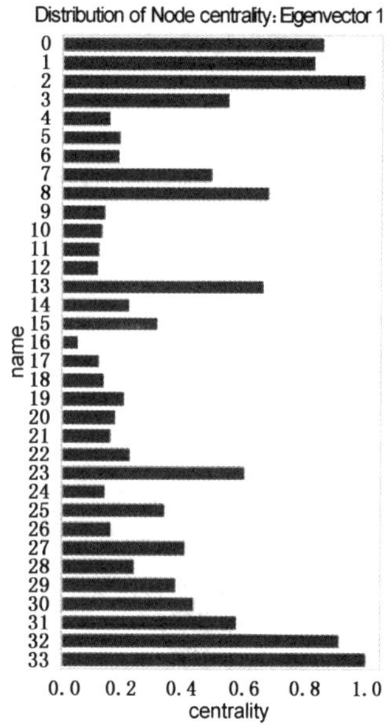

案例 11.7—11 Katz centrality

$$x=\alpha Ax+\beta 1 \tag{11-5}$$

$$x=\beta(I-\alpha A)^{-1}1 \tag{11-6}$$

其中，$0<\alpha<1\lambda_1$。

```
def Katz1(G):
    """get Katz centrality of network G

    """
    m = nx.to_numpy_array(G)
    e = np.linalg.eigvalsh(m)
    max1, max2 = sorted(e, reverse=True)[:2]

    katz_centrality = nx.katz_centrality(G, 1 / max1 - 0.01)

return list(katz_centrality.values())

c_Katz1 = Katz1(G_karate)
plot_network_centrality(G=G_karate, centrality=c_Katz1, title='Katz1')
```

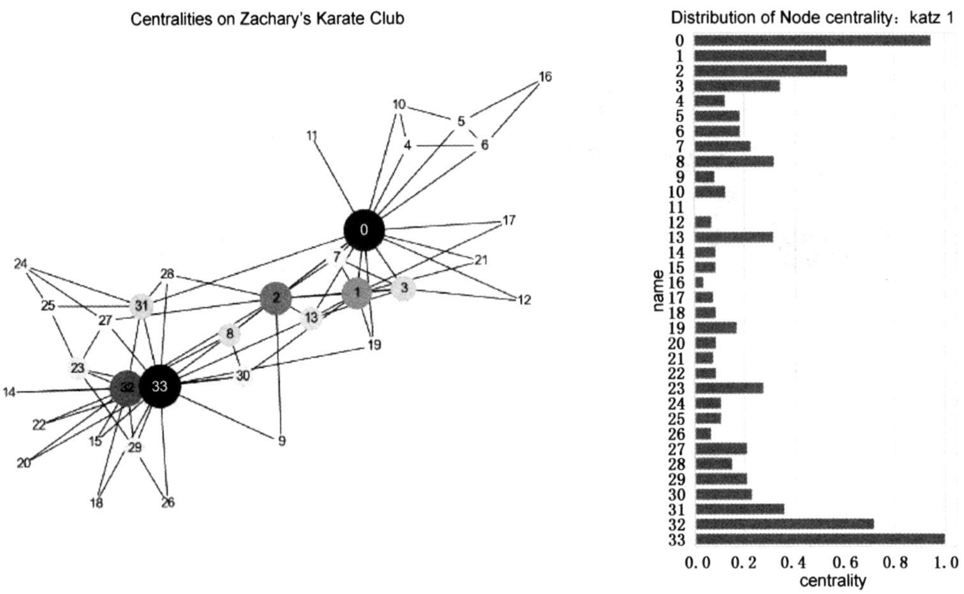

### 案例 11.7－12　PageRank centrality

```
def PageRank(G):
    """
    get pagerank centrality of network G
    """
    pr = nx.pagerank(G)

return list(pr.values())

c_PageRank = PageRank(G_karate)
plot_network_centrality(G=G_karate, centrality=c_PageRank, title='PageRank')
```

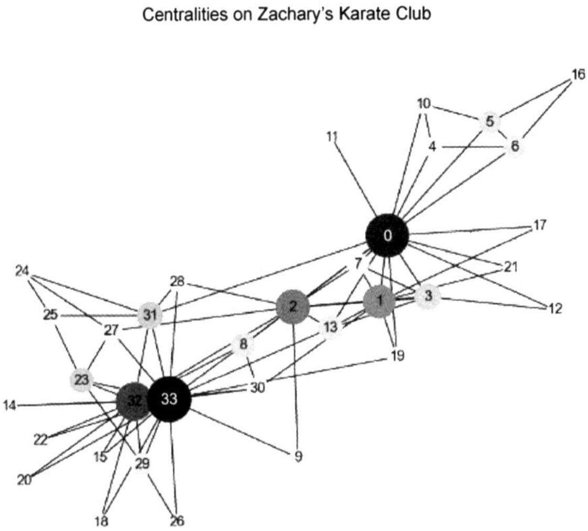

# 11.8　社团结构

## 案例 11.8—1　准备 Python 运行环境

```
# 加载和安装 python 环境和相关库，请先运行
# 如果已经成功安装，不需要运行
! pip install networkx
! pip install numpy
! pip install pandas
! pip install matplotlib
! pip install seaborn

# 自动屏蔽不必要的报错信息
import warnings
warnings.filterwarnings("ignore")

# 自动屏蔽不必要的报错信息
import warnings
warnings.filterwarnings("ignore")

# 导入相关库
from collections import Counter
import random
import numpy as np
import pandas as pd
import matplotlib.pyplot as plt
import seaborn as sns
from tqdm import tqdm
import networkx as nx
```

## 案例 11.8—2　Zachary 空手道俱乐部的社团结构

```
G_karate = nx.karate_club_graph()

pos=nx.fruchterman_reingold_layout(G_karate, seed=8)
club_color = {
    'Mr. Hi': 'orange',
    'Officer': 'lightblue',
}
node_colors = [club_color[G_karate.nodes[n]['club']] for n in G_karate.nodes]
nx.draw(G_karate, pos=pos, node_color=node_colors, with_labels=True)
```

案例 11.8—3　实证划分

```
# 根据 Zachary 的调查结果，划分为两个社团。
club_color = {
    'Mr. Hi': 'orange',
    'Officer': 'lightblue',
}
node_colors = [club_color[G_karate.nodes[n]['club']] for n in G_karate.nodes]
nx.draw(G_karate, pos=pos, node_color=node_colors, with_labels=True)
```

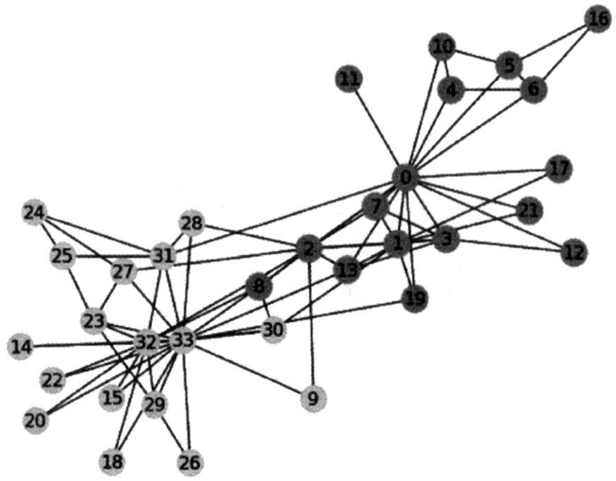

```
groups = {
    'Mr. Hi': set(),
    'Officer': set(),
}

for n in G_karate.nodes:
    club = G_karate.nodes[n]['club']
    groups[club].add(n)

empirical_partition = list(groups.values())

nx.community.quality.modularity(G_karate, empirical_partition)
```

0.39143756676224206

案例 11.8—4　随机划分

```
random_nodes = random.sample(G_karate.nodes, 17)
random_partition = [set(random_nodes),
                    set(G_karate.nodes) - set(random_nodes)]

random_node_colors = ['orange' if n in random_nodes else 'lightblue' for n
in G_karate.nodes]
nx.draw(G_karate, pos=pos, with_labels=True, node_color=random_node_colors)
```

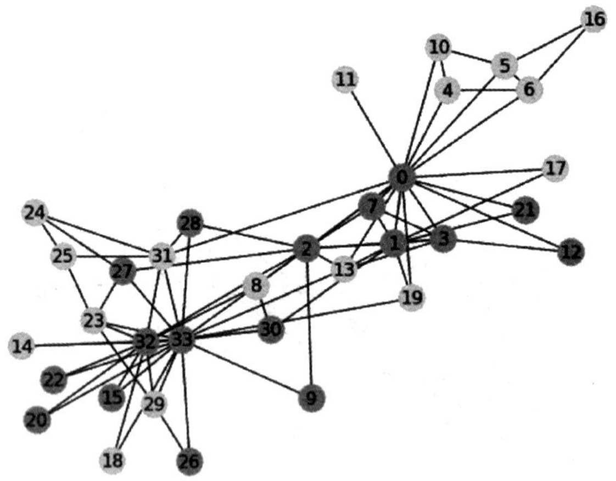


```
nx.community.quality.modularity(G_karate, random_partition)
```

0.032120837315642525

### 案例 11.8—5　最优模块度划分

```
from networkx.algorithms.community import greedy_modularity_communities

# 模块度最大化的划分结果
optimal_partition = greedy_modularity_communities(G_karate)

nx.community.quality.modularity(G_karate, optimal_partition)
```

```
0.41096493693896297
```

# 参考文献

[1]Dunbar R I M. Neocortex size as a constraint on group size in primates[J]. Journal of Human Evolution,1992,22(6):469—493.

[2]Fang J Q,Wang X F,Zheng Z G,et al. New interdisciplinary science:network science[J]. Progress in Physics,2007,27(3):239—343.

[3]Adomavicius G,Tuzhilin A. Toward the next generation of recommender systems:A survey of the state-of-the-art and possible extensions[J]. Knowledge and Data Engineering,IEEE Transactions on,2005,17(6):734—749.

[4]Resnick P,Iacovou N,Suchak M,et al. GroupLens:an open architecture for collaborative filtering of netnews[C]. Proceedings of the 1994 ACM conference on Computer supported cooperative work. ACM,1994:175—186.

[5]Hill W,Stead L,Rosenstein M,et al. Recommending and evaluating choices in a virtual community of use[C]. Proceedings of the SIGCHI conference on Human factors in computing systems. ACM Press/Addison-Wesley Publishing Co. ,1995:194—201.

[6]Adomavicius G,Tuzhilin A. Expert-driven validation of rule-based user models in personalization applications[J]. Data Mining and Knowledge Discovery,2001,5(1—2):33—58.

[7]Krumm J,Harris S,Meyers B,et al. Multi-camera multi-person tracking for easyliving[C]. Visual Surveillance,2000. Proceedings. Third IEEE International Workshop on. IEEE,2000:3—10.

[8]Orr R J,Abowd G D. The smart floor:a mechanism for natural user identification and tracking[C]. CHI'00 extended abstracts on Human factors in computing systems. ACM,2000:275—276.

[9]Priyantha N B,Chakraborty A,Balakrishnan H. The cricket location-support system[C]. Proceedings of the 6th annual international conference on Mobile computing and networking. ACM,2000:32—43.

[10]Pennock D M,Horvitz E,Lawrence S,et al. Collaborative filtering by personality diagnosis:A hybrid memory-and model-based approach[C]. Proceedings of the Sixteenth conference on Uncertainty in artificial intelligence. Morgan Kaufmann Publishers Inc. ,2000:473—480.

[11]Billsus D,Pazzani M J. Learning Collaborative Information Filters[C]//ICML. 1998(98):46—54.

[12]Symeonidis P,Nanopoulos A,Papadopoulos A N,et al. Collaborative filtering:Fallacies and

insights in measuring similarity[C]. B. Berendt, A. Hotho, D. Mladenic, & G. Semeraro (Chairs), Proceedings of the 17th European Conference on Machine Learning and 10th European Conference on Principles and the Practice of Knowledge Discovery in Databases Workshop on Web Mining. 2006: 56—67.

[13]O'Mahony M P, Hurley N J, Silvestre G. Utility-based neighbourhood formation for efficient and robust collaborative filtering[C]. Proceedings of the 5th ACM conference on Electronic commerce. ACM, 2004: 260—261.

[14]Konstan J A, Miller B N, Maltz D, et al. GroupLens: applying collaborative filtering to Usenet news[J]. Communications of the ACM, 1997, 40(3): 77—87.

[15]Popescul A, Pennock D M, Lawrence S. Probabilistic models for unified collaborative and content-based recommendation in sparse-data environments[C]. Proceedings of the Seventeenth conference on Uncertainty in artificial intelligence. Morgan Kaufmann Publishers Inc., 2001: 437—444.

[16]Resnick P, Varian H R. Recommender systems[J]. Communications of the ACM, 1997, 40(3): 56—58.

[17]Belkin N J. Helping people find what they don't know[J]. Communications of the ACM, 2000, 43(8): 58—61.

[18]Liu J G, Chen M, Chen J, et al. Recent advances in personal recommender systems[J]. International journal of information and systems sciences, 2009, 5(2): 230—247.

[19]Zhou T, Ren J, Medo M, et al. Bipartite network projection and personal recommendation [J]. Physical Review E, 2007, 76(4): 046115.

[20]Sun D, Zhou T, Liu J G, et al. Information filtering based on transferring similarity[J]. Physical Review E, 2009, 80(1): 017101.

[21]Herlocker J L, Konstan J A, Terveen L G, et al. Evaluating collaborative filtering recommender systems[J]. ACM Transactions on Information Systems (TOIS), 2004, 22(1): 5—53.

[22]Balabanović M, Shoham Y. Fab: content-based, collaborative recommendation[J]. Communications of the ACM, 1997, 40(3): 66—72.

[23]Pazzani M J. A framework for collaborative, content-based and demographic filtering[J]. Artificial Intelligence Review, 1999, 13(5—6): 393—408.

[24]Liu J G, Wang B H, Guo Q. Improved collaborative filtering algorithm via information transformation[J]. International Journal of Modern Physics C, 2009, 20(2): 285—293.

[25]Barabási A L, Jeong H, Néda Z, et al. Evolution of the social network of scientific collaborations[J]. Physica A: Statistical Mechanics and its Applications, 2002, 311(3): 590—614.

[26]Chen Y Z, Li N, He D R. A study on some urban bus transport networks[J]. Physica A: Statistical Mechanics and its Applications, 2007(376): 747—754.

[27]Barabási A L, Albert R, Jeong H. Scale-free characteristics of random networks: the topology of the world-wide web[J]. Physica A: Statistical Mechanics and its Applications, 2000, 281(1):

69－77.

[28]Huang Z,Zeng D D,Chen H. Analyzing Consumer-Product Graphs:Empirical Findings and Applications in Recommender Systems[J]. Management Science,2007,53(7).

[29]Liu J G,Zhou T,Wang B H,et al. Effects of user's tastes on personalized recommendation [J]. International Journal of Modern Physics C,2009,20(12):1925－1932.

[30]Song C,Koren T,Wang P,et al. Modelling the scaling properties of human mobility[J]. Nature Physics,2010,6(10):818－823.

[31]Ye M,Sandholm T,Wang C,et al. Collective attention and the dynamics of group deals[C]. Proceedings of the 21st international conference companion on World Wide Web. ACM,2012:1205－1212.

[32]Onnela J P,Reed-Tsochas F. Spontaneous emergence of social influence in online systems [J]. Proceedings of the National Academy of Sciences,2010,107(43):18375－18380.

[33]Bianconi G,Laureti P,Yu Y K,et al. Ecology of active and passive players and their impact on information selection[J]. Physica A:Statistical Mechanics and its Applications,2004(332):519－532.

[34]Salganik M J,Watts D J. Web-Based Experiments for the Study of Collective Social Dynamics in Cultural Markets[J]. Topics in Cognitive Science,2009,1(3):439－468.

[35]Liu J G,Zhou T,Guo Q. Information filtering via biased heat conduction[J]. Physical Review E,2011,84(3):037101.

[36]Liu J G,Shi K,Guo Q. Solving the accuracy-diversity dilemma via directed random walks [J]. Physical Review E,2012,85(1):016118.

[37]Jaccard P. Etude comparative de la distribution florale dans une portion des Alpes et des Jura[J]. Bulletin de la Societe Vaudoise des. Science Naturelles,1901(37):547.

[38]Ravasz E,Somera A L,Mongru D A,et al. Community structure in social and biological networks[J]. Science,2002(297):1553.

[39]Liu J,Hou L,Zhang Y L,et al. Empirical analysis of the clustering coefficient in the user-object bipartite networks[J]. International Journal of Modern Physics C,2013,24(8).

[40]Ni J,Zhang Y L,Hu Z L,et al. Ceiling effect of online user interests for the movies[J]. Physica A:Statistical Mechanics and its Applications,2014(402):134－140.

[41]Shannon C E. Tech. 27 (1948) 379; CE Shannon,Bell Syst[J]. Tech,1948(27):623.

[42]Zhou T,Kuscsik Z,Liu J G,et al. Solving the apparent diversity-accuracy dilemma of recommender systems[J]. Proceedings of the National Academy of Sciences,2010,107(10):4511－4515.

[43]Y. Koren,and J. Sill. Proceedings of the 5th ACM international conference on recommender systems[C]. 2011:117.

[44]Z. Yang,Z. -K. Zhang,and T. Zhou. Europhys. Lett. ,2012(100):68002.

[45]N. Alon, M. Babaioff, R. Karidi, R. Lavi, and M. Tennenholtz, Proceedings of the 13th ACM internationalconference on electronic commerce[C]. 2012:36.

[46]J. Huang, X. -Q. Cheng, H. -W. Shen, T. Zhou, and X. Jin. Proceedings of the 5th ACM international conferenceon Web Search and Data Mining[C]. 2012:573.

[47]Díaz M B, Porter M A, Onnela J P. Competition for popularity in bipartite networks[J]. Chaos: An Interdisciplinary Journal of Nonlinear Science, 2010, 20(4):043101.

[48]Ahn Y Y, Han, Kwak H, et al. Analysis of topological characteristics of huge online social networking services[C]. 16th Intl. Conf. WWW. New York: ACM Press, 2007:835—844.

[49]Golder S A. Wilkinson D, Huberman. Rhythms of social interaction: messaging within a massive online network[C]. 3rd Commun. Technol. Conf. New York: Springer, 2007:41—66.

[50]McCarty C, Killworth P D, Bernard H R, et al. Comparing two methods for estimating network size[J]. Human organization, 2001, 60(1):28—39.

[51]Goncalves B, Perra N, Vespigni A. Modeling users' activity on twitter networks: validation of Dunbar's number[J]. PLoS One, 2011, 6(8):e22656.

[52]Zhao J, Wu J, Liu G, et al. Being Rational or Aggressive? A Revisit to Dunbar's Number in Online Social Networks[J]. arXiv preprint arXiv:1011. 1547, 2010.

[53]Liben-Nowell D, Novak J, Kumar R, et al. Geographic routing in social networks[J]. Proceedings of the National Academy of Sciences of the United States of America, 2005, 102(33):11623—11628.

[54]Viswanath B, Mislove A, Cha M, et al. On the Evolution of User Interaction in Facebook [C]. 2nd ACM SIGCOMM Workshop on Social Networks. New York: ACM press, 2009:37—42.

[55]Laherrere J, Sornette D. Stretched exponential distributions in nature and economy: "fat tails" with characteristic scales[J]. The European Physical Journal B-Condensed Matter and Complex Systems, 1998, 2(4):525—539.

[56]Shang M S, Lü L, Zhang Y C, et al. Empirical analysis of web-based user-object bipartite networks[J]. EPL (Europhysics Letters), 2010, 90(4):48006.

[57]Kitsak M, Krioukov D. Hidden variables in bipartite networks[J]. Physical Review E, 2011, 84(2):026114.

[58]Uchyigit G, Ma M Y. Personalization techniques and recommender systems[M]. World Scientific, 2008.

[59]Holme P, Liljeros F, Edling C R, et al. Network bipartivity[J]. Physical Review E, 2003, 68(5):056107.

[60]Guo Q, Shao F, Hu Z L, et al. Statistical properties of the online social interaction pattern in the Facebook[J]. Europhysics Letters, 2013(104):28004.

[61]Salganik M J, Dodds P S, Watts D J. Experimental study of inequality and unpredictability in an artificial cultural market[J]. Science, 2006, 311(5762):854—856.

[62]Gnedenko B V. The Theory of Probability and the Elements of Statistics[M]. American Mathematical Soc. ,2005.

[63]Zhang P,Wang J,Li X,et al. Clustering coefficient and community structure of bipartite networks[J]. Physica A:Statistical Mechanics and its Applications,2008,387(27):6869—6875.

[64]Albert R,Barabasi A L. Statistical mechanics of complex networks[J]. Rev Mod Phys,2002,74(1):47—97.

[65]Newman M E J. The structure and function of complex networks[J]. Siam Review,2003,45(2):167—256.

[66]Lü L Y,Medo M,Yeung C H,et al. Recommender systems[J]. Phys Rep,2012,519(1):1—49 .

[67]Dorogovtsev S N,Mendes J F F,Samukhin A N. Structure of growing networks with preferential linking[J]. Physical Review Letters,2000,85(21):4633.

[68]Eagle N,Macy M,Claxton R. Network diversity and economic development[J]. Science,2010,328(5981):1029—1031.

[69]Papadopoulos F,Kitsak M,Serrano M Á,et al. Popularity versus similarity in growing networks[J]. Nature,2012,489(7417):537—540.

[70]Pinto P C,Thiran P,Vetterli M. Locating the source of diffusion in large-scale networks[J]. Physical Review Letters,2012,109(6):068702.

[71]Ghoshal G,Barabási A L. Ranking stability and super-stable nodes in complex networks[J]. Nature Communications,2011(2):394.

[72]Goltsev A V,Dorogovtsev S N,Oliveira J G,et al. Localization and spreading of diseases in complex networks[J]. Physical Review Letters,2012,109(12):128702.

[73]Kitsak M,Gallos L K,Havlin S,et al. Identification of influential spreaders in complex networks[J]. Nature Physics,2010,6(11):888—893.

[74]Vragović I,Louis E,Diaz-Guilera A. Efficiency of informational transfer in regular and complex networks[J]. Physical Review E,2005,71(3):036122.

[75]Latora V,Marchiori M. A measure of centrality based on network efficiency[J]. New Journal of Physics,2007,9(6):188.

[76]Newman M. Networks:an introduction[M]. Oxford University Press,2010:168—169.

[77]Chen D,Lü L,Shang M S,et al. Identifying influential nodes in complex networks[J]. Physica A:Statistical Mechanics and its Applications,2012,391(4):1777—1787.

[78]Ren Z M,Shao F,Liu J G,Guo Q,Wang B H. Node importance measurement based on the degree and clustering coefficient information[J]. Acta Phys Sin,2013,62(12):128901.

[79]Centola D. The spread of behavior in an online social network experiment[J]. Science,2010,329(5996):1194—1197.

[80]Ugander J,Backstrom L,Marlow C,et al. Structural diversity in social contagion[J]. Pro-

ceedings of the National Academy of Sciences,2012,109(16):5962—5966.

[81]Stephenson K,Zelen M. Rethinking centrality:Methods and examples[J]. Social Networks,1989,11(1):1—37.

[82]Borgatti S P. Centrality and network flow[J]. Social Networks,2005,27(1):55—71.

[83]Poulin R,Boily M C,Masse B R. Dynamical systems to define centrality in social networks [J]. Social Networks,2000,22(3):187—220.

[84]Katz L. A new status index derived from sociometric analysis[J]. Psychometrika,1953,18(1):39—43.

[85]Sabidussi G. The centrality index of a graph[J]. Psychometrika,1966,31(4):581—603.

[86]Zhang J,Xu X K,Li P,et al. Node importance for dynamical process on networks:A multi-scale characterization[J]. Chaos: An Interdisciplinary Journal of Nonlinear Science, 2011, 21(1): 016107.

[87]Huang X Q,Vodenska I,Wang F Z,et al. Identifying influential directors in the United States corporate governance network[J]. Physical Review E,2011,84(4):046101.

[88]Freeman L C. A set of measures of centrality based on betweenness[J]. Sociometry,1977,40(1):35—41.

[89]Goh K I,Oh E,Kahng B,et al. Betweenness centrality correlation in social networks[J]. Physical Review E,2003,67(1):017101.

[90]Travençolo B A N,da F Costa L. Accessibility in complex networks[J]. Physics Letters A,2008,373(1):89—95.

[91]Comin C H,da Fontoura Costa L. Identifying the starting point of a spreading process in complex networks[J]. Physical Review E,2011,84(5):056105.

[92]Carmi S,Havlin S,Kirkpatrick S,et al. A model of Internet topology using k-shell decomposition[J]. Proceedings of the National Academy of Sciences,2007,104(27):11150—11154.

[93]Zeng A,Zhang C J. Ranking spreaders by decomposing complex networks[J]. Physics Letters A,2013,377(14):1031—1035.

[94]Garas A,Schweitzer F,Havlin S. A k-shell decomposition method for weighted networks [J]. New J Phys,2012(14):083030.

[95]Liu J G,Ren Z M,Guo Q. Ranking the spreading influence in complex networks[J]. Physica A:Statistical Mechanics and its Applications,2013,392(18):4154—4159.

[96]Ren Z M,Liu J G,Shao F,Hu Z L,Guo Q. Analysis the spreading influence of the nodes with minimum K-shell value in complex networks[J]. Acta Phys Sin,2013,62(10):108902.

[97]Hou B,Yao Y,Liao D. Identifying all-around nodes for spreading dynamics in complex networks[J]. Physica A:Statistical Mechanics and its Applications,2012,391(15):4012—4017.

[98]Bryan K,Leise T. The $25,000,000,000 eigenvector:The linear algebra behind Google [J]. Siam Review,2006,48(3):569—581.

[99]Berkhin P. A survey on pagerank computing[J]. Internet Mathematics, 2005, 2(1): 73—120.

[100]Lü L Y, Zhang Y C, Yeung C H, et al. Leaders in social networks: The Delicious Case[J]. PLoS One, 2011, 6(6): e21202.

[101]Radicchi F, Fortunato S, Markines B, et al. Diffusion of scientific credits and the ranking of scientists[J]. Physical Review E, 2009, 80(5): 056103.

[102]Radicchi F. Who is the best player ever? A complex network analysis of the history of professional tennis[J]. PLoS One, 2011, 6(2): e17249.

[103]Masuda N, Kori H. Dynamics-based centrality for directed networks[J]. Physical Review E, 2010, 82(5): 056107.

[104]Kleinberg J M. Authoritative sources in a hyperlinked environment[J]. Journal of the ACM (JACM), 1999, 46(5): 604—632.

[105]Gang Y, Tao Z, Jie W, et al. Epidemic spread in weighted scale-free networks[J]. Chinese Physics Letters, 2005, 22(2): 510.

[106]Borge-Holthoefer J, Rivero A, Moreno Y. Locating privileged spreaders on an online social network[J]. Physical Review E, 2012, 85(6): 066123.

[107]Borge-Holthoefer J, Moreno Y. Absence of influential spreaders in rumor dynamics[J]. Physical Review E, 2012, 85(2): 026116.

[108]Klemm K, Serrano M A, Eguiluz V M, et al. A measure of individual role in collective dynamics[J]. Scientific Reports, 2012(2): 292.

[109]Aral S, Walker D. Identifying influential and susceptible members of social networks[J]. Science, 2012, 337(6092): 337—341.

[110]Newman M E J, Girvan M. Finding and evaluating community structure in networks[J]. Physical Review E, 2004, 69(2): 026113.

[111]Pastor-Satorras R, Vespignani A. Epidemic spreading in scale-free networks[J]. Physical Review Letters, 2001, 86(14): 3200.

[112]Castellano C, Pastor-Satorras R. Thresholds for epidemic spreading in networks[J]. Physical Review Letters, 2010, 105(21): 218701.

[113]Barrat A, Barthelemy M, Vespignani A. Dynamical processes on complex networks[M]. Cambridge: Cambridge University Press, 2008.

[114]Ginsberg J, Mohebbi M H, Patel R S, et al. Detecting influenza epidemics using search engine query data[J]. Nature, 2009, 457(7232): 1012—1014.

[115]da Silva R A P, Viana M P, da Fontoura Costa L. Predicting epidemic outbreak from individual features of the spreaders[J]. Journal of Statistical Mechanics: Theory and Experiment, 2012 (7): P07005.

[116]Bond R M, Fariss C J, Jones J J, et al. A 61-million-person experiment in social influence

and political mobilization[J]. Nature,2012,489(7415):295—298.

[117]Holme P,Saramäki J. Temporal networks[J]. Physics Reports,2012,519(3):97—125.

[118]Cha M,Haddadi H,Benevenuto F,et al. Measuring user influence in twitter:The million follower fallacy[C]. 4th international aaai conference on weblogs and social media (icwsm). 2010,14(1):8—17.

[119]Kim H,Anderson R. Temporal node centrality in complex networks[J]. Physical Review E,2012,85(2):026107.

[120]Liu J G,Wang Z T,Dang Y Z. Optimization of scale-free network for random failures[J]. Modern Physics Letters B,2006,20(14):815—820.

[121]Balthrop J,Forrest S,Newman M E J,et al. Technological networks and the spread of computer viruses[J]. arXiv preprint cs/0407048,2004.

[122]Keeling M J,Rohani P. Modeling infectious diseases in humans and animals[M]. Princeton University Press,2008.

[123]Moreno Y,Nekovee M,Pacheco A F. Dynamics of rumor spreading in complex networks[J]. Physical Review E,2004,69(6):066130.

[124]Boguñá M,Pastor-Satorras R,Díaz-Guilera A,et al. Models of social networks based on social distance attachment[J]. Physical Review E,2004,70(5):056122.

[125]Leskovec J,Kleinberg J,Faloutsos C. Graphs over time:densification laws,shrinking diameters and possible explanations[C]//Proceedings of the eleventh ACM SIGKDD international conference on Knowledge discovery in data mining. ACM,2005:177—187.

[126]Kendall M G,Smith B B. Randomness and random sampling numbers[J]. Journal of the Royal Statistical Society,1938:147—166.

[127]Zhou T,Liu J G,Bai W J,et al. Behaviors of susceptible-infected epidemics on scale-free networks with identical infectivity[J]. Physical Review E,2006,74(5):056109.

[128]Castellano C,Pastor-Satorras R. Competing activation mechanisms in epidemics on networks[J]. Scientific Reports,2012(2).

[129]Cohen F B,Cohen D F. A short course on computer viruses[M]. New York:John Wiley & Sons,Inc.,1994.

[130]Kephart J O,Sorkin G B,Chess D M,et al. Fighting computer viruses[J]. Scientific American,1997,277(5):56—61.

[131]Colizza V,Pastor-Satorras R,Vespignani A. Reaction-diffusion processes and metapopulation models in heterogeneous networks[J]. Nature Physics,2007,3(4):276—282.

[132]Liu J G,Wu Z X,Wang F. Opinion spreading and consensus formation on square lattice[J]. International Journal of Modern Physics C,2007,18(07):1087—1094.

[133]Pastor-Satorras R,Vázquez A,Vespignani A. Dynamical and correlation properties of the Internet[J]. Physical Review Letters,2001,87(25):258701.

[134]Motter A E. Cascade control and defense in complex networks[J]. Physical Review Letters,2004,93(9):098701.

[135]Cohen R,Erez K,Ben-Avraham D,et al. Breakdown of the Internet under intentional attack [J]. Physical Review Letters,2001,86(16):3682.

[136]Gleeson J P,Cahalane D J. Seed size strongly affects cascades on random networks[J]. Physical Review E,2007,75(5):056103.

[137]Guimera R,Danon L,Diaz-Guilera A,et al. Self-similar community structure in a network of human interactions[J]. Physical Review E,2003,68(6):065103.

[138]Leskovec J,Kleinberg J,Faloutsos C. Graph evolution:Densification and shrinking diameters[J]. ACM Transactions on Knowledge Discovery from Data (TKDD),2007,1(1):2.

[139]Barabási A L,Albert R. Emergence of scaling in random networks[J]. Science,1999,286 (5439):509—512.

[140]Liu J G,Wang Z T,Dang Y Z. Optimization of robustness of scale-free network to random and targeted attacks[J]. Modern Physics Letters B,2005,19(16):785—792.

[141]Jeong H,Mason S P,Barabási A L,et al. Lethality and centrality in protein networks[J]. Nature,2001,411(6833):41—42.

[142]Dunne J A,Williams R J,Martinez N D. Network structure and biodiversity loss in food webs:robustness increases with connectance[J]. Ecology Letters,2002,5(4):558—567.

[143]Newman M E J,Forrest S,Balthrop J. Email networks and the spread of computer viruses [J]. Physical Review E,2002,66(3):035101.

[144]Magoni D. Tearing down the Internet[J]. Selected Areas in Communications,IEEE Journal on,2003,21(6):949—960.

[145]Samant K,Bhattacharyya S. Topology,search,and fault tolerance in unstructured P2P networks[C]. System Sciences,2004. Proceedings of the 37th Annual Hawaii International Conference on. IEEE,2004:6.

[146]Freeman L C. Centrality in social networks conceptual clarification[J]. Social Networks, 1979,1(3):215—239.

[147]Holme P,Kim B J,Yoon C N,et al. Attack vulnerability of complex networks[J]. Physical Review E,2002,65(5):056109.

[148]Watts D J,Strogatz S H. Collective dynamics of ‘small-world’networks[J]. Nature,1998, 393(6684):440—442.

[149]Batagelj V,Mrvar A. Pajek-program for large network analysis[J]. Connections,1998, 21(2):47—57.

[150]Strogatz S H. Exploring complex networks[J]. Nature,2001,410(6825):268—276.

[151]Liljeros F,Edling C R,Amaral L A N,et al. The web of human sexual contacts[J]. Nature,2001,411(6840):907—908.

[152]Jeong H, Tombor B, Albert R, et al. The large-scale organization of metabolic networks [J]. Nature, 2000, 407(6804): 651-654.

[153]Zhang P P, Chen K, He Y, et al. Model and empirical study on some collaboration networks [J]. Physica A: Statistical Mechanics and Its Applications, 2006, 360(2): 599-616.

[154]Xuan Q, Du F, Wu T J. Empirical analysis of Internet telephone network: From user ID to phone[J]. Chaos: An Interdisciplinary Journal of Nonlinear Science, 2009, 19(2): 023101.

[155]Goh K I, Cusick M E, Valle D, et al. The human disease network[J]. Proceedings of the National Academy of Sciences, 2007, 104(21): 8685-8690.

[156]Lambiotte R, Ausloos M. Uncovering collective listening habits and music genres in bipartite networks[J]. Physical Review E, 2005, 72(6): 066107.

[157]Zhou T, Wang B H, Jin Y D, et al. Modelling collaboration networks based on nonlinear preferential attachment[J]. International Journal of Modern Physics C, 2007, 18(2): 297-314.

[158]Yang Z, Zhang Z K, Zhou T. Anchoring bias in online voting[J]. EPL (Europhysics Letters), 2012, 100(6): 68002.

[159]Gonçalves B, Ramasco J J. Human dynamics revealed through Web analytics[J]. Physical Review E, 2008, 78(2): 026123.

[160]Lü L Y, Medo M, Yeung C H, et al. Recommender systems[J]. Physics Reports, 2012, 519(1): 1-49.

[161]Ungar L H, Foster D P. Clustering methods for collaborative filtering[C]. AAAI Workshop on Recommendation Systems. 1998, 1.

[162]Basu C, Hirsh H, Cohen W. Recommendation as classification: Using social and content-based information in recommendation[C]. AAAI/IAAI. 1998: 714-720.

[163]Claypool M, Gokhale A, Miranda T, et al. Combining content-based and collaborative filters in an online newspaper[C]//Proceedings of ACM SIGIR workshop on recommender systems. 1999 (60).

[164]Schein A I, Popescul A, Ungar L H, et al. Methods and metrics for cold-start recommendations[C]. Proceedings of the 25th annual international ACM SIGIR conference on Research and development in information retrieval. ACM, 2002: 253-260.

[165]Soboroff I, Nicholas C. Combining content and collaboration in text filtering[C]. Proceedings of the IJCAI. 1999(99): 86-91.

[166]Tran T, Cohen R. Hybrid recommender systems for electronic commerce[C]. Proc. Knowledge-Based Electronic Markets, Papers from the AAAI Workshop, Technical Report WS-00-04, AAAI Press. 2000.

[167]Good N, Schafer J B, Konstan J A, et al. Combining collaborative filtering with personal agents for better recommendations[C]//AAAI/IAAI. 1999: 439-446.

[168]Melville P, Mooney R J, Nagarajan R. Content-boosted collaborative filtering for improved

recommendations[C]//AAAI/IAAI. 2002:187—192.

[169]Yoshii K,Goto M,Komatani K,et al. An efficient hybrid music recommender system using an incrementally trainable probabilistic generative model[J]. Audio,Speech,and Language Processing,IEEE Transactions on,2008,16(2):435—447.

[170]Girardi R,Marinho L B. A domain model of Web recommender systems based on usage mining and collaborative filtering[J]. Requirements Engineering,2007,12(1):23—40.

[171]Agrawal R,Imielinski T,Swami A. Mining association rules between sets of items in large databases[C]//ACM SIGMOD Record. ACM,1993,22(2):207—216.

[172]Agrawal R,Srikant R. Fast algorithms for mining association rules[C]. Proc. 20th int. conf. very large data bases,VLDB. 1994,1215:487—499.

[173]Han J,Pei J,Yin Y. Mining frequent patterns without candidate generation[C]//ACM SIGMOD Record. ACM,2000,29(2):1—12.

[174]Wang J C,Chiu C C. Recommending trusted online auction sellers using social network analysis[J]. Expert Systems with Applications,2008,34(3):1666—1679.

[175]Moon S,Russell G J. Predicting product purchase from inferred customer similarity:An autologistic model approach[J]. Management Science,2008,54(1):71—82.

[176]Ren J,Zhou T,Zhang Y C. Information filtering via self-consistent refinement[J]. EPL (Europhysics Letters),2008,82(5):58007.

[177]Salton G,Mcgill M J. Introduction to modern information retrieval[M],MuGraw-Hill,Aukland,1983.

[178]Sørensen T. A method of establishing groups of equal amplitude in plant sociology based on similarity of species and its application to analyses of the vegetation on Danish commons[J]. Biol. Skr. ,1948,5:1—34.

[179]Ravasz E,Somera A L,Mongru D A,et al. Hierarchical organization of modularity in metabolic networks[J]. Science,2002,297(5586):1551—1555.

[180]Leicht E A,Holme P,Newman M E J. Vertex similarity in networks[J]. Physical Review E,2006,73(2):026120.

[181]朱郁筱,吕琳媛. 推荐系统评价指标综述[J]. 电子科技大学学报,2012,41(2):163—175.

[182]周傲英,杨彬,金澈清,等. 基于位置的服务:架构与进展[J]. 计算机学报,2011,34(7):1155—1171.

[183]马林兵,陈晓翔. LBS 服务中的位置感知计算体系研究[J]. 中山大学学报(自然科学版),2005,44(B06):318—321.

[184]赵俊刚,范世东. 移动增值业务 LBS 的设计与应用[J]. 交通与计算机,2003,21(4):78—81.

[185]王立才,孟祥武,张玉洁. 上下文感知推荐系统[J]. 软件学报,2012,23(1):1—20.

[186]刘韩,叶剑,朱珍民,等. LCESM:位置敏感的上下文事件订阅机制[J]. 计算机科学,2011,

38(7):80—84.

[187]周涛，柏文洁，汪秉宏，等. 复杂网络研究概述[J]. 物理，2005，34(1):31—36.

[188]吕金虎. 复杂网络的同步：理论，方法，应用与展望[J]. 力学进展，2008，38(6):713—722.

[189]方锦清，汪小帆，刘曾荣. 略论复杂性问题和非线性复杂网络系统的研究[J]. 科技导报，2004(2):9—12.

[190]史定华. 网络——探索复杂性的新途径[J]. 系统工程学报，2005，20(2):115—119.

[191]王晓光. 微博客用户行为特征与关系特征实证分析——以"新浪微博"为例[J]. 图书情报工作，2010(14):66—70.

[192]汪秉宏，周涛，王文旭，等. 当前复杂系统研究的几个方向[J]. 复杂系统与复杂性科学，2009，5(4):21—28.

[193]李翔，刘宗华，汪秉宏. 网络传播动力学[J]. 复杂系统与复杂性科学，2010，7(002):33—37.

[194]荣智海，唐明，汪小帆，等. 复杂网络 2012 年度盘点[J]. 电子科技大学学报，2012(6):001.

[195]王林，张婧婧. 复杂网络的中心化[J]. 复杂系统与复杂性科学，2006，3(1):13—20.

[196]赫南，李德毅，淦文燕，等. 复杂网络中重要性节点发掘综述[J]. 计算机科学，2008，34(12):1—5.

[197]孙睿，罗万伯. 网络舆论中节点重要性评估方法综述[J]. 计算机应用研究，2012，29(10):3606—3608.

[198]谭跃进，吴俊，邓宏钟，等. 复杂网络抗毁性研究综述[J]. 系统工程，2007，24(10):1—5.

[199]刘浪，邓伟，采峰，等. 节点重要度计算的新方法——优先等级法[C]. 第九届中国管理科学学术年会论文集，2007:168—171.

[200]王建伟，荣莉莉，郭天柱. 一种基于局部特征的网络节点重要性度量方法[J]. 大连理工大学学报，2010(5):822—826.

[201]李鹏翔，任玉晴，席酉民. 网络节点（集）重要性的一种度量指标[J]. 系统工程，2004，22(4):13—20.

[202]谭跃进，吴俊，邓宏钟. 复杂网络中节点重要度评估的节点收缩方法[J]. 系统工程理论与实践，2007，26(11):79—83.

[203]余新，李艳和，郑小平，等. 基于网络性能变化梯度的通信网络节点重要程度评价方法[J]. 清华大学学报：自然科学版，2008，48(4):541—544.

[204]饶育萍，林竞羽，周东方. 网络抗毁度和节点重要性评价方法[J]. 计算机工程，2009，35(6):14—16.

[205]程克勤，李世伟，周健. 基于边权值的网络抗毁性评估方法[J]. 计算机工程与应用，2010，46(35):95—96+100.

[206]陈勇，胡爱群，胡啸. 通信网中节点重要性的评价方法[J]. 通信学报，2004，25(8):129—134.

[207]安世虎，聂培尧，贺国光. 节点赋权网络中节点重要性的综合测度法[J]. 管理科学学报，

2007,9(6):37—42.

[208]吴俊,谭跃进,邓宏钟,等. 考虑级联失效的复杂负载网络节点重要度评估[J]. 小型微型计算机系统,2007,28(4):627—630.

[209]陈静,孙林夫. 复杂网络中节点重要度评估[J]. 西南交通大学学报,2009,44(3):426—429.

[210]肖连杰,吴江宁,宣照国. 科研合作网中节点重要性评价方法及实证研究[J]. 科学学与科学技术管理,2010,31(3):12—15.

[211]叶春森,汪传雷,刘宏伟. 网络节点重要度评价方法研究[J]. 统计与决策,2010(1):22—24.

[212]周漩,张凤鸣,李克武,等. 利用重要度评价矩阵确定复杂网络关键节点[J]. 物理学报,2012,61(5):50201—050201.

[213]周涛,傅忠谦,牛永伟,等. 复杂网络上传播动力学研究综述[J]. 自然科学进展,2005,15(5):513—518.

[214]张彦超,刘云,张海峰,等. 基于在线社交网络的信息传播模型[J]. 物理学报,2011,60(5):50501—050501.

[215]熊熙,胡勇. 基于社交网络的观点传播动力学研究[J]. 物理学报,2012,61(15):104—110.

[216]张君,赵海,杨波,等. Internet 路由级拓扑的分形特征[J]. 东北大学学报（自然科学版),2011,32(3):372—375.

[217]刘宏鲲,周涛. 中国城市航空网络的实证研究与分析[J]. 物理学报,2007,56(1):106—112.

[218]周涛. 个性化推荐的十大挑战[J]. 中国计算机学会通讯,2012,8(7):48—56.

[219]刘建国,周涛,郭强,等. 个性化推荐系统评价方法综述[J]. 复杂系统与复杂性科学,2009,6(3):1—10.

[220]刘建国,周涛,汪秉宏. 个性化推荐系统的研究进展[J]. 自然科学进展,2009,19(1):1—15.

## 《社交大数据分析方法与应用》配套视频二维码说明

本次课程视频取自刘教授在 2022 年 5 月的线上授课录屏,按照教材的章节内容整合形成了视频素材。

所有视频已经上传至优酷网站,并收录在名为“刘建国《社交大数据分析方法与应用》”的播单中,通过以下二维码可以跳转至播单链接。之所以添加播单二维码而不是单集视频二维码,主要考虑到并不是所有章节都配备了课堂视频,如果上传单集视频,会导致教材前后不一致。同时,我们可以在播单内动态上传、更新、删除视频素材,而不需要更改新的二维码,能够更好地服务读者朋友。

优酷网址:https://list. youku. com/albumlist/show/id_69022494。